Manual de Avaliação e Treinamento das Habilidades Sociais

O GEN | Grupo Editorial Nacional – maior plataforma editorial brasileira no segmento científico, técnico e profissional – publica conteúdos nas áreas de ciências da saúde, exatas, humanas, jurídicas e sociais aplicadas, além de prover serviços direcionados à educação continuada e à preparação para concursos.

As editoras que integram o GEN, das mais respeitadas no mercado editorial, construíram catálogos inigualáveis, com obras decisivas para a formação acadêmica e o aperfeiçoamento de várias gerações de profissionais e estudantes, tendo se tornado sinônimo de qualidade e seriedade.

A missão do GEN e dos núcleos de conteúdo que o compõem é prover a melhor informação científica e distribuí-la de maneira flexível e conveniente, a preços justos, gerando benefícios e servindo a autores, docentes, livreiros, funcionários, colaboradores e acionistas.

Nosso comportamento ético incondicional e nossa responsabilidade social e ambiental são reforçados pela natureza educacional de nossa atividade e dão sustentabilidade ao crescimento contínuo e à rentabilidade do grupo.

Manual de Avaliação e Treinamento das Habilidades Sociais

Vicente E. Caballo
Departamento de Personalidade, Avaliação e Tratamento Psicológico
Faculdade de Psicologia, Universidade de Granada
Espanha

- **Atendimento ao cliente: (11) 5080-0751 | faleconosco@grupogen.com.br**

  GEN | Grupo Editorial Nacional S.A.
  Publicado pelo selo Editora Guanabara Koogan Ltda.
  Travessa do Ouvidor, 11
  Rio de Janeiro – RJ – 20040-040
  www.grupogen.com.br
- 1ª Edição, 2003; 1ª Reimpressão, 2006; 2ª Reimpressão, 2008; 3ª Reimpressão, 2010; 4ª Reimpressão, 2012; 5ª Reimpressão, 2014; 6ª Reimpressão, 2016; 7ª Reimpressão, 2018; 8ª Reimpressão, 2020; 9ª Reimpressão, 2021; 10ª Reimpressão, 2021; 11ª Reimpressão, 2023.

- Título em Espanhol: Manual de Evaluación y Entrenamiento de las Habilidades Sociales
- Título em Português: Manual de Avaliação e Treinamento das Habilidades Sociais
- Autor: Vicente E. Caballo
- Tradução: Sandra M. Dolinsky
- Revisão de Texto: Nilma Guimarães
- Revisão Científica: Maria Luiza Marinho (Profª do Departamento de Psicologia Geral e Análise do Comportamento da Universidade Estadual de Londrina/PR)
- Diagramação: Adriano Volnei Zago
- Capa: Gilberto R. Salomão

CIP-BRASIL. CATALOGAÇÃO-NA-FONTE
SINDICATO NACIONAL DOS EDITORES DE LIVROS, RJ

C111m

Caballo, V. E. (Vicente E.), 1955-
Manual de avaliação e treinamento das habilidades sociais / Vicente E. Caballo; 1.ed., [tradução Sandra M. Dolinsky; revisão científica Maria Luiza Marinho]. - [Reimpr.]. - Rio de Janeiro: Guanabara Koogan, 2023.
408p. : il.

Tradução de: Manual de evaluación y entrenamiento de las habilidades sociales
Apêndices
Inclui bibliografia e índice
ISBN 978-85-7288-447-1

1. Psicologia social. 2. Socialização. I. Título.

10-2729 CDD: 302
CDU: 316.6

A meus pais, in memoriam

Sumário

Introdução

Este livro constitui uma tentativa de pôr nas mãos do psicólogo clínico informação suficiente sobre o campo das habilidades sociais para que possa desenvolver-se nele com certa desenvoltura. O livro lhe será útil tanto para a pesquisa como para a prática clínica. Mas não somente o psicólogo clínico tirará proveito dele; outros profissionais da saúde poderão se beneficiar de grande parte do livro, inclusive pessoas sem conhecimentos específicos de Psicologia podem obter conhecimentos práticos, especialmente do capítulo dedicado ao treinamento das habilidades sociais, para compreender e modificar, caso queiram, parte de seu comportamento interpessoal.

É um axioma bem conhecido que os seres humanos são "animais sociais". A comunicação interpessoal é parte essencial da atividade humana. Já que, virtualmente, quase todas as horas em que estamos acordados as passamos em alguma forma de interação social – seja à base de um a um ou ao longo de uma diversidade de grupos –, o transcorrer de nossas vidas está determinado, ao menos parcialmente, pela categoria de nossas habilidades sociais. Em épocas passadas, a vida era mais simples, se não mais fácil; havia menos sistemas, a mobilidade social era menor e as relações eram relativamente claras, com os papéis que tínhamos de seguir, cada um de nós, claramente definidos. Na sociedade ocidental contemporânea, o ritmo de vida é mais acelerado e mais complexo, e as regras mudam de acordo com o sistema no qual trabalhamos nesse momento. Com freqüência, obrigam-nos a atuar em dois ou mais sistemas simultaneamente, e isso requer considerável destreza social.

Não é nenhum segredo que milhões de pessoas na sociedade ocidental não são felizes em sua vida social. E, se não são felizes em sua vida social, dificilmente conseguirão ser felizes na vida em geral. Fordyce (1980, 1981, 1984), com base em estudos experimentais, propôs os seguintes quatorze fundamentos para ser mais feliz:

1. Ser mais ativo e manter-se ocupado.
2. Passar mais tempo em atividades sociais.

3. Ser produtivo em um trabalho recompensador.
4. Organizar-se melhor.
5. Deixar de preocupar-se.
6. Diminuir as expectativas e as aspirações.
7. Desenvolver um pensamento positivo, otimista.
8. Situar-se no presente.
9. Ter bons autoconhecimento, auto-aceitação e auto-imagem.
10. Desenvolver uma personalidade sociável, extrovertida.
11. Ser autêntico.
12. Eliminar as tensões negativas.
13. Dar importância às relações íntimas.
14. Valorizar e comprometer-se com a felicidade.

Desses fundamentos, vários dependem claramente de nosso comportamento social e, para conseguir uma maior felicidade geral, temos de conseguir maior felicidade social.

O século XX foi testemunha de notáveis conquistas em relação ao domínio das habilidades técnicas. Procedimentos de treinamento mais ou menos sofisticados são, atualmente, normais em tecnologias que vão desde a montagem de automóveis até a engenharia nuclear. Também nas profissões relacionadas com a saúde, dá-se ênfase à aquisição de competência técnica mais que de competência social e interpessoal. Freqüentemente, encontram-se médicos, professores e altos executivos que são muito competentes, conhecem bem seu trabalho, mas não interagem eficientemente com seus pacientes, estudantes ou empregados. Ao dar uma volta por lugares de acesso público (p. ex., lojas, grandes armazéns, organismos oficiais e privados etc.), pode-se notar com facilidade o comportamento socialmente inadequado de grande parte das pessoas que trabalham nesses locais. A desastrosa conduta de algumas das pessoas que nos atendem pode nos arruinar toda uma manhã ou mesmo um dia inteiro. É realmente surpreendente que pessoas cujo trabalho necessita de um trato contínuo com seres humanos não possuam a habilidade social necessária para cumprir seu trabalho corretamente. Se um indivíduo não sabe se comportar de forma hábil em seu trato com os demais, não tem de procurar outro trabalho mais "solitário" para funcionar melhor. Simplesmente tem de *aprender* as habilidades sociais que ou não possui nesse momento ou que encontram sua manifestação impedida por outros fatores (ansiedade, pensamentos negativos etc.). Mas a competência social não é importante apenas no trabalho. O que acontece se queremos fazer novos amigos/as? Ou se queremos manter uma relação íntima com uma pessoa do sexo oposto? Ou se pretendemos nos relacionar melhor com nossos pais (ou filhos)? O grau de habilidade social que apresentamos em cada uma dessas áreas específicas será, em boa medida, determinante de nosso comportamento nelas. A pesquisa sobre as habilidades sociais constitui, assim, um campo de estudo com enormes possibilidades de aplicação prática.

O treinamento em habilidades sociais é a técnica escolhida hoje em dia em muitos campos. Muitos problemas podem ser definidos em termos de déficit em habilidades sociais. Sendo, como assinalamos anteriormente, o homem essencialmente um "animal social", existirão poucos transtornos psicológicos nos quais não esteja implicado, em maior ou menor grau, o ambiente social que rodeia o indivíduo. Além disso, tendo em conta a importância que se dá, desde muito tempo, à interação pessoa/situação na análise funcional do comportamento, resulta evidente a importância de considerar a relação do indivíduo com seu ambiente social na avaliação e no tratamento dos transtornos psicológicos. As habilidades sociais formam um elo entre o indivíduo e seu ambiente. Como assinala Phillips (1978), "com uma análise das habilidades sociais válida e funcional, a conduta do indivíduo não precisa ser explicada por meio de modelos cognitivos mesmo que seja entendida em termos de categorias nosológicas; as habilidades sociais chegam a transformar-se nos laços de conexão em ambos os casos" (p. ix).

Diante de muitos transtornos, o treinamento em habilidades sociais constitui um procedimento básico de tratamento. Os problemas conjugais, a ansiedade social, a depressão, a esquizofrenia e a delinqüência são áreas da psicopatologia nas quais comumente se emprega o treinamento em habilidades sociais. Mas, se aprofundarmos um pouco mais e analisarmos detalhadamente os problemas pelos quais as pessoas buscam ajuda psicológica, observaremos que, em maior ou menor grau, freqüentemente encontram-se implicadas suas relações sociais.

Conseqüentemente, dada a importância que cremos ter as habilidades sociais para o transcorrer da vida diária dos indivíduos em nossa sociedade atual, parece-nos que pode ser útil para muitas pessoas aprender mais sobre o comportamento social próprio e dos demais, e, o que é especialmente interessante, saber que esse comportamento pode ser modificado e conhecer algumas formas para fazê-lo. O primeiro capítulo deste livro foi dedicado a estabelecer um quadro teórico para as habilidades sociais, começando pelas origens e desenvolvimento desse conceito e revisando, posteriormente, as principais definições sobre ele. Definir o que constitui uma conduta socialmente hábil não é uma tarefa fácil, exceto sobre uma base intuitiva ou de senso comum. Em maior ou menor grau, todos temos uma idéia de quando um indivíduo está se comportando de forma competente em uma dada situação. Mas, no momento de apresentar uma definição explícita, surgem problemas evidentes. Descrevemos diferentes definições sobre as habilidades sociais e, tendo em conta o melhor que encontramos nelas, propusemos, por nós mesmos, uma nova definição que englobe os aspectos mais relevantes das diferentes definições consideradas.

Posteriormente, examinamos os diferentes tipos de condutas que com frequência se encontram incluídas no conceito das habilidades sociais. Embora a lista não esteja fechada, parece haver certo grau de concordância acerca de uma série de dimensões constitutivas das habilidades sociais. E, para concluir o primeiro capítulo, retomamos e modificamos um modelo das habilidades sociais tirado da literatura sobre o tema e o propusemos como um quadro geral, que poderia servir de guia a futuras pesquisas dentro desse campo.

No segundo capítulo, destrinchamos uma conduta global, como é a habilidade social, em uma série de componentes mais específicos, em três âmbitos: comportamental, cognitivo e fisiológico. Até poucos anos, a ênfase e a pesquisa nas habilidades sociais dirigiu-se, principalmente, para os componentes observáveis ou comportamentais, por isso a quantidade superior de trabalho acumulado acerca desse tema. Nesse sentido, foram investigados os elementos não-verbais, os paralingüísticos e, ultimamente, os verbais. Também realizamos uma revisão dos elementos cognitivos que poderiam estar implicados na expressão de um comportamento socialmente hábil e, para isso, recolhemos, como quadro geral de referência, a classificação proposta por Mischel (1973) sobre as variáveis cognitivas do indivíduo. Ultimamente, com a grande "cognitivação" da Psicologia em todos os seus ramos, a pesquisa sobre os aspectos cognitivos das habilidades sociais vem crescendo substancialmente. O estudo dos componentes fisiológicos, por sua parte, foi muito menor e quase não produziu resultados interessantes. Pensamos, não obstante, que em maior ou menor grau é preciso levar em consideração esses três tipos de componentes, para poder estabelecer um modelo integrador das habilidades sociais, embora a relação exata entre estes esteja, ainda, por determinar-se.

No terceiro capítulo, revisamos as diferenças encontradas entre indivíduos socialmente hábeis e não-hábeis nos três níveis de resposta expostos no capítulo anterior. Embora tenhamos repassado os estudos um por um, achamos conveniente, para maior clareza, agrupar as diferenças encontradas nesses níveis em vários quadros que refletissem tais diferenças de forma esquemática. Em relação a esse tema, como será possível verificar, tampouco estão claros os resultados obtidos, exceto para algum elemento específico.

No quarto capítulo expusemos um resumo da literatura sobre a relação existente entre o papel sexual e a habilidade social. Parece que um mesmo comportamento apresentado por mulheres ou por homens, em uma mesma situação, pode ser considerado mais ou menos adequado dependendo do sexo do agente. Alguns tipos de comportamentos parecem ser, socialmente falando, mais "próprios" de um sexo que de outro.

No quinto capítulo, revisamos uma área muito importante das habilidades sociais – sua avaliação. Ao diagnosticar uma conduta como socialmente inadequada é essencial fazer uma análise funcional desta. Nesse capítulo também descrevemos as diferentes técnicas utilizadas na avaliação das habilidades sociais, como a entrevista, as medidas de auto-informe, a avaliação pelos demais, o auto-registro, as medidas observacionais ou comportamentais e os registros psicofisiológicos. Finalmente, advogamos pelo emprego de uma bateria de instrumentos que sirva para a avaliação de diversos aspectos das habilidades sociais em diferentes níveis.

O sexto capítulo foi dedicado ao estudo do treinamento em habilidades sociais. Existe um consenso bastante generalizado sobre os procedimentos comportamentais que implica o treinamento em habilidades sociais, procedimentos como o ensaio de comportamento, a modelação, as instruções, a retroalimentação, o reforço e as tarefas para casa. Atualmente, a inclusão de técnicas cognitivas no treinamento em habilidades sociais é algo que acontece com freqüência. Aspectos da terapia racional-emotiva, do treinamento em auto-instruções, da solução de problemas etc. são considerados de maneira habitual nos programas de treinamento em habilidades sociais. Revisamos, também, o tema da generalização e da transferência das habilidades aprendidas nas sessões de treinamento à vida real e a outras habilidades não-treinadas especificamente, assim como vantagens e desvantagens de empregar um formato, seja individual, seja grupal, na aplicação do treinamento em habilidades sociais. Em seguida, abordamos o conteúdo dos programas de treinamento em habilidades sociais e descrevemos diferentes tipos de comportamentos (dimensões) das habilidades sociais, assim como toda uma série de estratégias para modificar o comportamento socialmente inadequado tanto em termos de estilo global de vida como de cada um desses tipos de comportamento específicos. Mais tarde, dedicamos um tópico ao tema das habilidades sociais em relação com o sexo oposto e outro à descrição de um modelo interacionista da habilidade social, descrevendo, principalmente, alguns parâmetros das situações descritos na literatura e que podem ter importância no tema que nos ocupa. Finalmente, comparamos a eficácia do treinamento em habilidades sociais com outras técnicas terapêuticas.

No sétimo e último capítulo, analisamos os diferentes e numerosos problemas nos quais o treinamento em habilidades sociais teve aplicação importante. Como veremos nesse capítulo, há diversos estudos sobre a aplicação dessa técnica em problemas tão variados como a ansiedade social, a solidão, a depressão, a esquizofrenia, os problemas conjugais e as toxicomanias. Porém, embora tenham continuidade as pesquisas e as aplicações de tal técnica nesses transtornos, ainda surgem, constantemente, novas áreas de aplicação do treinamento em habilidades sociais.

Esperamos que este livro constitua uma introdução geral ao fascinante campo das habilidades sociais e que o leitor desfrute do que nele se expõe. O objetivo das várias referências citadas é que o leitor possa conhecer as diferentes fontes originais com a finalidade de, se assim o preferir, aprofundar-se mais sobre diversos aspectos que lhe pareçam particularmente interessantes. Não obstante, cremos que este livro aborda, mais ou menos detalhadamente, as questões mais importantes relativas ao terreno da competência social, sobretudo no que diz respeito às condutas moleculares componentes, à avaliação e ao treinamento das habilidades sociais.

1. Habilidades Sociais: Quadro Teórico

A falta de uma teoria geral que englobe, na prática, a avaliação e o treinamento das habilidades sociais é, talvez, uma das principais lacunas do tema de que tratamos. A carência de uma definição universalmente aceita, uma variedade de dimensões que nunca acabam de ser estabelecidas, alguns componentes escolhidos de acordo com a intuição de cada pesquisador e a falta de um modelo que guie a pesquisa sobre as *habilidades sociais* (HS) são problemas atuais ainda não resolvidos. Embora o *treinamento em habilidades sociais* (THS) seja desenvolvido, atualmente, com notável grau de satisfação entre os profissionais da área, uma classificação dos problemas esboçados anteriormente nos seria de grande utilidade. O THS aplica-se – isolado ou associado a outras técnicas terapêuticas – a um grande número de problemas de comportamento. A superação dos obstáculos que ainda persistem no terreno da teoria das HS levaria, muito provavelmente, à eficácia dessa técnica.

1.1. ORIGENS E DESENVOLVIMENTO

O movimento das HS teve uma série de raízes históricas, algumas das quais não foram suficientemente reconhecidas (Phillips, 1985). Segundo esse autor, as primeiras tentativas de THS (embora não denominado assim naquele tempo) remontam a diversos trabalhos realizados com crianças por autores como Jack (1934), Murphy, Murphy e Newcomb (1937), Page (1936), Thompson (1952) e Williams (1935). Esses autores estudaram diversos aspectos do comportamento social em crianças, aspectos que hoje poderíamos perfeitamente considerar dentro do campo das HS. Esses primeiros passos do THS foram ignorados durante muito tempo e normalmente não são reconhecidos como antecedentes precoces do movimento das HS (p.ex., Curran, 1985; Fodor, 1980; Hersen e Bellack, 1977). Curran (1985) assinala também que diversos escritos teóricos neofreudianos que apresentaram objeções à ênfase de Freud nos instintos biológicos e favoreceram um modelo mais interpessoal de desenvolvimento (p.ex., Sullivan, 1953; White, 1969) estão particularmente relacionados com o tema THS. Não obstante, acreditamos que o estudo científico e sistemático do tema tem, principalmente, três fontes. Uma primeira, freqüentemente reconhecida como a única ou, ao menos, a mais importante, apóia-se no trabalho precoce de Salter (1949) denominado *Conditioned reflex therapy* [Terapia de reflexos condicionados], influenciado, por sua vez, pelos estudos de Pavlov sobre a atividade nervosa superior. Wolpe (1958), o primeiro autor a empregar o termo "assertivo", e, mais tarde, Lazarus (1966) e Wolpe e Lazarus (1966). Alberti e Emmons (1970), Lazarus (1971) e Wolpe (1969) deram novos impulsos à pesquisa das HS, sendo o livro de Alberti e Emmons, *Your perfect right* [Seu perfeito direito], o primeiro dedicado exclusivamente ao tema da "assertividade" (ou HS). Outros autores, como R. Eisler, M. Hersen, R. M. Mcfall e A. Goldstein, contribuíram, no início dos anos 1970, com o desenvolvimento do campo das HS e elaboraram programas de treinamento para reduzir déficits em habilidades sociais.

Uma segunda fonte é constituída pelos trabalhos de Zigler e Phillips (1960, 1961) sobre a "competência social". Essa área de pesquisa com adultos internados em instituições mostrou que quanto maior a competência social prévia dos pacientes, menor é a duração de sua internação e mais baixa a taxa de recaídas. O nível de "competência social anterior à hospitalização" demonstrou ser um fator determinante do "ajuste posterior à hospitalização", melhor que o diagnóstico psiquiátrico ou o tipo de tratamento recebido no hospital.

O movimento das HS teve, também, parte de suas raízes históricas no conceito de "habilidade" aplicado às interações homem–máquina, em que a analogia com esses sistemas implicava características perceptivas, decisórias, motoras e outras relativas ao processamento da informação. A aplicação do conceito de "habilidade" aos sistemas homem–homem deu base a numerosos trabalhos sobre as HS na Inglaterra (p. ex., Argyle, 1967, 1969; Argyle e cols., 1974*a*, 1974*b*; Argyle e Kendon, 1967; Welford, 1966).

Pode-se dizer, por conseguinte, que a pesquisa sobre as HS teve origem diferente nos Estados Unidos (as duas primeiras fontes) e na Inglaterra (a terceira fonte), e também ênfase diferente, embora tenha havido uma grande convergência nos temas, métodos e conclusões de ambos os países.

Nos Estados Unidos, deu-se a evolução de diversos termos, até chegar a "habilidades sociais". Em um primeiro momento, Salter (1949) empregou a expressão "personalidade excitatória", que mais tarde Wolpe (1958) substituiu por "comportamento assertivo". Posteriormente, alguns autores propuseram trocar o termo de Salter por outros novos, como, por exemplo, "liberdade emocional" (Lazarus, 1971), "efetividade pessoal" (Liberman e cols., 1975), "competência pessoal" etc.

Embora nenhum deles tenha prosperado, em meados dos anos 1970 o termo "habilidades sociais" (já usado na Inglaterra, embora a partir de uma perspectiva diferente) começou a ganhar forças como substituto de "comportamento assertivo". Durante bastante tempo, ambos os termos foram usados (Emmons e Alberti, 1983; McDonald e Cohen, 1981; Gambrill, 1977; Phillips, 1978; Phillips, 1985; Salzinger, 1981). Além disso, deve-se ter em conta que, com a expressão "treinamento assertivo" (p. ex., Alberti, 1977*a*, Alberti e Emmons, 1978, 1982; Emmons e Alberti, 1983; Fensterheim e Baer, 1976; Fodor, 1980; Kelley, 1979; Linehan, 1984; Smith, 1977) ou "treinamento em habilidades sociais" (p. ex., Bellack, 1979*a*; Curran, 1977*b*, 1979*a*, 1985; Eisler e Frederiksen, 1980; Gambril e Richey, 1985; Kelly, 1982; Trower, Bryant e Argyle, 1978), designa-se praticamente o mesmo conjunto de elementos de tratamento e o mesmo grupo de categorias comportamentais a treinar. Consideramos um terceiro termo, "terapia de aprendizagem estruturada", equivalente aos anteriores, mas não nos estendemos a respeito dele, já que é usado apenas pela A. P. Goldstein e seus colaboradores (Goldstein, 1973; Goldstein, 1981; Goldstein e cols., 1976; Goldstein e cols., 1981; Goldstein e cols., 1985). Para nós, os termos "assertividade" ou "habilidades sociais", por um lado, e "treinamento assertivo" ou "treinamento em habilidades sociais" por outro, são equivalentes, até prova em contrário. Não obstante, tenderemos a empregar "habilidades sociais" por ser mais difundido e porque muitos autores consideram que o constructo da "asserção" deveria ser eliminado (p. ex., Galassi, Galassi e Vedder, 1981; Galassi, Galassi e Fulkerson, 1984; Rathus, Fox e Cristofaro, 1979), embora nem todo mundo esteja de acordo com isso (p. ex., Schroeder e Rakos, 1983). Também têm sido utilizados como sinônimos, com certa freqüência, os termos "habilidades sociais" e "competência social". Porém, parece que ultimamente há a intenção de separá-los para designar aspectos diferentes do campo das HS (McFall, 1982; Trower, 1982). No item 1.4 trataremos mais a fundo esse tema.

1.2. CONCEITO DE HABILIDADE SOCIAL

Definir o que é um comportamento socialmente hábil apresenta grandes problemas. Foram dadas inúmeras definições, sem que se tenha chegado a um acordo explícito sobre o que constitui um comportamento socialmente hábil. Meichenbaum, Butler e Grudson (1981) afirmam que é impossível desenvolver uma definição consistente de competência social, uma vez que esta é parcialmente dependente do contexto mutável. A habilidade social deve ser considerada dentro de um contexto cultural determinado, e os padrões de comunicação variam de forma ampla entre culturas e dentro de uma mesma cultura, dependendo de fatores como idade, sexo, classe social e educação. Além disso, o grau de eficácia apresentado por uma pessoa dependerá do que deseja conseguir na situação específica em que se encontre. O comportamento considerado apropriado em uma situação pode ser, obviamente, impróprio em outra. O indivíduo leva à situação, também, suas próprias atitudes, valores, crenças, capacidades cognitivas e um estilo único de interação (Wilkinson e Canter, 1982). Portanto, não pode haver um "critério" absoluto de habilidade social. Porém, "parece que todos sabemos, de maneira intuitiva, o que são habilidades sociais" (Trower, 1984, p. 49). Embora, em contextos experimentais, seja possível demonstrar que é mais provável que determinados comportamentos conquistem um objetivo concreto, uma resposta competente é, normalmente, aquela que as pessoas consideram apropriada para um indivíduo em uma situação específica. Do mesmo modo, não pode haver *uma* maneira correta de se comportar que seja universal, mas uma série de enfoques diferentes que podem variar de acordo com o indivíduo. Assim, duas pessoas podem comportar-se de maneiras totalmente diferentes em uma mesma situação, ou a mesma pessoa pode agir de maneiras diferentes em duas situações similares, e tais respostas podem representar o mesmo grau de habilidade social. Por conseguinte, o comportamento socialmente hábil deveria ser definido, para alguns autores, em termos da eficácia de sua função em uma situação, em vez de em termos de sua topografia (p. ex., Argyle, 1981, 1984; Kelly, 1982; Linehan, 1984), embora os problemas de usar as conseqüências como critério tenham-se feito repetidamente evidentes (Arkowitz, 1981; Schoeder e Rakos, 1983): comportamentos que são avaliados consensualmente como inábeis (p. ex., dizer bobagens) ou anti-sociais (p. ex., a agressão física) podem ser, de fato, reforçados. Linehan (1984) assinala que podem ser identificados três tipos básicos de conseqüências:

1. A eficácia para atingir os objetivos da resposta (*eficácia nos objetivos*).
2. A eficácia para manter ou melhorar a relação com o outro na interação (*eficácia na relação*).
3. A eficácia para manter a auto-estima das pessoas socialmente hábeis (*eficácia no respeito próprio*).

"O valor desses objetivos – continua Linehan (1984) – varia com o tempo, as situações e os agentes. Quando um cliente tenta devolver uma mercadoria defeituosa a uma loja, a *eficácia no objetivo* (conseguir que a mercadoria seja trocada ou que o dinheiro seja devolvido) pode ser mais importante que a *eficácia na relação* (manter uma relação positiva com o encarregado da loja). Ao tentar fazer com que nosso(a) melhor amigo(a) vá assistir a determinado filme, a eficácia na relação (manter a relação íntima) pode ser mais importante que o objetivo (conseguir que o(a) amigo(a) vá ao cinema)" (p. 151).

Não obstante, tanto o conteúdo quanto as conseqüências dos comportamentos interpessoais deveriam ser levados em conta em qualquer definição de habilidade social (Arkowitz, 1981). Começando com determinada idéia do que pode constituir o conteúdo do comportamento socialmente hábil e avaliando as conseqüências desses comportamentos, podemos obter alguma estimativa do grau de habilidade social. Em geral, espera-se que o comportamento social hábil gere mais reforço positivo que castigo. Em termos clínicos, é importante avaliar tanto o que as pessoas fazem quanto as reações que seu comportamento provoca nos demais.

A seguir, expomos uma série de definições de habilidade social/comportamento assertivo que encontramos em nossa revisão da literatura sobre HS. Comportamento socialmente hábil foi definido como:

"A capacidade complexa de emitir comportamentos que são reforçados positiva ou negativamente, e de não emitir comportamentos que são punidos ou extintos pelos demais" (Libert e Lewinsohn, 1973, p. 304).

"O comportamento interpessoal que implica a honesta e relativamente direta expressão de sentimentos" (Rimm, 1974, p. 81).

"A habilidade de buscar, manter ou melhorar o reforço de uma relação interpessoal através da expressão de sentimentos ou desejos, quando essa expressão corre o risco de perda de reforço ou, inclusive, castigo" (Rich e Schroeder, 1976, p. 1.082).

"A capacidade de expressar interpessoalmente sentimentos positivos e negativos sem apresentar como resultado uma perda de reforço social" (Hersen e Bellack, 1977, p. 152).

"A expressão adequada, dirigida a outra pessoa, de qualquer emoção que não seja a resposta de ansiedade" (Wolpe, 1977, p. 96).

"O comportamento que permite a alguém agir de acordo com seus interesses mais importantes, defender-se sem ansiedade inapropriada, expressar de maneira confortável sentimentos honestos ou exercer os direitos pessoais sem negar os direitos de outrem" (Alberti e Emmons, 1978, p. 2).

"A expressão manifesta das preferências (por meio de palavras ou ações) de um modo tal que faça com que os outros as levem em conta" (McDonald, 1978, p. 889).

"O grau em que uma pessoa pode comunicar-se com os demais de modo a satisfazer os próprios direitos, necessidades, prazeres ou obrigações até um nível razoável, sem prejudicar os direitos, necessidades, prazeres ou obrigações similares do outro, e compartilhar esses direitos etc. com os demais, em um intercâmbio livre e aberto" (Phillips, 1978, p. 13).

"Um conjunto de comportamentos sociais dirigidos a um objetivo, inter-relacionados, que podem ser aprendidos e estão sob o controle do indivíduo" (Hargie, Saunders e Dickson, 1981, p. 13).

"Um conjunto de comportamentos identificáveis, aprendidos, empregados pelos indivíduos nas situações interpessoais para obter ou manter o reforço de seu ambiente" (Kelly, 1982, p. 3).

"A capacidade complexa para emitir comportamentos ou padrões de resposta que otimizem a influência interpessoal e a resistência à influência social não desejada (eficácia nos objetivos), enquanto, ao mesmo tempo, otimizem os ganhos e minimizem as perdas na relação com o outro (eficácia na relação) e mantenham a própria integridade e sensação de domínio (eficácia no respeito próprio)" (Linehan, 1984, p. 153).

Por outro lado, Trower, Bryant e Argyle (1978) assinalam que "uma pessoa pode ser considerada socialmente inadequada se for incapaz de afetar o comportamento e os sentimentos dos demais do modo como o tenta e a sociedade o aceita" (p. 2).

Ao longo de todas essas definições, vemos que as primeiras ressaltam o *conteúdo;* logo, uma série delas considera o *conteúdo* e as *conseqüências*, e, finalmente, há outras que julgam somente as *conseqüências* do comportamento. O conteúdo refere-se, principalmente, à *expressão* do comportamento (opiniões, sentimentos, desejos etc.), enquanto as conseqüências fazem alusão, principalmente, ao *reforço social.* Do nosso ponto de vista, consideramos que é necessário levar em conta tanto o conteúdo quanto as conseqüências ao definir o comportamento socialmente hábil. O fim não justifica os meios! Propomos uma definição que ressalte o conceito de "expressão" e não esqueça o reforço, mas sem que seja condição *sine qua non.* Consideramos que: "o comportamento socialmente hábil é esse conjunto de comportamentos emitidos por um indivíduo em um contexto interpessoal que expressa sentimentos, atitudes, desejos, opiniões ou direitos desse indivíduo de modo adequado à situação, respeitando esses comportamentos nos demais, e que geralmente resolve os problemas imediatos da situação enquanto minimiza a probabilidade de futuros problemas" (Caballo, 1986).

1.3. CLASSES DE RESPOSTA

Embora no item anterior tenhamos ressaltado que não existe uma definição genericamente aceita, há um acordo geral sobre o que representa o conceito das HS. O uso explícito do termo *habilidades* significa que a conduta interpessoal consiste em um conjunto de capacidades aprendidas de atuação (Bellack e Morrison, 1982; Curran e Wessberg, 1981; Kelly, 1982). Enquanto os modelos de personalidade pressupõem uma capacidade mais ou menos inerente para atuar de forma eficaz, o modelo comportamental enfatiza: 1. que a capacidade de resposta deve ser adquirida, e 2. que consiste em um conjunto identificável de capacidades específicas. Além disso, a probabilidade de ocorrência de qualquer habilidade em qualquer situação crítica está determinada por fatores ambientais, variáveis da pessoa e a interação entre ambos. Por conseguinte, uma adequada conceitualização do comportamento socialmente hábil implica a especificação de três componentes da habilidade social: uma dimensão comportamental (tipo de habilidade), uma dimensão pessoal (as variáveis cognitivas) e uma dimensão situacional (o contexto ambiental). Neste item, consideraremos principalmente a dimensão comportamental, enquanto as dimensões pessoal e situacional serão examinadas nas seções 2.2 e 6.7, respectivamente. Diferentes situações requerem condutas diversas. Os tipos de respostas necessárias para "bater um bom papo" são consideravelmente diferentes dos tipos de respostas necessárias para a "manutenção de uma relação íntima". Com Alberti (1977*b)* temos de dizer que a habilidade social:

a. É uma característica do comportamento, não das pessoas.

b. É uma característica específica à pessoa e à situação, não universal.

c. Deve ser contemplada no contexto cultural do indivíduo, assim como em termos de outras variáveis situacionais.

d. Está baseada na capacidade de um indivíduo escolher livremente sua ação.

e. É uma característica da conduta socialmente eficaz, não danosa.

Para Van Hasselt e cols. (1979), três são os elementos básicos das HS:

a. As HS são específicas às situações. O significado de uma determinada conduta variará, dependendo da situação em que tenha lugar.

b. A efetividade interpessoal é julgada segundo as condutas verbais e não-verbais praticadas pelo indivíduo. Além disso, essas respostas são aprendidas.

c. O papel da outra pessoa é importante e a eficácia interpessoal deveria supor a capacidade de se comportar sem causar dano (verbal ou físico) aos demais.

Lazarus (1973) foi um dos primeiros a estabelecer, a partir de uma posição de prática clínica, os principais tipos de resposta ou dimensões comportamentais que abrangiam as habilidades sociais/asserção. Eram quatro:

1. A capacidade de dizer "não".
2. A capacidade de pedir favores e fazer pedidos.
3. A capacidade de expressar sentimentos positivos e negativos.
4. A capacidade de iniciar, manter e terminar conversações.

Os tipos de resposta propostos posteriormente, e já a partir de um ponto de vista empírico, giraram, curiosamente, em torno desses quatro tipos de resposta. As dimensões comportamentais mais comumente aceitas foram as seguintes:

1. *Fazer elogios* (Furnham e Henderson, 1984; Galassi e Galassi, 1977*a,* Liberman e cols., 1977*b;* Michelson e cols., 1984; Rathus, 1975; Rinn e Markle, 1979).
2. *Aceitar elogios* (Bucell, 1979; Furnham e Henderson, 1984; Galassi e Galassi, 1977*a,*. Michelson e cols., 1986; Rathus, 1975; Rinn e Markle, 1979).
3. *Fazer pedidos* (Furnham e Henderson, 1984; Galassi e Galassi, 1977*a,* Gay e cols., 1986; Liberman e cols., 1977*b,* Michelson e cols., 1986).
4. *Expressar amor, agrado e afeto* (Bucell, 1979; Galassi e Galassi, 1977*a;* Gambrill e Richey, 1975; Gay e cols., 1975; Michelson e cols., 1986; Rathus, 1975; Rinn e Markle, 1979; Tyler e Tapsfield, 1984).
5. *Iniciar e manter conversações* (Bucell, 1979; Furnham e Henderson, 1984; Galassi e Galassi, 1977*a;* Gambrill e Richey, 1975; Gay e cols., 1975; Lange e Jakubowski, 1976; Liberman e cols., 1977*b;* Lorr e More, 1981; Michelson e cols., 1986; Rinn e Markle, 1979).
6. *Defender os próprios direitos* (Furnham e Henderson, 1984; Galassi e Galassi, 1977*a;* Gay e cols., 1975; Lorr e More, 1980; Michelson e cols., 1986; Rathus, 1975; Tyler e Tapsfield, 1984).
7. *Recusar pedidos* (Bucell, 1979; Furnham e Henderson, 1984; Galassi e Galassi, 1977*a;* Gambrill e Richey, 1975; Gay e cols., 1975; Lange e Jakubowski, 1976; Liberman e cols., 1977*a;* Michelson e cols., 1986; Rinn e Markle, 1979).
8. *Expressar opiniões pessoais, inclusive o desacordo* (Bucell, 1979; Furnham e Henderson, 1984; Galassi e Galassi, 1977*a;* Gambrill e Richey, 1975; Gay e cols., 1975; Lange e Jakubowski, 1976; Michelson e cols., 1986; Rathus, 1975; Rinn e Markle, 1979).

9. *Expressar incômodo, desagrado ou enfado justificados* (Furnham e Henderson, 1984; Galassi e Galassi, 1977*a*,. Gambrill e Richey, 1975; Gay e cols., 1975; Lange e Jakubowski, 1976; Michelson e cols., 1986; Rinn e Markle, 1979).
10. *Pedir a mudança de conduta do outro* (Bucell, 1979; Furnham e Henderson, 1984; Michelson e cols., 1986; Rinn e Markle, 1979).
11. *Desculpar-se* ou *admitir ignorância* (Bucell, 1979; Furnham e Henderson, 1984; Gambrill e Richey, 1975).
12. *Enfrentar as críticas* (Furnham e Henderson, 1984; Gambrill e Richey, 1975; Lange e Jakubowski, 1976; Liberman e cols., 1977*b)*.

Embora esses tenham sido os tipos de resposta mais aceitos, foram propostos outros como a *independência* (Lorr e cols., 1979, 1980, 1981), a *resistência às tentações* e a *resposta a um intercâmbio* (Furnham e Henderson, 1984), o *dar e receber retroalimentação* (Lange e Jakubowski, 1976), a *realização de entrevista de emprego, dar reforço ao outro ao manter uma conversação e regular a entrada ou saída nos grupos sociais* (Liberman e cols., 1977*b)*.

Acreditamos que as doze dimensões comportamentais que acabamos de expor são as mais básicas, às quais acrescentaremos a habilidade de *solicitar satisfatoriamente um trabalho* e a habilidade de *falar em público*. Finalmente, esses tipos de comportamentos devem ser efetivados por um determinado indivíduo (em que intervirão as variáveis da pessoa) em um entorno particular (onde será preciso levar em conta as variáveis da situação).

1.4. ESTABELECIMENTO DE UM MODELO DAS HABILIDADES SOCIAIS

Não há dados definitivos sobre como e quando se aprendem as HS, mas a infância é, sem dúvida, um período crítico. Já foi dito que as crianças podem nascer com uma tendência temperamental (ao longo de um contínuo, no qual os pólos extremos seriam a inibição e a espontaneidade) e que sua manifestação comportamental estaria relacionada com uma tendência fisiológica herdada que poderia mediar a forma de responder. Desse modo, as primeiras experiências de aprendizagem poderiam interagir com predisposições biológicas para determinar certos padrões relativamente consistentes de funcionamento social em, pelo menos, alguns jovens e em, ao menos, uma parte significativa de sua infância (Morrison, 1990). Por seu lado, Buck (1991) considera que o temperamento[1] (nesse caso, a *expressividade*

[1] O *temperamento* seria definido como uma disposição inata baseada em mecanismos neurais e/ou hormonais (Thomas e cols., 1970, em Buck, 1991).

emocional espontânea) determina a natureza do *ambiente* socioemocional interpessoal em muitos aspectos e, dessa forma, determina também a facilidade para a aprendizagem; com as demais condições iguais, o indivíduo emocionalmente expressivo tende a criar para ele um ambiente social e emocionalmente mais rico. O temperamento determinaria a expressividade geral do indivíduo, ao menos inicialmente, e esse nível de expressividade teria importantes implicações sociais e emocionais. A criança expressiva proporcionaria mais informação aos demais sobre seu (da criança) estado emocional/motivacional, obteria mais retroalimentação dos demais sobre seu (da criança) estado emocional e conseguiria mais informação sobre os demais (ao fomentar mais expressão por parte da[s] outra[s] pessoa[s]). Isso, por sua vez, facilitaria o desenvolvimento das habilidades sociais e fomentaria a competência social (Buck, 1991).

Kagan e Snidman (1991) estudaram o temperamento infantil que eles chamam de "inibição comportamental diante do não-familiar". Esses pesquisadores observaram que aproximadamente 15% das crianças mostravam um padrão comportamental bastante estereotipado de distanciamento extremo, timidez e passividade quando expostas a pessoas, objetos ou situações não-familiares. São características, também, as mudanças fisiológicas indicativas do aumento da reatividade autônoma. Pelo contrário, outros 30% das crianças eram "comportamentalmente desinibidos", isto é, mostravam o padrão oposto de conduta sociável, ativa e exploratória em novas situações. Essas crianças desinibidas parecem desfrutar do desafio do não-familiar e não mostram sinais de aumento da reatividade autônoma. Porém, a menos que sejam expostas ao não-familiar, as crianças inibidas e não-inibidas são indiferenciáveis. Esses dois tipos de temperamento parecem ser razoavelmente estáveis ao longo dos primeiros sete anos de vida. Além disso, a manifestação de altos *versus* baixos níveis de atividade motora e da atitude de chorar diante dos estímulos não-familiares podem predizer o temperamento inibido *versus* o desinibido aos 24 meses.

A implicação para a aquisição e o desenvolvimento das habilidades sociais em crianças que tenham nascido com tendência a se comportar de uma maneira ou outra é relativamente clara. As crianças mais inibidas disporão de menos oportunidades de aprender e praticar condutas sociais, e provavelmente receberão menos reforços, sob a forma de elogios, sorrisos, carícias etc. por parte das pessoas a seu redor. Possivelmente, às crianças mais desinibidas ocorra o contrário, estando expostas a interações sociais nas quais o comportamento dos outros será mais agradável e recompensador e mais expressivo (retroalimentador) diante da conduta manifestada por tais crianças.

Falou-se, inclusive, que a motivação subjacente à competência social poderia implicar os opiáceos endógenos. Panksepp e Sahley (1987) sugeriram que o comportamento e a motivação sociais estão determinados pela atividade opiácea do cérebro e que uma disfunção dessa atividade estaria implicada no autismo infantil. Se isso fosse correto – assinala Buck – "indicaria que a falta de habilidades sociais encontrada no autismo deve-se a uma falta de motivação básica para a comunicação e o contato sociais" (p. 87).

Porém, embora nos casos extremos a influência das predisposições biológicas possa ser um determinante básico do comportamento, especialmente das primeiras experiências sociais (que, por sua vez, podem influir dramaticamente no desenvolvimento posterior da vida social do indivíduo), é provável que, na maioria das pessoas, o desenvolvimento das HS dependa *principalmente* da maturidade e das experiências de aprendizagem (Argyle, 1969). Buck (1991) assinala que a competência social de um adulto estará relacionada com fatores temperamentais e com a experiência em determinada situação, e que o grau dessa relação deve variar segundo a situação. Quanto mais experiência tenha um indivíduo em uma situação, mais seu comportamento social dependerá do que tenha aprendido a fazer nessa situação e menor será a contribuição aparente do temperamento. Em outras palavras, se a pessoa possui muita experiência em determinada situação, o temperamento não será um elemento determinante de sua conduta. Pelo contrário, se uma situação é nova para uma pessoa que não sabe muito sobre ela, o temperamento deveria ser o fator determinante mais importante. A expressividade espontânea estaria relacionada com sua capacidade para adaptar-se a novas situações, para enfrentar o novo e o inesperado (Buck, 1991).

Bellack c Morrison (1982) pensam que a explicação mais aceitável para a aprendizagem precoce da conduta social é oferecida pela teoria da aprendizagem social. O fator mais crítico parece ser a *modelação.* As crianças observam seus pais interagindo com eles, assim como com outras pessoas, e aprendem esse comportamento. Tanto as condutas verbais (p. ex., temas de conversação, fazer perguntas, produzir informação) como as não-verbais (p. ex., sorrisos, entonação da voz, distância interpessoal) podem ser aprendidas dessa maneira. O ensino direto (isto é, a instrução) é outro veículo importante para a aprendizagem. Frases como: "peça desculpas", "não fale com a boca cheia", "lave as mãos antes de comer" etc. modelam a conduta social. Também as respostas sociais podem ser *reforçadas* ou *punidas,* o que faz com que aumentem e se aperfeiçoem certos comportamentos, e diminuam ou desapareçam outros. Além disso, a oportunidade para *praticar* o comportamento em uma série de situações e o desenvolvimento das *capacidades cognitivas* são outros dois procedimentos que parecem estar implicados na aquisição das HS (Trower, Bryant e Argyle, 1978). A pesada carga do funcionamento social defeituoso na idade adulta (ou a fortuna de uma habilidade social apropriada) não depende inteiramente dos pais. "Os pares são

Quadro 1.1. *Modelo das habilidades sociais de McFall* (1982) *adaptado às necessidades da avaliação e do treinamento*

História pregressa	Motivação, Objetivos	Tarefa

↓

Habilidades de decodificação	*Avaliação*	*Treinamento*
Recepção Percepção Interpretação	Quem está na cena? Onde se dá a situação? O que disseram os outros na cena? Quem quer o quê de quem? Que emoções foram expressas? etc.	Treinamento em percepção social Modificação de atitudes Técnicas de reestruturação cognitiva
Habilidades de decisão		
Busca da resposta Comprovação da resposta Seleção da resposta Busca no repertório Avaliação de sua utilidade	Definir direitos, responsabilidades e objetivos a curto e longo prazo Gerar alternativas de resposta Antecipar e avaliar as conseqüências a curto e longo prazo Escolher uma resposta	Treinamento em habilidades de solução de problemas Treinamento em auto-instruções
Habilidades de codificação		
Execução Auto-observação	Conteúdo verbal Componentes não verbais Contexto e ocasião Reciprocidade	Treinamento em habilidades sociais Práticas ao vivo Técnicas de autocontrole

importantes modelos e fontes de reforço, especialmente durante a adolescência. Os costumes sociais, moda e estilo de vestir, e a linguagem mudam durante a vida de uma pessoa; portanto, é preciso continuar aprendendo, a fim de continuar socialmente hábil. Com relação a isso, as habilidades sociais também podem perder-se pela falta de uso, depois de longos períodos de isolamento. A atuação social pode também ser inibida ou impedida por distúrbios cognitivos e afetivos (p. ex., ansiedade e depressão)" (Bellack e Morrison, 1982, p. 720).

Desde muito tempo, tratou-se de construir um modelo das HS que servisse à pesquisa sobre o tema e guiasse, de certa maneira, os esforços aplicados nesse campo (p. ex., Argyle e Kendon, 1967). Ultimamente, têm ocorrido algumas tentativas de estabelecer um modelo geral das HS (McFall, 1982; Meichenbaum, Butler e Gruson, 1981; Trower, 1982). Os trabalhos de McFall e de Trower mereceram especial atenção, trabalhos que Schroeder e Rakos (1983) denominam "interativos"; trabalhos que tentaram ser mais amplos que os conceitos do modelo operante nas seguintes características (Schroeder e Rakos, 1983):

1. Avaliam-se as conseqüências e levam-nas em conta com as avaliações das condutas que conduzem às conseqüências (validade social).
2. Ampliou-se o conteúdo das habilidades efetivas para incluir os componentes encobertos, assim como as manifestações da resposta total.
3. As descrições molares e moleculares do comportamento são substituídas pelo "comportamento que se encontra enquadrado em", e somente pode ser compreendido por meio de um contexto social específico e determinado.
4. A influência das "pessoas-nas-situações" está substituindo o falso tema de característica-situação.

Os modelos são denominados interativos a partir de Mischel (1973), porque enfatizam o papel das variáveis ambientais, as características pessoais (ainda que não "peculiaridades") e as interações entre elas para produzir o comportamento. Em um contexto mais geral, Bandura (1978) argumentou que a pessoa, o ambiente e o comportamento constituem importante contribuição relativa às variáveis fundamentais que devem ser consideradas para compreender e determinar a atuação adequada. Embora os dois modelos, McFall (1982) e Trower (1982), sejam bastante similares, consideraremos mais detidamente o primeiro deles. O quadro 1.1 (Caballo, 1986) descreve esse modelo adaptado às concepções práticas da avaliação e do tratamento.

Uma resposta socialmente hábil seria o resultado final de uma cadeia de condutas que começaria com uma recepção correta de estímulos interpessoais relevantes, continuaria com o processamento flexível desses estímulos para gerar e avaliar as possíveis opções de resposta, das quais se selecionaria a melhor, e terminaria com a emissão apropriada ou expressão manifesta da opção escolhida (Robinson e Calhoun, 1984; Curran e cols., 1985).

Analisando com um pouco mais de precisão o modelo, Schlundt e McFall (1985) assinalam que a *decodificação* dos estímulos situacionais de entrada *(input)* necessita da recepção da informação pelos órgãos dos sentidos, a identificação perceptiva dos traços estimuladores importantes da situação e a interpretação desses traços dentro de um quadro de conhecimento existente.

O estágio de *tomada de decisões* tem como estímulo de entrada *(input)* uma interpretação situacional e devolve como estímulo de saída *(output)* uma proposição de resposta que o indivíduo acredita ser a mais eficaz e a menos difícil ao tratar com a tarefa-estímulo. Presumivelmente, o processo de tomada de decisões implica o emprego da transformação da informação e o uso das regras de contingência (regras que associam ações específicas com circunstâncias) armazenadas na memória a longo prazo.

O estágio da *codificação* da seqüência do processamento da informação, implica a tradução de um programa de proposições de resposta a uma seqüência coordenada de condutas observáveis. A execução de um programa de respostas requer, também, um processo de retroalimentação em marcha, no qual a forma e o impacto das condutas específicas comparam-se com a forma e o impacto esperados, e fazem-se ajustes sutis com o fim de maximizar a correspondência. Assim, a execução (geração de seqüências de condutas) e a auto-observação (ajuste baseado na retroalimentação) são subcomponentes das habilidades de codificação. Nesse modelo de McFall (1982) não se consideram as habilidades e a competência como expressões intercambiáveis. *Competência* emprega-se como um termo avaliador geral que se refere à qualidade ou à adequação da atuação total de uma pessoa em determinada tarefa. Para ser avaliado como competente, uma execução não precisa ser excepcional; precisa somente ser adequada. As *habilidades,* porém, são as capacidades específicas requeridas para executar de forma competente uma tarefa (também, p. ex., Hops, 1983; Trower, 1982). Essas habilidades podem ser inatas ou adquiridas por meio de treinamento e prática. As habilidades são específicas e deveriam ser determinadas nos termos mais concretos possíveis. Tal definição implica que é possível que uma pessoa incompetente tenha algumas, mas não todas, das habilidades requeridas para executar de maneira competente uma dada tarefa. A definição implica, também, que uma pessoa que execute uma tarefa necessariamente tem todas as habilidades requeridas para fazê-lo. A chave, ao falar de "competência", é que o termo se refere a uma generalização avaliadora, enquanto o termo "habilidades" refere-se a capacidades específicas. *Social* é um adjetivo empregado para qualificar os termos competência e habilidades. Esse adjetivo refere-se ao fato de que nosso interesse na conduta de uma pessoa dá-se a partir de uma perspectiva social.

Por outro lado, a conduta social conceitualiza-se sobre as bases da reciprocidade e da influência mútua. Não somente o indivíduo encontra-se influenciado pelas respostas dos demais; ele ajuda, também, a criar seu ambiente social ao exercer influência sobre os outros para que modifiquem sua conduta (Eisler e Frederiksen, 1980; Franks, 1982). "Como os outros nos tratam é, em grande medida, um reflexo de nosso comportamento para com eles" (Snyder e cols., 1977, em Trower, 1981, p. 102). O indivíduo é considerado um "agente" *ativo*, isto é, busca e processa a informação, gera observações e controla suas ações com a finalidade de atingir os objetivos (Trower, 1982, 1984; Trower e O'Mahoney, 1978).

Os problemas mais freqüentes que se podem encontrar no indivíduo ao longo das diferentes fases do modelo que estamos considerando, resumir-se-iam como segue (Trower, 1984; Trower, Bryant e Argyle, 1978; Trower e O'Mahoney, 1978):

1ª Fase. *Motivação, objetivos, planos*

O fracasso nessa etapa pode ocorrer por várias razões:

a. Os objetivos podem ser contraditórios.
b. Os objetivos podem estar suprimidos ou extintos.
c. Os objetivos transformam-se devido ao seu bloqueio.
d. As habilidades cognitivas requeridas para a planificação podem ser inadequadas.

2ª Fase. *Habilidades de decodificação*

As formas de fracasso dessa fase podem ser as seguintes:

a. Evitação perceptiva devida à ansiedade.
b. Baixo nível de discriminação e precisão.
c. Erros sistemáticos.
d. Estereótipos imprecisos ou abuso deles.
e. Erros de atribuição.
f. Efeito de halo.

3ª Fase. *Habilidades de decisão*

Aqui podemos encontrar problemas como os seguintes:

a. Fracasso em considerar alternativas.
b. Fracasso em discriminar ações eficazes e apropriadas das não-apropriadas.
c. Tomar decisões demasiado lentamente ou não tomá-las de jeito nenhum.
d. Fracasso em adquirir o conhecimento correto para tomar decisões.
e. Tendência a tomar decisões negativas.

4ª Fase. *Habilidades de codificação*

As dificuldades nessa etapa podem ser decorrentes, no *primeiro passo,* de:

a. Déficits em habilidades comportamentais do repertório do indivíduo.
b. Ansiedade condicionada que bloqueia a execução.
c. Distorções cognitivas (referentes a alguma das três fases anteriores).

d. Carência de atrativo físico (especialmente quando estão implicadas as habilidades heterossociais).

No *segundo passo,* podem encontrar-se problemas ao dar retroalimentação (se fosse ao recebê-la, implicaria a segunda fase). Problemas como os seguintes:

a. Carência de retroalimentação, devido à falta de habilidade, ou retirada por alguma determinada razão.
b. Retroalimentação errônea ou pouco realista.

A maior parte da pesquisa em HS, tanto na avaliação como no treinamento, foi dirigida a essa quarta fase, com o conseqüente esquecimento das anteriores. Não obstante, nos últimos anos deu-se um incremento na pesquisa das outras etapas do modelo, como veremos no item dedicado ao estudo dos componentes cognitivos (2.2). Finalmente, resenharemos que alguns estudos tentaram verificar algumas partes do modelo de McFall. Merece especial menção o de Robinson e Calhoun (1984), no qual os resultados correlacionais parecem apoiar uma explicação que se resumiria assim: uma cadeia de acontecimentos cognitivos precede as respostas que resolvem habilmente uma interação interpessoal, e qualquer erro na cadeia pode aumentar a probabilidade de uma resposta final pouco hábil. Por exemplo, os resultados sugerem que as pessoas capazes de gerar soluções complexas para problemas interpessoais são mais hábeis em predizer a resposta que receberão. Por sua vez, Fingeret e Paxson (1985) concluíram que as medidas de decodificação e juízo da percepção social eram inferiores em uma amostra de pacientes psiquiátricos que em outra de não-pacientes.

2. Elementos Componentes da Habilidade Social

Dentro das ciências sociais existe o problema molar-molecular em qualquer procedimento de avaliação (Kerlinger, 1973). A concepção comportamental da habilidade social enfatizou esses dois mesmos níveis de análise. As *categorias molares* são tipos de habilidade geral, como a defesa dos direitos, a habilidade heterossocial ou a capacidade de atuar com eficácia nas entrevistas trabalhistas. Supõe-se que cada uma dessas habilidades gerais depende do nível e da forma de uma variedade de *componentes moleculares* de resposta, como o contato visual, o volume da voz ou a postura. Essa análise a dois níveis foi uma fonte de considerável confusão sobre o que deveria ser avaliado concretamente. Alguns pesquisadores obtiveram avaliações das categorias globais, outros mediram componentes específicos e outros avaliaram os dois. O enfoque molar evita avaliações objetivas, específicas, em favor de avaliações gerais, subjetivas. Os juízes empregam tipicamente escalas de 5, 7, 9 ou 11 pontos. Suas impressões subjetivas proporcionam uma medida de como o indivíduo gera impacto nos demais. Essas avaliações tendem a corresponder melhor a critérios externos, mas têm uma fidedignidade mais baixa que as avaliações moleculares. Sua principal desvantagem consiste em que não indicam o que é que, especificamente, o indivíduo está fazendo bem ou mal. Tampouco especificam se os juízes se concentravam na eficácia, na qualidade da resposta ou em sua reação pessoal a ela. Mas, dado que o propósito da avaliação e do treinamento estão ligados, em última instância, a como os indivíduos afetam os outros, as avaliações qualitativas são fundamentais (Bellack e Morrison, 1982; Conger e Conger, 1982; Curran e cols., 1984), proporcionando uma medida de validação social (Kazdin, 1977; Wolf, 1978). Não obstante, "embora aceitemos que a conduta social é complexa, no sentido de que o todo é maior que a soma de suas partes, é importante reconhecer que não existe independentemente de suas partes" (Conger e Conger, 1981, p. 328).

O enfoque molecular está intimamente unido ao modelo comportamental da habilidade social. A conduta interpessoal divide-se em elementos componentes específicos. Esses elementos são medidos de forma altamente objetiva (p. ex., número de sorrisos e número de segundos de contato visual). Essas medidas são altamente confiáveis e têm uma boa validade aparente. Porém, há alguns problemas importantes com esse enfoque. A questão mais séria refere-se a: em que grau é significativo medir essas características de respostas estáticas, discretas? O impacto social está determinado não pelo número de segundos de contato visual ou pelo número de perturbações da fala, mas por um complexo padrão de respostas que têm lugar em conjunção com as da outra pessoa na interação. Dessa maneira, a estratégia molecular de medição poderia produzir um bonito conjunto de dados, mas sem valor. Outra questão é que elementos moleculares constituem determinada conduta molar. Os componentes selecionados o foram normalmente segundo sua validade aparente (Bellack, Hersen e Turner, 1976, 1978; Eisler, Hersen e Miller, 1973; Eisler e cols., 1975; Eisler, Miller e Hersen, 1973; Hersen e cols., 1979*a,* 1979*b,* Serber, 1972) e não sobre uma base empírica. Apenas ultimamente é que se começou a analisar as habilidades sociais de forma sistemática, em um esforço por determinar com precisão que elementos de resposta são críticos (Aronov, 1981; Conger, Wallander, Mariotto e Ward, 1980; Conger e Conger, 1982; Conger e Farrell, 1981; Kupke e cols., 1979*b;* Romano e Bellack, 1980; Royce, 1982). Outros autores selecionaram os elementos componentes da conduta hábil tomando como fonte a psicologia social e, mais concretamente, baseando-se nos estudos realizados no campo da comunicação interpessoal, estudos experimentais que mostraram a importância de determinados elementos verbais e não-verbais no campo da interação social (Argyle, Bryant e Trower, 1974; Argyle, Trower e Bryant, 1974; Bryant e cols., 1976; Trower, 1980*b,* Trower, Bryant e Argyle, 1978). Uma terceira questão trata o tema de como se relacionam entre si os componentes moleculares para produzir uma conduta molar hábil. Apesar desses e outros problemas, acreditamos que o enfoque molecular é uma estratégia indispensável para a pesquisa das HS. Embora, como assinalam Bellack e Morrison (1982), o enfoque molecular poderá resultar mais útil quando soubermos mais sobre o que é que determina o impacto das condutas interpessoais e quando construirmos uma estratégia de avaliação socialmente válida. Por tudo isso, até que sejam resolvidos os problemas com os enfoques molar e molecular, deveriam ser empregados os dois procedimentos conjuntamente.

Alguns autores assinalam que a estratégia mais útil seria um terceiro enfoque, que recolheria o melhor dos juízos globais (como é a relevância clínica) e das medidas moleculares ou "micros" (isto é, a especificidade metodológica). Esse compromisso denomina-se medição de *nível intermediário* (Conger e cols., 1980; Conger e Conger, 1982; Farrell e cols., 1985; Kolko e Milan, 1985; Monti e cols., 1984*a,* 1984*b).* Habilidades desse nível seriam a expressão facial, a voz, a postura etc. Apesar da ênfase que se tem dado ao emprego desse tipo de avaliação, a realidade é que essas chamadas "habilidades de nível intermediário" já vinham sendo avaliadas há tempos (Bryant e cols., 1976; Trower, 1980*b*, Trower, Bryant e Argyle, 1978), muitas vezes sob a denominação de elementos moleculares (Alberti e Emmons, 1987; Kelly, 1982; Rich, 1976; Jerrelman e cols., 1986; Chiauzzi e cols., 1985; Spitzberg e Cupach, 1985).

Na exposição que acabamos de realizar sobre os componentes das HS pôde-se observar que, basicamente, foram tomados como referência os elementos *comportamentais,* observáveis. Essa ênfase na conduta observável é também uma ênfase da terapia de comportamento, e a maior parte da literatura sobre as HS está orientada nesse sentido. Não obstante, e o mesmo acontece também na terapia de comportamento, desde alguns anos, tem-se dado um progressivo auge na consideração da conduta encoberta, isto é, pensamentos, crenças, processos cognitivos etc. dos indivíduos (Kendall, 1983; Kendall e Hollon, 1981; Merluzzi, Glass e Genest, 1981). Os elementos cognitivos básicos para uma atuação hábil estão ainda por se estabelecer, embora hoje em dia já sejam relativamente freqüentes as pesquisas sobre esses componentes (Dow e Craighead, 1984; Glass e Merluzzi, 1981; Schroeder e Rakos, 1983; Stefanek e Eisler, 1983; Wessler, 1984).

Se ainda falta muito por pesquisar sobre os elementos cognitivos das HS, poder-se-ia dizer que sobre os elementos fisiológicos falta quase tudo. O trabalho realizado sobre esse tema foi mínimo e com resultados nada atraentes. Além disso, e ao contrário do que ocorre com os elementos cognitivos, não se observa maior proliferação (nem sequer uma tendência ao aumento) dos estudos dedicados à consideração dos componentes fisiológicos das HS. Esperamos que esse estado de coisas melhore em um futuro próximo.

2.1. OS COMPONENTES COMPORTAMENTAIS

Como foi assinalado anteriormente, grande parte da pesquisa sobre os componentes comportamentais das HS selecionou-os baseando-se apenas na especulação intuitiva, em vez de em uma relação empiricamente demonstrada entre essas condutas e os juízos externos sobre a habilidade.

Caballo (1988) revisou 90 trabalhos (realizados entre 1970 e 1986) que empregaram componentes comportamentais em sua pesquisa, e encontrou os seguintes elementos (Tabela 2.1).

Esta tabela, seqüência de um trabalho anterior (Caballo, 1982), não pretende ser exaustiva, mas sim, servir como fonte de orientação dos elementos compor-

Tabela 2.1. Freqüência dos componentes comportamentais empregados em 90 estudos sobre habilidades sociais (1970-1986)

Componentes empregados	*Número de estudos em que aparece*	*Freqüência (%)*
1. *Componentes não-verbais*		
1.1. Olhar/Contato visual		
1.1.1. Olhar quando o outro fala	70	78
1.1.2. Olhar quando o sujeito fala	3	3
1.1.3. Olhar durante o silêncio	2	2
1.2. Latência da resposta	1	1
1.3. Sorrisos	44	48
1.4. Gestos	34	37
1.5. Expressão facial	31	34
1.6. Postura	17	19
1.6.1. Mudanças de postura	13	14
1.7. Distância/proximidade	1	1
1.8. Expressão corporal	8	9
1.9. Automanipulações	7	8
1.10. Assentimentos com a cabeça	7	8
1.11. Orientação	6	7
1.12. Movimentos das pernas	5	6
1.13. Movimentos nervosos das mãos	4	4
1.14. Aparência pessoal	2	2
	2	2
2. *Componentes paralingüísticos*		
2.1. Voz	5	6
2.1.1. Volume	39	43
2.1.2. Tom	18	20
2.1.3. Clareza	4	4
2.1.4. Velocidade	4	4
2.1.5. Timbre	3	3
2.1.6. Inflexão	2	2
2.2. Tempo de fala	33	37
2.2.1. Duração da resposta	28	31
2.2.2. Número de palavras ditas	7	8
2.3. Distúrbios da fala	15	17
2.3.1. Pausas/silêncios na conversação	10	11
2.3.2. Número de frases ou palavras que se repetem na conversação	3	3
2.3.3. Vacilações	1	1
2.4. Fluência da fala	12	13

Tabela 2.1. *(Continuação)*

Componentes empregados	*Número de estudos em que aparece*	*Freqüência (%)*
3. *Componentes verbais*		
3.1. Conteúdo geral	18	20
3.1.1. Pedidos de nova conduta	32	36
3.1.2. Conteúdo de anuência	25	28
3.1.3. Conteúdo de elogios	13	14
3.1.4. Perguntas	12	13
3.1.4.1. Perguntas com final aberto	6	7
3.1.4.2. Perguntas com final fechado	4	4
3.1.5. Conteúdo de apreço	9	10
3.1.6. Auto-revelação	8	9
3.1.7. Reforços verbais	7	8
3.1.8. Conteúdo de recusa	5	6
3.1.9. Atenção pessoal	5	6
3.1.10. Humor	3	3
3.1.11. Verbalizações positivas	3	3
3.1.12. Variedade dos temas	3	3
3.1.13. Conteúdo de acordo	2	2
3.1.14. Conteúdo de enfrentamento	2	2
3.1.15. Manifestações empáticas	2	2
3.1.16. Formalidade	2	2
3.1.17. Generalidade	2	2
3.1.18. Clareza	2	2
3.1.19. Oferta de alternativas	1	1
3.1.20. Pedidos para compartilhar a atividade	1	1
3.1.21. Expressões em primeira pessoa	1	1
3.1.22. Razões, explicações	1	1
3.2. Iniciar a conversação	6	7
3.3. Retroalimentação	4	4
4. *Componentes mistos mais gerais*		
4.1. Afeto	18	20
4.2. Conduta positiva espontânea	7	8
4.3. Escolher o momento apropriado	5	6
4.4. Tomar a palavra	4	4
4.5. Ceder a palavra	1	1
4.6. Conversação em geral	3	3
4.7. Saber escutar	1	1

tamentais das HS mais utilizados. Nessa lista estão os componentes tal como foram descritos nos estudos originais. Isto é, há diferentes estudos que empregaram componentes similares (p. ex., "postura *versus* mudanças de postura"), mas uns usaram uma concepção mais ampla do elemento "postura" que outros ("mudanças de postura"), com o que este último se encontraria separado do mais geral. É preciso assinalar, também, que o número de estudos e a freqüência do elemento mais simples (p. ex., "duração da resposta", número de estudos 28, freqüência 31%) não estão incluídos no componente mais complexo que o abarca ("tempo de fala", número de estudos 33, freqüência 37%).

Para maior clareza a tabela 2.1 foi dividida em quatro itens. O primeiro faz referência aos componentes não-verbais. O segundo trata dos elementos paralingüísticos ou vocais, que são os elementos não-verbais da fala e que preferimos separá-los do primeiro item. O terceiro consiste nos componentes verbais e o quarto refere-se a componentes mais amplos, que não seria correto incluir em apenas um dos itens anteriores, por estar composto de elementos não-verbais e/ou paralingüísticos e/ou verbais.

Da tabela exposta depreende-se que os elementos mais utilizados como componentes das HS foram: o olhar/contato visual, as qualidades da voz, o tempo de conversação e o conteúdo verbal desta. Que esses sejam ou não os componentes comportamentais básicos das HS é algo pendente de comprovação. Não obstante, estudos recentes confirmaram alguns desses elementos como componentes fundamentais das HS. Assim, em alguns dos poucos estudos que não foram baseados na intuição do pesquisador, mas na validade empírica dos elementos como método de seleção, concluiu-se que alguns destes eram os mais considerados para classificar uma conduta como socialmente hábil:

a. *Olhar/contato visual* (Conger e Conger, 1982; Kolko e Milan, 1985; Millbrook e cols., 1986; Pilkonis, 1977; Romano e Bellack, 1980; Royce, 1982; Spitzberg e Cupach, 1985; StLawrence, 1982).

b. *A conversação*, em geral (Conger e cols., 1980; Farrell e cols., 1985; Romano e Bellack, 1980; Trower, 1980*b*).

b.1. O *conteúdo* e a *fluência* (Conger e Conger, 1982; Kolko e Milan, 1985; Rose e Tryon, 1979; Spitzberg e Cupach, 1985).

b.2. A *duração* (Conger e Conger, 1982; Conger e Farrell, 1981; Millbrook e cols., 1986; Pilkonis, 1977).

c. A *qualidade da voz* (Barlow e cols., 1977; Kolko e Milan, 1985; Monti e cols., 1984*a*; Rose e Tryon, 1979; Spitzberg e Cupach, 1985).

d. *Gestos com as mãos* (Conger e Conger, 1982; Rose e Tryon, 1979; Royce, 1982; Spitzberg e Cupach, 1985; Trower, 1980).

Grande parte da literatura sobre as HS avaliou os elementos comportamentais segundo a quantidade ou a freqüência com que o indivíduo os emite. Esse método de avaliação quantitativo tem a desvantagem de ignorar a natureza recíproca das interações, especialmente a sincronização das respostas aos sinais comportamentais do companheiro (Brice, 1982). A regulação e a distribuição das respostas podem ser tão importantes quanto a própria resposta, tanto nos homens (Fischetti, Curran e Wessberg, 1977) como nas mulheres (Peterson e cols., 1981). Os componentes (olhar, gestos etc.) e os processos (tomar a palavra, escolher a ocasião apropriada etc.) operam de maneira presumivelmente integrada em um indivíduo hábil e necessitamos saber quais são os componentes e processos relevantes e como estão organizados. Isto é, por um lado, é preciso estabelecer a quantidade ótima de um componente para que contribua com um comportamento socialmente hábil. Muito contato visual, por exemplo, pode ser tão inapropriado como um contato visual escasso. O mesmo pode suceder com outros elementos comportamentais do comportamento hábil (Caballo, 1982). Por outro lado, precisamos saber como se integram, como se sincronizam entre si os componentes e como interagem com os componentes da conduta do companheiro (Brice, 1982; Christoff e Kelly, 1985; Conger e Conger, 1982; Galassi e Vedder, 1981; Kolotkin e cols., 1984).

Finalmente, fazer notar que esses componentes são também situacional e comportamentalmente específicos. Tanto os próprios elementos moleculares, quanto sua quantidade e sincronização, podem mudar com diferentes tipos de resposta. Kelly (1982) enumera algumas condutas verbais e não-verbais encontradas na pesquisa sobre as HS como integrantes de determinadas dimensões comportamentais. Assim, p. ex., o tipo de conduta "recusa de pedidos" estaria composta pelos seguintes elementos moleculares: contato visual, afeto apropriado, volume de voz, gestos físicos, expressão de compreensão/manifestação do problema, não ceder, pedido de nova conduta/proposta de solução e duração da fala. Os componentes e sua inter-relação mudariam com outro tipo de conduta.

Como assinalam Kolotkin e cols. (1984), os padrões dos componentes de resposta podem sofrer alterações com diferentes situações, com diferentes dimensões comportamentais e com o momento em que ocorram. A pesquisa deveria concentrar-se no padrão dos componentes comportamentais e em como varia com os diferentes tipos de resposta, com a mudança das situações e com o momento em que se avalia o sujeito (p. ex., "recusa de pedidos" *versus* "defesa dos direitos" com um "amigo" ou um "estranho" imediatamente *versus* três meses depois do tratamento).

Nos itens seguintes exporemos de forma mais detalhada algumas características dos elementos comportamentais mais importantes das HS.

2.1.1. *Algumas palavras sobre a comunicação não-verbal*

A conduta, tanto verbal como não-verbal, é o meio pelo qual as pessoas se comunicam com os outros e constituem, ambas, os elementos básicos da habilidade social.

A comunicação não-verbal é inevitável em presença de outras pessoas. Um indivíduo pode decidir não falar, ou ser incapaz de se comunicar verbalmente, mas ainda continua emitindo mensagens sobre si mesmo aos demais por meio de seu rosto e de seu corpo. As mensagens não-verbais, em geral, são também recebidas de forma não-consciente. As pessoas formam impressões dos demais a partir de sua conduta não-verbal, sem saber identificar o que é agradável ou irritante na pessoa, salvo que a conduta seja facilmente identificável. A tabela 2.2, tomada de Argyle (1975), dar-nos-ia uma idéia do grau de consciência que um indivíduo mantém quando se encontra inserido no terreno da comunicação não-verbal (Caballo, 1982).

Tabela 2.2. Grau de consciência da pessoa inserida no campo da comunicação não verbal

Emissor	*Receptor*	*Resultados*
Dá-se conta	Dá-se conta	Comunicação verbal, alguns gestos, p. ex., apontar
Não se dá conta da maior parte	Não se dá conta da maior parte	A maioria da comunicação não-verbal
Não se dá conta	Não se dá conta, mas surte efeito	Dilatação pupilar, mudanças do olhar e outros sutis sinais não-verbais
Dá-se conta	Não se dá conta	O emissor é treinado no uso de, p. ex., conduta espacial
Não se dá conta	Dá-se conta	O receptor é treinado na interpretação de, p. ex., postura corporal

As mensagens não-verbais têm várias funções. Podem *substituir* as palavras, como, por exemplo, quando um pai faz com que uma criança fique quieta com um olhar ameaçador. Podem *repetir* o que se está dizendo, como quando movemos a mão e dizemos adeus. Podem *enfatizar* uma mensagem verbal, especialmente do tipo emocional. Os sinais não-verbais também *regulam* a interação. Na conversação, uma pessoa sinalizará à outra, com um assentimento de cabeça ou com um olhar, que é sua vez de tomar a palavra. Finalmente, a mensagem não-verbal pode *contradizer* a mensagem verbal. Isso raramente se faz de forma intencional, mas a expressão facial ou um movimento das mãos podem revelar os verdadeiros sentimentos, que podem ser negados no conteúdo verbal de uma mensagem.

Os pesquisadores concluíram que os sinais visuais são interpretados de maneira mais confiável e precisa que os auditivos. O delicado balanço entre mensagens verbais e não-verbais foi ilustrado pela pesquisa ao indicar que os juízos tendem a ser feitos com base no *input* visual, em vez do auditivo, quando se apresenta um canal de informação discrepante, e mensagens verbais com o conteúdo apropriado são comprometidas por sinais não-verbais contraditórios. Os sinais não-verbais têm de ser coerentes com o conteúdo verbal para que uma mensagem socialmente hábil seja transmitida de forma precisa. Pode-se dizer, inclusive, que a *maneira* com que se expressa uma mensagem socialmente adequada é muito mais importante que as *palavras* que se usam (Alberti e Emmons, 1982; Hackney, 1974; McFall e cols., 1982; Rich e Schroeder, 1976). Esses elementos não-verbais, o "modo" como os indivíduos se expressam, têm sido levados muito em conta pela maioria dos pesquisadores, e concede-se a eles um papel fundamental (Amerman e Hersen, 1986; Bryant e cols., 1976; Conger e Conger, 1982; Eisler, 1976; Glasgow e cols., 1980; Hersen e cols., 1973*b;* Jerremalm e cols., 1986; Liberman e cols., 1975; McFall e cols., 1982; Millbrook e cols., 1986; Monti e cols., 1984*b,* Ross e cols., 1971; Serber, 1972; para citar uns poucos), embora outros autores o tenham relegado a um segundo plano (Friedman, 1971; McFall e Lillesand, 1971; McFall e Twentyman, 1973; Miller e Funabiki, 1984; Weeks e Lefevre, 1982; Rakos e cols., 1982). Não obstante, Serber (1972) assinala que "qualquer clínico experiente dá-se conta do fato de que não é do conhecimento ou do valor que as pessoas não-eficazes carecem com freqüência, mas de uma facilidade de estilo. A carência de estilo pode ser comportamentalmente definida como a falta de habilidade em dominar os componentes não-verbais, assim como os verbais, apropriados da conduta" (p. 179). Ekman e Friesen (1969) assinalam, ainda, que a maior parte dos estudiosos da comunicação não-verbal mostrou que o tipo de informação que pode ser recolhido das palavras do indivíduo – informação sobre afetos, atitudes, estilos interpessoais – pode ser extraído também de sua concomitante conduta não-verbal. Ressaltou-se, ainda, que as condutas não-verbais provocam, normalmente, condutas não-verbais recíprocas. Isto é, os indivíduos não-conscientes de suas próprias manifestações não-verbais atribuirão a conduta não-verbal recíproca à disposição da outra pessoa em vez de à sua própria conduta não-verbal. Finalmente, "os que falam necessitam de uma forma de comunicação que seja *'negável'*. É vantajoso para eles expressar hostilidade, desafiar a competência dos demais, ou expressar amizade e afeto de maneira que possa ser negada se lhes for pedido explicitamente que o expliquem" (Labov e Fanshel, 1977, em Trower, 1981, p. 102).

2.1.2. *O olhar*

O olhar foi o elemento molecular mais freqüentemente utilizado na literatura sobre as HS. Como foi visto anteriormente, o olhar aparece em 78% dos estudos que empregaram componentes comportamentais. Esse elemento não-verbal parece ser fundamental na avaliação comportamental da habilidade social.

Segundo Fast (1971), quase todas as interações dos seres humanos dependem de olhares recíprocos. Mas, o que é "o olhar"? O *olhar* define-se como "fitar a outra pessoa nos ou entre os olhos, ou, mais geralmente, na metade superior do rosto. O olhar mútuo caracteriza o "contato visual com outra pessoa" (Cook, 1979, p. 77). O olhar é único no sentido de que é tanto um canal *(receptor)* como um sinal *(emissor)*. Isto é, indica que estamos atendendo aos outros e emprega-se na percepção dos sinais não-verbais dos demais. Utiliza-se para abrir e fechar os canais de comunicação e é especialmente importante para regular e manipular os turnos de palavra (Argyle e Cook, 1976; Kendon, 1967). Um período de contato visual, em geral, faz com que se inicie uma interação, durante a qual aquele que escuta olha normalmente para aquele que fala, cujo olhar pode se desviar boa parte do tempo enquanto fala. O que fala encontrar-se-á com o olhar do que escuta para averiguar se este está atento e também para sinalizar seu turno de palavra. A máxima probabilidade de desviar o olhar de uma fonte de informação visual consegue-se quando se prepara alguma emissão verbal, ao vacilar, ao falar de maneira entrecortada ou, em geral, ao executar alguma tarefa cognitiva; a máxima probabilidade de olhar para o companheiro consegue-se ao final da oração, em pontos estratégicos da fala, ao fazer perguntas curtas, ao enviar sinais de atenção ou ao rir (ver mais adiante). Portanto, podemos dizer que uma função do olhar é sincronizar, acompanhar ou comentar a palavra falada. Em geral, se a pessoa que escuta olha mais, produz mais resposta por parte do que fala, e se o que fala olha mais, vê-se como mais persuasivo e seguro. Não obstante, temos de assinalar que normas extremas de olhar, como, por exemplo, duração ou desvio excessivos do olhar, podem constituir condutas desadaptativas na comunicação com os demais.

Um elevado grau de atenção prestado a outra pessoa supõe um grau comparável de envolvimento ou de desejo de envolver-se com o outro. A natureza precisa da implicação não está determinada unicamente pelo olhar atento, mas também é necessária informação adicional sobre o contexto e/ou informação suplementar sobre outras condutas verbais ou não-verbais. Porém, a ausência de um grau elevado de atenção visual, freqüentemente, toma-se como evidência de desinteresse ou pouca vontade de chegar a envolver-se com a outra pessoa.

A quantidade média de tempo que as pessoas passam se olhando, em uma conversação social de duas pessoas, é a seguinte (Argyle, 1975, 1979; Argyle e Dean, 1975; Trower, Bryant e Argyle, 1978):

Olhar individual	60%
Enquanto escuta	75%
Enquanto fala	40%
Duração do olhar	3 segundos
Contato visual (olhar mútuo)	30%
Duração do olhar mútuo	1½ segundo

O subordinado olha mais enquanto escuta o superior do que quando ele mesmo é o superior e escuta o subordinado; porém, tanto o subordinado quanto o superior olham um ao outro aproximadamente a mesma proporção de tempo quando estão falando (Exline e Fehr, 1978).

A quantidade e o tipo de olhar comunicam *atitudes* interpessoais. Um olhar fixo intenso indica sentimentos ativos de uma maneira amistosa, hostil ou temerosa, enquanto desviar o olhar relaciona-se a timidez, superioridade ocasional ou submissão (Morris, 1977; Wilkinson e Canter, 1982). Pessoas que olham mais são vistas como mais agradáveis, mas a forma extrema de olhar fixo é vista como hostil e/ou dominante. Certas seqüências de interação têm mais significados (p. ex., deixar de olhar primeiro é sinal de submissão). O olhar mais *intensifica* a impressão de algumas emoções, como a ira, enquanto o olhar menos intensifica outras, como a vergonha. As pessoas olham mais àqueles que lhes agradam e o notável aumento do contato visual entre duas pessoas apaixonadas (o que sinaliza maior intimidade) é bem evidente. Rubin (1973) comparou casais cujos membros indicavam um forte amor mútuo com casais cujos membros indicavam um menor nível de amor. Os casais que obtinham pontuação alta na Escala de Amor de Rubin (1973) mantinham um olhar mútuo durante mais tempo que aqueles que obtinham uma pontuação mais baixa. O olhar fixo pode ser interpretado, também, dependendo do contexto, como um sinal hostil, que costuma provocar uma reação de "lutar ou fugir". Ellsworth, Carlsmith e Henson (1972) realizaram o seguinte experimento. Vários colaboradores do experimentador colocaram-se próximos a diferentes semáforos; uns olhavam fixamente os motoristas que se detinham diante da luz vermelha dos semáforos e outros não. A variável dependente era a rapidez de escape do motorista (resposta de fuga), definida como a quantidade de tempo que cada motorista levava para cobrir uma distância predeterminada uma vez aberto o semáforo. Os motoristas submetidos a olhares fixos cobriram a distância mais rapidamente, de forma significativa, que aqueles que não recebiam olhares fixos. Esse experimento foi repetido não apenas com motoristas, mas também com pedestres e ciclistas, e os resultados foram praticamente idênticos.

Fazer contato visual com outra pessoa é, normalmente, um sinal de *envolvimento,* enquanto desviar o olhar significa, em geral, um desejo de querer evitar o contato. Assim, os vendedores ambulantes tentam captar nossa atenção fazendo com que os fitemos. Em situações como pedir carona ou pedir a um atendente muito ocupado que nos atenda, fazer contato visual com a outra pessoa cria uma maior cumplicidade entre as duas e é mais provável que o motorista pare o carro ou que o atendente nos atenda. Também ressaltou-se que existe um nível de intimidade, cuidadosamente regulado, para cada interação; nível que os participantes mantêm por meio do ajuste contínuo de vários sinais não-verbais de intimidade (olhar, sorrisos, distância, orientação etc.). Comunicamos e mantemos diferentes níveis de intimidade em encontros diferentes, dependendo de com quem estamos falando (amigo/a, esposa/o, estranho/a), sobre o quê (o tempo, aspectos íntimos) e onde (na rua, em casa, em um elevador). Um exemplo claro desse ajuste é a conduta das pessoas quando se encontram em espaços reduzidos, onde se tenta compensar a diminuição da distância interpessoal pelo desvio do olhar para outro lado. Assim, os ocupantes de um elevador tendem a evitar fitar-se mutuamente. Uma conseqüência dessa redução do contato visual é que a conversação torna-se difícil ou impossível, já que, sem olhar para a outra pessoa, é difícil poder conversar. Daí o fenômeno, observado freqüentemente, de que as pessoas costumam deixar de conversar quando entram em um elevador e reatam a conversação uma vez que tenham saído dele.

O desvio de olhar pode transmitir uma informação diferente em outros contextos. Ressaltou-se, por exemplo, uma clara associação entre tristeza e desvio de olhar. Por outro lado, "a inferência mais comum que as pessoas fazem quando alguém não as fita nos olhos é que está nervoso e lhe falta autoconfiança. Assim, por exemplo, em um estudo, pessoas que olhavam apenas 15% do tempo eram descritas como submissas, sensíveis, na defensiva, cautelosas e imaturas" (Cook, 1979, p. 83).

Cherulnik, Neely, Flanagan e Zachan (1978) concluíram que os indivíduos com maior habilidade social olhavam mais enquanto falavam que os indivíduos com baixa habilidade social. Trower (1980) concluiu que os indivíduos hábeis olhavam mais que os não-hábeis (52% e 41%, respectivamente, do tempo total). Os indivíduos hábeis olhavam 75% do tempo enquanto escutavam, e 34% enquanto falavam. Caballo e Buela (1988, 1989) concluíram que o *olhar* e as pausas de conversação, principalmente, e, em menor medida, o tempo de fala, eram os três elementos moleculares, avaliados segundo sua quantidade/freqüência, que diferenciavam indivíduos de alta, baixa e média habilidade social entre si. Quando os elementos moleculares eram avaliados segundo sua adequação, o *olhar,* o tempo de fala, a entonação e a fluência eram os elementos que mais diferenciavam tais grupos de indivíduos.

Também foram encontradas diferenças sexuais na conduta visual. As mulheres olham mais que os homens em quase todas as medidas de freqüência, duração e reciprocidade do olhar (Henley, 1977), embora em um tipo de situação análoga tenha-se encontrado o contrário (Caballo, 1993*a*).

Os sujeitos normais e os esquizofrênicos diferem na quantidade total de tempo de contato visual enquanto falam e escutam (nos sujeitos normais dá-se um contato visual significativamente maior que nos esquizofrênicos) (Exline e Fehr, 1978), embora o padrão que os distingue continue sendo o mesmo, isto é, tanto os sujeitos normais quanto os esquizofrênicos olham mais quando escutam que quando falam. Em parte, essa diferença entre normais e esquizofrênicos pode ser decorrente do fato de que o contato visual intensifica a intimidade e expressa e estimula as emoções, já que faz com que nos sintamos visíveis, vulneráveis e expostos (Davis, 1976). Em geral, olha-se mais quando (Knapp, 1982):

- se está fisicamente longe do companheiro;
- se fala de temas triviais, impessoais;
- não há nada mais para olhar;
- se está interessado nas reações do interlocutor, isto é, se está envolvido interpessoalmente;
- se tem interesse no companheiro, isto é, ele nos agrada ou o queremos bem;
- se possui um *status* superior ao do companheiro;
- se pertence a uma cultura que enfatiza o contato visual na interação;
- se é extrovertido;
- se tem grande necessidade de afiliação ou de inclusão;
- se é dependente do companheiro (e este foi indiferente);
- se está escutando, em vez de falando;
- se é mulher.

Ao contrário, poderíamos prever menos olhar fixo e/ou recíproco quando (Knapp, 1982):

- se está fisicamente próximo.

- se discutem temas difíceis, questões íntimas;
- há outros objetos, pessoas ou elementos pertinentes de fundo aos quais podemos olhar;
- não se tem interesse no companheiro, isto é, não nos é simpático;
- tem-se a autopercepção de possuir um *status* mais elevado que o interlocutor;
- se pertence a uma cultura que impõe sanções ao contato visual durante a interação;
- se é introvertido;
- se tem pouca necessidade de afiliação ou inclusão;
- se padece de transtornos mentais, como autismo, esquizofrenia ou depressão;
- se está confuso, envergonhado, aflito, ansioso, triste, em situação de submissão ou quando se trata de ocultar algo.

Knapp assinala que essas listas não são rígidas. "Na realidade, alguns dos fatores incluídos nelas dependem de certas qualificações importantes, como, por exemplo, pode-se olhar menos e ter menos olhar recíproco na proximidade física, exceto se se ama o companheiro e se deseja estar o mais próximo possível dele física e psicologicamente" (Knapp, 1982, pp. 280-81).

2.1.3. *A dilatação pupilar*

As pupilas humanas aparecem como dois pontos pretos no centro da íris e, como se sabe, dilatam-se ou contraem-se de acordo com a luz que lhes chega. Com a luz de um sol brilhante contraem-se até o tamanho da cabeça de um alfinete (uns dois milímetros) e com a escuridão do anoitecer aumentam até quatro vezes esse diâmetro. Mas as pupilas não são afetadas somente pela luz. Também as mudanças emocionais afetam o tamanho delas. Quando observamos algo que estimula nosso interesse, nossas pupilas dilatam-se mais do que corresponderia à iluminação ambiental do momento. Pelo contrário, as pupilas contraem-se quando observamos algo que repelimos. Essas mudanças ocorrem sem que nos demos conta e, ao estarem fora de nosso controle, constituem uma valiosa chave de nossos verdadeiros sentimentos. Gump (1962), em Hess e Petrovich (1978), ao escrever sobre suas experiências com vendedores de jade chineses, assinalava que para alguns compradores potenciais era necessário usar óculos escuros para ocultar seus olhos dos astutos vendedores chineses, pois eles sabiam que quando um comprador via algo de que gostava, suas pupilas se dilatavam. Hess (1965) concluiu que homens heterossexuais tendiam a mostrar maior dilatação pupilar diante de fotografias de mulheres que diante de fotografias de homens ou de crianças, enquanto mulheres heterossexuais tendiam a manifestar maior dilatação pupilar diante de fotografias de homens ou de crianças que diante de fotografias de mulheres. Na figura 2.1 podemos ver uma adaptação de alguns dos resultados obtidos por Hess (1965).

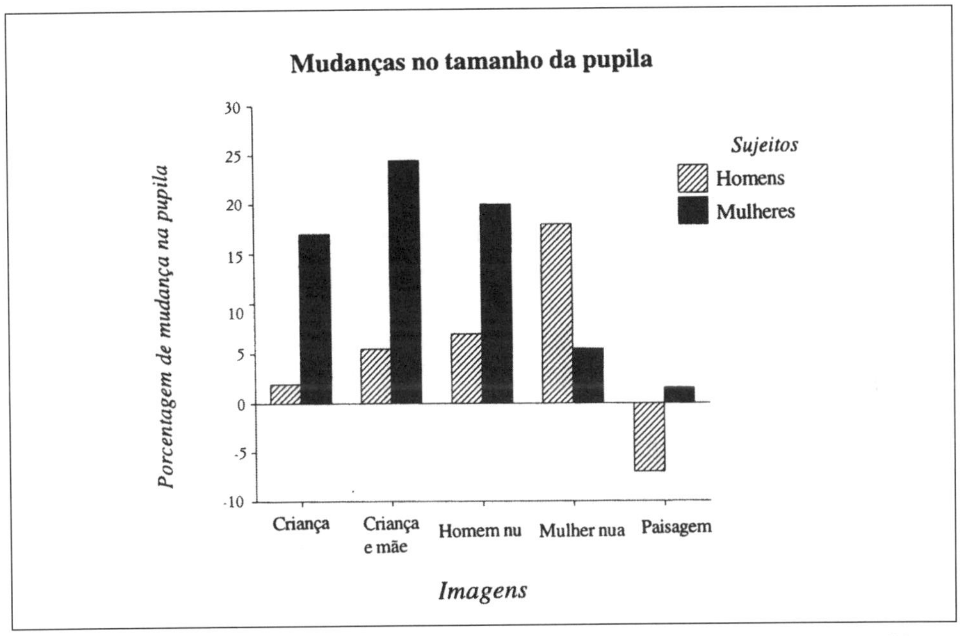

Fig. 2.1. Mudanças no tamanho da pupila em homens e mulheres como reação diante de diferentes imagens: "criança", "mãe e criança", "homem nu", "mulher nua" e "paisagem" (adaptado de Hess, 1975).

Em outro experimento mostravam-se fotografias de crianças pequenas a homens solteiros e a mulheres solteiras, e a mulheres e homens casados com filhos e sem filhos. As mulheres mostraram uma forte dilatação pupilar ao observar essas fotos, independentemente de serem solteiras, casadas com filhos ou casadas sem filhos. Os homens, pelo contrário, mostravam uma contração pupilar se eram solteiros ou casados sem filhos, mas manifestavam grande dilatação pupilar se eram pais. Em outras palavras, para Morris (1977), o homem sem filhos que brinca com a criança de outra pessoa está apenas sendo cortês, enquanto a mulher o faz por prazer. Somente quando o homem já teve filho é que pode começar a responder com emoção verdadeira aos filhos dos outros. A mulher parece estar mais bem preparada para as reações maternais, inclusive antes de ter um filho.

Os sinais da pupila não somente são emitidos de forma não-consciente, mas também são recebidos não-conscientemente. Um casal experimentará maior excitação emocional se suas pupilas se dilatarem e sentirá um apagão emocional se suas pupilas se contraírem, mas é pouco provável que associe essas sensações com os sinais transmitidos pelas pupilas. A dilatação pupilar pode ser indicativa de um interesse positivo com certa carga sexual com relação ao que a percebe. Em um experimento, Hess (1965) selecionou uma fotografia do rosto de uma mulher que não mostrava uma expressão específica. Foram feitas duas versões desse rosto: uma com as pupilas retocadas, para torná-las muito pequenas, e a outra com as pupilas retocadas para torná-las muito grandes. Foram projetadas, por meio de um equipamento desenvolvido para medir a mudança pupilar de 20 homens. Suas pupilas aumentaram de tamanho duas vezes mais quando viram o rosto da mulher com as pupilas dilatadas do que quando lhes foi mostrado o rosto com as pupilas contraídas. Dilatar com fármacos a pupila de uma pessoa pode torná-la mais atraente para um membro heterossexual do sexo oposto. Assim, sabe-se que na Idade Média as cortesãs da Itália utilizavam o sumo dos frutos de uma certa planta para dar artificialmente "brilho" a seus olhos. Isso fez com que tal planta adquirisse o nome pelo qual ainda é conhecida hoje em dia – *belladona,* ou bela mulher –, e o efeito que realmente produzia nas mulheres que a utilizavam era a dilatação das pupilas.

As pessoas possuem realmente um conhecimento não-consciente da dilatação pupilar como um indicador de uma tendência a responder positivamente ao que se tem adiante. Hess e Petrovich (1978) mostram que, se for pedido aos sujeitos que preencham as pupilas em desenhos esquemáticos de dois rostos, um com uma expressão de enfado e outro com uma expressão de alegria, comumente desenharão pupilas menores no rosto que expressa enfado. Isso indica que é possível perceber amabilidade ou repulsa a partir do tamanho da pupila.

A tabela 2.3 apresenta algumas fontes de variação pupilar (extraído de Hess e Petrovich, 1978).

2.1.4. *A expressão facial*

Todo o mundo está de acordo em que compreender as emoções é crucial para o bem-estar pessoal, para as relações íntimas e para ter êxito em muitas profissões. Existe uma grande evidência de que o rosto é o principal sistema de sinais para mostrar as emoções, além de ser a área mais importante e complexa da comunicação não-verbal e a parte do corpo que mais de perto se observa durante a interação.

A expressão facial representa vários papéis na interação social humana (Argyle, 1969):

Tabela 2.3. Algumas causas da variação pupilar (adaptado de Hess e Petrovich, 1978)

Causas	*Descrição*
Reflexo diante da luz	As pupilas contraem-se conforme aumenta a intensidade da luz e dilatam-se conforme diminui a intensidade da luz
Novidade	Aumenta com estímulos novos
Alerta e relaxamento	As sugestões de alerta aumentam o tamanho da pupila, enquanto as sugestões de relaxamento o diminuem
Incerteza	Aumenta com a incerteza sobre a resposta
Álcool	Dilata-se a pupila em proporção à porcentagem de álcool no sangue
Preferência sexual	A pupila dilata-se diante de material sexual estimulante
Tamanho da pupila	Os estímulos que contêm pupilas dilatadas provocam mais dilatação
Sentido do paladar	Os sabores agradáveis provocam a dilatação da pupila
Processamento de informação	A dilatação aumenta conforme aumenta a dificuldade dos problemas
Resposta motora	Ter de dar uma resposta motora aumenta a resposta pupilar
Ansiedade	Aumento com relação à linha-base
Cor da íris	A íris clara manifesta uma categoria mais ampla de contração e dilatação pupilar que a íris escura

1. Mostra o estado emocional de um indivíduo, embora ele possa tratar de ocultá-lo.
2. Proporciona uma retroalimentação contínua sobre se compreende, se está surpreso, se está de acordo etc., com relação ao que é dito.
3. Indica atitudes para com os outros.
4. Pode atuar como metacomunicação, modificando ou comentando o que é dito ou feito ao mesmo tempo.

Há seis principais expressões das emoções e três áreas do rosto responsáveis por sua manifestação. As seis emoções são: alegria, surpresa, tristeza, medo, ira e nojo/desprezo, e as três regiões faciais, a testa/sobrancelhas, olhos/pálpebras e a parte inferior do rosto (Ekman e Friesen, 1975). Essas expressões faciais da emoção são universais e inatas. Não obstante, embora estejam biologicamente determinadas, há diferenças culturais com relação a "quanto" se mostram tais emoções. Também varia com as culturas "o" que provoca uma emoção e os costumes que as pessoas têm para tentar controlar a aparência de seus rostos em situações sociais determinadas.

As expressões faciais podem ser de muito curta duração. Freqüentemente não se sabe que uma expressão facial é a base do pressentimento ou intuição sobre alguém. Podemos sentir algo sobre uma pessoa sem sermos capazes de descobrir a origem da impressão. "Se se quer conhecer a emoção que alguém está sentindo, deve-se observar as mudanças temporais do rosto, porque são esses rápidos sinais faciais que transmitem a informação sobre "as emoções" (Ekman e Friesen, 1975, p. 10). Essas expressões micromomentâneas ou *microexpressões* oferecem um quadro completo da emoção que se pretende ocultar, mas tão efêmero que costuma passar despercebido (Ekman, 1991).

Devido ao possível controle da expressão facial que se desenvolve em diferentes culturas, Argyle (1978) assegura que a expressão facial atua melhor como forma de procurar retroalimentação sobre o que diz o outro. As sobrancelhas proporcionam uma interpretação contínua, que seria a seguinte (Argyle, 1978):

Posição das sobrancelhas	*Interpretação*
Completamente elevadas	Incredulidade
Meio elevadas	Surpresa
Normais	Sem comentários
Meio franzidas	Confusão
Completamente franzidas	Enfado

A área em torno à boca contribui para a interpretação, variando conforme esteja voltada para cima ("agrado") ou para baixo ("desagrado"). A maioria das pessoas sabe fingir uma expressão alegre, triste ou zangada, mas o que não sabem é como fazê-la surgir subitamente, quanto tempo mantê-la, ou com que rapidez fazê-la desaparecer.

Segundo Paul Ekman, todos possuímos o aparelho perceptivo necessário para decifrar pistas em um centésimo de segundo, o que oferece uma interrogação de especial interesse: por que não o empregamos? A razão é que nos é ensinado sistematicamente desde a infância a não prestar atenção aos comportamentos faciais mínimos, porque são demasiado reveladores (Davis, 1976).

O controle da expressão do rosto é ensinado pelos pais como parte da socialização cultural. Boa parte da dificuldade para julgar as emoções das expressões faciais deve-se à ocultação das emoções negativas. O rosto é controlado mais cuidadosamente que qualquer outra fonte de sinais não-verbais (Argyle, 1975; Ekman e Friesen, 1975). Há, porém, emoções que se podem manifestar por indícios mais ou menos observáveis. Assim, a ansiedade pode ser observada por pequenas gotas de suor nas têmporas. A excitação sexual ou o interesse intenso podem ser transmitidos por meio da expansão pupilar. As emoções ocultas podem ser reveladas também por meio das microexpressões assinaladas anteriormente.

Em estudos sobre a expressão facial com depressivos, Ellgring (1984) informa que, ao que parece, mais que a tristeza, são outras emoções como o medo e o desprezo que se manifestam no rosto. "Isso pode ser visto como mais uma evidência do princípio de antítese, sempre que se expressa o menor de dois motivos. Quando sorriem, os pacientes deprimidos tendem a mostrar um maior grau de manifestação simultânea de outras emoções negativas" (Ellgring, 1984, p. 121).

Um campo que está se desenvolvendo notavelmente é o estudo da especialização hemisférica na expressão e reconhecimento das emoções no rosto (Ladavas, Umilta e Ricci Bitti, 1980). Assinalou-se que as duas metades do rosto são assimétricas (o que se pode comprovar observando uma fotografia e tampando sucessivamente uma e outra metade do rosto): a parte direita do rosto seria a "face pública", a fachada que apresentaríamos diante dos demais, e a parte esquerda representaria a "face privada". Destaca-se que, na maioria dos casos, a parte direita aparece em branco ou mostrando emoções agradáveis. Pelo contrário, a parte esquerda do rosto é mais expressiva das verdadeiras emoções experimentadas, emoções cuja manifestação costuma ser menos aceita. Essa estratégia de ocultar as emoções menos aceitáveis no lado esquerdo seria eficaz somente se o lado público tivesse mais impacto sobre a pessoa que observa. Pois bem, concluiu-se que a parte direita do rosto se parece mais ao rosto inteiro que a parte esquerda. A explicação para isso parece ter a ver com a lateralização hemisférica. O hemisfério cerebral direito é o dominante na produção da expressão facial, na percepção dos rostos e no processamento da informação emocional. Além disso, o hemisfério direito tem um maior controle sobre o lado esquerdo do rosto e o mesmo acontece com o hemisfério esquerdo sobre o lado direito do rosto. Bruyer (1981) sustenta que, paradoxalmente, não olhamos com o olho dominante para a metade do rosto mais expressiva. Quando duas pessoas se encontram frente a frente, o olho direito de uma estuda a parte esquerda do rosto da outra. Se quiséssemos reconhecer melhor as emoções ocultas, teríamos de olhar com o olho esquerdo para a metade esquerda do rosto da outra pessoa.

Com relação à possibilidade de sua inclusão dentro do THS, é interessante o fato de que, se uma pessoa adota uma expressão facial durante um período de sua interação, seu estado de ânimo mudará conforme a emoção expressa: "Talvez a principal forma de as pessoas manipularem seus traços faciais seja adotando certas expressões – sugerindo que estão alegres, pensativas, que são inteligentes ou superiores" (Argyle, 1975, p. 227).

Alberti e Emmons (1978) assinalam que as condutas hábeis requerem uma expressão facial que esteja de acordo com a mensagem. Se uma pessoa tem uma expressão facial de medo ou de enfado enquanto tenta iniciar uma conversação com alguém, é provável que não tenha êxito. Uma forma de comprovar a expressão facial que nos acompanha em cada sentimento seria olhar-se no espelho e ver a expressão do rosto que se reflete nele com cada emoção (Alberti e Emmons, 1978; Ekman e Friesen, 1975). Outra forma consistiria em tirar uma série de fotografias experimentando cada uma das emoções (Ekman e Friesen, 1975). Esses últimos autores sugerem um método para comprovar se realmente nosso rosto expressa a emoção que estamos experimentando e se, quando não experimentamos nenhuma emoção, nosso rosto também não expressa. Tiram-se duas fotografias do rosto para cada uma das seis emoções universais: Nojo, Medo, Alegria, Tristeza, Surpresa e Ira. Além disso, tiram-se mais duas fotografias enquanto não expressamos nenhuma emoção. Essa série de fotografias (14, no total) é apresentada a um conjunto de indivíduos para os quais não sejamos demasiado familiares. Se esses juízes sociais coincidirem, em sua maioria, na emoção correta que estamos manifestando, nosso rosto expressa o que realmente sentimos. Se esses juízes coincidirem em uma emoção que não é a que acreditamos emitir, nosso rosto não expressa corretamente nossas verdadeiras emoções. O rosto que não expressa nenhuma emoção também tem de ser avaliado pelos juízes, escolhendo necessariamente alguma das opções. Se os juízes dispersam suas avaliações, podemos pensar que quando não experimentamos nenhuma emoção, também não a estamos expressando. Mas, se os juízes coincidirem com uma emoção determinada, podemos pensar que quando não experimentamos nenhuma emoção, nosso rosto está expressando a emoção na qual os juízes coincidiram (veja folha de juízo no quadro 2.1).

A lista seguinte mostra estilos inapropriados de expressões faciais (Ekman e Friesen, 1975):

a. *Retraído:* pessoa cuja expressão facial não varia e que mostra pouca ou nenhuma expressão em seu rosto.

b. *Revelador:* pessoa que revela tudo o que está sentindo por meio de suas expressões faciais (seu rosto é como um livro aberto).

Quadro 2.1. Folha de juízo sobre expressões faciais (Adaptado de Ekman e Friesen, 1975)

Circule uma das seguintes palavras para cada fotografia. Aponte o número que há por trás da foto no espaço correspondente. Inclusive, se não estiver seguro/a da resposta, tente avaliar cada fotografia. Não gaste muito tempo em nenhuma resposta; a primeira impressão é normalmente a melhor.

Nº da foto			*Emoções*			
	Nojo	Medo	Alegria	Tristeza	Surpresa	Ira
	Nojo	Medo	Alegria	Tristeza	Surpresa	Ira
	Nojo	Medo	Alegria	Tristeza	Surpresa	Ira
	Nojo	Medo	Alegria	Tristeza	Surpresa	Ira
	Nojo	Medo	Alegria	Tristeza	Surpresa	Ira
	Nojo	Medo	Alegria	Tristeza	Surpresa	Ira
	Nojo	Medo	Alegria	Tristeza	Surpresa	Ira
	Nojo	Medo	Alegria	Tristeza	Surpresa	Ira
	Nojo	Medo	Alegria	Tristeza	Surpresa	Ira
	Nojo	Medo	Alegria	Tristeza	Surpresa	Ira
	Nojo	Medo	Alegria	Tristeza	Surpresa	Ira
	Nojo	Medo	Alegria	Tristeza	Surpresa	Ira
	Nojo	Medo	Alegria	Tristeza	Surpresa	Ira
	Nojo	Medo	Alegria	Tristeza	Surpresa	Ira
	Nojo	Medo	Alegria	Tristeza	Surpresa	Ira

c. *Expressivo involuntário:* indivíduo que não sabe que está mostrando como se sente quando passa por determinada emoção (geralmente limitado a uma ou duas emoções).

d. *Expressivo em branco:* indivíduo que está certo de estar manifestando uma emoção no rosto quando, de fato, este aparece neutro ou completamente ambíguo diante dos demais (em geral limitado a alguma emoção específica).

e. *Expressivo substituto:* pessoa que manifesta uma emoção quando pensa que está mostrando outra.

f. *Expressivo de afeto congelado:* pessoa que mostra uma emoção inclusive quando não sente nenhuma: por exemplo, o sorriso congelado.

g. *Expressivo "sempre preparado":* gente que inicialmente mostra um tipo de emoção para todos os acontecimentos, por exemplo, mostrando sempre uma cara de surpresa diante de boas ou más notícias, ameaças etc. Essa emoção "sempre preparada" substitui qualquer outra que estiver sentindo, que pode aparecer posteriormente.

h. *Expressivo transbordante de afeto:* indivíduo que está mostrando a quase todo momento uma ou duas emoções de forma clara. A emoção transbordante é uma parte contínua de seu estado emocional. Ao se ativar outra emoção, a anterior a complementa.

2.1.5. *Os sorrisos*

A evolução do sorriso foi explicada, por certos autores, a partir do fato de que alguns primatas, ao verem-se ameaçados, emitem um agudo grito de protesto, um ruído característico produzido pelos lábios esticados para trás, como uma espécie de sorriso. Os macacos Rhesus o fazem, e às vezes empregam essa careta defensiva/ameaçadora sem preocupar-se em emitir o ruído. O homem emprega também um sorriso defensivo, mas como gesto de pacificação. Davis (1976) apresenta o exemplo do indivíduo que sorri nervoso quando chega atrasado a um jantar. Por mais fraco que pareça, seu sorriso é um amortecedor importante diante da agressão, já que sorrir constitui um vínculo precário mas vital entre os seres humanos. Para Davis (1976), o sorriso de prazer pode ser um descendente da careta que muitos mamíferos fazem automaticamente, incluindo o homem, quando se sobressaltam. Aquela careta de surpresa poderia ter evoluído até transformar-se no amplo sorriso de prazer: o humor dos adultos depende, ainda, do fator surpresa.

O sorriso é a emoção mais habitualmente utilizada para ocultar outra. Atua como o contrário de todas as emoções negativas: temor, ira, desgosto etc. Costuma ser escolhido porque, para concretizar muitos enganos, a mensagem que se requer é alguma variação de que se está contente. Outra razão pela qual se emprega o sorriso como máscara é que faz parte dos cumprimentos convencionais e costuma ser requerido na maioria dos intercâmbios sociais corteses. Uma terceira razão para o sorriso-máscara é que constitui a expressão facial mais facilmente reproduzível à vontade (Ekman, 1991). Esse autor fala de 18 tipos diferentes de sorrisos, alguns dos quais reproduzimos na seqüência:

a. Sorriso *autêntico:* expressão de todas as experiências emocionais positivas, com diferenças somente na intensidade da mímica e no tempo de duração.

b. Sorriso *amortecido:* a pessoa manifesta que tem sentimentos positivos, embora procure dissimular sua verdadeira intensidade.

c. Sorriso *triste:* evidencia a experiência de emoções negativas.

d. Sorriso *conquistador:* o indivíduo mostra um sorriso autêntico ao olhar para a pessoa que lhe interessa e, de imediato, afasta a vista dela, mas logo a seguir torna a dirigir um olhar furtivo e desvia a vista novamente.
e. Sorriso *aturdido:* baixa a vista ou se afasta para não se encontrar com os olhos do outro.
f. Sorriso *moderador:* tem a finalidade de aparar as asperezas de uma mensagem desagradável ou crítica, forçando o receptor da crítica a devolver o sorriso, apesar do incômodo que lhe possa produzir.
g. Sorriso de *acatamento:* reconhecimento de que tem de aceitar um acontecimento desagradável sem protestar.
h. Sorriso de *coordenador:* sorriso cortês, de cooperação, que regula o intercâmbio verbal de duas ou mais pessoas.
i. Sorriso de *interlocutor:* sorriso de cooperação empregado ao escutar o outro e tem a finalidade de fazê-lo saber que tudo o que foi dito foi compreendido, e que não é necessário que se repita nada.
j. Sorriso *falso:* sua finalidade é convencer o outro de que se sente uma emoção positiva, quando na realidade não é assim. O tempo de desaparecimento desse sorriso parecerá inapropriado.

Outros sorrisos propostos por Ekman (1991) são o sorriso de temor, o sorriso de desdém etc.

O sorriso serve, também, para transmitir o fato de que uma pessoa gosta de outra (Argyle, 1979). O sorriso (e o piscar de olhos) é utilizado para flertar com os outros e constitui um convite que não somente abre os canais de comunicação, mas que também sugere o tipo de comunicação desejado (Knapp, 1982).

Trower (1980), ao comparar um grupo de sujeitos de alta habilidade social com outro grupo de baixa habilidade social, concluiu que o grupo hábil sorriu durante apenas 6% do tempo em média, e assinala que "se essa é uma norma para encontros entre estranhos, não deveríamos treinar os pacientes a sorrir muito, contrariamente a nossa crença generalizada" (Trower, 1980, p. 33). Porém, Conger e Farrell (1981) concluíram que os sorrisos estavam positivamente correlacionados com as avaliações da habilidade social. Gambrill e Richey (1985) sugerem que devemos sorrir mais freqüentemente, já que isso pode ter um grande impacto sobre a qualidade de nossos intercâmbios. "Um sorriso pode suavizar uma recusa, comunicar uma atitude amigável e incentivar os outros a devolver o sorriso. O fato de que algumas pessoas tenham uma expressão triste, insípida quando não sorriem, aumenta, então, a importância de sorrir" (Gambrill e Richey, 1985, p. 210).

O tema dos sorrisos foi pouco estudado tanto no campo da comunicação não-verbal quanto no das habilidades sociais (apesar de aparecer em 37% dos estudos que empregam componentes moleculares; ver tabela 2.1). Não há dados conclusi-vos que possam ser utilizados com segurança.

2.1.6. *A postura corporal*

Há três principais posturas humanas: 1. em pé; 2. sentado, agachado ou ajoelhado, e 3. deitado. Cada uma delas pode ser subdividida de acordo com o modo como se dá. Por exemplo, o grau de relaxamento de diferentes partes do corpo, se os braços ou as pernas estão cruzados etc. O que é que decide a postura que uma pessoa adotará em uma situação particular? Segundo Argyle (1969), isso depende, em parte, das convenções culturais que governam uma situação e, em parte, da atitude de uma pessoa para com os outros presentes. As pessoas costumam imitar as posturas corporais dos demais. Duas amigas sentam-se da mesma maneira, a perna direita cruzada sobre a esquerda e as mãos entrelaçadas atrás da cabeça; ou uma delas o faz ao contrário, a perna esquerda cruzada sobre a direita, como se fosse uma imagem refletida no espelho (Davis, 1976). Esse fenômeno denomina-se *posturas congruentes*. A autora anterior assinala que, sempre que duas pessoas compartilham um mesmo ponto de vista, costumam compartilhar também uma mesma postura. Esse é um componente não-verbal facilmente observável. Se repararmos nas posturas das pessoas durante uma discussão, muitas vezes podemos averiguar quais delas estão de acordo entre si, antes que falem. Quando uma das pessoas for mudar de opinião, é provável que reacomode sua posição. Porém, assinala Davis, quando dois velhos amigos discutem, podem manter posturas congruentes durante todo o tempo que durar a discussão, como para fazer ressaltar o fato de que a amizade não varia, embora haja divergência de opinião.

Da mesma maneira que as posturas congruentes expressam concordância, as não-congruentes podem ser usadas para estabelecer distâncias psicológicas. Às vezes, quando as pessoas vêem-se forçadas a se sentar demasiadamente juntas, podem usar, sem dar-se conta, seus braços e pernas como barreiras, cruzando tais membros.

Em resumo, a posição do corpo e dos membros, a forma como a pessoa se senta, como está em pé e como anda, reflete suas atitudes e sentimentos sobre si mesma e sua relação com os outros (Mehrabian, 1972). Esse mesmo autor (Mehrabian, 1968) assinala que há quatro categorias posturais:

a. *Aproximação,* uma postura atenta comunicada por uma inclinação do corpo para diante.
b. *Retirada,* uma postura negativa, de recusa ou de repulsa, comunicada retrocedendo, jogando-se para trás ou voltando-se para o outro lado.

c. *Expansão,* uma postura orgulhosa, arrogante ou de desprezo, comunicada pela expansão do peito, um tronco ereto ou inclinado para trás, cabeça ereta e ombros elevados.
d. *Contração,* uma postura depressiva, cabisbaixa ou abatida, comunicada por um tronco inclinado para a frente, uma cabeça afundada, ombros caídos e um peito afundado.

Para Mehrabian (1972), as duas principais dimensões da postura em contextos sociais são a *aproximação* (caracterizada pelo inclinar-se para diante, o tocar, a proximidade física, o olhar, a orientação direta e a abertura de braços e pernas) e o *relaxamento* (caracterizado por posições assimétricas dos braços, apoio lateral, posições assimétricas das pernas, relaxamento das mãos e apoio para trás). O relaxamento da postura serve para comunicar atitudes (como, p. ex., a dominância), enquanto uma postura tensa pode comunicar submissão e ansiedade. A tensão da postura pode comunicar, também, o elevado grau de uma emoção.

Trower, Bryant e Argyle (1978) assinalam que as posições da postura servem para comunicar diferentes características como:

a. *Atitudes.* Uma série de posições da postura que reduzem a distância e aumentam a abertura em relação ao outro são calorosas, amigáveis, íntimas etc. As posições "calorosas" incluem inclinar-se para diante, com braços e pernas abertos e mãos estendidas para o outro. Outras posições que indicam atitudes são apoiar-se para trás com as mãos entrelaçadas, sustentando a parte posterior da cabeça *(dominância* ou *surpresa);* os braços pendurados, a cabeça afundada e para um dos lados *(timidez);* pernas separadas, mãos na cintura, inclinação lateral *(determinação).*
b. *Emoções.* A postura pode comunicar emoções específicas com as seguintes condutas: ombros encolhidos, braços erguidos, mãos estendidas *(indiferença);* inclinação para diante, braços estendidos, punhos apertados *(ira);* vários tipos de movimentos pélvicos, cruzar e descruzar as pernas (nas mulheres) *(flertar).*
c. *Acompanhamento da fala.* As mudanças importantes da postura são usadas para marcar amplas unidades da fala, como nas mudanças de tema, para dar ênfase e para sinalizar o tomar ou ceder a palavra.

Para Alberti e Emmons (1978), uma postura ativa e ereta, diretamente de frente para a outra pessoa, acrescenta mais "assertividade" à mensagem. Em um estudo de Trower (1980), 40% do grupo não-hábil não se moveu absolutamente quando escutava, comparado com 27% do grupo hábil. Por outro lado, no estudo de Romano e Bellack (1980), a postura (0,60) mais a expressão facial (0,67) e a entonação (0,77) eram as condutas mais altamente relacionadas com as avaliações da habilidade social realizadas por uma série de juízes.

2.1.6.1. A orientação corporal

A orientação corporal refere-se ao grau em que os ombros e as pernas de um indivíduo dirigem-se para, ou desviam-se da pessoa com quem está se comunicando. O grau de orientação corporal assinala o *status* ou o agrado para com a outra pessoa. Uma orientação mais direta encontra-se associada com uma atitude mais positiva. Em uma posição em pé, se um casal está falando em particular ou não quer ser interrompido, manterá uma orientação na qual as duas pessoas se encontrem uma em frente à outra. Ao contrário, se a conversação que estiverem mantendo admitir a presença de outras pessoas, sua orientação se manterá mais "aberta", formando um ângulo que pode chegar até cerca de 180°. Em geral, podemos dizer que quanto mais cara a cara é a orientação, mais íntima é a relação, e vice-versa. Uma orientação que costuma ser adequada para uma grande quantidade de situações é a frontal modificada, na qual as pessoas que se comunicam encontram-se ligeiramente anguladas com relação a uma confrontação direta – de 10 a 30°. Essa posição sugere um alto grau de envolvimento, livrando-nos ocasionalmente do contato visual total. As deficiências desse elemento não-verbal seriam similares às que se dão com o elemento não-verbal da proximidade. Por exemplo, uma orientação para outro lugar comunica frieza em um encontro interpessoal.

2.1.7. *Os gestos*

Um gesto é qualquer ação que envia um estímulo visual a um observador. Para chegar a ser um gesto, um ato tem de ser visto por outro e tem de comunicar alguma informação. Os gestos são basicamente culturais. Muitos gestos têm um significado geralmente aceito em uma cultura. As mãos, e em grau menor a cabeça e os pés, podem produzir uma ampla variedade de gestos, usados para uma série de propósitos diferentes (Morris e cols., 1979). Os gestos constituem um segundo canal, muito útil, por exemplo, para a sincronização e a retroalimentação. Os gestos são, também, muito eficazes para ilustrar objetos ou ações que são difíceis de verbalizar.

A atividade verbal e a gestual podem relacionar-se de diversas maneiras. A gestual pode apoiar e amplificar a verbal, ou pode contradizê-la, como quando alguém procura ocultar seus verdadeiros sentimentos. A mensagem gestual pode ser completamente independente da verbal, como quando duas pessoas estão apaixonadas, mas discutem sobre Matemática (Argyle, 1975). Esse mesmo autor destaca que, depois do rosto, as mãos são a parte do corpo mais visível e expressiva, embora se preste muito menos atenção a elas do que ao rosto. Argyle (1969) apresenta quatro possíveis funções dos movimentos das mãos:

a. Sua função principal é a de *ilustradoras,* acompanhando a fala, enfatizando ou ilustrando as idéias apresentadas por meio de palavras e aumentando quando as habilidades verbais são inadequadas.
b. Os gestos podem substituir a fala, como na linguagem dos surdos-mudos e em códigos similares.
c. Os movimentos das mãos manifestam estados emocionais, embora normalmente não sejam intencionais.
d. Muitos movimentos das mãos referem-se à auto-estimulação – coçar-se, esfregar-se, fazer pressão, sobre uma zona do corpo, etc. Esses movimentos chamam-se *auto-adaptadores* e são limitados ou eliminados durante os encontros sociais.

De sua parte, Ekman e Friesen (1974) assinalam que os movimentos da mão podem servir como:

1. *Emblemas,* que são movimentos que podem ser substituídos normalmente por uma ou duas palavras ou por uma frase, e que são conhecidos explicitamente por todos os membros de uma cultura, subcultura ou tipo social. Exemplos de emblemas são dar a mão, aplaudir, esfregar as mãos, assentir com a cabeça etc.

2. *Adaptadores.* Os adaptadores são movimentos aprendidos como parte dos próprios esforços adaptativos para satisfazer necessidades corporais, ou para realizar ações corporais, ou para controlar e enfrentar emoções, ou para desenvolver ou manter contatos interpessoais prototípicos, ou para aprender atividades instrumentais (Ekman e Friesen, 1974). Esses autores distinguem entre auto-adaptadores, adaptadores do outro e adaptadores do objeto.

3. *Ilustradores.* Os ilustradores são movimentos unidos diretamente com a fala; parecem ilustrar o que é dito verbalmente. Ekman e Friesen (1974) distinguem oito subclasses:

a. Movimentos que acentuam ou enfatizam uma palavra ou frase particular.
b. Movimentos que esquematizam a direção do pensamento.
c. Movimentos que apontam um objeto.

Tabela 2.4. Possíveis significados de alguns gestos

Gesto	*Possível significado*
Acariciar-se	Auto-afirmar-se
Acariciar o queixo	Pensar, avaliar, tomar uma decisão
Apoiar a cabeça na palma da mão e baixar o olhar	Enfado
Apertar a mão do outro com a ponta dos dedos	Falta de confiança em si mesmo; tenta manter o outro à distância
Apertar a mão do outro com a direita e envolvê-la com a esquerda	Tentativa de conquistar de forma falsa a boa vontade do outro
Braços caídos em ambos os lados do corpo	Acessibilidade
Braços cruzados	Frieza, passividade. Barreira de defesa corporal
Mãos na cintura, pernas abertas	Determinação
Pigarrear constantemente	Incerteza e apreensão
Pigarrear conscientemente	Advertência
Colocação de um objeto em um lugar previamente escolhido	Extensão dos direitos territoriais
Colocar o dedo horizontalmente debaixo do nariz ao falar	Ocultar algo e, com freqüência, estar mentindo
Roer as unhas	Ansiedade
Contato freqüente da mão com o corpo	Desejo de ir embora
Cobrir-se os olhos	Vergonha
Dar a mão com a palma para cima	Disposição de aceitar um papel subordinado
Puxar as calças enquanto está sentado	Uma decisão começa a tomar corpo em sua cabeça
Dar breves puxadas no lóbulo da orelha	Gesto de interrupção
Desabotoar ou tirar o paletó em nossa presença	Caráter aberto ou desejo de mostrar-se amigável
Encolhimento de ombros acompanhado pelas mãos abertas e com as palmas para cima	Sinceridade e franqueza
Esfregar lentamente as palmas úmidas contra um tecido	Nervosismo e insegurança
Esfregar as mãos	Esperança de algo
Rabiscar	Pouco interesse
Gestos dirigidos a outros	Atitudes para outros
Fazer soar moedas nos bolsos	Preocupação com dinheiro ou com a falta dele
Inclinar-se para trás com as mãos na nuca	Superioridade
Juntar as pontas dos dedos de uma mão com as da outra	Confiança em si mesmo
Língua sobre os lábios, para umedecê-los	Tensão
Mãos no peito (somente as mulheres usam esse gesto)	Sinceridade
Mãos semi-introduzidas no bolso do paletó, com o polegar para fora	Confiança e autoridade

Tabela 2.4 (Continuação)

Gesto	*Possível significado*
Mãos crispadas	Atitude defensiva
Mãos atrás da cabeça, inclinação para trás	Dominação, superioridade
Mãos na cintura	Boa disposição, competitividade
Mãos fortemente apertadas ou que brincam	Tensão
Mãos que cruzam o corpo	Defesa
Mão(s) sobre a boca ao falar	Assombro, procurar ocultar a conversação ou mentir
Mãos unidas atrás das costas, queixo levantado	Posição de autoridade
Mãos unidas entre as pernas, apertando-as	Postura defensiva
Movimentos inquietos de mãos e pernas	Fuga do outro
Movimentos acariciantes	Flertar
Beliscar ou coçar o rosto	Culpar-se
Pernas cruzadas	Atitude defensiva, resistência
Pés sobre a mesa ou outros objetos	Domínio ou expressão dos direitos territoriais
Pôr-se em pé ao falar ao telefone	Adoção de decisões, surpresa ou sobressalto
Coçar a cabeça ou a nuca	Frustração
Coçar o pescoço	Incerteza
Recolher fiapos imaginários das roupas e olhar para baixo	Desaprovação
Torcer as mãos	Ansiedade
Sentar com a perna sobre o braço da poltrona	Sem desejos de cooperação
Sentar de forma que o encosto da cadeira apareça como escudo protetor	Domínio ou agressão
Sentar na beira da cadeira	Gesto orientado à ação
Tamborilar sobre a mesa, bater levemente com os pés	Impaciência
Tocar ou esfregar ligeiramente o nariz ao escutar	Dúvida e, freqüentemente, resposta negativa

d. Movimentos que desenham uma relação espacial.
e. Movimentos que mostram o ritmo de um acontecimento.
f. Movimentos que mostram uma ação corporal.
g. Desenhando uma imagem sobre o que se está falando.
h. Empregando emblemas para ilustrar verbalizações, repetindo ou substituindo uma palavra ou frase.

Charlotte Wolf (1976) encontrou uma série de padrões de gestos em pacientes mentais:

1. *Inibição extrema.* Movimento de retirada, movimentos estereotipados, gestos com o cabelo, inquietação motora geral, movimentos desnecessários.

2. *Depressão*. Movimentos lentos, escassos, vacilantes, pouco firmes, emprego de gestos de ocultação.
3. *Excitação*. Movimentos rápidos, expansivos, rítmicos, espontâneos, categóricos, auto-afirmativos, emocionais.
4. *Ansiedade*. Gestos de levar as mãos ao cabelo, ocultar o rosto, torcer e entrelaçar as mãos, abrir e fechar as mãos em punho, retocar as sobrancelhas, coçar o rosto, puxar o cabelo, agitar-se sem rumo fixo.

Alguns gestos refletem um estado emocional prevalecente, como a ansiedade, ou um estilo geral de conduta, como a agressão. Os gestos têm de ser vistos como parte de um todo. Além disso, as pessoas controlam e manipulam sua conduta e podem produzir, inclusive, o gesto oposto a seu verdadeiro estado emocional. O estilo gestual de uma pessoa é, em parte, um produto de sua origem cultural e ocupacional, da idade e do sexo, da saúde, da fadiga etc.

Hackney (1974) assinala que a pesquisa deve tentar avaliar as conseqüências dos gestos. "Se isso for conseguido, pode-se permitir ao terapeuta, em última instância, conhecer ou predizer que efeito terão no paciente suas mensagens não-verbais" (Hackney, 1974, p. 173). Na tabela 2.4 podem-se encontrar os *possíveis* significados de alguns gestos.

Trower (1980) concluiu, ao comparar um grupo de indivíduos hábeis com outro que não o era, que o grupo hábil gesticulava durante 10% do tempo total, enquanto o grupo não-hábil o fazia durante 4%. Conger e Farrell (1981) concluíram que os gestos, associados ao tempo de fala, ao olhar e aos sorrisos, estavam positivamente correlacionados com as avaliações da habilidade social.

Finalmente, Alberti e Emmons (1978) advogam por uma acentuação da mensagem com gestos apropriados, que podem acrescentar ênfase, franqueza e calor. Para esses autores, os movimentos desinibidos podem sugerir, também, franqueza, segurança em si mesmo (salvo que o gesto seja errático e nervoso) e espontaneidade por parte de quem fala.

2.1.7.1. Movimentos das pernas e/ou pés

Durante a interação social ordinária, quando estamos sentados, falando com outra pessoa, são as partes mais baixas de nosso corpo que parecem escapar mais facilmente à rede de controle deliberado. A principal razão disso parece ser que nossa atenção está concentrada no rosto. Mesmo quando podemos ver o corpo inteiro de um companheiro, concentramos nossa atenção na região de sua cabeça. Segundo Morris (1977), quanto mais longe está do rosto uma parte do corpo, menos importância lhe damos. Os pés são a parte mais afastada que temos e, por isso, há pouca pressão para que o indivíduo exerça um controle deliberado sobre as ações de seus pés. Estes, por conseguinte, oferecem sinais válidos relativos a seu verdadeiro estado de ânimo. Uma espécie de "escala de credibilidade" para diferentes tipos de condutas poderia ser similar à seguinte (começando com a mais e terminando com a menos confiável) (Morris, 1977):

1. *Sinais autônomos*. São os mais confiáveis de todos, já que, mesmo sendo, às vezes, conscientes deles, raramente podemos controlá-los.

2. *Sinais com pernas e pés*. Muitas vezes, em uma relação social, as tensões são expressas pelos movimentos de pernas e pés. As oscilações rítmicas para cima/para baixo do pé, apertar fortemente as pernas ou a mudança contínua na postura das pernas são formas de expressar tensões em uma conversação social de uma maneira não-consciente. Um exemplo relativamente claro é o caso da pessoa que escuta pacientemente, aparentemente imersa no que estamos dizendo, sorrindo e assentindo a intervalos apropriados, mas que tem um de seus pés agitando-se ritmicamente para cima/para baixo e vice-versa. Essa conduta poderia ser interpretada como um sinal de fuga ou de desejo de ir embora (Morris, 1977; Nierenberg e Calero, 1976).

3. *Sinais com o tronco*. A postura corporal, em uma situação informal, é um guia útil do verdadeiro estado de ânimo, porque reflete o tônus muscular geral do sistema corporal completo.

4. *Gesticulações sem identificar*. Aqui se encontram muitas ações com as mãos que não estão identificadas.

5. *Gestos com as mãos identificados*.

6. *Expressões faciais*. Somos tão conscientes do que fazem nossos rostos que é fácil mentir com as expressões faciais. Não obstante, como com as ações das mãos, há as identificadas e as sem identificar. Estas últimas são mais difíceis de falsificar, como, por exemplo, um leve estreitamento dos olhos, um pequeno gesto dos lábios etc.

7. *Verbalizações*.

Poderíamos assinalar três princípios gerais com relação a essa "escala de credibilidade". É mais provável que uma ação reflita um verdadeiro estado de ânimo: *a*. quanto mais afastada estiver do rosto; *b*. quanto menos se dê conta dela ou de que a realiza; e *c*. constitui uma ação sem identificar, isto é, que não chegou a ser uma unidade de conduta reconhecida entre a população em geral.

Também as pernas podem expressar ações de tipo sexual, ações que provavelmente estejam em conflito com a formalidade da metade superior do corpo. Esses sinais eróticos das pernas incluem posturas que as exibem, e o autocontato de acariciar e esfregar uma perna contra a outra ou uma mão contra uma das pernas.

2.1.7.2. Movimentos de cabeça

Os movimentos de cabeça são muito visíveis, mas a quantidade de informação que podem transmitir é limitada. Quando os animais são ameaçados, viram o corpo ou a cabeça, de forma que não possam ver seu oponente: isso serve para "cortar" os estímulos ativantes e para produzir um sinal de apaziguamento.

Pode haver fatores inatos nas posições da cabeça. Mehrabian (1968) concluiu que um indivíduo elevaria mais sua cabeça quando falasse com uma pessoa de alto *status*. No trabalho de Argyle e Williams (1969), os colaboradores que representavam um papel superior adotavam uma posição de cabeça elevada e os que atuavam em um papel inferior praticavam uma posição mais baixa. Vira-se a cabeça para um lado para atender a uma terceira pessoa ou para evitar a intensidade do contato visual; em qualquer caso, o resultado é interromper os sinais visuais do autor original da ação (Argyle, 1969).

Os movimentos da cabeça significam coisas totalmente diferentes em diferentes culturas e devem ser aprendidos. Os assentimentos de cabeça têm um papel importante na interação: indicam concordância, boa vontade para com o outro que fala e atuam como reforços de alguma conduta durante a interação (Argyle, 1969; Trower, Bryant e Argyle, 1978), embora também possam assinalar um desejo de terminar a conversação (Knapp, 1982). O assentimento de cabeça encontra-se praticamente em todas as culturas e, inclusive, os cegos de nascença, os surdos-mudos e os indivíduos com deficiência mental incapazes de falar também o realizam, o que faz pensar que poderia ser um gesto inato (Morris, 1977).

Sacudir a cabeça (movê-la horizontalmente de um lado a outro) tem os efeitos contrários ao gesto anterior, mas, como este, aparece em todos os lugares (Morris, 1977).

2.1.7.3. As automanipulações

A conduta de autocontato ocorre quando tocamos nossos corpos. Essa conduta nos proporciona sinais genuínos com relação a nosso estado de humor interno.

As intimidades consigo (uma forma de autocontato) podem ser definidas como movimentos que procuram bem-estar, porque constituem atos mímicos inconscientes que representam ser tocado por outro (Morris, 1977). Para esse autor, há muitas ocasiões nas quais nos comportamos como se fôssemos duas pessoas. A maioria é apenas de intimidades menores consigo mesmo – um pouco mais que um toque fugaz –, mas a pista é a mesma: há necessidade de um pouco mais de bem-estar. Essas e outras formas de autocontato são denominadas por Ekman e Friesen (1974) "auto-adaptadoras". Tais movimentos são realizados, normalmente, com pouco conhecimento e sem intenção de comunicar. As pessoas diferem notavelmente em sua taxa de atividade com relação aos auto-adaptadores. Estes aumentam com o incômodo psicológico e a ansiedade, salvo quando as pessoas se tornam imóveis e muscularmente tensas (Ekman e Friesen, 1974). Tais autores dão, também, significado a alguns movimentos de automanipulação. Assim, por exemplo, "o ato de cobrir-se os olhos está associado com a vergonha e a culpa, e coçar-se/beliscar-se encontra-se associado com a hostilidade" (Ekman e Friesen, 1974, p.213).

2.1.8. Distância/proximidade

A conduta espacial foi pesquisada em relação a quatro fenômenos básicos:

1. *Recolhimento.* Segundo Westin (1967), o recolhimento satisfaz quatro funções diferentes: "autonomia pessoal" (controle sobre a própria vida e o próprio ambiente), "liberação emocional" (liberação da tensão para o sossego emocional), "auto-avaliação" (integração e assimilação da informação sobre si mesmo) e a "limitação e proteção frente a comunicação".
2. *Espaço pessoal.* O espaço pessoal é descrito como uma área na qual não podem entrar os intrusos. O espaço pessoal foi descrito, também, como um "território portátil", que acompanha o indivíduo onde quer que vá, embora pareça que esse território diminua sob condições de aglomeração. Diferentes grupos diferenciam-se nas expectativas de seu espaço pessoal segundo seu sexo, sua saúde física, sua saúde mental e suas tendências para a violência. Algumas pessoas (p. ex., os esquizofrênicos, os prisioneiros violentos) necessitam de mais espaço pessoal que outras. Em termos transculturais, os árabes necessitam de menos espaço pessoal que os latinos, que, por sua vez, necessitam de menos que ingleses e norte-americanos.
3. *Territorialidade.* O conceito de "territorialidade" define-se normalmente como um conjunto de condutas por meio das quais um organismo reivindica uma área, a delimita e a defende de membros de sua própria espécie (Moos, 1976). O território pode ser mais ou menos amplo. Assim, o *espaço pessoal* descrito antes refere-se à área que rodeia imediatamente o corpo (a "bolha" pessoal); o *terri-*

tório pessoal compreende uma área mais ampla que um indivíduo possui, sobre a qual tem uso exclusivo ou que controla. Esse espaço lhe oferece intimidade social. Por exemplo, a casa, o jardim, o carro, o escritório, a mesa de leitura em uma biblioteca, a poltrona em um cinema etc. Esses últimos espaços ocupamos somente por curtos períodos de tempo. Reservamos esses territórios temporais empregando marcadores territoriais simbólicos, como objetos pessoais ou impessoais. A eficácia desses marcadores territoriais para manter afastados os "invasores" é diretamente proporcional a seu caráter pessoal e inversamente proporcional à pressão pelo espaço. Assim, comprovou-se que objetos pessoais (p. ex., um pedaço de sanduíche) deixados em um lugar vazio em uma biblioteca universitária com grande demanda de espaço mantinham, com maior probabilidade, fora desse lugar os intrusos, mais que quando se deixava um objeto mais impessoal (p. ex., um livro). Finalmente, os *territórios de refúgio* são áreas utilizadas por membros de um grupo determinado, áreas que, de outra maneira, seriam espaços públicos. Por exemplo, cafés e outros lugares freqüentados por grupos juvenis.

4. *Aglomeração.* A aglomeração existe, e assim é percebido por um indivíduo quando suas demandas de espaço excedem a oferta disponível. Essa definição distingue entre "densidade" e "aglomeração". A densidade assinala uma condição física que implica um espaço limitado, enquanto a aglomeração tem o requerimento adicional de uma perceptível inadequação espacial (Moos, 1976). A aglomeração não se refere exclusivamente a uma densidade e contato físico elevados, mas é um fenômeno psicológico experimentado subjetivamente.

Existe uma presença de normas implícitas dentro de qualquer cultura que se referem ao campo da distância permitida entre duas pessoas que se falam. "Se a distância entre duas pessoas que se falam excede ou é menor que esses limites, então provocam atitudes negativas" (Mehrabian, 1968, p. 296). O grau de proximidade expressa claramente a natureza de qualquer encontro. Estar muito próximo da outra pessoa ou chegar a tocá-la sugere uma qualidade de intimidade em uma relação, a menos que se encontrem em uma multidão ou em lugares abarrotados. "Aproximar-se demasiado" pode ofender a outra pessoa, pô-la na defensiva ou abrir a porta para uma maior intimidade (Alberti e Emmons, 1978). Foi feita uma classificação da distância em 4 zonas (Hall, 1976):

1. *Íntima* (0-45 cm). Dá-se nas relações íntimas. A essa distância, o contato corporal é fácil, é possível sentir o cheiro do outro e seu calor, ver o outro com dificuldade e falar em sussurros.

2. *Pessoal* (45 cm-1,20 m). Dá-se nas relações próximas. A essa distância, é possível tocar o outro e vê-lo melhor que na distância anterior, mas o olfato não participa.

3. *Social* (1,20-3,65 m). Dá-se em relações mais impessoais. A essa distância é preciso um maior volume de voz.

4. *Pública* (de 3,65 m até o limite do visível ou audível). Dá-se em ocasiões públicas e em muitos atos formais.

Temos de fazer notar que a categorização anterior baseia-se em uma mostra de indivíduos norte-americanos de tipo médio e que, como vimos anteriormente, o padrão de distância varia com o contexto cultural. A transição de uma zona a outra é assinalada, normalmente, por uma mudança clara de condutas. Um exemplo é que não nos sentimos incomodados ao olhar para um desconhecido que se aproxima pela rua enquanto nos encontramos na zona pública, mas quando passamos à zona social, normalmente abandonamos o contato visual. Se não desviamos o olhar, é necessário algum tipo de reconhecimento (como um sorriso ou um gesto de cumprimento) que sinalize um contato social mínimo dentro dessa região mais íntima.

A proximidade varia, também, com o contexto social. Concluiu-se, de maneira consistente, que as mulheres se aproximam mais que os homens e preferem sentar-se lado a lado quando estão com um amigo, enquanto os homens preferem sentar-se cara a cara. Também concluiu-se que as pessoas aproximam-se mais das mulheres que dos homens. Os seres humanos preferem colocar-se mais próximo àquelas pessoas que lhes agradam e mais longe das que não são de seu agrado; os amigos põem-se mais perto que os simples conhecidos e os conhecidos mais perto que os estranhos (Argyle, 1975, 1978; Davis, 1976). A distância que conservam aqueles que têm contato com determinadas pessoas – por exemplo, pessoas inválidas – pode muito bem fazer com que estas se sintam sós ou isoladas (Davis, 1976), enquanto a carência de um espaço pessoal, como nas situações de indivíduos envolvidos em uma multidão ou aglomeração pode produzir tensão, superativação fisiológica, hostilidade e incômodo (Epstein, Woolfolk e Lehrer, 1981; Evans, 1979).

A conduta espacial é parte da habilidade social. Além de adaptar uma posição espacial apropriada em relação à outra pessoa, as habilidades sociais podem implicar, também, arrumar o espaço para um grupo de pessoas (Argyle, 1975). E mais, Argyle, Furnham e Graham (1981) assinalam que, dada a importante influência do contexto físico sobre as pessoas inseridas nele e que, quase sempre, é lento e difícil mudar as atitudes e as cognições sociais e, portanto, a conduta social, seria mais conveniente produzir mudanças no ambiente físico. Assim, por exemplo, a *formação de amizades* pode ser favorecida arranjando as situações de modo que pessoas de *status* semelhante possam se encontrar, com certa regularidade (a proximidade conduz à atração e à formação de amizades), em lugares agradáveis (a luz e os sons intensos podem impedir a atração e a formação de amizades), com episódios pouco estruturados (a formalidade e a estrutura dos rituais comuns de interação podem favorecer ou dificultar a formação de amizades) que reforcem a auto-revelação e as atividades reforçadoras.

2.1.9. *O contato físico*

O contato corporal é o tipo mais básico de conduta social, a forma mais íntima de comunicação. É a porta de entrada à intimidade e permanece como o laço último entre as pessoas, inclusive depois de falhar a palavra. De todos os canais de comunicação, o tato é o que se encontra mais cuidadosamente vigiado e reservado, o mais fortemente proscrito e o menos utilizado, e a mais primitiva, direta e intensa de todas as condutas de comunicação (Thayer, 1986). Pode-se dizer que existe uma "linguagem" do contato corporal, embora não esteja muito elaborado. Diferentes graus de pressão e diferentes pontos de contato podem assinalar estados emocionais, como medo, ou atitudes interpessoais, como um desejo de intimidade (Argyle, 1969). Diferentes tipos de tato incluem (Heslin, 1974):

a. Tato funcional/profissional. A outra pessoa é considerada um mero objeto, não uma pessoa, e não há nenhum tipo de mensagem íntima ou sexual que interfira na tarefa que se tem nas mãos. Um exemplo é o caso de um médico examinando um paciente.

b. Tato cortês/social. Sua finalidade é a de afirmar a identidade da outra pessoa como pertencente à mesma espécie. Embora o outro seja percebido como uma pessoa, ainda se observa muito pouca compenetração entre os interagentes. Um exemplo pode ser um aperto de mãos ou ajudar alguém a vestir o casaco.

c. Tato amigável. Aqui se reconhece mais o caráter único do outro e se expressa afeto por essa pessoa. Por exemplo, pôr os braços ao redor dos ombros de um amigo em uma despedida.

d. Tato íntimo/de amor. A outra pessoa é o objeto de nossos sentimentos de intimidade ou amor. Por exemplo, beijar e pegar na mão.

O que é apropriado dependerá do contexto particular, da idade e da relação entre as pessoas implicadas. Em nossa sociedade, as pessoas de idade são tocadas, talvez, menos que ninguém. Essa perda literal do contato deve contribuir enormemente para a sensação de isolamento que sentem os anciãos (Davis, 1976; Thayer, 1986).

Morris (1977) acredita que os casais heterossexuais da cultura ocidental passam, geralmente, por uma seqüência de passos que encaminham à intimidade sexual. É importante observar que cada passo, afora os três primeiros, implica algum tipo de contato. A típica escala ascendente de intimidades, segundo Morris (1977), seria:

1. Olhar o corpo: a etapa de olhar.
2. Contato visual: o olhar mútuo.
3. Contato verbal: a etapa falada, com um intercâmbio de atitudes e informação pessoal.
4. Mão com mão: a primeira etapa de contato físico quase sempre iniciada como uma ajuda mais prolongada que o normal ao colocar ou tirar o casaco, ou pegar uma mão para ajudar a atravessar a rua ou a porta.
5. Braço no ombro: os corpos entram em contato ligeiramente mais próximo, começando, normalmente, com um subterfúgio de "guia" corporal.
6. Braço na cintura: ação um pouco mais íntima, levando a mão do homem mais próximo das regiões sexuais femininas.
7. Boca a boca: o beijo, a primeira intimidade seriamente excitante. Se for prolongado, pode conduzir a secreções genitais femininas e à ereção do pênis masculino.
8. Mão na cabeça: acrescentam-se carícias ao beijo, com as mãos explorando o rosto e o cabelo do companheiro.
9. Mão no corpo: as mãos começam a explorar a superfície corporal do companheiro, acariciando-o. Se passar dessa fase, terá sido atingida a etapa pré-copulatória, e a excitação será tão grande que ocorrerá a copulação.
10. Boca no seio: em um contexto estritamente privado, sem roupa, o casal começa a explorar com suas bocas a superfície da pele nua do corpo do outro. Nessa etapa, dão-se demorados abraços e, em particular, a exploração dos seios feminino pelos lábios masculinos.
11. Mão nos genitais: finalmente, as mãos movem-se para a região genital, onde exploram e estimulam. Nessa fase, os genitais do homem e da mulher estão completamente excitados e preparados para a penetração.
12. Genitais com genitais: faz-se o contato genital, acompanhado pelo rítmico impulso pélvico do homem, até que se atinge o orgasmo.

O contato físico constitui a forma biológica básica de expressar atitudes interpessoais. Não obstante, algumas formas de contato são usadas como sinais para a interação e não comunicam apenas atitudes interpessoais. Essas formas são as seguintes:

1. *Cumprimentos e despedidas.* As formas mais comuns de cumprimento são: a) *Aperto de mãos,* que aparece quando: ou não existe um laço pessoal ou é fraco ou houve uma longa separação. Em alguns países latino-americanos, o aperto de mãos constitui freqüentemente um cumprimento de boas-vindas (equivalente,

p. ex., a "oi") que se mostra em cada encontro entre homens, independentemente dos laços que existam entre eles e o tempo transcorrido desde o último encontro. b) *Beijo no rosto.* Mais que um beijo no rosto, é um beijo ao ar enquanto se juntam as bochechas. Serve às mesmas funções que o aperto de mãos. c) *Abraço.* Pode ser tão formal como o aperto de mãos, embora represente um degrau mais alto no grau de intimidade de uma amizade. Aqui, roçam-se as bochechas, os torsos mal se tocam e a duração do abraço é mínima. Não se deve confundir esse abraço com outros tipos de abraços que expressam toda uma série de emoções. d) *Beijo na boca e um abraço,* que são dados nas relações já íntimas.

As *despedidas* são muito similares aos cumprimentos que acabamos de ver.

2. *Felicitações.* Os sinais são os mesmos que para os cumprimentos.

3. *Sinais de atenção.* O contato físico, geralmente na forma de um toque no braço ou no ombro, emprega-se para atrair a atenção de alguém, para indicar que a pessoa que toca quer começar uma interação.

4. *O guia do corpo.* Consiste em ligeiras mudanças da direção do corpo ou em pegar no braço ou no cotovelo. Não é empregado nunca por subordinados com seus superiores nem por hóspedes com seus anfitriões. Porém, pode constituir uma forma moderada empregada pelo anfitrião, para mostrar seu domínio sobre os hóspedes que se encontram em uma situação de inferioridade ao estar em território alheio.

Há situações que facilitarão ou inibirão a conduta tátil. Henley (1977) assinala que é mais provável que as pessoas toquem quando:

1. Dão informação ou conselho, mais do que quando o pedem.
2. Dão uma ordem, mais do que quando atendem a uma.
3. Pedem um favor, mais do que quando respondem a esse pedido.
4. Tentam convencer alguém antes de serem persuadidos.
5. A conversação é profunda, mais do que casual.
6. Atendem a acontecimentos sociais, como festas, mais do que quando estão no trabalho.
7. Transmitem excitação, mais do que quando a recebem de outra pessoa.
8. Recebem mensagens de preocupação, mais do que quando as emitem.

O contato corporal indica proximidade e solidariedade quando empregado reciprocamente, e *status* e poder quando usado em uma só direção. Pessoas de elevado *status* usam mais o tato que as pessoas com um *status* inferior. Em um estudo de Major e Heslin (1982), concluiu-se que nas interações entre duas pessoas em que o contato não era recíproco e o *status* inicial e o atrativo dos participantes eram iguais, o ato de tocar aumentava o *status,* a cordialidade e a assertividade de quem tocava com relação às pessoas que não tocavam (grupo controle), enquanto diminuíam os do receptor com relação ao mesmo grupo de controle. Os resultados desse estudo sugerem que o contato corporal não-recíproco é percebido como transmissor de cordialidade, expressividade e *status.* Quanto maior é a emoção e mais íntima a relação percebida, maior é a oportunidade de contato físico. Também, é provável que a pessoa de *status* mais elevado em uma relação inicie uma conduta de contato físico, mais que a pessoa mais subordinada. Igualmente, as normas de tato entre homens e mulheres refletem diferenças de *status;* os homens tocam mais às mulheres que as mulheres aos homens. Os participantes em um experimento (Silverthorne e cols., 1976) eram apresentados a uma pessoa que iniciava ou não um aperto de mãos. Tinham sentimentos mais favoráveis para com a outra pessoa quando esta era homem e iniciava o aperto de mãos. Por outro lado, os participantes femininos gostavam quando a outra pessoa era uma mulher que iniciava o aperto de mãos, enquanto os participantes masculinos não gostavam dessa iniciativa feminina. Parecia que os participantes masculinos pensavam que a mulher que iniciava um aperto de mãos era demasiado assertiva e pouco feminina. Também concluiu-se que enquanto um homem tocar uma mulher não é necessariamente interpretado como veículo de intenção sexual, uma mulher tocar um homem o é (Henley, 1973, 1977).

Há enormes variações culturais no tipo e na quantidade de tato empregado, e dentro de uma sociedade as normas variarão para diferentes grupos. Jourard (1966) contou a freqüência com que se produzia o contato entre casais em cafés de diversas cidades e encontrou os seguintes contatos por hora: San Juan de Puerto Rico, 180; Paris, 110; Gainesville, Flórida, 2; Londres, 0. Além disso, Jourard quis saber que partes do corpo costumavam ser tocadas mais freqüentemente. Para isso, pediu a 300 jovens norte-americanos de ambos os sexos que indicassem que áreas de seus corpos eram acessíveis para ser tocadas por vários tipos de pessoas (pai, mãe, amigo e amiga). Concluiu que havia um grande acordo sobre as formas aceitáveis de contato físico para as diferentes pessoas. Na figura 2.2, apresentam-se alguns dados de um experimento (similar ao de Jourard) realizado, pelo autor deste livro, com jovens universitários (22 homens e 52 mulheres), no qual se questionou o nível de agrado (de 0 – Muito desagradável, até 4 – Muito agradável) produzido pelo contato em diferentes zonas corporais (9) por parte de diferentes tipos de pessoas (12). Na figura 2.2. são representados quatro desses tipos de pessoas "amigo não-íntimo", "amiga não-íntima", "estranho" e "estranha", com o nível de agrado que produziria o toque em algumas das nove zonas em que foi dividido o corpo. As zonas pintadas de preto representam um nível de agrado > 3, as zonas hachuradas > 2,5, as zonas pontilhadas > 2 e as zonas em branco < 2.

Podemos dizer que para os homens é *muito agradável* o contato físico por parte de uma amiga não-íntima, em todas as zonas corporais, exceto os braços e a parte inferior das pernas, zonas de tato *agradável*. Para as mulheres, o tato no rosto,

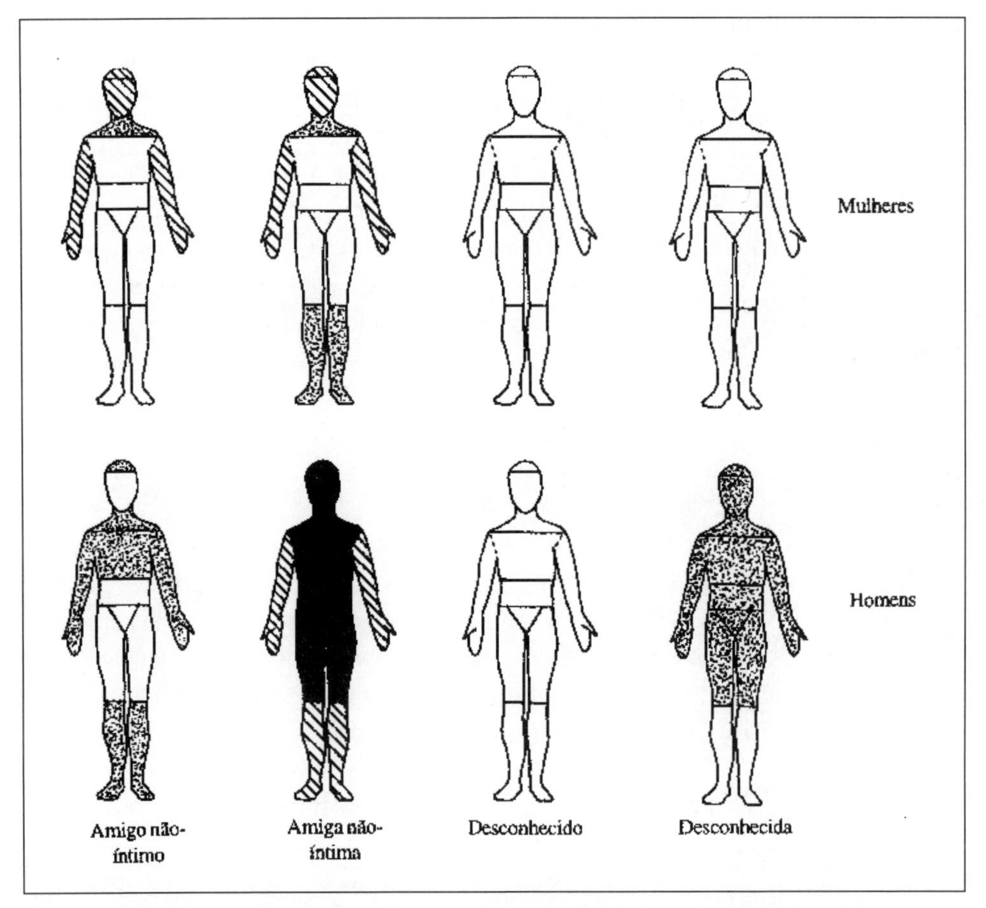

Fig. 2.2. Nível de agrado do contato físico com determinados tipos de pessoas

Nota: em uma amostra de homens e mulheres universitários, o autor encontrou diferenças importantes relativas ao sexo com relação à conduta de contato físico com determinados tipos de pessoas. As zonas corporais desenhadas em preto referem-se àquelas zonas corporais cujo contato físico por parte do tipo de pessoa que representa é "muito agradável" para os sujeitos (nesse caso, o contato físico por parte de uma "amiga não-íntima" para os homens). As zonas hachuradas referem-se a um contato físico "agradável" proveniente de determinado tipo de pessoa; as zonas pontilhadas representam um contato físico "ligeiramente agradável" e as zonas em branco representam zonas corporais cujo contato físico por parte dos tipos de pessoas correspondentes é "claramente desagradável".

na cabeça e nos braços é *agradável* com "amigos(as) não-íntimos", enquanto com estranhos percebem como desagradável o tato em qualquer zona corporal. Não sucede o mesmo no caso dos homens, quando se trata de uma estranha, cujo contato físico seria *ligeiramente agradável* para todas as zonas do corpo, exceto para a parte inferior das pernas. Em geral, podemos assinalar que parece haver claras diferenças entre homens e mulheres com relação às partes do corpo que estariam disponíveis para tipos específicos de pessoas.

2.1.10. *A aparência pessoal*

A aparência pessoal refere-se ao aspecto exterior de uma pessoa. Embora haja traços que são inatos, como, por exemplo, a forma do rosto, a estrutura do corpo, a cor dos olhos, do cabelo etc., hoje em dia pode-se transformar quase completamente a aparência pessoal das pessoas. Deixando de lado a cirurgia plástica e as demais intervenções médicas, podemos mudar à vontade quase todos os elementos exteriores de uma pessoa. Desde tingir o cabelo, pintar o rosto, aumentar a estatura usando sapatos de salto alto até, inclusive, mudar a cor dos olhos usando lentes de contato.

As roupas e os adornos representam também um papel importante na impressão que os demais formam do indivíduo. Os componentes nos quais se baseiam o atrativo e as percepções do outro são as roupas, o físico, o rosto, o cabelo e as mãos. "A principal finalidade da manipulação da aparência é a auto-apresentação, que indica como vê a si mesmo o que assim se apresenta e como gostaria de ser tratado" (Argyle, 1978, p. 44). A aparência é preparada com mais ou menos cuidado e tem um poderoso efeito sobre as percepções e reações dos outros (e algum efeito sobre quem a assume) (Argyle, 1975). As características da aparência pessoal oferecem impressões aos demais sobre atrativo, *status,* grau de conformidade, inteligência, personalidade, tipo social, estilo e gosto, sexualidade e idade desse indivíduo. "Poder-se-ia pensar que não vale a pena conhecer pessoas que respondem a esses sinais externos, uma vez que esquecem o 'interior da pessoa'. Porém, não podemos chegar a ter nunca uma oportunidade de conhecer o interior da pessoa se formos repelidos pela aparência externa" (Gambrill e Richey, 1985, p. 215). A apresentação de uma imagem própria aos demais é uma parte essencial da conduta social, mas deve ser feita de modo adequado.

Vestindo-se de modo particular uma pessoa sugere o tipo de situação à que está acostumada, ou prefere ou espera encontrar-se – está definindo a situação por sua aparência e influenciando, assim, a conduta dos demais. Segundo Argyle (1975), "a aparência é manipulada deliberadamente, embora algumas pessoas se preocupem muito com essa forma de comunicação e outros, ao contrário, preocupem-se muito pouco. Porém, muita gente, a maioria, talvez, tem pouca idéia do que está tentando comunicar" (p. 340).

Dow (1985) fez com que uma série de indivíduos normais avaliasse, mediante uma interação de 10 minutos, a habilidade de conversação de indivíduos socialmente inadequados e assinalasse aspectos da conduta desses últimos que pudessem ser melhorados. Dos 43 sujeitos em estudo, 13 (31%) deviam modificar sua aparência física. A mudança de estilo do cabelo era a sugestão mais freqüente; foi recomendada para 10 indivíduos (23,8 %).

2.1.10.1. O atrativo físico

O atrativo físico, especialmente o dos membros do sexo oposto, é de um notável interesse na vida cotidiana e, provavelmente, o tenha sido sempre. Nossa aparência física é o traço mais visível e mais facilmente acessível aos demais em quase todas as interações sociais. O atrativo físico é um sinal informativo usado freqüente e consistentemente. Hatfield e Sprecher (1986) definem o *atrativo físico* como "aquilo que melhor representa o próprio conceito do ideal sobre a aparência e que proporciona o maior prazer aos sentidos" (p. 4). O atrativo físico mostrou-se uma importante variável interpessoal. Baseando-se unicamente no atrativo físico, as pessoas formulam amplas idéias sobre a pessoa que observam. Além disso, manifestam diferentes condutas não-verbais na forma de respostas positivas ou negativas. Normalmente, essas respostas, se não são verbais, tomam a forma de sorrisos ou franzir de sobrancelhas, de olhares específicos, de gestos e movimentos de cabeça. A implicação exata dessas condutas de aprovação ou desaprovação social pode representar a aceitação ou a repulsa de uma pessoa e/ou conduta (Patzer, 1985).

A pesquisa concluiu que as pessoas fisicamente atraentes são percebidas pelas demais com elevados níveis de características positivas, como a inteligência, a competência e o calor humano. Além disso, também somos mais positivos com pessoas atraentes em nossas ações. Comprovou-se ser mais provável que prestemos assistência a alguém atraente e que façamos esforços para ganhar a aprovação de uma pessoa atraente. Também há evidências de que as pessoas são mais calorosas e sociáveis quando interagem com gente atraente. Não obstante, o desvio para o atrativo físico pode servir à função de "profecia auto-realizadora". Se agimos de uma maneira calorosa e amigável com uma pessoa atraente, aumentam as possibilidades de que suas respostas sejam calorosas e amigáveis. Essas condutas positivas de pessoas atraentes reforçam nossas percepções iniciais de que pessoas atraentes são calorosas e amigáveis.

Também foram encontradas correlações positivas entre o atrativo físico e a popularidade nos encontros. Assim, o atrativo físico foi, em geral, o melhor determinante de que uma mulher fosse escolhida por um homem ou, com outras palavras, o elemento discriminatório mais significativo entre mulheres de alta e baixa freqüência de encontros. Por exemplo, Walster e cols. (1966) concluíram que o atrativo físico era o único elemento determinante do agrado de um encontro, demonstrando-se, igualmente, que era superior à inteligência, às habilidades sociais ou ao caráter do(a) companheiro(a), inclusive depois da interação. O experimento foi o seguinte: organizou-se um baile pela internet, e homens e mulheres que comprassem um *ticket* de um dólar ganhariam um encontro às cegas. A idéia de um baile por computador foi muito popular e atraiu 752 estudantes. Quando os estudantes foram comprar seus *tickets,* foram submetidos a uma série de testes de inteligência e de personalidade e foram avaliados em segredo por quatro juízes com relação a seu atrativo físico. Embora os participantes pensassem que os parceiros seriam escolhidos segundo os testes de personalidade, foram realmente escolhidos ao acaso, com o cuidado apenas de que a mulher não fosse nunca mais alta que o homem. Na noite do baile, os estudantes chegaram com seus parceiros e dançaram ou falaram até um intervalo. Nesse momento, avaliaram seus pares em uma folha que lhes foi entregue. Os resultados do estudo mostraram que os homens e as mulheres manifestaram um maior agrado pelos pares que haviam sido avaliados pelos juízes como fisicamente atraentes. Expressaram um menor agrado pelos pares que não eram atraentes. Em contraste com a importância do atrativo físico, as valorações por parte dos estudantes sobre seus pares não se relacionavam, em absoluto, com os testes de personalidade e inteligência.

Aparentemente, também as pessoas atraentes são mais hábeis nas interações heterossociais (devido, possivelmente, a uma maior prática). Lipton e Nelson (1980) e Glasgow e Arkowitz (1975) tentaram encontrar alguma correlação positiva entre o atrativo físico e a freqüência com que os sujeitos se encontravam com o sexo oposto. Os primeiros autores não encontraram nenhuma correlação significativa, apesar disso, assinalam que a aparência é, muito provavelmente, um componente importante que determina a freqüência com que se encontram com o sexo oposto os sujeitos tanto masculinos como femininos. Igualmente, no estudo de Himadi e cols. (1980), no qual foram comparados sujeitos com alta freqüência de encontros (masculinos e femininos) com indivíduos com baixa freqüência de encontros (masculinos e femininos), concluiu-se que, enquanto entre os dois grupos de sujeitos masculinos não havia diferenças quanto ao atrativo físico, havia entre os dois grupos de sujeitos femininos, sendo o grupo de alta freqüência de encontros mais significativamente atraente que o de baixa freqüência de encontros. As mulheres atraentes, em geral, desfrutam mais as interações sociais que as mulheres não-atraentes, porque os homens tentam com mais empenho ganhar a aprovação das mulheres atraentes. Para as mulheres que queiram iniciar interações com os homens, o atrativo é uma virtude. Essas mulheres acharão também útil praticar e desenvolver suas habilidades sociais.

Já que pessoas atraentes costumam receber avaliações e reações positivas dos demais, são mais seguras e assertivas. Um grupo de pesquisadores informou que os homens que se consideravam atraentes estavam mais dispostos que os homens que se consideravam pouco atraentes a revelar informações sobre eles mesmos a alguém que não conheciam. Pelo contrário, as mulheres que se julgavam atraentes estavam menos dispostas que as mulheres que se sentiam pouco atraentes a revelar informações sobre si mesmas a um desconhecido. Os pesquisadores concluíram que as mulheres menos atraentes empregam a comunicação verbal para facilitar interações pessoais. As mulheres atraentes estão mais satisfeitas pelo fato de que "sua aparência fala por elas". Foram encontradas relações significativas entre o atrativo físico das mulheres e suas pontuações em medidas de felicidade e auto-estima. Já que essa relação não existe para os homens, os pesquisadores concluíram que as mulheres ganham mais com o fato de serem fisicamente atraentes. Também há uma pequena, mas significativa, correlação entre o atrativo físico e o autoconceito positivo. Isso se deve ao fato de que pessoas atraentes recebem, freqüentemente, reações e tratamentos mais favoráveis. Ao longo de nossas vidas, o atrativo físico pode chegar a ser menos crucial que a felicidade e a auto-estima porque aprendemos a utilizar as habilidades sociais para ganhar carícias positivas dos demais. Pessoas de boa aparência podem sofrer mais com o envelhecer que pessoas com uma aparência média, porque têm de aprender a compensar o fato de que seu atrativo já não funciona.

Parece haver um consenso implícito na consideração da beleza física. Caballo *(1993a)* informa que avaliações realizadas por diferentes fontes (companheiro de interação, observadores do comportamento gravado em vídeo, entrevistador e o próprio sujeito) sobre a beleza física dos sujeitos participantes em um experimento correlacionavam-se significativamente, em todos os casos ($p < 0,01$). Também Caballo e Buela (1989) concluíram que os sujeitos de alta habilidade social eram avaliados sistematicamente como mais atraentes fisicamente que os indivíduos de baixa e moderada habilidade social, embora não sempre essas diferenças atingissem relevância estatística.

Sugeriu-se que os homens dão maior ênfase ao atrativo físico, enquanto os principais interesses das mulheres são os atributos sociais e econômicos do homem. Por exemplo, ao perguntar sobre as qualidades mais desejáveis do parceiro, foram encontrados os resultados descritos na tabela 2.5 (Centers, 1972, em Argyle e Henderson, 1985).

Tabela 2.5. Atributos desejáveis do companheiro, em ordem de importância (Centers, 1972, em Argyle e Henderson, 1985)

No companheiro	*Na companheira*
1. Sucesso	1. Atrativo físico
2. Liderança	2. Capacidade erótica
3. Capacidade trabalhista	3. Capacidade afetiva
4. Capacidade econômica	4. Capacidade social
5. Capacidade de entretenimento	5. Capacidade doméstica
6. Capacidade intelectual	6. Elegância no vestir
7. Capacidade de observação	7. Compreensão interpessoal
8. Senso comum	8. Saber apreciar a arte
9. Capacidade atlética	9. Compreensão moral-espiritual
10. Capacidade teórica	10. Capacidade artística/criativa

Argyle e Henderson (1985) assinalam que, em uma recente pesquisa no Reino Unido, 40% dos homens e 23% das mulheres pensavam que a beleza era algo muito importante. Porém, Calvert (1988) aponta que a evidência empírica atual não apóia a opinião de que os homens são necessariamente mais afetados pelo atrativo físico que as mulheres.

O fenômeno do atrativo físico não se restringe a determinadas faixas etárias. De fato, a pesquisa por meio da ampla categoria de desenvolvimento revela que o fenômeno do atrativo físico está presente ao longo da idade e das situações. A razão disso pode dever-se ao conceito de atrativo físico. O poder dessa característica pode ser uma conseqüência decorrente do fato de que não há nenhum outro elemento tão facilmente observável, exceto variáveis como a raça ou o sexo (Patzer, 1985). Quando as pessoas se conhecem pela primeira vez, seu atrativo físico é o traço mais óbvio e acessível. Os sinais informativos, tão óbvios e facilmente obtidos, proporcionados pelo atrativo físico continuam sendo importantes depois da impressão inicial e estendem-se à impressão e à relação a longo prazo. O fato de que uma pessoa possa ser inteligente, educada, saudável e/ou altamente competente provavelmente seja mais informativo, mas tal informação não se encontra facilmente disponível. Inclusive, quando essas características menos visíveis passam a ser conhecidas, o valor que se lhes atribui está influenciado pela primeira impressão obtida do atrativo físico. Independentemente das desigualdades e ramificações sociais, o atrativo físico parece, realmente, abrir as portas àqueles afortunados que possuem um grau suficiente dessa característica. Além disso, uma vez transposto o umbral dessas portas, o efeito do atrativo físico continua (Patzer, 1985).

Desde muito tempo, sabe-se que um(a) companheiro(a) sexual bonito(a) é um dos melhores afrodisíacos. Porém, os pesquisadores descobriram, recentemente, que a conexão entre a beleza e a ativação sexual é uma "via de duas mãos". Não somente a beleza provoca a ativação sexual, mas também a ativação sexual nos leva a exagerar o atrativo da outra pessoa (Hatfield e Sprecher, 1986). Quando saem para paquerar, é possível que, conforme vai transcorrendo a noite e não conseguem manter uma relação com uma beleza do sexo oposto, as pessoas se ativem sexualmente cada vez mais, baixem o nível de suas expectativas e se encontrem cada vez mais dispostas para o contato com pessoas que, no começo da noite, não eram tão atraentes fisicamente.

Um traço preocupante do atrativo físico é sua aparente sutileza. As pessoas freqüentemente afirmam que o atrativo físico do outro não tem efeito sobre elas, sobre suas percepções ou sobre seu comportamento. Porém, a pesquisa experimental mostra que a pessoa média subestima drasticamente a influência do atrativo físico sobre ela. Além disso, embora o dinheiro gasto na melhora do atrativo físico das pessoas seja imenso, negamo-nos a reconhecer, em boa medida, a importância do fenômeno do atrativo físico (Patzer, 1985). Esse autor assinala que a discriminação baseada no atrativo físico provavelmente seja superior à discriminação baseada no sexo, raça ou religião. Independentemente do contexto ou da idade dos participantes, a sociedade tende a ver o indivíduo com atrativo físico como inerentemente melhor que aquele com um menor atrativo físico. Esse estereótipo implícito ("o belo é bom") produziu um ambiente com sérias implicações para atividades tão importantes como conseguir um emprego, manter encontros e casar-se, a eleição de líderes políticos ou, inclusive, o desenvolvimento da personalidade. A conseqüência é o tratamento diferencial, ao longo da vida, para aqueles que se diferenciam simplesmente em seu atrativo físico. A sociedade, que persegue constantemente o atrativo físico, continua se contradizendo ao subscrever explicitamente a honorável crença democrática de que a aparência física é uma característica periférica e superficial, com pouca influência sobre nossas vidas (Berscheid e Walster, 1972).

2.1.11. *Os componentes paralingüísticos*

A comunicação humana por meio da fala depende do emprego especializado do canal audiovisual. Porém, esse canal transporta mensagens na área paralingüística ou vocal ("como" se fala em oposição a "o que" se fala). Alguns sinais vocais são capazes de comunicar mensagens por si mesmas: chorar, rir, assobiar, bocejar, suspirar etc. Outras vocalizações encontram-se muito relacionadas com o conteú- do verbal, incluindo o volume, o tom, o timbre, a clareza, a velocidade, a ênfase e a fluência, os "hums" e "ehs", as pausas e as vacilações (Wilkinson e Canter, 1982).

Os sinais vocais podem afetar drasticamente o significado do que se diz e de como se recebe a mensagem. A mesma frase dita em vários tons de voz ou com determinadas palavras enfatizadas pode transmitir mensagens muito diferentes. "Gosto de você" pode ser dito com afeto, ironicamente ou cruelmente. A mensagem que as mesmas palavras levam pode ser menos importante e, inclusive, contrariada pelo tom de voz com que se diz (Ekman e Friesen, 1969). Existem três aspectos importantes da vocalização: primeiro, o som como um meio básico de comunicação; segundo, o som que comunica sentimentos, atitudes e a personalidade; e terceiro, o som que dá ênfase e significado à fala (Trower, Bryant e Argyle, 1978). Por exemplo, pessoas ansiosas tendem a falar mais lentamente, gaguejam, são repetitivas e incoerentes, enquanto a ira é normalmente expressa por uma voz forte, com um tom alto (Cook, 1969). Também formamos juízos sobre os outros a partir de seus sinais vocais. Aquelas pessoas com um tom de voz variado provavelmente serão julgadas como dinâmicas, extrovertidas, e aquelas com uma fala lenta, monótona, como frias, preguiçosas e retraídas (Addington, 1968). Comprovou-se que indivíduos bem-sucedidos falam mais depressa, com mais entonação, um volume mais alto e soam mais confiantes e seguros de si mesmos. Também os conversadores mais fluentes são considerados mais competentes, mas não mais confiáveis, e não há evidência de que sejam mais persuasivos (Argyle, 1975).

Grupos culturais e raciais podem ser reconhecidos pelo sotaque. Os sotaques são avaliados ao longo de três dimensões, principalmente: competência, integridade e atrativo (Argyle, 1975). O sotaque de uma pessoa procede principalmente do meio cultural em que foi criado. Porém, a maioria das pessoas está exposta a mais de um sotaque, de modo que o que adota reflete suas atitudes e seu grau de identificação com os grupos em questão.

Os elementos paralingüísticos raramente são empregados isolados. O significado transmitido é, normalmente, o resultado de uma combinação de sinais vocais e conduta verbal, e é avaliado dentro de um contexto ou uma situação determinada.

Uma forma de obter retroalimentação de nossa própria voz é o registro de diferentes estilos de voz. Pode-se experimentar com um tom coloquial, uma mensagem carinhosa, um argumento persuasivo. "Para muita gente, é muito difícil juntar uma sucessão de palavras que dure trinta segundos [...] Os comentários claros e expressos lentamente são compreendidos mais facilmente e são mais poderosos que a fala rápida" (Alberti e Emmons, 1978, p. 333). Nesse terreno, o gravador é uma ferramenta útil. Pode ser empregado para treinar, falando sobre um tema familiar durante 30 segundos. A seguir, escuta-se a gravação atentando para as pausas de 3 segundos ou mais e os "recheadores" de pausas, como "ãh...", "bom..." etc. Repete-se o mesmo exercício, mais devagar se for necessário, tentando eliminar qualquer pausa significativa. Pode-se aumentar a dificuldade da ta-refa tratando temas menos familiares, tentando ser persuasivo, pretendendo responder a um argumento, trabalhando com um(a) amigo(a) para manter um verdadeiro diálogo etc.

2.1.11.1. A latência

A latência é o intervalo temporal de silêncio entre o fim de um enunciado por um indivíduo e o início de outro enunciado por um segundo indivíduo. A latência tem uma relação curvilínea com a habilidade social. Latências longas são consideradas conduta passiva, tanto pelo que fala como pelo que escuta. As latências muito curtas ou as latências negativas (interrupções) são consideradas, normalmente, conduta agressiva (Booraem e Flowers, 1978). Os pacientes devem ser instruídos para que deixem a outra pessoa terminar, exceto sob duas condições específicas: 1. A outra pessoa está desperdiçando o tempo do paciente, e 2. o objetivo do paciente é finalizar a conversação (p. ex., com um vendedor). Uma vez que a outra pessoa terminou sua oração, instrui-se o paciente a começar a falar sem vacilações. Caso este se encontre surpreso pelo que está ouvindo ou se está confuso pela resposta do outro, pode deixar que transcorra uma longa latência, que a outra pessoa às vezes percebe como passiva. Nesses casos, o paciente é instruído a expressar um comentário apropriado para reduzir a latência. As frases "estou surpreso" ou "deixe-me pensar" serão consideradas mais assertivas que um longo silêncio (Booraem e Flowers, 1978).

2.1.11.2. O volume

A função mais básica do volume consiste em fazer com que uma mensagem chegue até um potencial ouvinte, e o déficit óbvio – e comum – é um nível de volume muito baixo para servir a essa função, fazendo, p. ex., com que a fala seja ignorada ou que o ouvinte se irrite (Trower, Bryant e Argyle, 1978). Alguns pacientes podem falar muito baixo, enquanto se queixam amargamente de que as pessoas não os escutam ou não levam a sério o que estão dizendo. Um volume baixo de voz pode indicar submissão ou tristeza, enquanto um alto volume de voz pode indicar segurança, domínio, extroversão e/ou persuasão. O falar demasiado alto (que sugere agressividade, ira ou rudeza) pode ter, também, conseqüências negativas – as pessoas poderiam ir embora ou evitar futuros encontros. Um volume moderado pode indicar agrado, atividade, alegria. As mudanças no volume de voz podem ser empregadas em uma conversação para enfatizar pontos. Uma voz que varia pouco em volume não será muito interessante de escutar.

Um volume apropriado deveria ser mantido, especialmente nos momentos críticos. Alguns pacientes mantêm um volume adequado, exceto no momento em que pedem algo, recusam um pedido ou manifestam uma opinião pessoal, momento no qual baixam ou elevam em excesso sua voz. Esses pacientes devem ser treinados a manter o volume adequado quando manifestam condutas críticas. A gravação em gravador ou em vídeo pode facilitar o treinamento do volume apropriado ao proporcionar aos pacientes retroalimentação direta e imediata sobre seu volume de voz (Booraem e Flowers, 1978).

2.1.11.3. O timbre

O timbre é a qualidade vocal ou ressonância da voz produzida principalmente como resultado da forma das cavidades orais (Trower, Bryant e Argyle, 1978). As pessoas diferenciam-se nessas características. Algumas pessoas têm vozes muito finas, nasais, enquanto outras têm vozes ressonantes. Estas últimas são consideradas mais atraentes que as primeiras. Indivíduos (mulheres e homens) com vozes nasais ganham uma série de características socialmente indesejáveis; os indivíduos varões com vozes guturais são considerados maiores, mais realistas e maduros, sofisticados e bem adaptados, enquanto as mulheres com vozes guturais são consideradas menos inteligentes, mais masculinas, folgazãs, toscas, neuróticas, apáticas, tontas etc. (Knapp, 1982). Um timbre "plano", monótono, pode produzir a sensação de depressão, enquanto um timbre gutural pode dar a impressão de maturidade ou sofisticação.

Ostwald (1963), citado por Argyle (1975), descreve quatro tipos de voz encontrados normalmente em pacientes e outras pessoas:

1. A "voz aguda", descrita quase sempre como de queixa, de falta de defesas ou infantil, encontrada principalmente em pacientes com problemas afetivos.
2. A "voz plana", interpretada como frouxa, enfermiça ou de desamparo, encontrada em pacientes deprimidos e dependentes.
3. A "voz oca", com poucas freqüências altas, interpretada como sem vida e vazia, e encontrada em pacientes com danos cerebrais e naqueles com fadiga e debilidade generalizada.
4. A "voz robusta", que causa impressão e tem sucesso, encontrada em pessoas sãs, seguras e extrovertidas.

Ostwald (1968) concluiu, igualmente, que as vozes dos pacientes variam, du-rante a terapia, de vozes vacilantes a vozes mais altas e robustas e mais resso-nantes.

2.1.11.4. O tom e a inflexão

O tom e a inflexão servem para comunicar sentimentos e emoções. Podemos pensar no número de mensagens que poderíamos transmitir com uma única frase como "Espero que me ligue" simplesmente mudando o tom. Essas simples palavras poderiam comunicar esperança, afeto, sarcasmo, ira, excitação ou desinteresse, dependendo da variação do tom de quem fala. Além de variar o tom, podemos reparar nos diferentes matizes de significado que poderiam ocorrer ao enfatizar diferentes palavras:

"*Espero* que me ligue" (Duvido que o faça, mas eu gostaria)

"Espero que *me* ligue" (Não ligue para ninguém além de mim)

"Espero que me *ligue*" (Não me mande uma carta, mas ligue-me)

Pouca entonação, com um volume baixo, indica enfado ou tristeza. Um padrão que não varia pode ser aborrecido ou monótono. Percebemos as pessoas como mais dinâmicas e extrovertidas quando mudam o tom e a inflexão de suas vozes com freqüência durante uma conversação.

As variações no tom podem regular ou ceder a palavra; o tom da voz de uma pessoa pode aumentar ou diminuir para indicar que gostaria que algum outro falasse, ou pode diminuir o volume ou o tom das últimas palavras de sua expressão ou pergunta. Mudamos o tom de voz para indicar o final de uma expressão afirmativa (baixando a voz) ou de uma pergunta (elevando-a). Um tom que sobe é avaliado positivamente (isto é, alegre); um tom que decai, negativamente (deprimido); uma nota fixa, como neutra. Às vezes, modulamos conscientemente a voz, de maneira que o tom empregado contradiz a mensagem verbal, como quando pronunciamos a palavra "sim" em um tom que indica uma má disposição e quando realmente estamos dizendo "não". Em outras situações, o tom pode transmitir sarcasmo, como quando se diz "Como estou me sentindo bem!" querendo dizer "Estou me sentindo um lixo!". Pode-se mudar o tom para acentuar determinadas palavras, embora isso também possa ser feito por meio do volume.

Alguns significados comuns do tom são (Trower, Bryant e Argyle, 1978): tom elevado e volume baixo: submissão, aflição; com um volume alto: atividade, ira; com um volume variável: temor, surpresa; tom baixo e volume elevado: dominância; com volume variável: agrado; com volume baixo: enfado, tristeza; variação elevada: agradável, ativo, contente, surpreso; baixa variação: deprimido, desinteressado.

Mehrabian (1972) descreveu que o tom de voz contribuía um pouco menos que a expressão facial, mas muito mais que o conteúdo da conversação, para as impressões das atitudes interpessoais. Igualmente, Romano e Bellack (1980) concluíram que o tom (0,77), associado a expressão facial (0,67) e a postura (0,60), eram as condutas mais altamente relacionadas com as avaliações da habilidade social. As mesmas palavras, ditas entre dentes, na ira, oferecem uma mensagem completamente diferente do que quando são expressas com alegria ou sussurradas ao ouvido. Alberti e Emmons (1978) assinalam que uma apresentação uniforme e bem modulada de conversação é convincente sem intimidar. Outra, sussurrada de maneira monótona, raramente convencerá a pessoa com quem se interage, enquanto os gritos produzirão o aparecimento de defesas no terreno da comunicação.

2.1.11.5. A fluência/perturbações da fala

As vacilações, falsos começos e repetições são bastante normais nas conversações diárias. Porém, as perturbações excessivas da fala podem causar uma impressão de insegurança, incompetência, pouco interesse ou ansiedade. Podem ser considerados três tipos de perturbações da fala. Uma é a presença de muitos períodos de silêncio (pausas sem recheio), que poderiam ser interpretados de diferentes formas, dependendo, em parte, da relação existente entre as pessoas que interagem. Com estranhos ou conhecidos casuais, muitos períodos de silêncio poderiam ser interpretados negativamente, especialmente como ansiedade, enfado, ou, inclusive, como um sinal de desprezo. Outro tipo de perturbação da fala é o emprego excessivo de "palavras de recheio" durante as pausas, p. ex.: "você sabe", "bem", ou sons como "hum" ou "ãh". As expressões com demasiadas pausas recheadas ("ahs" e "ehs") provocam percepções de ansiedade ou de enfado. Em uma discussão acalorada, o controle da conversação poderá ser mantido recheando-se as pausas, mas ficará diminuída, então, a qualidade da contribuição. Um terceiro tipo de perturbação inclui repetições, gaguejos, erros de pronúncia, omissões e palavras sem sentido. A duração da fala refere-se ao tempo em que o indivíduo se mantém falando.

2.1.11.6. O tempo de fala

A duração da fala refere-se ao tempo que o indivíduo se mantém falando. O tempo de conversação do sujeito pode ser deficiente por ambos os extremos, ou seja, tanto por mal se falar como por falar em demasia. O mais adequado é um intercâmbio recíproco de informação.

Encontrou-se, em estudos recentes, que a quantidade de fala, tanto de pacientes como de não-pacientes, contribuía de maneira muito significativa na impressão geral da habilidade social e, quase com certeza, mais que qualquer outro elemento tomado separadamente. Trower, Bryant e Argyle (1978) concluíram que pacientes julgados como socialmente competentes falavam mais da metade do tempo quando lhes era pedido que falassem com um estranho, mas os pacientes socialmente inadequados falavam apenas um terço do tempo. A diferença era ainda maior no papel de "ouvinte" – os pacientes competentes falavam 30% do tempo, enquanto os pacientes inadequados o faziam somente 10%. Outro estudo concluiu que pessoas que falavam 80% do tempo eram vistas como dominadoras, descorteses, egoístas, atrevidas, frias e pouco atentas, enquanto pessoas que falavam 50% do tempo eram avaliadas como agradáveis, atentas, corteses e cordiais (Kleinke, Kahn e Tully, 1979). Pessoas que falavam somente 20% do tempo em conversações com pessoas do mesmo sexo eram avaliadas como frias, pouco atentas e pouco inteligentes, enquanto as mulheres em conversações com indivíduos do mesmo sexo, que falavam 80% do tempo, eram avaliadas com essas mesmas características. Assim, compartilhar um tempo igual de fala não somente incita os demais a verem essa pessoa como agradável, mas também transmite uma sensação de agrado por parte dos demais, uma vez que se tende a falar mais com pessoas de quem se gosta. Concluiu-se, também, que a duração da fala está relacionada com a assertividade, a capacidade para enfrentar as situações e o nível de ansiedade social. Caballo e Buela (1988*a,* 1989) concluíram que o tempo de fala, associado ao olhar, era um dos elementos com relação mais elevada com a habilidade social global, e que diferenciava mais claramente indivíduos de alta e baixa habilidade social.

2.1.11.7. Clareza

Algumas pessoas balbuciam as palavras, arrastam-nas, pronunciam mal ou falam aos borbotões, ou têm um sotaque excessivo. Esses padrões da fala podem ser desagradáveis para um ouvinte. Pronunciar mal, p. ex., pode indicar ira ou impaciência, enquanto arrastar as palavras poderia indicar enfado ou tristeza, além de ser difícil de entender.

2.1.11.8. Velocidade

Falar muito lentamente pode impacientar e aborrecer quem escuta. Por outro lado, falar muito rapidamente gera dificuldades para entender. Knapp (1982) assinala que a velocidade normal da fala é de 125 a 190 palavras por minuto, e que a compreensão começa a diminuir quando a velocidade se encontra entre 275 e 300 palavras por minuto. A velocidade da fala também traz sinais psicológicos; como já foi dito, a fala lenta pode indicar tristeza, afetação ou enfado, enquanto a fala rápida pode indicar alegria ou surpresa. A fala demasiado rápida, quando se pede um favor ou se faz um convite, ou quando se oferece uma gentileza pode diminuir sua efetividade. Falar depressa, em outras ocasiões, como em uma conversação, pode dar a impressão de animação e extroversão. Mudar o ritmo (p. ex., introduzindo alguma pausa ocasional) tornará o estilo da conversação mais interessante.

Na tabela 2.6, podem-se observar várias características de alguns elementos paralingüísticos associadas a determinados estados afetivos.

2.1.12. *Componentes verbais*

A fala é empregada para uma variedade de propósitos, p. ex., comunicar idéias, descrever sentimentos, raciocinar e argumentar. As palavras empregadas dependerão da situação em que se encontre uma pessoa, seu papel nessa situação e o que está tentando conseguir.

As situações variam desde as informais íntimas, como podem ser os amigos falando sobre futebol em casa, até as mais formais, como a discussão entre um chefe e um empregado no trabalho. A categoria e a quantidade de fala aceitáveis nessas situações variarão; uma discussão com o chefe no trabalho provavelmente será mais restritiva que falar sobre futebol em casa. O papel no qual se encontra uma pessoa será um fator determinante, seja professor, aluno, chefe, empregado ou amigo. Além disso, cada pessoa leva à situação seu próprio estilo pessoal em termos de, por exemplo, quanto fala de maneira geral ou as frases características que emprega.

O tema ou conteúdo da fala também varia, evidentemente. Pode ser altamente *pessoal,* como acontece entre amantes ou entre mãe e filho, ou *impessoal,* como acontece entre vendedor e comprador. Pode ser *concreto*, como quando se descreve determinada roupa, ou *abstrato,* como quando se discute sobre os diferentes méritos de diferentes sistemas políticos ou o significado da felicidade. Pode tratar sobre *assuntos internos* de quem fala, seus pensamentos, sentimentos, atitudes e opiniões, ou sobre *assuntos externos,* como a organização do escritório. O tema

Tabela 2.6. Características de alguns elementos paralingüísticos relacionadas com diversos estados afetivos

Estado afetivo	*Volume*	*Timbre*	*Tom*	*Velocidade*	*Inflexão*
Alegria	Alto	Moderadamente brilhante	Agudo	Rápida	Para cima
Tristeza	Baixo	Ressonante	Grave	Lenta	Para baixo
Impaciência	Normal	Moderadamente brilhante	Normal a moderadamente agudo	Moderadamente rápida	Ligeiramente para cima
Afetação	Baixo	Ressonante	Grave	Lenta	Firme e ligeiramente para cima
Enfado	Médio a baixo	Moderadamente ressonante	Médio a grave	Moderadamente lenta	Monótona ou gradualmente desfalecente
Satisfação	Normal	Um pouco ressonante	Normal	Normal	Ligeiramente para cima
Ira	Alto	Brilhante	Agudo	Rápida	Irregular, para cima e para baixo

de conversação pode variar, desde tempo, fofocas familiares ou o último carro, até política, religião ou filosofia.

2.1.12.1. Elementos da fala

Ao considerar o conteúdo das conversações, podemos considerar vários tipos diferentes de expressões, que funcionam de diferentes maneiras (Argyle, 1981; Trower, Bryant e Argyle, 1978; Wilkinson e Canter, 1982):

1. *Fala egocêntrica,* dirigida para si mesmo, sem levar em conta o efeito que está tendo nos demais.

2. As *instruções,* encaminhadas a influenciar diretamente a conduta dos demais. As instruções vão desde exigências e ordens até discretas sugestões.

3. As *perguntas,* encaminhadas a influenciar a conduta verbal, isto é, a provocar respostas apropriadas. As perguntas também são empregadas para iniciar encontros: uma resposta indica boa vontade de envolvimento no encontro. As perguntas também indicam interesse pela outra pessoa.

4. *Comentários,* sugestões e informações, dadas em resposta a perguntas ou como comentários independentes sobre outras expressões, ocorrendo, também, em ocasiões sociais especiais, como reuniões e conferências.

5. *Conversa informal.* Uma grande quantidade de conduta social compõe-se de papos, conversa ocasional, onde se intercambia pouca informação e não se afeta a conduta. O propósito dessas expressões consiste em estabelecer, manter e desfrutar as relações sociais.

6. *Expressões executivas.* Muitas expressões têm conseqüências sociais imediatas, que constituem seu significado. Exemplos delas são colocar nome nas crianças, emitir veredictos, fazer promessas e pedir desculpas.

7. *Costumes sociais,* como cumprimentos, despedidas, agradecimentos e outros costumes sociais que implicam componentes verbais padronizados, componentes que, isolados, não têm nenhum significado.

8. A expressão de *estados emocionais* ou de *atitudes* para com outras pessoas. Os estados emocionais podem ser expressos com palavras ("Sinto-me tão feliz!"), mas manifestam-se não-verbalmente de maneira mais efetiva, pela expressão facial e o tom da voz. Do mesmo modo, as atitudes para com os outros presentes podem ser expressas com palavras ("Amo você"), mas os sinais não-verbais têm

muito mais impacto. Porém, atitudes para com pessoas que não estão presentes são mais freqüentemente expressas com palavras.

9. *Mensagens latentes,* como quando uma frase leva uma mensagem implícita.

Alguns dos componentes verbais das HS (veja Tabela 2.1) são, por exemplo, as expressões de "atenção pessoal" (Kupke, Hobbs e Cheney, 1979), comentários positivos em situações negativas (Pitcher e Meickle, 1980), fazer perguntas (Minkin e cols., 1976) etc. Em um estudo de Conger e cols. (1980), os sinais de conteúdo eram discriminadores confiáveis dos sujeitos masculinos de alta e baixa habilidade social. Bornstein, Bellack e Hersen (1977) concluíram que o elemento de conteúdo "pedido de nova conduta" estava relacionado com a habilidade social geral. Trower, Bryant e Argyle (1978) concluíram que havia quatro elementos do conteúdo verbal que diferenciavam os pacientes não-hábeis dos hábeis: menor variabilidade dos temas, menor interesse pelo outro, maior interesse por si mesmo e excessiva auto-revelação emocional. Em outro trabalho, Weeks e Lefevre (1982) informam que a não-condescendência e as expressões de efeito positivo ocorrem com mais freqüência em indivíduos socialmente hábeis, enquanto a condescendência, as perguntas e a expressão de efeito negativo e de hostilidade caracterizam os indivíduos não-hábeis. Os autores anteriores assinalam que não estão sugerindo "que as pessoas hábeis e não-hábeis não utilizam as mesmas unidades de respostas *às vezes,* mas que se apóiam diferencialmente *mais* no emprego de certas unidades verbais" (Weeks e Lefevre, 1982, p. 82). De qualquer modo, ainda não está claro quais elementos verbais são essenciais para o comportamento socialmente hábil, havendo resultados contraditórios na avaliação dos componentes verbais do conteúdo. Assim, por exemplo, enquanto, como assinalamos anteriormente, Weeks e Lefevre (1982) concluíram que os sujeitos não-hábeis faziam mais perguntas, os resultados do estudo de Royce (1982) trazem conclusões totalmente opostas para os sujeitos masculinos.

Destrinchar uma mensagem nos componentes verbais (e/ou não-verbais) mais básicos, e logo estudar seu impacto social em termos das conseqüências e da adequação da resposta, constitui um promissor enfoque para extrair o conteúdo do THS (Galassi, Galassi e Fulkerson, 1984). Cooley e Hollandsworth (1977) desenvolveram um enfoque para indicar o conteúdo verbal apropriado ao enfrentar assertivamente diferentes situações. Os autores chamam esse enfoque de "estratégia dos componentes" e tentam mostrar sete componentes verbais das expressões assertivas definidas comportamentalmente. Os sete componentes, agrupados em três categorias, são os seguintes:

A. Dizer "não" ou assumir uma posição

A.1. *Posição:* manifestação, normalmente a favor ou contra, da posição de alguém a respeito de um tema, ou a resposta a um pedido ou demanda.
A.2. *Razão:* raciocínio oferecido para explicação ou justificativa de posição, pedido ou sentimento do indivíduo.
A.3. *Compreensão:* expressão que reconhece e aceita posição, pedido ou sentimentos da outra pessoa.

B. Pedir favores ou defender os próprios direitos

B.1. *Problema:* expressão que descreve uma situação insatisfatória que precisa ser modificada.
B.2. *Pedido:* expressão que pede algo necessário para resolver o problema.
B.3. *Clarificação:* expressão traçada para provocar informação adicional, específica com relação ao problema.

C. Expressão de sentimentos

C.l. *Expressão pessoal:* manifestação que comunica emoções, sentimentos e outras expressões apropriadas de uma pessoa, como gratidão, afeto ou admiração.

2.1.13. *A conversação*

A maioria da interação social vale-se da conversação, que consiste, normalmente, em uma mistura de solução de problemas e transmissão de informação, por um lado, e a manutenção das relações sociais e o desfrute da interação com os demais, por outro.

Existem grandes diferenças na habilidade dos indivíduos para utilizar a linguagem, habilidade que se relaciona principalmente com a inteligência, a educação e o treinamento, e a classe social. Parte das HS consiste em reunir expressões que sejam diplomáticas, persuasivas ou do tipo que seja necessário (Argyle, 1978). As formas de falar variam muito, como vimos anteriormente: podem ser íntimas ou impessoais, simples, abstratas ou técnicas, interessantes ou enfadonhas para o ouvinte.

A conversação implica uma integração complexa e cuidadosa regulada por sinais verbais e não-verbais. Existem chaves não-verbais para regular o intercâmbio verbal, da mesma maneira que os semáforos regulam o tráfego nas ruas. São indispensáveis para a conversação cotidiana. Antes de que as pessoas possam começar a falar, ambas deverão indicar que estão prestando atenção; deverão estar localizadas a uma distância razoável, dirigir suas cabeças ou seus corpos uma em direção à outra e intercambiar olhares de vez em quando. "O olhar serve a várias funções, atuando simultaneamente como uma fonte de retroalimentação, um sinal de sincronização e como um sinal que comenta as expressões e transmite atitudes interpessoais" (Trower e O'Mahoney, 1978, p. 3). Cada um necessita de retroalimentação não-verbal do outro enquanto fala: um olhar relativamente fixo e certas normas de comportamento, de assentimentos com a cabeça, reações faciais adequadas e, talvez, certos murmúrios de aprovação como "m-hm" e "sim". Na ausência total desses ingredientes, a conversação não tardaria em ser interrompida. Os sinais não-verbais regulam o fluxo de uma conversação, de maneira que cada pessoa fale quando for sua vez e haja poucas interrupções ou silêncios incômodos e prolongados.

Durante uma conversação entre duas pessoas, quem fala olha para seu interlocutor a cada certo tempo, e logo torna a olhar para outro lugar; esses olhares para outro lugar duram tanto quanto os de contato. Ao chegar ao final de sua declaração, olha para seu interlocutor durante um lapso mais prolongado e isso, aparentemente, indica ao outro que é sua vez de tomar a palavra.

Duncan descobriu que, em geral, quando quem fala completa sua declaração, seu tom de voz se eleva (como ao formular uma pergunta) ou abaixa (Davis, 1976). Um leve pigarrear, um certo peso, uma diminuição no volume são todos sinais claros de que a outra pessoa deverá tomar a palavra. Davis (1976) assinala que, algumas vezes, o ouvinte nota que se aproxima sua vez de falar, mas prefere não fazê-lo; nesse caso, comunica-o por meio do que Duncan denomina "canal de volta". Assentindo com a cabeça, com murmúrios de aprovação ou ainda tratando de completar a frase com quem tem a palavra, indicará a este que continue falando. Se fizer alguma pergunta para esclarecer algum ponto ou reafirmar brevemente o que o outro acaba de afirmar, a mensagem será a mesma. É necessário um enorme nível de competência até para passar um tempo com os amigos.

Há pacientes que parecem incapazes de manter uma conversação, que chegam a ficar em pé depois de haver trocado uma ou duas expressões. A causa precisa do fracasso não é conhecida com detalhes, mas parece provável que seja (Trower, Bryant e Argyle, 1978):

1. Usar de modo inapropriado elementos verbais, não fazer perguntas, não responder adequadamente aos movimentos prévios do outro ou emitir expressões que não conduzem a respostas óbvias, como verbalizações não-informativas.
2. Não empregar ou responder a sinais de sincronização.
3. Falhar em fornecer ou responder aos sinais de retroalimentação e atenção.

Dentro das características da conversação encontram-se fatores cognitivos em um grau bastante significativo. O indivíduo deve ser capaz de processar os estímulos que provêm de quem escuta ou de quem fala, para variar o conteúdo ou acentuar partes dele. Não obstante, podem-se ensinar ao sujeito "truques" ou "técnicas" para, por exemplo, "começar uma conversação com um desconhecido", tendo em conta um sinal de "pontos-guia" (Kelley, 1979), aprendendo de cor várias frases de introdução (McFall, 1977; Twentyman, Boland e McFall, 1981), ou para "manter uma conversação", empregando diferentes técnicas como a "auto-revelação", ou "fazer perguntas com final aberto" etc.

Por outro lado, Alberti e Emmons (1978) incitam a uma honestidade fundamental na comunicação interpessoal e a uma espontaneidade na expressão. "Pessoas que vacilaram durante anos porque 'não sabem *o que* dizer' encontraram na prática de dizer *algo,* em expressar seus sentimentos nesse tempo, uma pena válida para uma maior assertividade espontânea... O tempo que você pode gastar *pensando nas* 'palavras exatas' estará mais bem empregado *levando a cabo* essas asserções. A meta última é que você mesmo se expresse, honesta e espontaneamente, de maneira que seja *correta para você"* (Alberti e Emmons, 1978, p. 84).

Trower (1980), ao comparar um grupo de pacientes socialmente hábeis com outro de pacientes não-hábeis, concluiu que os pacientes hábeis falavam significativamente mais que os não-hábeis (48 e 31%, respectivamente, do tempo total). Os indivíduos hábeis também eram mais capazes de conversar nos períodos de silêncio da interação e eram mais sensíveis à retroalimentação do outro. "A conversação é, claramente, o componente mais essencial das habilidades sociais, formando a estrutura da interação, de modo que a maioria da conduta não-verbal está organizada em torno dela. A conversação é especialmente importante, também, em certas situações, como é o caso dos primeiros encontros, onde constitui o suporte dos cumprimentos rituais, apresentações e outros intercâmbios recíprocos e de etiqueta. Nessas situações, a conversação mostra-se como o déficit mais observável" (Trower, 1980, p. 337). Também no estudo de Conger e Farrell (1981), a conversação e o olhar, foram os componentes mais importantes ao emitir um juízo sobre a habilidade social.

2.1.13.1. Elementos da conversação

A conversação se compõe de toda uma série de elementos, que consideraremos a seguir de modo mais detalhado.

Retroalimentação

Quando alguém está falando, necessita de retroalimentação intermitente, mas regular, de como estão respondendo os demais, de modo que possa modificar suas verbalizações de acordo com eles. Necessita saber se quem ouve o compreende, se acreditam ou não, se estão surpresos ou aborrecidos, de acordo ou não, se os agrada ou incomoda. Segundo Trower, Bryant e Argyle (1978), há três principais tipos de retroalimentação por parte do ouvinte: a) *Retroalimentação de atenção.* O ouvinte manifesta atenção escolhendo distância, orientação e postura apropriadas, olhando mais de 50% do tempo, assentindo com a cabeça, fazendo sons vocais de acompanhamento ou emitindo afirmações verbais. Os sinais significam: "Estou ouvindo, ou entendo e aprovo". A retroalimentação de atenção aumenta sempre a quantidade de conversação de quem fala. b) *Retroalimentação que reflete.* A retroalimentação verbal pode tomar uma forma como "Pensa... porque...". Reflete, em um nível superficial ou profundo, o significado do comentário de quem fala e é vista como empática e reforçadora. c) O ouvinte pode comentar verbalmente a verbalização de quem fala, expressando surpresa, diversão etc., e por meio de seus equivalentes não-verbais. Por exemplo, as sobrancelhas sinalizam surpresa, perplexidade etc., enquanto a boca indica prazer ou desgosto. Quando o outro não é visível, como na conversação telefônica, esses sinais visuais não estão disponíveis, e emprega-se mais "conduta de escuta" verbalizada como "sei...", "é?", "que interessante!" etc. (Argyle, 1981).

Os déficits mais freqüentes no emprego da retroalimentação consistem em dar muito pouca retroalimentação e não fazer perguntas e comentários diretamente relacionados com a outra pessoa (Gambrill e Richey, 1985). Um déficit menos freqüente seria o emprego excessivo da retroalimentação, que poderia tomar a forma de um assentimento de cabeça constante e de um emprego contínuo e ininterrupto de respostas mínimas como "é?". O emprego excessivo de respostas mínimas produz nos outros a impressão de que gostariam que terminassem de falar, para que ele/ela pudesse fazê-lo, e que não estão interessados(as) no que estão dizendo. A retroalimentação pode dar-se, também, em ocasiões pouco apropriadas (p. ex., justo no meio de uma verbalização) e funciona como uma interrupção. As respostas mínimas são mais efetivas quando oferecidas durante as breves pausas dos comentários de quem fala. Talvez o segundo erro mais comum seja oferecer crítica ou retroalimentação negativa excessivas (Gambrill e Richey, 1985).

Perguntas

As perguntas e seus equivalentes indiretos são essenciais para conseguir manter a conversação, obter informação, mostrar interesse pelos outros e influenciar a conduta deles, e não utilizá-las pode produzir déficits em todas essas áreas. Os tipos de perguntas podem ser categorizados das seguintes formas (Trower, Bryant e Argyle, 1978):

1. Perguntas *gerais,* que poderiam ser "Como vai?", "Como vão as coisas?", que permitem a quem fala fazê-lo sobre algo que ele mesmo escolha, e são úteis para começar a conversação. Perguntas *específicas* como "Aonde você foi exatamente?", "O que exatamente você fez?" seguem-se, normalmente, às gerais e são úteis para manter a outra pessoa falando.
2. Perguntas sobre *fatos,* como "O que você fez no fim de semana?", empregadas para obter informação e introduzir novos temas de conversação. As perguntas sobre *sentimentos* incluem "O que você pensou (sentiu) a respeito?", "Você gostou?" etc. Empregam-se para conseguir que os outros contem coisas sobre si mesmos e são seguidas, normalmente, às perguntas sobre fatos.
3. Perguntas com *final aberto,* como "Fale mais sobre isso", "O que você fez durante as férias?", que não podem ser respondidas com um "sim" ou um "não" e são úteis para conseguir que as pessoas dêem respostas mais longas e específicas e, por conseguinte, falem mais. Por outro lado, as perguntas com *final fechado,* como "Passou bem o fim de semana?", podem ser respondidas com um "sim" ou um "não", e não dão lugar a respostas longas.

Habilidades da fala

Todo mundo tem experiências, sentimentos e conhecimentos de vários tipos, e isso é o que se troca na conversação. Grande parte da conversação trata sobre assuntos diários, e as pessoas falam freqüentemente sobre coisas que fizeram ou, então, nas quais estão envolvidas. As conversações, quase sempre, começam com informação de fatos e afirmações gerais, p. ex., "Estive fora a semana passada", seguidas por verbalizações específicas, que dão detalhes do que foi feito, visto etc.; por exemplo, "Estivemos com uns amigos e visitamos o povoado". A seguir, passa-se a incluir a expressão de sentimentos, atitudes e opiniões sobre o que está sendo descrito: "Senti-me muito bem viajando para relaxar um pouco".

A auto-revelação (contar coisas de nós mesmos e de nossa vida) é, normalmente, gradual e recíproca; o fracasso mais comum é não se revelar o suficiente (Argyle, 1984). Uma das aplicações mais importantes tem implicações para a solidão: uma pesquisa concluiu que algumas pessoas solitárias passam muito tempo com amizades, como o faz pessoas não-solitárias; a diferença está em seu nível inferior de auto-revelação (Williams e Solano, 1983).

2.1.14. *Os elementos ambientais*

Até aqui, vimos toda uma série de elementos componentes da conduta social. Mas essa conduta tem lugar em um ambiente físico, ambiente que, muitas vezes, tem influência determinante sobre ela. Há uma grande categoria potencial de fatores psicológicos, socioculturais, arquitetônicos, geográficos etc. que afetam as relações de uma pessoa com seu ambiente. Fernández Ballesteros (1986*b)* propõe os seguintes tipos de variáveis ambientais: físicas, sociodemográficas, organizativas, interpessoais ou psicossociais e comportamentais. A seguir, veremos algumas dessas variáveis.

2.1.14.1. Variáveis físicas

Os elementos físicos do ambiente, tanto aqueles que existem de forma natural (temperatura, erosão etc.) quanto os que podem ser produzidos pelo homem (poluição, densidade demográfica, aglomeração etc.), bem como as construções humanas (edifícios, objetos etc.) são variáveis relevantes que podem ter sua influência como fatores ambientais.

Dentro desse item, incluem-se, por exemplo, as dimensões de estimulação física propostas por Mehrabian e Russell (1974), que descreveram as situações em termos de seu impacto emocional. Tais dimensões foram as seguintes:

Cor. Parece que a saturação e o brilho das cores encontram-se correlacionados com o prazer. Quanto ao matiz, o azul, o verde, o violeta, o vermelho e o amarelo são ordenados em uma ordem descendente de agrado. O brilho da cor é um correlato negativo da ativação, enquanto a saturação da cor é um correlato positivo desta. Os matizes vermelho, laranja, amarelo, violeta, azul e verde são colocados em ordem descendente na qualidade de ativação.

Temperatura e umidade. Nessa dimensão, concluiu-se que os extremos da temperatura do ar são incômodos; isto é, o ar muito quente ou muito frio é desagradável e ativante. Uma temperatura agradável será aquela na qual o indivíduo possa manter seu equilíbrio térmico sem um custo fisiológico extra e dependerá de fatores ambientais, da roupa que o indivíduo usa e da quantidade de calor que produz (Rodríguez Sanabra, 1986). Segundo esse autor, podem ser os seguintes pontos termométricos agradáveis: nu e em repouso, 24-26°C; vestido e em trabalho sedentário, 20-22°C; vestido e em trabalho muscular rude, 16-18°C. Quando a temperatura é excessivamente elevada, aparecem sintomas como cansaço fácil, cefaléia, falta de rendimento físico e mental, irritabilidade, perda de apetite e insônia (Rodríguez Sanabra, 1986). A umidade está inversamente relacionada com a ativação. Os desvios amplos na temperatura do ar relativos ao nível de adaptação são ativantes (p. ex., entrar ou sair de um lugar com ar-condicionado). Alguns estudos associam os atos agressivos com um aumento da temperatura e da umidade. Assim, o estudo de Baron e Ramsberger (1978) encontrou certa relação entre temperaturas moderadamente altas (27-32°C) e a violência. Mas esses mesmos autores assinalam que temperaturas muito elevadas forçam as pessoas a procurar alívio e escapar, sendo essas condições demasiado desagradáveis inclusive para entregar-se à violência. Outros pesquisadores fizeram notar que existe, provavelmente, uma grande quantidade de fatores que interagem com a temperatura e a umidade para provocar atos agressivos – p. ex., provocação anterior, presença de modelos agressivos, capacidade percebida para abandonar o ambiente etc. Em geral, parece que o calor e o frio moderados aumentam os rendimentos e as respostas sociais dominantes, enquanto o frio e o calor intensos os diminuem (Rodríguez Sanabra, 1986).

Luz. A intensidade de uma luz branca uniforme é um correlato direto de prazer, enquanto uma fonte de luz brilhante em contextos escuros é desagradável. A intensidade da luz é também um correlato positivo da ativação. A maior parte de nossa vida social acontece em ambientes muito iluminados e a maioria das normas, regras e papéis aos que nos submetemos são "diurnos". O que acontece se as luzes são apagadas? Em um estudo, pediu-se aos sujeitos que passassem certo tempo em um quarto completamente escuro com outras pessoas desconhecidas. Suas interações sociais foram muito diferentes das que ocorreram com outros sujeitos em uma experiência similar, mas em um quarto bem iluminado. Os sujeitos do quarto escuro atingiram um alto nível de intimidade com relativa rapidez. Falaram facilmente sobre temas importantes com os companheiros que não viam e até 90% deles realizaram alguma forma de contato físico, com freqüência de natureza claramente sexual. Essa poderosa influência da escuridão sobre as interações sociais parece dever-se ao fato de que um estado anônimo e invisível ajudava as pessoas a perder algumas de suas inibições associadas à luz diurna, e fazia com que estivessem mais preparadas para procurar o contato humano íntimo (Gergen, Gergen e Baron, 1973). Aparentemente, expectativas e normas sociais poderosas podem cair por terra facilmente mediante algo tão simples como apagar as luzes (Forgas, 1985).

Ruído. Do ponto de vista psicofisiológico, ruído é todo som não desejado pelo receptor, isto é, uma sensação auditiva perturbadora (López Barrio, 1986). O ruído foi reconhecido, freqüentemente, como agente contaminante. Diversos estudos mostraram que a exposição a ruídos de alta intensidade está associada com dores de cabeça, náuseas, instabilidade, disputas, ansiedade, mudanças de humor e outros efeitos similares (López Barrio, 1986).

Música. Essa é, geralmente, uma fonte agradável de estimulação auditiva, mas pode variar em grande medida em termos da qualidade de ativação. A música alta, rápida, com muito ritmo, não familiar, imprevisível ou improvisada é mais ativante que a música suave, lenta, melódica, repetitiva e familiar. Forgas (1985) fala de alguns estudos nos quais a música de fundo pode influenciar de forma significativa no grau de agrado de uma pessoa. Assim, em um estudo, a presença de uma música que agradava os indivíduos fazia com que a satisfação com outra pessoa fosse maior que sem música e, principalmente, consideravelmente maior que com a presença de música que não agradava os sujeitos!

Paladar e odor. Concluiu-se que os líquidos e cheiros com uma preferência ou aversão muito altas são mais ativantes, comparados com estímulos que têm uma preferência neutra.

Pessoas. A inclusão desse fator aqui pode resultar um tanto quanto paradoxal à primeira vista. Quando outras pessoas fazem parte do lugar, podem ser vistas como participantes ativos ou passivos, dependendo do grau em que se percebem como implicados (falando ou escutando) na conversação. Na maioria dos casos, os demais são percebidos como ativos, embora seja somente pelo fato de que podem ouvir acidentalmente o que se diz. Porém, há situações nas quais outorga-se às outras pessoas o duvidoso título de *"não-pessoa"*, e os participantes principais comportam-se de acordo. Isso pode ocorrer em situações abarrotadas de gente, mas também pode acontecer em situações com uma única pessoa "secundária". Os taxistas, os porteiros e as crianças conquistaram o *status* de *não-pessoa* com certa regularidade. A presença das *não-pessoas* favorece uma interação livre, desinibida, porque, tanto quanto concerne aos participantes ativos, consideram-se os únicos humanos presentes interagindo.

2.1.14.2. Variáveis sociodemográficas

Algumas das principais características sociodemográficas são: sexo, idade, estado civil, situação dentro da estrutura familiar, número de membros do lar/família, profissão do entrevistado, profissão do chefe de família, educação do entrevistado, local de nascimento, ganhos pessoais, ganhos familiares, pertinência rural ou urbana, além de outras características que poderiam ser relevantes, como raça, língua, religião ou ideologia (Fernández Ballesteros, (1986*b*).

2.1.14.3. Variáveis organizativas

Esse grupo de variáveis inclui não somente aquelas que podem ser relevantes em determinada organização, mas, principalmente, todas aquelas que ordenam ou normatizam o comportamento dos habitantes de determinado ambiente, seja uma organização ou qualquer outro contexto.

Existem ambientes com um escasso nível de organização, como, por exemplo, um parque, um jardim ou uma praça, enquanto outros contextos têm um complexo organizativo muito elaborado, como, por exemplo, qualquer empresa.

2.1.14.4. Variáveis interpessoais

Essa categoria compreende as variáveis implicadas nas relações interpessoais, entre os habitantes do contexto, assim como as características do clima social nele existentes (Fernández Ballesteros, 1984). As relações humanas costumam ser avaliadas em função do comportamento externo dos indivíduos. Os especialistas na "dinâmica que ocorre nos pequenos grupos" selecionaram todo um conjunto de variáveis sobre conduta interpessoal, como podem ser a estrutura social grupal, as redes sociométricas, a liderança, os estereótipos, as relações intragrupais, coalizões e subgrupos etc.

2.1.14.5. Variáveis comportamentais

O psicólogo ocupa-se do estudo do comportamento humano. Assim, no momento de operacionalizar um ambiente, será necessário precisar que tipos de condutas humanas serão estudados. Tendo em conta a tripla modalidade que o comportamento pode adotar, será necessário estabelecer que tipo de comportamentos motores, fisiológicos e cognitivos serão estudados nos indivíduos que vivem no ambiente objeto de estudo. É dentro da modalidade cognitiva que se agruparão a percepção que o indivíduo tem do ambiente, assim como suas atribuições, expectativas, conhecimentos etc. (Fernández Ballesteros, 1986*a*). Esses últimos elementos incluir-se-iam melhor no ambiente "como é percebido". No item seguinte falamos mais detidamente desses aspectos ao abordar os componentes cognitivos.

Há que assinalar que todas as variáveis anteriores podem adotar diferentes níveis no contínuo molaridade-molecularidade. Assim, por exemplo, podemos escolher variáveis físicas de caráter molecular, como "ruído" ou "luminosidade", e medi-las mediante parâmetros físicos, ou selecionar outras de caráter mais molar, como, por exemplo "espaço não-aproveitado", "ajudas de orientação" etc.

2.2. OS COMPONENTES COGNITIVOS

É clara a afirmação de que as situações e os ambientes influenciam pensamentos, sentimentos e ações dos indivíduos. Estes não são objetos passivos para as forças ambientais. Inclusive, se até certo ponto a influência ambiental pode ser unidirecional, o indivíduo costuma ser um indivíduo ativo, intencional, em um contínuo processo recíproco de interação pessoa–situação. A pessoa busca algumas situações e evita outras. É afetada pelas situações nas quais se encontra, mas também afeta o que está passando e contribui continuamente com as mudanças nas condições situacionais e ambientais, tanto para si mesmo como para os demais. Nesse processo, é de importância decisiva o modo pelo qual se selecionam as situações, os estímulos e acontecimentos, e como os percebe, constrói e avalia em seus processos cognitivos. Isso faz das situações e dos ambientes, tal como são percebidos e avaliados pelos indivíduos, um sujeito crucial de análise e pesquisa. Porém, temos de fazer a ressalva com Bowers (1981), de que nem tudo o que se percebe e é eficaz para produzir comportamentos é representado na consciência. Até o grau em que isso seja verdade, as pessoas terão dificuldades para identificar as determinantes situacionais de suas ações. Além disso, já que as pessoas não gostam de se comportar de maneira que não possam explicar, às vezes identificam erroneamente, como a base de seu comportamento, aspectos da situação percebida que *estão* representados conscientemente e, em certo sentido, são percebidos como suficientes para explicar a conduta em questão. O que se diz por meio da própria explicação é, com efeito, uma afirmação teórica sobre as prováveis causas do comportamento e não tem a pretensão especial de ser a verdade do assunto.

2.2.1. *Percepções sobre ambientes de comunicação*

As pessoas comunicam-se em uma série de lugares, como restaurantes, salas de aula, carros, transportes públicos, casas, elevadores, escritórios, parques, bares, instituições etc. Apesar dessa diversidade, cada ambiente possui uma configuração particular de traços que faz com que o percebamos de determinada maneira. Algumas percepções favorecem a comunicação típica das primeiras etapas de desenvolvimento de uma relação; alguns ambientes geram percepções que proporcionam um lugar "ideal" para a comunicação de relações que estão se deteriorando. Alguns tipos de percepções são as seguintes (Knapp, 1984):

1. *Percepções de formalidade.* Conforme aumenta a formalidade, é mais provável que a comunicação perca liberdade e profundidade.

2. *Percepções de um ambiente caloroso.* Quando o ambiente é percebido como caloroso, estamos mais propensos a ficar nele, sentirmo-nos relaxados e confortáveis. A qualidade de "calor" pode ser associada a plantas, madeira, tapetes, assentos macios, tecidos, carência de luzes fortes ou o isolamento de ruídos. A cor, como vimos anteriormente, pode também ter seu impacto. Quanto maior é a "calidez" percebida, mais provável será encontrar padrões de comunicação pessoais, espontâneos e eficazes.

3. *Percepções de ambiente privado.* As portas e as divisórias (lugares fechados) denotam, normalmente, locais privados. A qualidade de privado também pode ser percebida em lugares abertos – sem portas nem divisórias. O determinante crítico é que o lugar não esteja sujeito ao ouvido casual de outras pessoas ou que outros entrem livremente na conversação dos participantes ativos. Os lugares percebidos como privados favorecem, normalmente, distâncias de fala mais próximas, maior profundidade e amplitude dos temas tratados e comunicações flexíveis e espontâneas que se encaixam na relação especial com a outra pessoa.

4. *Percepções de familiaridade.* Os contextos não-familiares são muito parecidos aos de gente desconhecida – exigem, normalmente, uma comunicação mais precavida e vacilante. A natureza lenta e prudente dessa comunicação manifesta-se claramente quando nos encontramos com uma pessoa desconhecida em um lugar totalmente estranho. Uma vez que não estamos seguros das normas ou das respostas típicas associadas com ambientes não-familiares, eleva-se a pressão para suspender a manifestação de juízos sobre a outra pessoa. Assim, a comunicação inicial em locais estranhos será provavelmente mais difícil, tentando funcionar pouco a pouco, até que possamos associar o ambiente com um

que já conheçamos. Os ambientes familiares, embora sejam percebidos como formais e públicos, permitirão uma maior flexibilidade para se comunicar que os ambientes desconhecidos, embora sejam percebidos como informais e privados. Pelo menos, no ambiente familiar, conhecemos a categoria de respostas aceitáveis.

5. *Percepções de restrição.* Parte de nossa reação total a um lugar baseia-se em nossa percepção da possibilidade irmos embora (ou o grau de facilidade com que podemos fazê-lo). A intensidade com que percebemos a restrição de um ambiente relaciona-se intimamente com o espaço disponível e com o grau de privacidade desse espaço. Muitos ambientes parecem ser apenas temporariamente restritivos – como uma longa viagem de carro –, mas também há aqueles que a maioria de nós considera casos extremos de restrição ambiental – algumas instituições (p. ex., prisões), aviões etc. Pode ser, também, que inicialmente haja uma lenta revelação de informação pessoal quando a restrição física e/ou psicológica é percebida como elevada.

6. *Percepções da distância.* Outra importante percepção sobre o ambiente refere-se ao grau de proximidade ou distância em que o contexto nos força a desenvolver nossa comunicação com outra pessoa. Em geral, há aspectos identificáveis do ambiente que criam uma maior distância física – mesas, cadeiras, escritórios em andares diferentes, locais em diferentes partes da cidade etc. Porém, as percepções da distância baseiam-se na proximidade física e psicológica, fundamentada, com freqüência, na visibilidade ou no contato visual.

Conforme aumenta a intimidade da relação, há uma derrubada gradual da barreira da distância; do mesmo modo, a eliminação das barreiras de distância pode facilitar uma comunicação mais íntima. A maior proximidade associa-se, normalmente, com amor, comodidade e proteção. As condutas de comunicação correspondentes incluem tato, voz mais suave etc. Quando o lugar nos força a suportar distâncias menores que as desejadas – elevadores, metrô ou ônibus lotado –, provavelmente veremos pessoas fazendo esforços para aumentar psicologicamente a distância e refletir, por conseguinte, um sentimento menos íntimo. Como vimos anteriormente, isso pode incluir menos contato visual, tensão e imobilidade pessoal, um silêncio seco, riso nervoso, piadinhas (quase sempre sobre a intimidade) e outras estratégias usadas para manter a conversação em âmbito público e dirigida a todos os presentes. Se as pessoas têm de falar sob essas condições, normalmente evitam falar do que não seja conversa superficial, tentando equilibrar as inevitáveis mensagens de intimidade impostas pelo ambiente.

Os indivíduos que pertencem a um grupo que se cria ou vive e funciona em um ambiente que é, até certo grau, homogêneo em aspectos físicos, biológicos, sociais e/ou culturais compartilharão, até certo ponto, as mesmas concepções do mundo e terão certa variação comum da percepção da situação. Isso é certo para os indivíduos que pertencem à mesma cultura, à mesma subcultura, ao mesmo grupo de trabalho, ao mesmo grupo de iguais etc. Esse fato constitui a base da pesquisa dirigida às diferenças na percepção da situação para grupos que se diferenciam com relação a algumas características importantes como: 1) *idade;* 2) *sexo;* 3) *cultura.* Essas diferenças são interessantes por si mesmas e constituem uma base para a compreensão da conduta real (Magnusson, 1981):

1. *Idade.* O modo como os indivíduos percebem e interpretam as situações forma-se em um processo de aprendizagem e maturidade. A relação entre, por um lado, a percepção da situação e, por outro, os fatores cognitivos, intelectuais e emocionais é de um interesse especial. Jessor e Jessor (1973) sugeriram que o estudo das curvas de idade para a percepção da situação é tão relevante e necessário quanto o estudo das curvas de idade para a inteligência.
2. *Sexo.* As diferenças de sexo na percepção da situação – isto é, em um certo tipo de situação como aquelas provocadoras de ansiedade ou ira são, também, interessantes por si mesmas. Os estudos dessas diferenças podem contribuir, também, com uma compreensão das diferenças devidas ao sexo, na conduta real e nas reações fisiológicas encontradas na pesquisa empírica.
3. *Cultura.* Até agora, os psicólogos manifestaram pouco interesse na percepção da situação como uma base para compreender as diferenças subculturais ou transculturais na conduta real. Com poucas exceções, a pesquisa empírica não ofereceu a possibilidade de que a percepção de situações possa diferir notadamente entre culturas, podendo produzir diferenças em emoções, reações e em condutas molares.

Por outro lado, a singularidade da percepção da situação transforma-a em uma ferramenta útil para avaliar a percepção dos indivíduos com relação ao grupo. A percepção de cada indivíduo acerca de uma situação específica ou de um certo conjunto de situações é vista em relação ao que tem em comum com, e desviado de, as percepções de uma mostra relevante de outras pessoas. Por exemplo, no centro de muitos transtornos psicológicos encontram-se percepções e interpretações errôneas do mundo externo. Esse pode ser o caso para o ambiente total, como nas psicoses graves, ou para certas situações, como em alguns tipos de fobias (por exemplo, fobia social). Assim, oferecer a um indivíduo um conjunto de situações, incluindo aquelas que hipoteticamente têm um papel central em seu conflito, e comparar suas interpretações com as de um grupo relevante de indivíduos pode ser um método de chegar ao centro do problema de uma pessoa e planificar um programa adequado de tratamento. Nesse contexto, os estudos empíricos sobre diferenças interindividuais na percepção de situações provocadoras de ansiedade, situações provocadoras de ira e de frustração parecem especialmente proveitosos (Magnusson, 1981). Também, as profissões e trabalhos – por exemplo, policial, empresário, enfermeira e professor – diferem tanto nas situações que oferecem como nas exigências que estabelecem. O êxito em um trabalho é, muito freqüentemente, uma questão da capacidade de uma pessoa para tratar com as situações características de tal trabalho e as exigências dessas situações. Até certo grau, esta depende, por sua vez, de como os indivíduos percebem e interpretam as situações, o que sugeriria que as diferenças interindividuais nas percepções e nas interpretações de situações de trabalho cruciais podem constituir uma base válida para relacionar as pessoas com trabalhos apropriados. Também, um dos sinais mais convincentes da adequação de uma terapia estaria em sua capacidade para efetuar uma mudança real na percepção de situações cruciais. Expresso em termos de representação cognitiva, supõe-se que a percepção muda do que é desviado ao que é normal para indivíduos do mesmo grupo de referência (Magnusson, 1981).

2.2.2. *Variáveis cognitivas do indivíduo*

A percepção e a avaliação cognitiva por parte de um indivíduo de situações, estímulos e acontecimentos momentâneos estão determinadas por um sistema persistente, integrado por abstrações e concepções do mundo, incluindo os conceitos que tem de si mesmo. Mischel (1973, 1981) sugeriu que os processos cognitivos, na interação do indivíduo com o ambiente, deveriam ser discutidos em termos de *competências cognitivas, estratégias de codificação e conceitos pessoais, expectativas, valores subjetivos dos estímulos* e *sistemas e planos de auto-regulação.* Considerando essas “variáveis da pessoa” como quadro geral, tentamos agrupar a maioria daqueles elementos cognitivos estudados na literatura sobre as HS. Temos de assinalar que algum elemento cognitivo (dependendo de sua interpretação) poderia ser incluído em um item diferente do sugerido por nós, ou que poderia ser omitido ou fazer parte de outros elementos similares. Igualmente, as cinco categorias principais estão inter-relacionadas mutuamente e não há uma linha divisória entre elas. A relação dos elementos com as diferentes categorias foi feita com base nas idéias expostas por Mischel (1973, 1981), mas alguns deles poderiam ser encontrados corretamente em um item diferente do correspondido. É preciso fazer notar que o asterisco (*) assinala elementos cognitivos freqüentemente presentes nos comportamentos não-hábeis socialmente; a falta de asterisco indica elementos presentes com freqüência no comportamento socialmente hábil.

1. Competências cognitivas

Essa variável da pessoa baseia-se na capacidade para transformar e empregar a informação de forma ativa e para criar pensamentos e ações (como na solução de problemas), em vez de referir-se a um armazenamento de cognições e respostas estáticas "mantidas" em um armazém mecânico. Cada indivíduo adquire a capacidade de construir ativamente uma multiplicidade de condutas potenciais, condutas hábeis, adaptativas, que tenham conseqüências para ele. Existem grandes diferenças entre pessoas na categoria e na qualidade dos padrões cognitivos que podem gerar. Ao considerar esse item, é importante avaliar a qualidade e a categoria das construções cognitivas e das realizações comportamentais das quais o indivíduo é capaz. Os elementos que se incluiriam nesse item poderiam ser:

1.1. Conhecimento da conduta hábil apropriada

1.2. Conhecimento dos costumes sociais

1.3. Conhecimento dos diferentes sinais de resposta.

Eisler e Frederiksen (1980) assinalam que a falta de habilidade social manifestada por alguns indivíduos pode provir de déficits em seu conhecimento das respostas apropriadas que poderiam ser empregadas de forma efetiva em várias situações. Indivíduos considerados socialmente hábeis dão-se conta, normalmente, de uma categoria mais ampla de alternativas de resposta que aqueles avaliados como não--hábeis. O indivíduo deve saber quando e onde realizar diferentes comportamentos e também como levá-los a cabo (Bellack, 1979*b,* Morrison e Bellack, 1981).

1.4. Saber colocar-se no lugar da outra pessoa
Argyle (1969) considera que a capacidade de se colocar no lugar da outra pessoa é uma habilidade cognitiva fundamental na aquisição das habilidades de interação durante a infância, mas pode acontecer de essa capacidade não se desenvolver adequadamente. Trower, Bryant e Argyle (1978) informam que o não saber colocar-se no lugar do outro parece ser uma característica comum dos pacientes psiquiátricos.

1.5. Capacidade de solução de problemas
Nesse elemento, é importante distinguir entre a capacidade de solução de proble-

mas sociais e a de solução de problemas não-sociais ou deterioração intelectual (Dow e Craighead, 1984).

2. Estratégias de codificação e conceitos pessoais

As pessoas podem realizar facilmente *transformações cognitivas* de estímulos, situações, ambiente etc., centrando-se em aspectos selecionados destes: essa atenção, interpretação e categorização seletivas mudam o impacto que o estímulo ou a situação exerce sobre a conduta. O modo como codificamos e seletivamente atendemos às seqüências comportamentais observadas também influencia profundamente no que aprendemos e, posteriormente, no que podemos fazer. O que está claro é que diferentes pessoas podem agrupar e codificar os mesmos acontecimentos e comportamentos de maneiras diferentes e atender seletivamente os diferentes tipos de informação. Elementos que poderiam ser incluídos nesse item seriam os seguintes:

2.1. Percepção social ou interpessoal adequada.
Com a finalidade de responder efetivamente aos demais é necessário percebê-los corretamente, incluindo suas emoções e atitudes. Os indivíduos mais hábeis socialmente são decodificadores mais precisos (Rosenthal, 1979), enquanto as pessoas ansiosas superestimam os sinais de recusa (Argyle, 1984). Há uma série de erros extensos ao formar impressões sobre os demais que deveriam ser especialmente evitados por aqueles cujo trabalho é avaliar os outros. Esses erros são:

a. Supor que a conduta de uma pessoa é principalmente um produto de sua personalidade, enquanto pode ser mais uma função da situação em que está. Isso é o que os psicólogos sociais chamam o "erro fundamental de atribuição". Freqüentemente, parece que percebemos que os demais atuam como o fazem, em grande medida, porque são "esse tipo de pessoa"; os numerosos fatores situacionais que podem ter afetado também sua conduta tendem a ser ignorados ou, pelo menos, subestimados.

b. Atribuir nossa conduta a causas situacionais ou externas, enquanto atribuímos a conduta dos demais a causas disposicionais ("fenômeno protagonista-observador").

c. Dar-nos pontos pelos comportamentos ou resultados positivos, mas culpar causas externas pelos negativos ("desvio da autoconveniência").

d. Supor que seu comportamento se deve a ele/ela em vez de a seu papel.

e. Dar demasiada importância aos sinais físicos, como a barba, as roupas e o atrativo físico.

f. Ser afetado pelos estereótipos sobre as características dos membros de certas raças, tipos sociais etc.

2.1.1. Atenção e memória seletivas da informação negativa *versus* a informação positiva sobre si mesmo e a atuação social (*).
2.2. Habilidades de processamento da informação.
2.3. Conceitos pessoais.
2.4. Teorias implícitas da personalidade.
2.5. Esquemas.

Os esquemas são estruturas cognitivas da memória (conjuntos de informações) que servem para guiar e dar sabor a nossas percepções, compreensões e compilações (Kendall, 1983; Safran e Greenberg, 1985). Esses esquemas, ou conjuntos cognitivos, são estruturas, enquanto opostas a processos. O esquema foi considerado um padrão que guia nosso processamento cognitivo. Todos os "padrões" servem para modular e mediar o seguinte (Kendall, 1983):

a. O *impacto* das experiências.
b. As *percepções* sobre essas experiências.
c. O que se *aprende* como resultado dessas experiências.
d. Que estímulos futuros *atenderá* em situações relacionadas.

Assim, por exemplo, a pessoa que aprende dá-se conta de, e interpreta ativamente, uma situação à luz do que adquiriu no passado, impondo um túnel perceptivo, por assim dizer, sobre a experiência. Essa pessoa encaixa a nova informação em um quadro organizado de um conhecimento já acumulado, como é o *esquema*. A nova informação pode encaixar-se ou não nele, e, nesse último caso, o indivíduo pode mudar o esquema ou distorcer a informação (que é o mais freqüente).

2.3.1. Estereótipos inadequados (*).
2.3.2. Crenças pouco racionais (*).

Walen (1985) assinala que filosofias cognitivas potencialmente perturbadoras estão incrustadas em canções, contos e filmes de nossa cultura. Por exemplo:

– As pessoas que necessitam dos demais são os mais afortunados...
– O amor significa não ter que dizer nunca "sinto muito"...
– O amor faz com que o mundo funcione...
– Você percebe quando é de verdade...

As crenças de um indivíduo, uma vez estabelecidas, funcionam como esquemas para organizar e processar a informação futura relacionada consigo. O indivíduo pode negar ou distorcer os acontecimentos que são discrepantes com essas crenças e pode perceber e recordar de forma seletiva acontecimentos que sejam mais congruentes com elas (Trower, Dryden e O'Mahoney, 1982).

3. Expectativas

Refere-se às predições do indivíduo sobre as conseqüências do comportamento. As expectativas guiam a seleção (escolha), por parte da pessoa, de comportamentos dentre os muitos que é capaz de construir dentro de cada situação. A realidade objetiva não é o determinante crítico, mas sim o é a realidade percebida. Geramos comportamento à luz de nossas expectativas, inclusive quando não estão alinhados com as condições objetivas da situação. Um tipo de expectativas refere-se às *relações comportamento-resultados.* Em qualquer situação determinada, geramos o padrão de respostas que esperamos que conduza com mais probabilidade aos resultados (conseqüências) subjetivamente mais valiosos nessa situação. Na ausência de nova informação sobre as expectativas comportamento-resultados em determinada situação, a atuação de uma pessoa dependerá das expectativas comportamento-resultados prévias dessa pessoa em situações similares. Isto é, se não conhecemos exatamente o que é que temos de esperar de uma nova situação, guiamo-nos por nossas expectativas prévias, baseadas em experiências em situações similares do passado. Não obstante, ao obter nova informação sobre os resultados prováveis na situação particular, as expectativas originais podem mudar rapidamente. A informação nova produz expectativas, altamente específicas à situação, que influenciam a atuação de forma altamente significativa. O estabelecimento profundo de expectativas comportamento-resultados pode impedir nossa capacidade para nos adaptarmos às mudanças das contingências. As "reações defensivas" podem ser vistas, em parte, como um fracasso para adaptar-se às novas contingências, já que o indivíduo estaria se comportando ainda em resposta a antigas contingências que já não são válidas.

Outro tipo de expectativas, muito relacionado com os anteriores, são as *relações estímulo-resultados.* Os resultados que esperamos dependem de uma grande quantidade de condições do estímulo. Os estímulos ("sinais") que nos "indicam" a ocorrência de outros acontecimentos costumam ser os comportamentos sociais dos demais em contextos particulares. Os significados atribuídos a esses estímulos dependem das associações aprendidas entre os sinais e os resultados comportamentais. Algumas das associações esperadas estímulo-resultados poderiam refletir a história de aprendizagem e as regras pessoais de quem percebe. Porém, é provável que muitas dessas associações sejam amplamente compartilhadas pelos membros da mesma cultura, que têm uma linguagem comum para a comunicação verbal e não-verbal.

Outros elementos cognitivos que poderiam ser incluídos nesse item seriam os seguintes:

3.1. Expectativas de auto-eficácia
Refere-se à segurança que uma pessoa tem de que *pode* realizar um comportamento particular. Valerio e Stone (1982) encontraram certo apoio de natureza correlacional no fato de que um aumento em auto-eficácia era associado a um comportamento auto-informado mais hábil socialmente e a uma maior qualidade de atuação observável. Hammen e cols. (1980) operacionalizaram o conceito da auto-eficácia de modo que os indivíduos tinham de avaliar a capacidade que percebiam neles mesmos para lidar com situações específicas. Depois da aplicação do THS, os indivíduos melhoraram na percepção da eficácia de seu comportamento.

3.2. Expectativas positivas sobre as possíveis conseqüências do comportamento
Bellack *(1979b)* assinala que é provável que as respostas hábeis sejam inibidas (ou nunca aprendidas) ao serem consideradas socialmente inapropriadas ou ao esperar conseqüências negativas como resultado de sua execução (Eisler, Frederiksen e Peterson, 1978). Uma variável encontrada quase sempre em indivíduos socialmente não-hábeis é o *temor à avaliação negativa* por parte dos demais, cujo provável resultado – como apontava antes Bellack – é a inibição dos comportamentos hábeis.

3.3. Sentimentos de indefensa ou desamparo (*)

4. Valores subjetivos dos estímulos

Os comportamentos que as pessoas escolhem com o fim de executar dependem também dos valores subjetivos dos resultados que esperam. Diferentes indivíduos dão valor a diferentes resultados e também compartilham valores determinados em diferentes graus. Uma pessoa pode valorizar a aprovação que espera dos demais, enquanto outra pode ser indiferente a isso. O que um indivíduo gosta pode repelir seu vizinho. Nesse item temos de considerar preferências e aversões sobre os estímulos por parte das diferentes pessoas, seus gostos e desagrados, e seus valores positivos e negativos.

5. Planos e sistemas de auto-regulação

Embora a conduta dependa, até um grau considerável, das conseqüências externamente administradas, as pessoas regulam seu próprio comportamento pelos objetivos e padrões de atuação, sua auto-recompensa ou autocrítica por atingir ou não os objetivos e padrões auto-impostos. Um traço dos sistemas de auto--regulação é a adoção por parte da pessoa de planos e regras de contingência que guiem seus comportamentos na ausência de, e às vezes apesar de, pressões situacionais externas imediatas. Essas regras especificam os tipos de comportamento apropriado (esperado) sob condições particulares, os níveis (padrões, objetivos) de atuação que o comportamento deve conseguir, e as conseqüências (positivas e negativas) de atingir ou não atingir esses padrões. Os planos especificam, também, a seqüência e a organização dos padrões de comportamento. Os indivíduos diferenciam-se com relação a cada um dos componentes da auto-regulação, dependendo de suas histórias únicas.

A auto-regulação proporciona um caminho através do qual podemos influenciar substancialmente nosso ambiente, vencendo o "controle do estímulo" (o poder da situação). Podemos selecionar ativamente as situações às quais nos expomos, criando, em certo sentido, nosso próprio ambiente, entrando em alguns lugares mas não em outros, tomando decisões sobre o que fazer e o que não fazer. Essa escolha ativa, em vez da resposta automática, pode ser facilitada pelo pensamento e pela planificação e por meio do arranjo do próprio ambiente para fazer mais favoráveis os próprios objetivos. Inclusive quando o ambiente não pode ser mudado fisicamente (mudando-o ou deixando-o e indo a outro lugar), pode ser possível transformá-lo psicologicamente com as auto-instruções e a imaginação.

5.1. Auto-instruções adequadas

5.2. Auto-observação apropriada

A observação do próprio comportamento é tida como facilitadora em seu papel auto-regulador. É possível uma relação curvilínea entre o grau do "dar-se conta de si mesmo" e sua utilidade social. O grau de autoconsciência pode ser benéfico, até o ponto em que se torna desadaptativo (Alden e Cappe, 1986; Dow e Craighead, 1984). A atenção dirigida para si mesmo conduz à auto-avaliação. Se esse processo de avaliação revela uma discrepância entre o próprio comportamento e os padrões ou objetivos próprios, o indivíduo experimenta incômodo e tenta sair da situação, ou, não podendo fazê-lo, tenta reduzir a discrepância mudando o comportamento.

Propôs-se que essa excessiva autoconsciência, geradora de ansiedade, poderia ser modificada dando a esses indivíduos estratégias sociais que façam com que redirecionem sua atenção à(s) pessoa(s) com quem estão interagindo (Walen, 1985; Alden e Cappe, 1986).

5.2.1. Auto-avaliações evidentemente negativas da atuação social (*)
5.2.2. Fracasso para discriminar ações apropriadas e efetivas das não-efetivas (*)
5.3. Padrões patológicos de atribuição e fracasso social (*)
5.4. Auto-estima
A auto-estima refere-se à avaliação por parte de uma pessoa de seu próprio valor, adequação e competência. Alberti e Emmons (1978) argumentaram que a habilidade social e a auto-estima estão positivamente correlacionadas. Seu raciocínio consiste em que um indivíduo que atua de forma hábil deveria ter um sucesso maior nas relações interpessoais e, como resultado, deveria sentir-se de forma mais positiva consigo mesmo. Lefevre e West (1981) encontraram uma correlação positiva significativa entre a habilidade social auto-informada e a auto-estima.

A atenção dirigida para si mesmo implica também baixa auto-estima. Schrauger (1972) concluiu que sujeitos de alta e baixa auto-estima reagiram de forma diferente a estímulos dirigidos para si mesmos: os indivíduos de baixa auto-estima manifestaram uma piora mais acentuada quando observados publicamente que os sujeitos de alta auto-estima.

5.5. Autoverbalizações negativas (*)
As autoverbalizações são conhecidas também como fala consigo mesmo, diálogos internos, ou, inclusive, pensamentos automáticos (Stefanek e Eisler, 1983). As autoverbalizações negativas podem ser de invenção própria ou podem ter sido aprendidas por meio do modelo passado pelos outros, a partir das deduções realizadas sobre as interações com os demais ou por meio de seus conselhos ou mensagens (Kelley, 1979). Demonstrou-se, na pesquisa sobre as HS, que os indivíduos pouco hábeis socialmente têm sistematicamente mais autoverbalizações negativas que os indivíduos de alta habilidade (Caballo e Buela, 1989 ou item 3.2). Alden e Cappe (1981) e Schwartz e Gottman (1976) chegaram à conclusão de que a inadequação social em estudantes universitários está atrelada a hábitos cognitivos, mais que à capacidade comportamental.

5.6. Padrões de atuação excessivamente elevados (*)
Ludwig e Lazarus (1972) afirmam, além disso, que há pessoas socialmente não-hábeis que não são somente altamente críticas e exigentes consigo mesmas, mas que também exigem perfeição dos demais, culpando-os por seus defeitos reais ou percebidos.

A julgar pelo exposto anteriormente, pareceria que o modelo das HS requer habilidades componentes cognitivas. A natureza dessas habilidades é algo que precisa de maior pesquisa, mas parece concretizar-se já um esboço do que poderia ser o quadro dos elementos cognitivos das HS.

É preciso fazer, porém, algumas observações. Em primeiro lugar, os pesquisadores devem ter em conta que esses fatores cognitivos podem ser situacional e comportamentalmente específicos. Os déficits perceptivos ou de interpretação que se relacionam, por exemplo, com as interações heterossociais, não serão, necessariamente, aparentes em outras situações. Do mesmo modo, expectativas negativas com relação, por exemplo, à expressão de sentimentos, não determinarão expectativas similares para o início de interações sociais. Em segundo lugar, a pesquisa sobre os elementos cognitivos das HS deve ser acompanhada pelo desenvolvimento de procedimentos para avaliar autoverbalizações, expectativas, crenças e conhecimentos das regras sociais. A possibilidade de avaliar esses componentes cognitivos em diferentes tipos de respostas poderia nos traçar um mapa dos elementos cognitivos associados a cada habilidade social específica. Em terceiro e último lugar, temos de considerar a idoneidade de modificar os déficits cognitivos, seja diretamente com técnicas de modificação de comportamento cognitivo, seja indiretamente, por meio do treinamento comportamental das habilidades sociais ou pelo conjunto de ambos os métodos, isto é, do THS comportamental mais a reestruturação cognitiva, uma tendência que parece estar gozando cada vez mais do interesse dos terapeutas comportamentais.

2.3. OS COMPONENTES FISIOLÓGICOS

Apesar do enorme volume de trabalhos sobre as HS, muito poucos estudos empregaram variáveis fisiológicas. Caballo (1988) encontrou apenas 18 artigos que informaram ter utilizado algum elemento fisiológico como variável de estudo. Os componentes mais pesquisados foram os seguintes:

1. *Taxa cardíaca*
(Ahern e cols., 1983; Beidel e cols., 1985; Borkovec e cols., 1974; Emmelkamp e cols., 1985; Hersen, Bellack e Turner, 1978; Jerremalm e cols., 1986; Kern, 1982; Kiecolt-Glaser e Greenberg, 1983; Lehrer e Leiblum, 1981; McFall e Marston, 1970; Monti e cols., 1984*a,* Schwartz e Gottman, 1976; Twentyman, Gibralter e Inz, 1979; Twentyman e McFall, 1975; Westefeld, Galassi e Galassi, 1981.)

Essa é a principal variável fisiológica empregada nos estudos sobre HS. Freqüentemente, mediu-se por meio da pletismografia de pulso, confiável na detecção indireta das mudanças de volume em cada batida do coração nos órgãos periféricos. Não foram encontrados resultados consistentes, até esse momento, que apóiem a inclusão da taxa cardíaca como uma variável importante na pesquisa das HS.

2. *Pressão sangüínea*
(Kiecolt-Glaser e Greenberg, 1983; Rimm e cols., 1976; Turner e Beidel, 1985)

2.1. Pressão sangüínea sistólica.
(Beidel e cols., 1985)

2.2. Pressão sangüínea diastólica.
(Beidel e cols., 1985)

Uma de suas medições indiretas é realizada por meio do esfigmomanômetro, conhecido popularmente como o instrumento empregado para medir a "tensão arterial". Kiecolt-Glaser e Greenberg (1983) assinalam que a pressão sangüínea não parece ser uma medida particularmente útil da ativação relacionada com a asserção para a pesquisa com cenas de representação de papéis. Não obstante, esse elemento fisiológico pode ser de interesse para pesquisar algumas hipóteses que apresentam os hipertensos como menos assertivos (Keane, 1982).

3. *Fluxo sangüíneo*
(Dayton e Mikulas, 1981; Hersen, Bellack e Turner, 1978)

A medição do fluxo sangüíneo representa a afluência ou circulação do sangue através de um determinado tecido, circulação produzida pelas contrações do coração. Existem dois tipos de medição: o volume de sangue e o pulso do volume de sangue ou volume do pulso. Essa última resposta representa as mudanças na afluência de sangue a um membro por efeito das contrações cardíacas.

4. *Respostas eletrodermais*

(Kiecolt-Glaser e Greenberg, 1983; Lehrer e Leiblum, 1981; Rimm e cols., 1976). Essas medidas refletem a atividade das glândulas sudoríparas. Das possíveis medidas das respostas eletrodermais, a que parece mais adequada para a pesquisa dentro do campo das HS é a condutibilidade da pele, tendo em conta que a condutibilidade (da pele) é um método de medida melhor que a resistência (Carrobles, 1986).

5. *Resposta eletromiográfica*
(Dayton e Mikulas, 1981)

É o registro da atividade elétrica associada à contração muscular ou, mais especificamente, que precede a atividade muscular. O registro dessa resposta no músculo frontal poderia nos dar uma idéia do relaxamento/ativação de um indivíduo.

6. *Respiração*
Taxa respiratória
(Lehrer e Leiblum, 1981).

A medida da respiração compõe-se fundamentalmente por dois parâmetros: a profundidade da respiração e a taxa respiratória, combinadas, às vezes, para obter o volume de ar inspirado por minuto. A função respiratória é controlada pelo Sistema Nervoso Central através da medula e de núcleos do tronco encefálico, sendo igualmente alterada pelos estados emocionais (Carrobles, 1986).

Da revisão de todos os estudos anteriores, temos de ressaltar a surpreendente falta de resultados significativos com relação à inclusão de elementos fisiológicos dentro da pesquisa das HS. O único dado que parece promissor e que poderia desempenhar certo papel nesse campo é a "rapidez na redução da ativação" (Beidel e cols., 1985; Dayton e Mikulas, 1981). Parece que os indivíduos de alta habilidade social demoram menos em reduzir sua ativação (medida pela taxa cardíaca ou o volume de sangue) que indivíduos de baixa habilidade social.

Mais que um aumento no volume de pesquisa, o que parece se impor é uma mudança na forma de pesquisa das variáveis fisiológicas relacionadas com o desenvolvimento do comportamento social, principalmente hoje em dia, uma vez que existem métodos telemétricos e equipamentos portáteis de registro de freqüência modulada que permitem obter registros fisiológicos de indivíduos não-limitados em sua atividade ou desenvolvendo-se em seu meio natural (Carrobles, 1986), embora essa última opção possa ver-se impedida pela carência de meios econômicos.

É preciso levar em conta, porém, uma série de problemas dos fatores fisiológicos com relação às HS (Eisler, 1976):

a. Não há uma relação necessária entre a ativação fisiológica geral e a auto-informação de estados emocionais específicos. Alguns indivíduos podem qualificar sua ativação fisiológica em situações interpessoais, como ansiedade; outros podem classificá-la como excitação fisiológica e outros ainda, como ira.

b. Alguns indivíduos podem comportar-se de maneira altamente hábil sob condições de grande ativação fisiológica, enquanto outros podem parecer igualmente hábeis sob condições de ativação baixa ou moderada.

c. Diferenças individuais em normas de ativação fisiológica em resposta a situações interpessoais podem conduzir a normas de conduta similares ou diferentes, dependendo de como sejam interpretadas pelos indivíduos.

d. Das medidas de todos os sistemas de resposta, os indicadores fisiológicos parecem estar entre os menos confiáveis com relação à determinação dos comportamentos sociais complexos.

2.4. A INTEGRAÇÃO DOS TRÊS TIPOS DE COMPONENTES NO MODELO DAS HABILIDADES SOCIAIS

Expusemos, nos itens anteriores, os componentes comportamentais, cognitivos e fisiológicos das habilidades sociais ou, em outras palavras, o "conteúdo" (Cone, 1978) das habilidades sociais. A pesquisa concentrou-se, basicamente, no primeiro item, está começando a pesquisar o segundo e tem deixado bastante de lado o terceiro. Em parte, isso se justifica devido ao problema de registrar os elementos cognitivos de uma maneira confiável e à dificuldade de dispor de equipamentos precisos e de obter medidas fisiológicas dos indivíduos em situações naturais ou simuladas sem interferências excessivas. Parece, porém, que, com a ajuda do vídeo, de instrumentos de medida cognitivos e de aparelhos de registro fisiológico portáteis, pode-se obter maior integração na avaliação dos três sistemas de resposta dentro da área das habilidades sociais, assim como uma útil contribuição no campo do THS, que pode contar, além disso, com as técnicas de modificação do comportamento cognitivo e do biofeedback para tratar diretamente os elementos cognitivos e fisiológicos, respectivamente, quando seja necessário. Finalmente, um aspecto relativamente esquecido na pesquisa das HS é a análise das situações sociais. No item 1.4, propusemos um modelo das HS que devia levar em conta as variáveis da pessoa (elementos cognitivos e fisiológicos, basicame nte), as variáveis da conduta (elementos comportamentais) e as variáveis da situação, assim como sua interação. Embora haja alguns estudos precoces sobre essas variáveis ambientais da assertividade (p. ex., Eisler, Hersen, Miller e Blanchard, 1975; Warren e Gilner, 1978), não foi senão a partir dos anos 1980 que a análise das situações começou a ganhar importância na pesquisa das HS, especialmente com o auge do "interacionismo" no estudo da personalidade e o estudo sistemático das situações (Magnusson, 1981), principalmente das situações sociais (Argyle, Furnham e Graham, 1981; Furnham, 1986; Furnham e Argyle, 1981). O item 6.7 foi dedicado ao estudo das variáveis situacionais e nele propusemos um enfoque interacionista das HS. A consideração dos componentes comportamentais, cognitivos, fisiológicos e situacionais parece ser uma proposição básica que pode servir de ponto de partida para pesquisa futura das HS.

3. Diferenças entre Indivíduos Socialmente Hábeis e Não-hábeis

Parece claro que as pessoas socialmente hábeis e não-hábeis têm, necessariamente, de diferir em uma série de elementos comportamentais e/ou cognitivos e/ou fisiológicos. O emprego de grupos de contraste, isto é, grupos de sujeitos de alta e baixa habilidade social, foi um método freqüentemente empregado para a pesquisa dos componentes comportamentais das HS. Nas três últimas décadas, o estudo desses componentes foi preponderante. Porém, ultimamente, tem-se prestado cada vez maior atenção aos elementos cognitivos que facilitam ou inibem o comportamento socialmente adequado. Não estão estabelecidos ainda os componentes básicos de um comportamento hábil, embora o achado desses elementos comportamentais e/ou cognitivos e/ou fisiológicos possa ser essencial para a avaliação e o treinamento das HS. Esperemos que a pesquisa futura nos proporcione esse quadro básico de elementos para os diferentes tipos de comportamento nas diversas situações. A seguir, exporemos as diferenças encontradas entre sujeitos hábeis e não-hábeis dentro da literatura das HS.

3.1. DIFERENÇAS COMPORTAMENTAIS

Foram observadas, freqüentemente, diferenças nas avaliações globais da habilidade social em grupos conhecidos. Grupos de sujeitos de alta habilidade social auto-informada costumam diferir de grupos de sujeitos pouco hábeis em uma série de avaliações molares efetuadas por juízes: assertividade, ansiedade, atrativo físico etc. O que não resulta tão claro são os dados que se referem aos elementos moleculares. Nas tabelas 3.1 e 3.3, apresentam-se as diferenças encontradas na literatura sobre as HS, em alguns desses elementos, ao comparar sujeitos hábeis e não-hábeis.

Tabela 3.1. Elementos diferenciadores entre indivíduos de alta e baixa habilidade social segundo freqüência, quantidade ou duração

Alta habilidade	*Baixa habilidade*
Maior conteúdo assertivo (2)	Maior conteúdo de anuência (2)
Mais gestos com as mãos	Menos olhar/contato visual (3)
Maior variação na postura	Mais índices de ansiedade (3)
Mais olhar/contato visual (2)	Pouca variação da expressão facial
Mais sotaque e variação de tom	Pouca variação da postura
Mais sorrisos (3)	Muito silêncio
Menos perturbações da fala	Silêncio prolongado
Maior duração da resposta (2)	Pouca conversação
Maior tempo de fala (3)	Poucos sorrisos (2)
Maior afetação (3)	Poucos gestos (2)
Mais verbalizações positivas	
Mais pedidos de nova conduta (3)	
Maior auto-revelação	
Maior volume de voz (3)	
Menor latência de resposta (4)	
Mais perguntas	
Mais perguntas com final aberto	
Maior número de palavras	
Maior número total de interações na vida real	
Mais tempo total passado em interações na vida real	
Maior número de amigos	

O número que aparece ao lado de cada variável refere-se ao número de estudos nos quais foi encontrado esse elemento como diferenciador. Sua descrição é realizada de acordo com os artigos originais, de modo que os elementos encontram-se somente em um ou outro item. Por exemplo, a conduta "olhar/ contato visual" diferencia os grupos de sujeitos hábeis e não-hábeis em 5 estudos (2 recolhidos no item de "Alta habilidade" e 3 no de "Baixa habilidade").

Em um estudo recente, Caballo e Buela (1989) encontraram um conjunto de elementos comportamentais, avaliados segundo sua quantidade/freqüência e segundo sua adequação, que diferenciavam sujeitos de alta, média e baixa habilidade social avaliada por juízes em uma situação análoga. Na tabela 3.2. reproduzimos as diferenças encontradas entre os três grupos de indivíduos em condutas moleculares avaliadas segundo sua quantidade/freqüência (Caballo e Buela, 1989).

Tabela 3.2. Diferenças entre sujeitos de baixa, moderada e alta habilidade social (segundo sua avaliação por juízes) em um conjunto de elementos moleculares medidos com base em sua "quantidade/freqüência" (Caballo e Buela, 1989)

Variável	*Baixa/Moderada*	*Baixa/Alta*	*Moderada/Alta*
Pausas	2,18*	5,15***	3,72***
Tempo de fala	2,77**	3,71**	1,63
Movimentos pernas/pés	0,16	1,16	1,30
Automanipulações	0,51	0,89	0,47
Gestos com as mãos	1,16	1,80	1,06
Latência de resposta	0,75	1,03	0,29
Quantidade de olhar	3,51**	6,70***	2,40*

* p < 0,05
** p < 0,01
*** p < 0,001

Na tabela 3.2, pôde-se observar que os sujeitos de alta habilidade tinham menos pausas de conversação e olhavam mais para o companheiro de interação que os de baixa e média habilidade social, falando significativamente mais (p < 0,01) que os sujeitos de baixa habilidade social. Essa última diferença também se dava entre os grupos de média e baixa habilidade.

Tabela 3.3. Elementos diferenciadores entre indivíduos de alta e baixa habilidade social segundo sua adequação

Alta habilidade	*Baixa habilidade*
Expressão facial (2)	Carência de continuidade na conversação
Olhar/Contato visual (2)	Falta de controle na interação
Sorriso	Temas de conversação estereotipados
Silêncios	Pouco interesse pela outra pessoa
Postura (2)	
Volume (2)	
Tom	
Clareza	
Velocidade	
Duração	
Inflexão	
Afetação	
Espontaneidade	
Forma de conversação	
Iniciativa de conversações (2)	

A tabela 3.4, extraída de Caballo e Buela (1989), reflete as diferenças entre os três grupos de sujeitos (alta, média e baixa habilidade social) em uma série de avaliações comportamentais realizadas segundo a "adequação" dos elementos moleculares. Os grupos de alta e baixa habilidade social diferem na adequação da maioria dos elementos considerados, exceto na distância (com a possível explicação lógica de que os sujeitos não podiam aproximar ou afastar as cadeiras onde se encontravam sentados), na clareza da fala e no timbre. Essas condutas tampouco distinguiam os grupos de habilidade social média e alta, como também não o faziam a postura e a oportunidade dos reforços. Por outro lado, o olhar, os sorrisos, a oportunidade dos reforços, a entonação, o tempo de fala, a fluência, a velocidade, a atenção pessoal, as perguntas e as respostas a perguntas eram os elementos comportamentais que diferenciavam os indivíduos de baixa e média habilidade social.

Tabela 3.4. Diferenças entre sujeitos de baixa, moderada e alta habilidade social (segundo sua avaliação por juízes) em uma série de elementos comportamentais medidos com base em sua "adequação" (Caballo e Buela, 1989)

Variável	*Baixa/Moderada*	*Baixa/Alta*	*Moderada/Alta*
Expressão facial	1,57	6,47***	3,49**
Olhar	3,12**	4,83***	2,57*
Sorrisos	2,34*	3,06**	1,39
Postura	1,71	3,80**	2,46*
Orientação	1,76	1,94	0,76
Distância	1,10	3,67**	2,19*
Gestos	2,05	3,76**	3,28**
Aparência pessoal	0,60	3,88***	1,82
Oportunidade de reforços	2,44*	1,82	1,22
Clareza	0,61	3,89***	2,42*
Volume	1,67	7,25***	4,12***
Entonação	3,07**	0,30	1,27
Timbre	1,25	6,68***	5,29***
Tempo de fala	2,43*	5,83***	4,62***
Fluência	2,53*	5,45***	2,75*
Velocidade	4,04***	3,58**	3,04**
Conteúdo	1,39	3,59**	3,67**
Humor	0,37	5,64***	2,50*
Atenção pessoal	4,13***	6,35***	2,65*
Perguntas	4,48***	4,49***	2,90**
Respostas a perguntas	2,80**	3,84***	* $p < 0,05$
	5,06***		

** $p < 0,01$
*** $p < 0,001$

O estudo de Caballo e Buela (1989) mostra que um indivíduo socialmente hábil (segundo a avaliação de seu comportamento em uma situação simulada) expressa de modo mais adequado todo um conjunto de componentes comportamentais comparado com sua contrapartida não-hábil. A consideração da quantidade/freqüência de alguns elementos moleculares tende a assinalar também dois deles, a quantidade de fala e o olhar, como componentes muito importantes do comportamento socialmente hábil. Porém, embora uma série de estudos tenha encontrado diferenças comportamentais entre sujeitos de alta e baixa habilidade social, outro conjunto de pesquisas não encontrou tais diferenças (p. ex., Alden e Cappe, 1981; Arkowitz e cols., 1975; Beidel e cols., 1985; Galassi, Galassi e Vedder. 1981; Glasgow e Arkowitz, 1975; Gorecki e cols., 1981; S. Lawrence, 1982; S. Lawrence, Kirksey e Moore, 1983). Apesar desses resultados contraditórios, poderíamos considerar alguns elementos moleculares como componentes básicos do comportamento socialmente hábil. Observando as tabelas anteriores, parecem particularmente pertinentes ao comportamento hábil elementos como o *olhar,* o *tempo de fala,* a *fluência* e a *entonação.* Porém, a falta de resultados mais conclusivos dos diferentes estudos revisados pode ser decorrente das diferentes amostras de sujeitos utilizadas (pacientes psiquiátricos *versus* estudantes universitários), do tipo de avaliação comportamental empregado (situações breves de representação de papéis *versus* situações de interação extensa), do tipo de seleção global empregado (sujeitos de alta e baixa freqüência de encontros *versus* sujeitos de alta e baixa ansiedade social), e/ou do tipo de registro empregado (quantidade/freqüência *versus* adequação das respostas).

3.2. DIFERENÇAS COGNITIVAS

A pesquisa sobre os elementos cognitivos implicados na expressão do comportamento socialmente hábil foi desenvolvida recentemente. Na tabela 3.5 apresentamos os elementos cognitivos diferenciadores encontrados na literatura sobre as habilidades sociais.

Na tabela anterior, há um elemento cognitivo que aparece como básico na atuação social inadequada, e é a presença de autoverbalizações negativas que supostamente inibe a manifestação do comportamento hábil. Esse parece ser um achado consistente na pesquisa sobre as HS. As demais variáveis não estão claras, e é necessário um maior trabalho a respeito. Então, enquanto em alguns estudos foi encontrada uma maior presença de autoverbalizações positivas em sujeitos de alta habilidade comparados com os não-hábeis (Beidel e cols., 1985; Bruch, 1981; Glass e cols., 1982; Rhyne e Hanson, 1979), não aconteceu o mesmo em

Tabela 3.5. Diferenças cognitivas encontradas entre sujeitos de alta e baixa habilidade social

Alta habilidade	*Baixa habilidade*
Expectativas mais precisas sobre o comportamento de outra pessoa	Mais autoverbalizações negativas (10)
Expectativas de conseqüências mais positivas	Mais idéias irracionais (3)
Consideração de uma maior probabilidade de que ocorram conseqüências favoráveis	Menos confiança em si mesmos
Mais autoverbalizações positivas (4)	Consideração de uma maior probabilidade de que ocorram conseqüências desfavoráveis
Visão das situações a partir de múltiplas perspectivas	Avaliação das situações pouco razoáveis como mais legítimas
Mais tolerantes com relação aos conflitos	Maior consciência de si mesmos (2)
Mais autoverbalizações positivas que negativas (2)	Maior lembrança da retroalimentação negativa que da positiva
Maior conhecimento do conteúdo assertivo	Padrões de atuação excessivos
Confiam mais em padrões internos que em externos para a solução de problemas	Padrões patológicos de atribuição dos sucessos e fracassos sociais
	Deficiência na decodificação das mensagens a partir da comunicação não verbal

outros trabalhos (Frisch e Higgins, 1986; Heimberg e cols., 1980; Heimberg e cols., 1983; Schwartz e Gottman, 1976), que não encontraram diferenças nessa variável. Também não foram encontradas diferenças em outros elementos cognitivos como o conhecimento do que constitui uma resposta socialmente hábil (Alden e Safran, 1981; Bordewick e Bornstein, 1980; Schwartz e Gottman, 1976) na habilidade para receber informação de forma precisa em situações simples (Robinson e Calhoun, 1984), na capacidade para gerar opções positivas de resposta e escolher entre elas (Robinson e Calhoun, 1984) etc.

Em um estudo já citado nesse mesmo item, Caballo e Buela (1989) encontraram diferenças cognitivas entre grupos de sujeitos de alta, média e baixa habilidade social estabelecidos segundo a pontuação obtida em um questionário de habilidade social (a *Escala de Auto-expressão Universitária* [CSES], de Galassi e cols., 1974). Na tabela 3.6, podem-se observar algumas dessas diferenças cognitivas entre os três grupos mencionados.

Na tabela anterior, vemos que os sujeitos de alta e baixa habilidade social se diferenciam em sua auto-eficácia geral e social, no temor à avaliação negativa (FNE), em pensamentos negativos e/ou obsessivos ("Inventário de Pensamentos"), na percepção do grau de felicidade que experimentam, em pensamentos negativos relacionados com diferentes dimensões das habilidades sociais (EMES-C e EMES-CN) e nas autoverbalizações negativas durante a interação com outra pessoa em uma situação social simulada (SISST–). As pontuações dos três grupos de sujeitos nesse último questionário parecem especialmente interessantes. Tal questionário, que aparece descrito mais adiante no item da avaliação das habilidades sociais, é preenchido pelo sujeito imediatamente após a interação com uma pessoa do sexo oposto desconhecida. O SISST avalia quinze pensamentos positivos e quinze negativos que o sujeito pode ter tido durante a interação. Uma representação gráfica das diferentes pontuações obtidas pelos três grupos de sujeitos no SISST (itens positivos e itens negativos) pode ser vista na figura 3.1 (extraída de Caballo e Buela, 1989).

Tabela 3.6. Diferenças entre sujeitos de baixa, moderada e alta habilidade (segundo sua pontuação na CSES) em uma série de medidas cognitivas (Caballo e Buela, 1989)

Variáveis	*Baixa/Moderada*	*Baixa/Alta*	*Moderada/Alta*
CSES	11,47***	17,67***	12,65***
Auto-eficácia geral	1,84	3,19**	1,47
Auto-eficácia social	3,42**	5,10**	2,54*
FNE	0,42	3,29**	2,75*
Inventário de pensamentos	1,23	3,43**	2,07*
Grau de felicidade	1,51	2,87**	0,93
EMES-C	1,96	4,12***	3,03**
EMES-CP	1,55	2,75*	2,04
EMES-CN	1,79	4,99***	3,65**
EMES-CI	1,32	1,91	1,26
SISST+	2,46*	0,15	1,44
SISST–	1,22	3,87***	3,33**

* $p < 0,05$
** $p < 0,01$
*** $p < 0,001$

Nota: CSES – "Escala de Auto-expressão Universitária" (Galassi e cols., 1974); Auto-eficácia Geral e Social (Sherer e cols., 1982); FNE – "Temor à Avaliação Negativa" (Watson e Friend, 1969); Inventário de Pensamentos (Cautela e Upper, 1976); Grau de felicidade (Fordyce, 1984); EMES-C, EMES-CP, EMES-CN e EMES-CI – "Escala Multidimensional de Expressão Social – Parte Cognitiva" (Caballo, 1987); SISST – "Teste de Autoverbalizações na Interação Social" (Glass e cols., 1982).

Na figura 3.1, pode-se observar que, enquanto os sujeitos de alta e baixa habilidade social não se diferenciam na freqüência de pensamentos positivos, é notável a diferença na freqüência de pensamentos negativos, dando-se maior freqüência de tais pensamentos nos sujeitos de baixa habilidade social auto-informada que nos sujeitos de alta habilidade social auto-informada. Esses resultados poderiam sugerir que os sujeitos que percebem a si mesmos como menos hábeis teriam

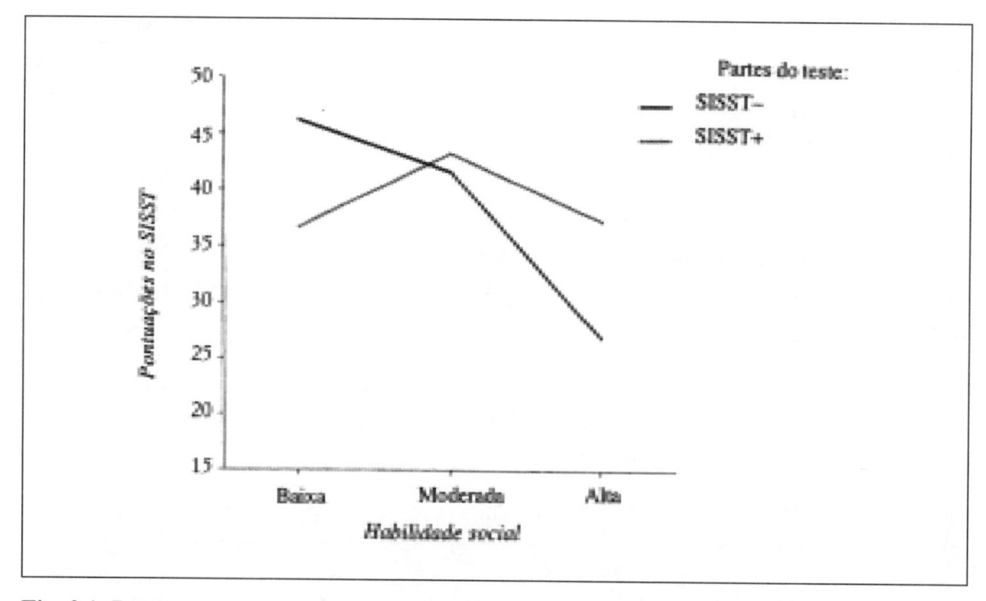

Fig. 3.1. Representação gráfica das pontuações obtidas por três grupos de sujeitos (de alta, moderada e baixa habilidade social) nas duas partes do "Teste de Autoverbalizações na Interação Social" (SISST), a Parte positiva (SISST+) e a Parte negativa (SISST–). Recolhido de Caballo e Buela (1989).

mais pensamentos negativos sobre seu comportamento. Poderíamos perguntar se essa percepção de uma habilidade social inferior não seria também manifestação mais de um esquema cognitivo negativo que possuem sobre seu comportamento social geral e que se reflete em toda auto-informação que trate sobre ele. Outra possível explicação é que os sujeitos que atuam de forma mais inadequada na situação social simulada teriam, logicamente, maior freqüência de pensamentos negativos (realistas) sobre sua atuação pouco hábil. Também poderia suceder que os sujeitos já entrassem na situação com um esquema de relação social negativo e que isso constitua uma espécie de "profecia auto-realizadora", isto é, as autoverbalizações negativas que passam pela cabeça do sujeito durante a interação social fazem com que seu comportamento as acompanhe. Além disso, Caballo e Buela (1989) concluíram que, quando se considera o comportamento social manifestado (avaliado por juízes) como critério para separar os sujeitos em grupos de alta, média e baixa habilidade social, os sujeitos com baixa habilidade social manifestada têm, de forma significativa ($p < 0,01$), mais autoverbalizações negativas durante a interação social (medidas pelo SISST–) que os indivíduos com alta habilidade social manifestada, enquanto ainda não se encontram diferenças nos pensamentos positivos (SISST+) entre nenhum dos grupos. Seja qual for a explicação mais correta, o certo é que a baixa habilidade social (tanto auto-informada como observada) traz muito freqüentemente pensamentos negativos sobre a atuação social.

O principal problema sobre pesquisa de elementos cognitivos está na falta de provas de avaliação válidas e confiáveis e na dificuldade para construí-las. Não obstante, acreditamos que será necessária a consideração do aspecto cognitivo do comportamento socialmente inadequado quando apliquemos um programa de THS. Um maior trabalho a esse respeito parece ser uma tarefa fundamental para os próximos anos.

3.3. DIFERENÇAS FISIOLÓGICAS

Poucas diferenças fisiológicas foram encontradas entre indivíduos de alta e baixa habilidade social, e algumas delas são contraditórias. Como assinalamos anteriormente ao falar dos componentes fisiológicos, esse campo ou segue uma linha de pesquisa improdutiva ou sua consideração dentro da avaliação das HS não representa um aspecto importante. A grande variabilidade das respostas fisiológicas entre os sujeitos pode ser uma característica desse terreno que obrigue a alguns métodos de avaliação bem mais sofisticados que os empregados até agora. Os poucos estudos que encontraram diferenças em alguma variável fisiológica foram revisados a seguir.

No trabalho de Borkovec e cols. (1974) concluiu-se que a *taxa cardíaca* era significativamente maior em homens heterossocialmente ansiosos que em homens não-ansiosos durante uma interação social de três minutos.

Westefeld e Galassi (1980) empregaram sujeitos que possuíam informação prévia sobre as situações que iam experimentar com outros que não a tinham. Esses últimos tinham maior *taxa de pulso* quando sua avaliação era feita depois da segunda situação, enquanto não havia diferenças antes das situações nem depois da última situação.

Usando as alterações no *volume de sangue* como variável dependente, Dayton e Mikulas (1981) concluíram que os sujeitos assertivos mostravam uma *redução da ativação mais rápida* quando imaginavam respostas assertivas ou agressivas que quando imaginavam respostas não-assertivas. Os sujeitos não-assertivos mostravam uma redução mais rápida quando imaginavam comportamento não-assertivo que quando o faziam com comportamento assertivo ou agressivo. Os autores sugerem que, para muita gente assertiva, tal comportamento assertivo é redutor de ansiedade e, dessa maneira, talvez, reforçador, enquanto para muita gente não-assertiva esse comportamento não-assertivo é redutor da ativação e, possivelmente, reforçador.

Lehrer e Leiblum (1981) empregaram 22 sujeitos, 11 mulheres não-assertivas que recebiam tratamento em um centro de saúde mental e 11 mulheres assertivas. Ambos os grupos observavam e respondiam a um filme-estímulo de treinamento assertivo. Os níveis de *condutividade da pele*, quando respondiam ao filme, eram significativamente maiores para os pacientes que para os sujeitos assertivos. Além disso, a condutividade da pele aumentava durante o filme nos pacientes e era significativamente maior neles que nos indivíduos assertivos durante um período de relaxamento após o filme. Surpreendentemente, os sujeitos assertivos apresentavam maior *taxa cardíaca* (não-significativa) e maior *taxa de respiração* (significativa) durante as primeiras cenas que os sujeitos não-assertivos. Não obstante, os sujeitos assertivos mostraram mais habituação nessas taxas que os pacientes não-assertivos. Os autores acreditam que o nível de condutividade da pele representa uma medida válida das dificuldades de asserção. Interpretam os achados das taxas cardíaca e de respiração em termos de maior envolvimento na tarefa e afrontamento mais ativo por parte dos sujeitos assertivos.

Beidel e cols. (1985) encontraram diferenças entre grupos de sujeitos socialmente ansiosos e não-ansiosos no sentido de que os primeiros não se habituavam durante as interações sociais com o sexo oposto, propondo a *latência na habituação* como variável importante a medir. Porém, embora os autores enfatizem essas diferenças encontradas, temos de assinalar que das seis medidas tomadas em cada uma das três interações (sexo oposto, mesmo sexo e fala espontânea), isto é, um total de 18 medidas fisiológicas, somente foram encontradas diferenças em quatro delas: *pressão sangüínea sistólica* na "fala espontânea" em *um minuto* e aos *três minutos* antes de começar; *pressão sangüínea sistólica* na "interação com o sexo oposto", em *um minuto;* e *taxa cardíaca* na "interação com o sexo oposto", no *minuto* de começar.

Outros estudos não encontraram diferenças fisiológicas. Assim, enquanto McFall e Marston (1970) não encontraram diferenças na *taxa cardíaca* entre sujeitos-controle e sujeitos que haviam sido treinados com ensaio de comportamento, Schwartz e Gottman (1976) e Twentyman, Gibralter e Inz (1979) também não puderam encontrar diferenças nessa mesma variável entre sujeitos que descreveram a si mesmos como não-assertivos e sujeitos que se descreveram como muito assertivos, baseando-se nas pontuações obtidas em questionários de "lápis e papel".

4. Papel Sexual e Habilidade Social

O comportamento hábil de um indivíduo está relacionado funcionalmente com o contexto social da interação interpessoal. Há normas sociais que governam o que se considera comportamento social apropriado em diferentes situações. Os valores sociais sugerem comportamentos diferentes para diferentes idades e sexos, assim como para subculturas distintas. Nesse item, vamos nos deter na importância que o sexo da pessoa que se manifesta socialmente adquire.

Connor, Serbin e Ender (1978) concluíram que as crianças respondiam de maneira diferente ao comportamento agressivo, assertivo e passivo dependendo do sexo da criança que realizava o comportamento. Eisler, Hersen, Miller e Blanchard (1975), trabalhando com pacientes psiquiátricos varões, concluíram que esses indivíduos, ao interagir com companheiros masculinos e femininos, manifestavam um comportamento diferente de acordo com o sexo do companheiro de atuação. Concretamente, os pacientes psiquiátricos falavam durante mais tempo com as mulheres, demonstravam maior probabilidade de pedir a uma mulher que mudasse seu comportamento e de elogiar e manifestar apreço a um sujeito desse mesmo sexo, manifestavam maior número de perturbações da fala quando se dirigiam às mulheres, e apresentavam probabilidade maior de concordar com pedidos negativos provenientes de um homem e também de fazer-lhe um favor.

Arkowitz e cols. (1978) concluíram que havia maior porcentagem de homens que se avaliavam mais ansiosos nos encontros com o sexo oposto que sua contrapartida feminina (31% *versus* 25%). Klaus, Hersen e Bellack (1977) concluíram que, embora os homens indicassem mais dificuldade para iniciar o contato por telefone com encontros em perspectiva, as mulheres informavam maior dificuldade para manter encontros, sentir-se confortáveis em um encontro, manter a conversação, terminar um encontro e obter um novo com o mesmo companheiro.

As mulheres parecem comportar-se de forma mais hábil na expressão de sentimentos positivos (Gambrill e Richey, 1975; Hollandsworth e Wall, 1977), enquanto os homens experimentam menos dificuldade para expressar sentimentos negativos e fazer pedidos (Solomon e Rothblum, 1985), e são mais assertivos em situações de trabalho (Hollandsworth e Wall, 1977).

Os pesquisadores ingleses tenderam a encontrar notáveis diferenças de sexo nos déficits em habilidades sociais, sendo os homens significativamente mais inadequados socialmente que as mulheres (Furnham e Henderson, 1981). Por exemplo, os resultados do estudo de Bryant e cols. (1976) nos mostram que a inadequação social é predominantemente um problema masculino, sobretudo entre homens solteiros. "Porém – dizem –, existe evidência que sugere que esse é um artefato de uma sociedade como a nossa, na qual se requer que os homens tenham mais iniciativa que as mulheres, especialmente no cortejo, e na qual, ao contrário, as mulheres que são dependentes e conformistas são consideradas femininas e desejáveis" (Bryant e cols., 1976, p. 110). Ao que parece, opera um modelo duplo, pelo qual qualidades consideradas inadequadas nos homens seriam aceitáveis nas mulheres. Assim, quando se pediu a profissionais da saúde mental que indicassem características de um homem, uma mulher ou uma pessoa, todos eles normais, os adjetivos empregados para descrever um homem e uma pessoa adulta sãos eram muito similares entre si e diferenciavam-se significativamente daqueles empregados para descrever uma mulher sã (Broverman e cols., 1970). Os homens sãos (mas não as mulheres) eram descritos como agressivos, independentes, sem emoção, dominantes, diretos, audazes, não excitáveis por uma pequena crise, bruscos e toscos. Para as mulheres sãs (mas não os homens) eram descritas características como falantes, sutis, tranqüilas, capazes de expressar sentimentos ternos e de chorar facilmente, submissas, dependentes, emocionais, orientadas para a casa e com uma clara falta de habilidade para desenvolver-se nos negócios. Os adultos sãos eram caracterizados de maneira similar aos homens sãos. Os resultados desse estudo indicam que é difícil ser ao mesmo tempo um adulto são e uma mulher sã em nossa sociedade (Solomon e Rothblum, 1985).

Outro fator que a sociedade considera básico na vida de uma mulher é o casamento. Tradicionalmente, as mulheres foram socializadas para representar os papéis de esposa e mãe. Somente 5 a 6 % das mulheres americanas no colégio e nos primeiros anos de universidade não têm intenção de se casar (Donelson, 1977). "Muitas mulheres pensam que o casamento é a única maneira de serem felizes e que ser solteira significa somente solidão e desespero, o que imaginam poder evitar por meio do casamento" (Donelson, 1977, p. 233). Ao contrário dos déficits interpessoais que leva consigo o fato de ser solteiro para as mulheres, considera-se que os homens que não estão casados levam vidas interpessoalmente realizadas e sexualmente excitantes.

O sexo do indivíduo tem também certa importância na percepção de um comportamento como hábil ou não-hábil. Assim, por exemplo, Kelly e cols. (1980)

concluíram que tanto observadores masculinos como femininos desvalorizavam o comportamento assertivo feminino, com relação ao mesmo comportamento emitido por homens, em termos de atrativo, agrado, capacidade e competência. Rose e Tryon (1979) concluíram que juízes masculinos e femininos avaliavam o comportamento assertivo das mulheres como mais agressivo que o mesmo comportamento emitido por homens. No estudo de Lao e cols. (1975), concluiu-se que os homens eram percebidos como mais inteligentes que as mulheres, apesar de terem competências equivalentes, e que maiores níveis de assertividade conduzem à impressão de menor inteligência em mulheres e, ao contrário, maior inteligência nos homens.

Por outro lado, a adequação da resposta dependerá também do sexo daqueles que observam a comportamento. Romano e Bellack (1980) informam que homens e mulheres diferiam substancialmente em número, padrão e valor dos sinais empregados e na adequação com que os componentes comportamentais podiam explicar suas avaliações. Os juízes femininos pareciam ser mais sensíveis e faziam uso de mais sinais comportamentais durante o processo de avaliação. Esses resultados coincidem com os de Conger, Wallander, Mariotto e Ward (1980) com relação ao fato de as mulheres serem mais sensíveis aos sinais relacionados com a habilidade social que os homens. Hess e cols. (1980) concluíram que as mulheres avaliavam as respostas assertivas feitas por sujeitos masculinos e femininos como mais masculinas e agressivas que os avaliadores masculinos. Além disso, todos os sujeitos tendiam a atribuir características femininas àqueles em situações positivas e características masculinas quando as respostas ocorriam em situações negativas. Os mesmos autores escrevem que "há diferenças perceptivas devido aos efeitos do gênero, às expectativas do papel do sexo e às influências do sexo do outro na emissão e na avaliação das respostas hábeis" (Hess e cols., 1980, p. 50).

O estudo de Firth e cols. (1986) tentou explorar a relação entre a competência social e a percepção social em homens e mulheres. Embora anos antes Hall (1978) tenha concluído em sua revisão que as mulheres têm uma leve vantagem sobre os homens em sua capacidade de decodificar os sinais não-verbais, no estudo de Firth e cols. não foram encontradas diferenças significativas com relação ao gênero no PSNV ("Perfil de Sensibilidade Não-Verbal") e outras medidas de percepção social. O que se encontrou, porém, foi uma diferença entre os sexos no grau de relação entre a competência social e a percepção social. Isto é, enquanto os dois sexos tinham a mesma capacidade para executar tarefas de percepção, essas medidas relacionavam-se com a competência social somente nas mulheres.

Embora todos os estudos anteriores tenham encontrado diferenças decorrentes do gênero do modelo-estímulo ou do avaliador, há outros estudos que não encontraram interações significativas entre estilos comportamentais e o sexo do receptor, do observador ou do modelo-estímulo (Epstein, 1980; Gormally, 1982; Hull e Schroeder, 1979; Keane e cols., 1983; Kern, 1982; Mullinix e Galassi, 1981; Schroeder e Rakos, 1983; StLawrence e cols., 1985*a;* Woolfolk e Denver, 1979). Dessa forma, a literatura é inconsistente com relação ao impacto das diferenças de sexo nas situações sociais. Schroeder e Rakos (1983) e Galassi e cols. (1984) especularam recentemente que essa inconsistência aparente poderia vir dos fracassos dos pesquisadores em levar em consideração uma variável supra-ordinal – a orientação do papel sexual em vez do sexo biológico, como variável independente. Não obstante, no estudo de StLawrence e cols. (1985*b*), os resultados indicaram que nem a orientação do papel sexual dos observadores nem o sexo do modelo-estímulo afetavam de forma significativa as avaliações dos observadores. Assim, pois, esses resultados não apóiam a hipótese de que as reações interpessoais são influenciadas pela orientação do papel sexual de um indivíduo. Pelo contrário, os resultados mostraram que é o comportamento real da pessoa que determina como reagem realmente os outros diante de um indivíduo socialmente hábil ou não-hábil.

As pesquisas futuras deveriam explicar as inconsistências encontradas com relação ao sexo ou papel sexual do indivíduo e sua relação com a habilidade social manifestada. Uma interação entre diferentes fatores (variáveis cognitivas individuais, tipo de comportamento e tipo de situação) poderia estar implicada na fragilidade dos resultados encontrados.

5. Técnicas de Avaliação das Habilidades Sociais

Poucos conceitos pertencentes ao campo da terapia comportamental desfrutam de tantos e tão variados procedimentos de avaliação como é o caso das habilidades sociais (HS). Continuamente surgem novos instrumentos de avaliação e, apesar de tudo, a *avaliação das habilidades sociais* constitui um tema controvertido e carente de um consenso global entre os estudiosos. Atualmente, tal como há alguns anos (Caballo, 1986), podemos qualificar esse problema com um título muito significativo: *Pandora's Box reopened? The assessment of social skills* ([Voltou-se a abrir a caixa de Pandora? A avaliação das habilidades sociais], Curran, 1979*b).* Realmente, parece que continuam existindo sérios obstáculos na avaliação das HS. Para Bellack *(*1979*b),* "a natureza questionável dos procedimentos de avaliação das habilidades sociais pode relacionar-se à problemática natureza do comportamento interpessoal" (p. 158). Não existe, ainda, um acordo sobre o que constitui um comportamento socialmente hábil, nem tampouco sobre um critério externo significativo com o qual validar os procedimentos de avaliação.

Apesar de não possuir um instrumento adequadamente validado (Conger e Conger, 1986; Curran, 1982; Curran, Farrell e Grunberger, 1984; Curran e Wessberg, 1981), as técnicas empregadas na avaliação das HS têm sido utilizadas amplamente em outras áreas da terapia comportamental. Essas técnicas de medição foram aplicadas, geralmente, ao longo de quatro fases: 1. antes do tratamento; 2. durante o tratamento; 3. depois do tratamento, e 4. no período de acompanhamento. Na primeira etapa, os clínicos costumam fazer uma ampla análise comportamental para determinar os déficits em HS do paciente. Também é freqüente avaliar as cognições que poderiam interferir com a expressão do comportamento socialmente hábil, como crenças pouco racionais, autoverbalizações negativas, expectativas pouco realistas etc. Ao longo do tratamento é conveniente analisar de que maneira vão-se modificando as comportamentos do indivíduo, bem como suas cognições não-adaptativas e o modo como o paciente considera seu próprio progresso. Tudo isso permitirá averiguar se escolhemos o caminho correto ou se, pelo contrário, é necessário mudar o tipo de intervenção que estamos fazendo. A avaliação durante a terceira fase nos dará uma idéia da melhora do paciente, tanto em termos comportamentais como cognitivos, e a quarta e última etapa servirá para explorar o grau em que o paciente manteve as mudanças e, inclusive, se progrediu ainda mais com o transcurso do tempo. Durante o período de tratamento, e depois dele, temos de investigar se o paciente está generalizando o aprendido nas sessões na vida real, ponto crucial para considerar o sucesso em um tratamento.

5.1. NECESSIDADE DE ANÁLISE FUNCIONAL DO COMPORTAMENTO

A importância da relação entre o comportamento e suas conseqüências e os padrões únicos que podem provir de determinados tipos de relações exigem uma procura cuidadosa das conseqüências dos comportamentos não-desejáveis, assim como dos comportamentos desejáveis que poderiam ser reforçados. Se um comportamento desejado não se manifesta, em determinada situação, existem várias possibilidades que podem explicar o fato, incluindo o reforço pouco freqüente, o castigo do comportamento, ou um fracasso para desenvolvê-lo.

As conseqüências podem ter uma série de fontes, incluindo as reações sociais, as emoções, os acontecimentos ambientais, os fatores fisiológicos e as cognições. Collins e Collins (1992), seguindo as modalidades propostas por Lazarus (1981) do BASIC I.D., sugerem a utilização de um quadro similar para a avaliação das categorias que podem ser importantes para as HS. Tais categorias são: Comportamento, Emoções, Sensações, Pensamentos, Relações, Imaginação, Drogas (e estado fisiológico geral) e Ambiente. Como se pode ver, essa proposta não acrescenta nada à avaliação das HS, nada que já não fosse considerado de forma habitual (p. ex., Caballo, 1988). Porém, vamos nos deter a seguir nessas categorias, não tanto por ser algo novo, mas por ser uma maneira de considerar de forma mais sistemática todos esses fatores:

1. O *comportamento* constitui o aspecto manifesto das HS, tanto em seu conceito molar (global) como na consideração de seus elementos moleculares (específicos), e sua avaliação representa a parte mais importante com relação à avaliação das HS.

2. As *emoções* positivas (prazer, agrado) podem ajudar na manutenção do comportamento (socialmente hábil) que as produz, enquanto as emoções negativas (ansiedade, temor) poderiam servir tanto para debilitar certos comportamentos (não-hábeis) aos quais seguem (punição) quanto para fortalecer comportamentos (socialmente hábeis) que eliminem emoções negativas (reforço negativo). Do

mesmo modo que acontece com outros fatores, a emoção pode ser um antecedente ou um conseqüente do comportamento. Os componentes emocionais incluem a ansiedade – "Bebo quando estou nervoso" –, a ira – "Bebo quando me aborreço com minha mulher" –, e a depressão – "Depois de alguns copos já não me sinto triste". Talvez uma mulher evite situações em que há homens presentes porque fica muito nervosa. Pode ter uma história passada de punições quando tentava conhecer os homens, o que está relacionado com sua ansiedade nessas situações. Essa história pode interferir na manifestação de comportamentos socialmente adequados. Pode mostrar-se nervosa, falar muito depressa e ter um contato visual insuficiente. Mas não somente a ansiedade é perturbadora, mas o comportamento operante resultante pode interferir também com a obtenção de reforços positivos. Um indivíduo que "teme" as situações sociais pode evitá-las, deixando de experimentar, assim, o prazer da interação social ou a oportunidade de conhecer pessoas novas.

3. As *sensações* associadas, principalmente, com a ansiedade podem constituir um obstáculo para agir de forma socialmente adequada, e a indução de sensações de relaxamento e de tranqüilidade pode ser parte de um programa de treinamento em habilidades sociais (THS) (Caballo, 1991*a;* Caballo e Carrobles, 1989).

4. A presença de *pensamentos* negativos em indivíduos pouco hábeis socialmente foi um achado constante na literatura sobre o tema (Caballo, 1988) e algo que constitui um elemento claramente diferenciador entre indivíduos socialmente hábeis e não-hábeis (Caballo, 1987; Caballo e Buela, 1989; Glass e cols., 1982; Schwartz e Gottman, 1976).

5. A *imaginação* foi um aspecto relativamente esquecido na terapia comportamental (Caballo, 1991*b).* Porém, queremos chamar a atenção sobre essa categoria, já que esse tipo de processo cognitivo pode ser muito importante para o comportamento social de alguns indivíduos. Imagens automáticas sobre os resultados de uma atuação podem favorecer (imagens de resultados positivos) ou inibir (imagens de resultados negativos) o comportamento social de uma pessoa. E mais, a imagem (correta ou incorreta) armazenada de um acontecimento pode servir para facilitar ou dificultar comportamentos sociais posteriores. Esperemos que os próximos anos nos ofereçam um panorama mais claro da importância da imaginação na manifestação do comportamento social.

6. As *relações* interpessoais (família, amigos) podem ser o centro de atenção do THS e/ou ajudar ou impedir a mudança comportamental (social) do indivíduo. O reforço social por parte de outras pessoas significativas pode chegar a ser um fator de manutenção importante, embora não estivesse implicado na ocorrência inicial de um comportamento inadequado. Além disso, uma boa rede social pode ajudar a modificar comportamentos sociais inadequados e um aumento da habilidade social poderia fortalecer e aumentar a rede social que rodeia o indivíduo.

7. As *drogas e o estado fisiológico* da pessoa, como, por exemplo, o álcool, deficiências na nutrição ou mudanças hormonais poderiam afetar o comportamento. Esses fatores podem estar relacionados com os problemas apresentados. Por exemplo, a fadiga decorrente do excesso de trabalho pode diminuir substancialmente a quantidade e a qualidade da interação entre marido e mulher. A influência de muitos desses fatores no comportamento socialmente inadequado é relativamente desconhecido.

8. O *ambiente* é outro fator relativamente esquecido no campo das HS. A pressão do contexto sobre o indivíduo é, às vezes, tão potente que sem uma mudança de contexto o THS serviria para pouco, embora um eficaz THS possa modificar freqüentemente o entorno mais próximo ao sujeito. Porém, às vezes, será condição *sine qua non* a modificação do ambiente do indivíduo.

O seguinte exemplo de ansiedade em uma situação de "falar em público" ilustra a variedade de componentes de resposta que podem se encontrar implicados, assim como as diferentes fontes de acontecimentos que o mantêm. O termo *ansiedade* pode referir-se à experiência *sensorial* de uma maior tensão muscular e a um sentimento de temor *(emoção);* a *pensamentos* negativos ("não poderei fazê-lo") e *imagens que impedem* (imagens de um auditório que não lhe presta atenção); e a um componente *comportamental* (evitar falar em público, se for possível), tudo isso favorecido por um *ambiente* que impede o falar em público (audiência pouco interessada no tema, ausência relativa de elementos físicos que favoreçam a palestra). O falar em público pode ser seguido por verbalizações auto-avaliadoras negativas (pensamentos); maior ansiedade (emoção); cansaço *(fatores físicos),* ou a(o) namorada(o) dizendo-lhe mais tarde "Espero que não tenha feito papel ridículo" *(relações sociais).* Um conjunto alternativo de conseqüências poderia ser o seguinte: autoverbalizações positivas por uma palestra bem dada (pensamentos); sentir-se bem (emoção); os colegas de classe dizendo-lhe "vamos comemorar" (relações sociais); ou ficar descansado pelo trabalho bem-feito (fatores físicos).

Os antecedentes do comportamento

Existe uma grande evidência de que o comportamento está situacionalmente determinado, que comportamentos determinados tendem a ocorrer em certas situações. Por exemplo, normalmente não dizemos "obrigado" quando não há ninguém presente. Os acontecimentos antecedentes podem provocar reações de resposta (o que normalmente denominamos como reações emocionais) e podem aumentar ou diminuir a probabilidade de determinados comportamentos operantes. Esses eventos assumem tais funções devido à história de reforço única de cada pessoa. Considerando a mesma situação assinalada anteriormente, um estudante que se queixa de ansiedade diante das situações de falar em público pode antecipar o fracasso, pode pensar que os outros vão rir dele etc., estímulos antecedentes que muito provavelmente provocarão ansiedade. Um estudante que se encontra razoavelmente *relaxado* durante as palestras pode ter um conjunto muito diferente de *acontecimentos antecedentes,* incluindo variáveis de *pensamentos* (antecipação de dar uma boa palestra); *imagens* (imaginando um auditório atento); *emoção* (sentindo-se confortavelmente ativado antes da palestra); *relações sociais* (confiança verbal de um amigo que está sentado a seu lado); *fatores físicos* (tendo dormido bem a noite anterior); e variáveis *ambientais* (um lugar amplo, onde anteriormente já tenha apresentado bem alguma palestra). Um objetivo da avaliação consistiria em identificar os antecedentes que facilitam os comportamentos desejáveis e aqueles que estão relacionados a reações não-desejáveis. Durante a intervenção, tentar-se-ia melhorar os primeiros e diminuir a presença de sinais-estímulo da comportamento socialmente inadequada.

Também é preciso levar em conta que os pacientes podem ter habilidades ou áreas de conhecimento especiais que podem ser úteis nos programas de THS. A exploração daquelas habilidades leva à identificação do que o paciente faz bem, incluindo HS apropriadas, assim como habilidades cognitivas de afrontamento, como a reavaliação das situações, a atenção seletiva, as habilidades de solução de problemas e a fala consigo para se tranqüilizar. Também seriam importantes as habilidades de autocontrole.

No quadro 5.1, expõe-se o esquema de uma possível análise funcional da comportamento socialmente inadequada.

A seguir, descreveremos uma série de técnicas utilizadas com mais ou menos freqüência na avaliação das HS. As técnicas de medição de pensamentos e imagens, embora pudessem ser consideradas todas como técnicas de auto-informação, no sentido de que sempre conhecemos as cognições e as imagens do indivíduo por meio de seu próprio relato, foram distribuídas segundo os materiais necessários para sua realização (questionários, vídeos, folhas de auto-registro etc.). Acreditamos, assim, dispor de uma classificação mais prática desses procedimentos.

Curran e Wessberg (1981) recomendam a utilização de mais de um método, porque, se houver discrepâncias entre eles, podem servir para indicar que é ne-

Quadro 5.1. Análise funcional da conduta

ESTÍMULOS (E)	ORGANISMO (O)	RESPOSTA (R)	CONSEQÜÊNCIAS (C)
Estímulos que desencadeiam respostas emocionais (ansiedade, depressão) Estímulos que atuam como sinais discriminativos que provocam respostas instrumentais desadaptadas: Momento Lugar Freqüência Variáveis relacionadas com o modo como o sujeito percebe seu ambiente: Atribuições Crenças Imagens O que o sujeito diz a si mesmo antes do comportamento: Auto-instruções Estratégias de pensamento Expectativas Relação e hierarquização dos estímulos ambientais eficazes para o sujeito Condições que intensificam o comportamento problemático Condições que aliviam o comportamento problemático Variáveis internas psicofisiológicas (p. ex., gagueira)	Fatores fisiológicos Drogas Nível geral de energia Estado de fadiga Menstruação Normas de auto-reforço História clínica Origens percebidas Deficiências físicas Capacidade intelectual diminuída Capacidade de relaxamento, de imaginação Capacidade de autocontrole	Respostas motoras Respostas cognitivas Respostas fisiológicas Por excesso Por déficit Normal Duração Freqüência Generalidade Intensidade Latência Grau de adequação O que o sujeito diz a si mesmo durante o comportamento O que o sujeito imagina enquanto pratica o comportamento	Reforços externos Reforços vicários Auto-reforços Momento em que se dão as conseqüências Demora do reforço Freqüência do reforço Conteúdo do reforço Disponibilidade do reforço Objeto ou pessoas que mantêm o comportamento Grau no qual a pessoa relaciona as contingências (Ks) dos reforçadores que recebe com as respostas que emite O que o sujeito diz a si mesmo após o comportamento

OUTROS FATORES

Virtudes do sujeito (Comportamentos alternativos)
Debilidades, deficiências do sujeito
Exame de autocontrole (situações e modos nos quais o paciente pode controlar seus comportamentos inadequados)

cessário mais pesquisa. Por exemplo, se o paciente informa uma atuação pobre, mas a entrevista com a família e a avaliação de um colaborador indicam uma atuação adequada, poderíamos considerar, então, o problema do paciente uma avaliação cognitiva errônea, em vez de um déficit na atuação. Em uma revisão das práticas de avaliação de 353 terapeutas comportamentais realizada por Swan e MacDonald (1978), e compilada em Wilson e O'Leary (1980), os dez procedimentos mais freqüentemente empregados e a porcentagem de pacientes com os quais eram utilizados distribuía-se como segue:

Procedimentos de avaliação	*Porcentagem*
1. Entrevista com o paciente	89
2. Auto-registro por parte do paciente	51
3. Entrevista com outras pessoas significativas do ambiente do paciente	49
4. Observação direta dos comportamentos-objetivo *in situ*	40
5. Informação de outros profissionais consultados	40
6. Representação de papéis	34
7. Medidas de auto-informe comportamentais	27
8. Questionários demográficos	20
9. Testes de personalidade	20
10. Testes projetivos	10

Embora na avaliação das HS essa ordenação fosse modificada, nela reflete-se, de alguma maneira, a generalização das diversas técnicas de medição dentro da terapia comportamental.

5.2. O ENFOQUE ANALÍTICO-COMPORTAMENTAL

Nesse item, vamos descrever as etapas do procedimento analítico-comportamental (Goldfried e D'Zurilla, 1969) para a construção de instrumentos que avaliem a competência social. Embora se tenha posto uma notável ênfase, dentro do campo das HS, no emprego desse procedimento para o desenvolvimento de instrumentos de avaliação da competência social, o tempo requerido para levar a cabo tal procedimento foi o principal obstáculo para sua aplicação. Cremos, não obstante, que seria interessante apresentar as etapas desse procedimento por sua utilidade dentro do campo de avaliação e treinamento das HS. Os cinco estágios do procedimento analítico-comportamental apresentam-se a seguir.

1. *Análise das situações*

Nessa primeira etapa, identificam-se e descrevem-se as situações importantes do ambiente que o indivíduo tem de enfrentar. Esse primeiro passo implica obter uma amostra de situações interpessoais problemáticas comuns à população à qual é dirigido o instrumento. Assim, por exemplo, no estudo de Goldsmith e McFall (1975) com pacientes psiquiátricos, as situações mais problemáticas eram: ficar com alguém, fazer amigos, relacionar-se com autoridades, passar por entrevistas de emprego, relacionar-se com o pessoal do atendimento e interagir com pessoas que são percebidas como mais inteligentes ou atraentes ou pessoas cuja aparência é, de alguma maneira, diferente (p. ex., raça, modo de vestir etc.). Os momentos críticos mencionados com mais freqüência nessas interações eram: iniciar e terminar as interações, fazer auto-revelações, controlar as pausas durante a conversação, responder à recusa e defender os próprios direitos.

Posteriormente, em tal estudo, foram apresentadas as 55 situações mais problemáticas a vinte pacientes psiquiátricos internos. Os pacientes tinham de indicar qual das cinco alternativas apresentadas pelos experimentadores descrevia melhor a maneira como respondiam a cada situação. As primeiras quatro alternativas iam desde sentir-se tranqüilo e ser capaz de lidar com a situação satisfatoriamente até sentir-se incomodado e ser incapaz de controlá-la. A quinta alternativa permitia-lhes eliminar uma situação se fosse provável que esta não lhes aconteceria nunca. Nesse estudo, a relevância dos itens era julgada sobre a base dos seguintes critérios: 1. Mais de 80% dos sujeitos informavam alguma dificuldade na situação; 2. Mais de 20% informavam estar incomodados na situação e ser incapazes de resolvê-la; e 3. Menos de 25% avaliaram a situação como pessoalmente irrelevante. Vinte dos 55 itens originais reuniam os três critérios; outros doze itens reuniam dois dos critérios.

2. *Enumeração das respostas*

Para cada situação problemática com uma alta probabilidade de ocorrência na "análise das situações", obtém-se uma amostra de possíveis respostas. Isso proporciona informação sobre a facilidade com que se pode resolver cada uma das diferentes situações. Goldfried e D'Zurilla (1969) assinalam que uma valoração informal da efetividade das respostas, tipicamente provocadas em cada situação problemática, poderia ser útil para a seleção de situações difíceis ótimas. No estudo de Goldsmith e McFall (1975), oito membros do Instituto Psiquiátrico (psiquiatras, psicólogos, ATS, assistentes sociais) respondiam às 55 situações interpessoais. Foram instruídos a representar cada situação, respondendo em voz alta, como se estivesse acontecendo de verdade. Isso gerou uma amostra de oito respostas para cada item.

3. *Avaliação das respostas*

A informação obtida nessa fase implica, para cada uma das situações, uma determinação do grau de efetividade de cada um dos potenciais cursos de ação em termos de seus prováveis efeitos ou conseqüências. Esses juízos são realizados por "outras pessoas significativas" do ambiente, isto é, aqueles indivíduos influentes que: *a.* têm um freqüente contato com as pessoas a quem se aplicará a técnica de avaliação, *b.* desempenham um papel importante em rotular ou julgar o comportamento como efetivo ou não-efetivo no ambiente, e *c.* é provável que suas opiniões sejam respeitadas por outros, especialmente por aqueles aos quais será dirigida a avaliação. Uma vez obtidos os juízos sobre cada situação problemática, o passo seguinte consiste em determinar certo *consenso* com relação às respostas que são mais ou menos eficazes.

No estudo de Goldsmith e McFall (1975), outros membros do Instituto Psiquiátrico avaliaram a competência das oito alternativas de resposta para cada uma das 55 situações. Os avaliadores indicavam quais eram as formas efetivas de abordar cada situação, quais eram as formas não-efetivas e quais não eram nem efetivas nem não-efetivas. Para que determinada alternativa de resposta fosse classificada como "competente", pelo menos quatro dos cinco juízes tinham de tê-la considerado dessa maneira, e nenhum juiz poderia tê-la avaliado como incompetente. Quando os juízes classificavam determinada alternativa de resposta como nem competente nem incompetente, era-lhes pedido que explicassem o que acontecia com a resposta que os levava a realizar tal valoração. A partir dessas explicações, extraiu-se um conjunto de princípios que governassem a comportamento efetiva. Retinha-se qualquer princípio expresso por mais de um juiz e refinava-se sua formulação. Esses princípios eram expressos tanto de forma positiva (o que deveria incluir o comportamento) como de forma negativa (o que não deveria incluí-lo). Os princípios escritos chegaram a constituir, posteriormente, o conteúdo das instruções usadas no treinamento. Os mesmos princípios foram enumerados, também, em um manual como critérios explícitos para pontuar as respostas dos indivíduos.

4. *Desenvolvimento do formato de avaliação*

Nesse quarto estágio, desenvolve-se o instrumento de medição para permitir respostas diretas que possam ser avaliadas mediante questionários, entrevistas, provas de representação de papéis e interações na vida real.

As três fases anteriores, consideradas juntas, proporcionam o que poderia ser considerado uma análise de critério "comportamentalmente orientado". Também especificaram o *conteúdo dos itens* que serão utilizados no instrumento de avaliação e proporcionam *critérios para pontuar* a medida, derivados empiricamente (Goldfried e D'Zurilla, 1969).

Para ser totalmente consistente com a orientação comportamental, o instrumento de avaliação deveria consistir em observações diretas das respostas dos indivíduos a situações problemáticas em lugares sociais da vida real. Não obstante, isso raramente é possível. É necessário, então, adotar um enfoque de compromisso, implicando a simulação da situação problemática. Para certas situações, em que as respostas potenciais são simples, seria possível avaliar as reações prováveis dos indivíduos por meio das técnicas de representação de papéis. Nos casos nos quais houver padrões complexos de comportamento, seria mais conveniente uma descrição escrita ou verbal, por parte do sujeito, de seu provável comportamento. Pedir a um sujeito que imagine a si mesmo respondendo em uma situação particular, como se realmente esta ocorresse (indicando não somente *o que* está fazendo, mas também *como* o está fazendo e o que está pensando e sentindo), emprega o que poderia parecer um enfoque "cognitivo" de representação de papéis e, por conseguinte, aproxima-se da situação real tanto quanto possível (Goldfried e D'Zurilla, 1969).

Para cada situação particular empregada no instrumento, é possível avaliar o grau em que a resposta do sujeito é mais ou menos efetiva. Daí que a conceitualização da competência possa ser definida operacionalmente pela adequação total da execução do sujeito no instrumento de avaliação. Se essa definição é precisa, será determinado na fase final, isto é, na avaliação empírica do instrumento.

5. *Avaliação da confiabilidade e da validade do instrumento*

Uma vez que se tenha construído o instrumento de medida, os procedimentos de valoração não diferirão substancialmente daqueles usados na valoração da maioria dos instrumentos de avaliação (confiabilidade, validade etc.).

5.3. MEDIDAS DE AUTO-INFORME

As escalas de auto-informe constituem, provavelmente, a estratégia de avaliação mais amplamente empregada na pesquisa das HS. De fato, praticamente todo estudo inclui várias escalas ocultas que medem a habilidade social geral, assim como outras escalas que medem atributos presumivelmente relacionados com ela (p. ex., ansiedade social).

A utilização de questionários, inventários ou escalas[1] pode ser de grande ajuda tanto na pesquisa como na prática clínica. Na pesquisa, permite-nos avaliar uma grande quantidade de sujeitos em um tempo relativamente breve, com uma importante economia de tempo e energia. Permite, também, explorar uma ampla categoria de comportamentos, muitos deles dificilmente acessíveis a uma observação direta, e esses instrumentos podem ser preenchidos com grande facilidade. Na prática clínica, é útil para obter uma rápida visão das dificuldades do paciente, sobre as quais pode-se indagar posteriormente. Pode servir-nos, igualmente, como uma simples medida objetiva pré-pós-tratamento e como um meio de chegar a uma descrição objetiva da subjetividade de um indivíduo.

A idéia básica que trazem essas medidas parece ser, geralmente, a mesma: conseguir uma amostra representativa das respostas de um sujeito a um conjunto de temas supostamente selecionados a partir de uma área comum de situações interpessoais. Invariavelmente, obtém-se uma pontuação total única proveniente da soma das respostas do sujeito a todas essas situações. A atribuição de uma única pontuação/resumo leva implícita a suposição de que as respostas do sujeito a todos os itens são influenciadas por um fator comum – o nível geral de habilidade social de uma pessoa – e que a estimativa mais válida e confiável do verdadeiro nível de competência desse sujeito é o nível médio de habilidade social evidenciado ao longo de todos os itens (situações).

Revisamos toda uma série de questionários freqüentemente empregados na pesquisa sobre as HS. Exporemos detalhadamente os mais importantes, enquanto

[1] Utilizaremos indiferentemente, nesse item, esses três termos de acordo com o uso feito deles na literatura das HS. Embora no amplo campo dos "testes psicológicos" às vezes haja diferenciação entre eles, aqui *não* temos razão para fazê-lo, já que a diferença entre questionários, inventários ou escalas de habilidade social é nula. Veja-se, por exemplo, o «Inventário de Asserção» de Gambrill e Richey (1975), a "Escala de Auto-expressão Universitária", de Galassi e cols. (1974) ou o "Questionário Matson para a Avaliação das Habilidades Sociais" de Matson e cols. (1983).

outros serão apenas enumerados. Descreveremos, em primeiro lugar, as escalas criadas para medir HS (muitas das quais foram construídas para avaliar "assertividade"), depois alguns inventários que avaliam ansiedade social (um tema relacionado em geral com a falta de habilidade social) e, finalmente, algumas provas cognitivas também úteis no terreno das HS.

5.3.1. *Medidas de auto-informe da habilidade social*

1. *Inventário de Assertividade de Rathus* (RAS, "Rathus Assertiveness Schedule", Rathus, 1973*a*).

O RAS foi a primeira escala para medir a habilidade social ("assertividade") desenvolvida de maneira sistemática. Consta de 30 itens, podendo pontuar cada um deles desde +3 "Muito característico em mim, muito descritivo" até –3 "Muito pouco característico em mim", sem incluir o 0 (zero). Há 17 itens nos quais se inverte o sinal e logo somam-se as pontuações de todos os itens. Uma pontuação positiva alta indica alta habilidade social, enquanto uma pontuação negativa alta indica baixa habilidade social. Alguns autores (p. ex., Heimberg e Harrison, 1980) assinalaram que essa escala, mais que as demais, tende a confundir a asserção e a agressão.

Em geral, encontrou-se boa confiabilidade teste-reteste (de 0,76 a 0,80) e alta consistência interna (de 0,73 a 0,86) (veja Beck e Heimberg, 1983) para uma revisão. As correlações com outros inventários de habilidade social, como a CSES, o Gambrill e o ASES, têm sido, normalmente, bastante altas (Galassi, Galassi e Vedder, 1981; Henderson e Furnham, 1983). Também informou-se sobre a correspondência entre pontuações do Rathus e a atuação comportamental (Burkhart e cols., 1979; Caballo, 1993*a;* Futch e Lisman, 1977; Green e cols., 1979; Heimberg e cols., 1979). Esses estudos descreveram correlações de baixas a moderadas entre as pontuações no Rathus e a representação de papéis breves.

Provavelmente seja a escala de habilidade social mais utilizada. Foram construídas, a partir dessa escala, algumas versões como a RAS-M de Del Greco e cols. (1981) para uma população adolescente e a SRAS de McCormick (1985) para sujeitos com um nível de leitura baixo, como podem ser os pacientes psiquiátricos em geral e pacientes moderadamente atrasados. Versões em espanhol dessa escala podem ser encontradas em Caballo (1987), Carrobles e cols. (1986) e Ardila (1980).

2. *Escala de Auto-expressão Universitária* (CSES, "College Self Expression Scale", Galassi, Delo, Galassi e Bastien, 1974)

A CSES foi desenvolvida com o fim de obter uma medida de "auto-asserção" em uma população universitária. Também tentou-se usá-la como instrumento diagnóstico de seleção e como uma medida de mudança terapêutica. A escala consta de 50 itens que pontuam de 0 (zero) ("quase sempre ou sempre") a 4 ("nunca ou muito raramente"). Vinte e um itens estão expressos positivamente e 29 negativamente (inverte-se a pontuação). Os autores assinalam que a escala tenta medir três tipos de comportamentos: expressão positiva, expressão negativa e a consideração negativa sobre si mesmo. A CSES também mostra as respostas dos sujeitos a uma série de pessoas-estímulo: estranhos, figuras com autoridade, relações de negócios, familiares e parentes, e pares de ambos os sexos. A confiabilidade teste-reteste encontrada nessa escala foi bastante alta (de 0,81 a 0,90).

Ao empregar essa escala com uma amostra de 843 estudantes de diferentes universidades espanholas, Caballo e Buela *(1988b)* encontraram um coeficiente de confiabilidade teste-reteste de 0,87 e uma consistência interna de 0,89. A análise fatorial da *Escala de Auto-expressão Universitária* obtida com a amostra anterior apresentou 11 fatores (Caballo e Buela, 1988*b*):

1. Expressão de incômodo, desagrado, desgosto
2. Falar em público
3. Defesa dos direitos do consumidor
4. Enfrentamento de problemas com os pais
5. Expressão de sentimentos positivos para com o sexo oposto
6. Fazer elogios/Expressar apreço
7. Defesa dos direitos diante dos amigos/colegas de quarto
8. Capacidade para dizer "não"
9. Temor à avaliação negativa
10. Preocupação com os sentimentos dos demais
11. Pedir favores aos amigos

Foram encontradas, também, moderadas, embora significativas, correlações entre as pontuações na CSES e avaliações comportamentais da habilidade social geral (Caballo, 1993*a;* Green e cols., 1979; Skillings e cols., 1978). Ruby e Resick (1980) compararam a representação de papéis de estudantes universitários femininos de alta e baixa habilidade social (segundo suas pontuações na CSES). Foram encontradas correlações significativas entre cada uma de cinco medidas realizadas da representação de papéis – tempo de resposta, volume, não-condescendência, pedidos de uma nova comportamento e afetação – e as pontuações na CSES. Howard e Bray (1979), citados por Beck e Heimberg (1983), compararam as pontuações na CSES com as pontuações em uma prova de representação de papéis, uma ligação telefônica anônima na qual um colaborador fazia um pedido pouco razoável, e uma escala de avaliação do comportamento por pares. Em todos os casos, a CSES proporcionou a melhor previsão. Estudos de Caballo *(1993a),* Burkhart e cols. (1979) e de Green e cols. (1979) compararam a CSES e o Rathus com critérios de atuação comportamental. O trabalho de Caballo *(1993a)* e o de Green e cols. (1979), por exemplo, informaram que as pontuações totais dos sujeitos na CSES correlacionavam algo mais que os totais do Rathus com a habilidade social geral, e com medidas verbais e não-verbais em uma prova de representação de papéis. A conclusão desses dois estudos e do de Jakubowski e Lacks (1975) considera a CSES como o instrumento ideal se for utilizada uma medida global da habilidade social com estudantes universitários.

Caballo e Buela *(1988a),* empregando amostras espanholas (n = 65), concluíram, também, que a *Escala de Auto-expressão Universitária* correlacionava-se positivamente, de forma significativa ($p < 0,01$), com elementos comportamentais, como o *olhar* (0,37), o *volume da voz* (0,40) e o *tempo de fala* (0,37), avaliados segundo sua adequação, e negativamente ($p < 0,01$) com o *número de pausas* (–0,34). Todos esses elementos comportamentais foram avaliados durante o desenvolvimento de uma situação análoga de interação extensa entre os sujeitos experimentais e um colaborador do sexo oposto.

Uma versão em espanhol dessa escala encontra-se em Caballo (1986).

3. *Escala de Auto-expressão para Adultos* (ASES, "Adult Self Expression Scale", Gay, Hollandsworth e Galassi, 1975)

Essa escala é muito similar em formato e conteúdo à anterior (CSES), de onde procedem muitos de seus itens, e dirige-se à população adulta. Tem um nível de leitura mais simples que a CSES (Andrasik e cols., 1981) e seria a escala escolhida para avaliar as HS com sujeitos adultos em geral. É notavelmente específica com relação às dimensões comportamental e pessoal. Os tipos de comportamento medidos incluem expressar opiniões pessoais, recusar pedidos pouco razoáveis, tomar a iniciativa nas conversações e, ao tratar com os demais, expressão de sentimentos negativos, defesa dos direitos legítimos, expressão de sentimentos positivos e pedido de favores aos demais. Consta de 48 itens pontuados como na escala anterior, de 0 (zero) a 4. A confiabilidade teste-reteste encontrada vai de 0,88 a 0,91. Não foram feitos estudos sobre sua consistência interna (Beck e Heimberg, 1983).

4. *Inventário de Asserção* (AI, "Assertion Inventory", Gambrill e Richey, 1975)

O AI foi desenvolvido para recolher três tipos de informação com relação ao comportamento assertivo: o grau de mal-estar experimentado em situações sociais determinadas, a probabilidade estimada de que uma pessoa leve a cabo um comportamento assertivo específico e as situações nas quais uma pessoa gostaria de ser mais assertiva. Os itens podem ser classificados em várias categorias de asserção positiva e negativa: 1. recusa de pedidos, 2. expressão de limitações pessoais, como admitir ignorância sobre um tema, 3. iniciativa em contatos sociais, 4. expressão de sentimentos positivos, 5. receber críticas, 6. expressar desacordo, 7. asserção em situações de trabalho e 8. dar retroalimentação negativa. O AI consta de 40 itens, podendo responder-se a cada um deles segundo a *ansiedade* (mal-estar) experimentada, por um lado, e, por outro, segundo a *probabilidade* de realizar esse comportamento (avaliadas separadamente em escalas de 5 pontos).

O formato de resposta múltipla desse inventário foi questionado, alegando que pode confundir e/ou aumentar a quantidade de tempo e esforço necessários para completar a tarefa. Diversos estudos concluíram, também, que o AI se confunde substancialmente com desvios de resposta de desejabilidade social (Kiecolt e McGrath, 1979; McNamara e Delamater, 1984; Rock, 1981). Esses resultados põem em questão a validade do conceito do AI.

A confiabilidade teste-reteste obtida foi: 0,87, mal-estar; 0,81, probabilidade de resposta. Não foram obtidos dados sobre a consistência interna.

5. *Escala-Inventário da Atuação Social* (SPSS, "Social Performance Survey Schedule", Lowe e Cautela, 1978)

O SPSS consta de 100 itens: 50 comportamentos sociais positivos (parte A) e 50 comportamentos sociais negativos (Parte B). Pergunta-se aos sujeitos a freqüência com que realizam cada comportamento em uma escala de 5 pontos (0–4) que vai desde "nada" a "muito freqüentemente". As pontuações da subescala positiva estão diretamente relacionadas com as pontuações de freqüência e as da subescala negativa de maneira inversa. Há dois métodos de pontuação desse questionário: pelos próprios sujeitos e por juízes da mesma população que os sujeitos, que indicam a taxa de freqüência ideal para cada item. Geralmente é considerado apenas o primeiro método de pontuação. A confiabilidade teste-reteste obtida foi de 0,88 e a consistência interna de 0,94 (ambas para a avaliação pelos sujeitos). Alguns dos itens são muito específicos, chegando, inclusive, ao nível molecular, pelo que Arkowitz (1981) assinala que esse inventário pode ser especialmente útil para a planificação do tratamento. Pode-se encontrar uma versão em espanhol dessa escala em Caballo (1987).

6. *Escala Multidimensional de Expressão Social – Parte Motora* (EMES-M, Caballo, 1987)

Essa escala foi desenvolvida recentemente (Caballo, 1987) e compõe-se de 64 itens. Cada item pode pontuar de 4 ("Sempre ou muito freqüentemente") até 0 (zero) ("Nunca ou muito raramente"). Para maior pontuação, maior habilidade social. Esse inventário está descrito no Apêndice "A" deste livro.

Em um artigo (Caballo, 1993*b),* passou-se essa escala a 673 sujeitos de diferentes universidades espanholas, obtendo-se uma média de 140,57 e um desvio típico de 29,77. O α de Cronbach para a consistência interna foi de 0,92 e a confiabilidade teste-reteste, de 0,92.

A análise fatorial da EMES-M obteve os seguintes 12 fatores (Caballo, 1993*b*):

1. Iniciativa de interações.
2. Falar em público/enfrentar superiores.
3. Defesa dos direitos do consumidor.
4. Expressão de incômodo, desagrado, enfado.
5. Expressão de sentimentos positivos para com o sexo oposto.
6. Expressão de incômodo e enfado para com familiares.
7. Recusa de pedidos provenientes do sexo oposto.
8. Aceitação de elogios.
9. Tomar a iniciativa nas relações com o sexo oposto.
10. Fazer elogios.
11. Preocupação com os sentimentos dos demais.
12. Expressão de carinho para com os pais.

Cada um desses fatores poderia ser considerado um tipo de resposta ou dimensão das HS. Também foram obtidos a média e o desvio-padrão de cada um de tais fatores (Caballo, 1993*b*). A tabela 5.1 apresenta esses dados. Igualmente, foram encontrados os percentuais das pontuações em cada uma de tais dimensões (Caballo, 1993*b*), o que permite trabalhar de maneira mais específica com diferentes tipos de comportamento das HS.

7. *Inventário de Interações Heterossexuais* (SHI, "Survey of Heterosexual Interactions", Twentyman e McFall, 1975, compilado na íntegra em Twentyman, Boland e McFall, 1978)

Esse inventário consta de 4 perguntas gerais, seguidas de 20 itens que indagam especificamente sobre a habilidade do indivíduo para lidar com situações problemáticas que implicam interações heterossexuais. Em cada item, pede-se ao sujeito

Tabela 5.1. Médias e desvios-padrão dos diferentes fatores obtidos na EMES-M

Fator	Média	Desvio-padrão
1	22,43	7,66
2	19,56	7,52
3	8,44	3,39
4	12,39	3,42
5	11,67	4,09
6	11,07	2,89
7	7,15	2,28
8	6,38	2,65
9	5,53	2,43
10	5,49	2,30
11	3,46	1,57
12	2,48	1,14

que indique, em uma escala de 7 pontos, a capacidade de enfrentar a situação que se apresenta. Pontuações baixas indicam baixa capacidade para lidar com esse tipo de situação. Esse inventário parece uma medida relativamente adequada sobre as interações entre pessoas de sexos diferentes.

8. *Inventário de Situações Sociais* (SSI, "Social Situations Inventory", Trower, Bryant e Argyle, 1978)

Nesse inventário, descrevem-se 30 situações sociais às quais o sujeito tem de responder de 0 (zero) a 4 de acordo com o grau de dificuldade que representam para ele tais situações (0 = "Nenhuma dificuldade", 4 = "Evito-a, se for possível"), no momento presente e um ano antes. Existem apenas dados normativos sobre o SSI, embora ultimamente seja utilizado com relativa freqüência na pesquisa das HS.

No quadro 5.2 estão expostas as médias e os desvios-padrão de alguns dos inventários mais importantes sobre as HS com diferentes populações.

Por outro lado, ao revisar os inventários existentes na literatura das HS, encontramos mais de 40 instrumentos de auto-informação que avaliavam ou alguma dimensão das HS ou o conceito geral, ou aspectos muito relacionados com este último. No quadro 5.3, enumeramos alguns dos mais úteis e conhecidos.

5.3.2. *Medidas de auto-informe de ansiedade social*

Considerou-se, com certa freqüência, que a ansiedade social está muito relacionada com a falta de habilidade social. Por isso, em geral, foram utilizados instrumentos que mediam ansiedade social em vez de inventários de HS. A seguir, expomos uma amostra de alguns deles.

1. *Escala de Ansiedade e Evitação Sociais* (SAD, "Social Avoidance and Distress Scale", Watson e Friend, 1969)

Essa escala não somente mede a ansiedade, mas também a evitação de situações sociais, pelo que a pontuação total não reflete exclusivamente ansiedade social. Consta de 28 itens que se respondem com "verdadeiro" ou "falso". Para maior pontuação, maior é a quantidade de situações sociais nas quais o sujeito experimenta ansiedade. Concluímos, não obstante, que as situações apresentadas nessa escala são muito pouco específicas e que o formato permite muito poucas opções de resposta. Tal formato parece-nos muito pouco útil e com certa freqüência foi modificado na literatura comportamental para incluir uma categoria de possíveis respostas mais ampla (por exemplo, de 1 a 5).

De modo geral, encontrou-se uma alta correlação entre as pontuações na SAD e outras escalas da habilidade social, como a CSES e o Rathus. Arkowitz (1977) assinala que a SAD parece uma medida de auto-informe muito boa da ansiedade social para uma população universitária. Pode-se encontrar uma versão em espanhol no livro de Girodo (1980) e em Caballo (1987).

2. *Escalas de Ansiedade de Interação e de Ansiedade em Falar em Público* (IAAS, "Interaction and Audience Anxiousness Scales", Leary, 1983*b)*

São duas escalas de 15 e 12 itens respectivamente, cada uma das quais pode pontuar de 1 a 5, dependendo do grau em que esse comportamento é característico

Quadro 5.2. Médias e desvios-padrão (entre parênteses) obtidos com alguns dos inventários empregados na avaliação das habilidades sociais

Estudo	*Amostra*	*Homens*	*Mulheres*
	Auto-informes de habilidade social		
Escala Multidimensional de Expressão Social – Parte Motora (EMES-M)			
Caballo (1993*b*)*	Universitários	134,06 (31,46)	135,75 (27,67)
Caballo (1993*b*)*	Universitários	149,12 (34,37)	147,93 (26,52)
Caballo (1993*b*)*	Universitários	139,26 (31,53)	133,14 (28,42)
Inventário de Assertividade de Rathus (RAS)			
Chandler e cols. (1978)	Universitários	+11,57 (23,30)	+2,07 (24,17)
Furnham e cols. (1981)	Adultos	+12,52 (26,52)	–0,44 (24,51)
Galassi e cols. (1981)	Universitários	–	–4,70 (22,35)
Heimberg e cols. (1980)	Delinqüentes juvenis	+17,62 (24,19)	–
Nevid e cols. (1978)	Universitários	+11,60 (21,70)	+7,10 (23,30)
Escala de Auto-expressão Universitária (CSES)			
Caballo (1983*b*)*	Universitários	126,57 (15,68)	129,34 (17,50)
Caballo (1985)*	COU	125,71 (22,49)	125,97 (19,14)
Caballo (1985)*	3º BUP	126,50 (19,20)	117,22 (20,11)
Caballo e cols. (1988*b*)*	Universitários	120,81 (24,48)	124,44 (17,89)
Caballo e cols. (1988*b*)*	Universitários	128,78 (23,99)	132,46 (19,88)
Caballo e cols. (1988*b*)*	Universitários	125,07 (21,91)	122,37 (21,91)
Furnham e cols. (1981)	Adultos	105,61 (32,47)	124,11 (18,70)
Galassi e cols. (1974)	Universitários	121,97 (14,12)	117,91 (16,01)
Galassi e cols. (1979)	Universitários	127,40 (20,64)	122,79 (20,89)
Galassi e cols. (1979)	Universitários	124,48 (19,05)	122,51 (20,16)
Galassi e cols. (1979)	Universitários	–	127,23 (20,07)
Galassi e cols. (1979)	Universitários	–	125,07 (19,06)
Gorecki e cols. (1981)	Universitários	–	128,51 (20,48)
Kirschner e cols. (1983)	Universitários	–	128,61 (22,16)
Escala de Auto-expressão para Adultos (ASES)			
Gay e cols. (1975)	Adultos	118,56 (18,57)	114,78 (21,22)
Inventário de Asserção de Gambrill (AI) ("Probabilidade de respostas")			
Furnham e cols. (1975)	Adultos	98,23 (20,01)	104,22 (17,84)
Gambrill e cols. (1975)	Universitários	104,85 (16,46)	103,97 (15,27)
Gambrill e cols. (1975)	Universitários	103,68 (15,50)	103,68 (17,50)
McNamara e cols. (1984)	Universitários	105,62 (16,21)**	
Rock (1977)	Universitários	106,91 (–)	104,28 (–)

Quadro 5.2. (Continuação)

Estudo	*Amostra*	*Homens*	*Mulheres*
Inventário de Asserção de Gambrill (AI) ("Grau de mal-estar)			
Furnham e cols. (1981)	Adultos	91,44 (21,09)	104,02 (20,86)
Gambrill e cols. (1975)	Universitários	94,38 (19,48)	96,34 (20,21)
Gambrill e cols. (1975)	Universitários	90,28 (22,06)	94,67 (21,67)
McNamara e cols. (1984)	Universitários	97,63 (23,45)**	
Rock (1977)	Universitários	93,88 (–)	95,27 (–)
Escala-Inventário da Atuação Social (SPSS) ("Geral")			
Lowe e cols. (1978)	Universitários	277,70 (32,50)	298,00 (28,40)
Escala-Inventário da Atuação Social (SPSS) (Parte "A")			
Lowe (1985)	Universitários	137,10 (22,70)	143,70 (21,80)
Lowe e cols. (1978)	Universitários	135,10 (19,90)	144,20 (18,80)
Escala-Inventário da Atuação Social (SPSS) (Parte "B")			
Lowe e cols. (1978)	Universitários	142,60 (22,40)	153,80 (16,40)
Auto-informes de ansiedade social			
Escala de Ansiedade e Evitação Sociais (SAD)			
Caballo (1985)*	Universitários	11,27 (7,60)	10,51 (6,77)
Caballo (1985)*	COU	8,28 (5,29)	8,38 (4,57)
Caballo (1987)*	Universitários	10,67 (6,95)**	
Caballo e cols. (1989)*	Universitários	8,88 (6,60)**	
Lowe e cols.(1978)	Universitários	7,59 (7,27)	7,10 (6,89)
Watson e cols. (1969)	Universitários	11,20 (–)	8,24 (–)
Watson e cols. (1969)	Universitários	9,11 (8,01)**	
Zweig e cols. (1985)	Universitários	8,11 (6,10)**	
Auto-informes cognitivos			
Escala Multidimensional de Expressão Social – Parte Cognitiva (EMES-C)			
Caballo e cols. (1989)*	Universitários	102,20 (22,11)**	
Temor à Avaliação Negativa (FNE)			
Caballo (1985)*	COU	16,18 (6,13)	17,20 (6,24)
Caballo (1985)*	Universitários	15,73 (8,40)	19,74 (6,29)
Caballo (1987)*	Universitários	18,93 (6,96)**	

Quadro 5.2. (Continuação)

Estudo	*Amostra*	*Homens*	*Mulheres*
Caballo e cols. (1989)*	Universitários	16,71 (7,75)**	
Watson e cols. (1969)	Universitários	13,97 (–)	16,10 (–)
Watson e cols. (1969)	Universitários	15,47 (8,62)**	
Zweig e cols. (1985)	Universitários	13,31 (7,52)**	
Teste de Autoverbalizações na Interação Social (*SISST*, "Positivo")			
Caballo (1987)*	Universitários	38,93 (9,60)**	
Glass e cols. (1982)	Universitários	48,38 (6,32)	51,00 (5,60)
Zweig e cols. (1985)	Universitários	50,17 (9,11)**	
Teste de Autoverbalizações na Interação Social (*SISST*, "Negativo")			
Caballo (1987)*	Universitários	40,75 (12,66)**	
Glass e cols. (1982)	Universitários	38,50 (11,71)	34,38 (6,80)
Zweig e cols. (1985)	Universitários	34,78 (11,01)**	

* Amostras espanholas
** Amostras de homens e mulheres

do indivíduo. A "Escala de Ansiedade de Interação" mede basicamente ansiedade interpessoal, enquanto a "Escala de Ansiedade por Falar em Público" avalia a ansiedade para falar diante de um auditório. A confiabilidade teste-reteste foi de 0,89 para a primeira e de 0,84 para a segunda. A consistência interna encontrada foi de 0,89 e 0,91, respectivamente. Foi encontrada, além disso, certa correlação entre ambas as escalas (0,44), o que supõe que as duas não são independentes, devido, provavelmente, ao fato de que uma série de variáveis, como o temor à avaliação negativa, a auto-estima etc. está associada com a ansiedade social em todos os tipos de encontros sociais (Leary, 1983*b).*

Algumas outras escalas de ansiedade social são enumeradas no quadro 5.3.

5.3.3. *Medidas de auto-informe cognitivas*

1. *Temor à Avaliação Negativa* (FNE, "Fear of Negative Evaluation", Watson e Friend, 1969)

Essa escala de 30 itens mede o grau de temor que a pessoa experimenta diante da possibilidade de ser avaliada negativamente por parte dos demais. Tem o mesmo formato que a escala SAD vista anteriormente. Uma pontuação alta indica elevado temor de ser avaliado negativamente por outras pessoas. A pesquisa mostrou que as pontuações da FNE estão muito relacionadas com a motivação para buscar a aprovação e evitar a desaprovação dos demais (Leary, 1983*c)*. A confiabilidade teste-reteste encontrada foi de 0,78 e a consistência interna de 0,94.

Leary *(*1983*a)* selecionou 12 itens dos 30 que correspondem ao FNE e formou uma escala reduzida. O formato original de "verdadeiro" ou "falso" foi substituído por uma escala de 5 pontos (1 = "nada característico em mim" até 5 = "muito característico em mim"). Esse breve FNE tem uma correlação de 0,96 com o original, sendo a confiabilidade teste-reteste de 0,75 e a consistência interna de 0,90.

Uma versão em espanhol do FNE pode ser encontrada em Caballo (1987) e em Girodo (1981).

2. *Escala Multidimensional de Expressão Social – Parte Cognitiva (EMES-C* (Caballo, 1987)

Essa escala consta de 44 itens que tentam medir a freqüência (de 4 = "Sempre ou muito freqüentemente" até 0 [zero] = "Nunca ou muito raramente") de uma série de pensamentos negativos relativos a diversas dimensões das HS. Uma primeira versão da EMES-C incluía pensamentos positivos e negativos, mas, enquanto as diferenças em pensamentos negativos eram claras entre indivíduos de alta e baixa habilidade, não acontecia o mesmo com os pensamentos negativos (Caballo, 1987; Caballo e Buela, 1989). Por tudo isso, a EMES-C foi reformulada para incluir somente pensamentos negativos.

Os dados psicométricos da EMES-C apresentam uma média de 102,10 e um desvio-padrão de 22,11 (Caballo e Ortega, 1989). O coeficiente de confiabilidade teste-reteste obtido foi de 0,83 e a consistência interna da escala (α de Cronbach) de 0,92. Ao encontrar a estrutura analítico-fatorial da escala foram obtidos 12 fatores, que foram os seguintes (Caballo e Ortega, 1989):

1. Temor à expressão em público e a enfrentar superiores
2. Temor à desaprovação dos demais ao expressar sentimentos negativos e ao recusar pedidos
3. Temor de fazer e receber pedidos
4. Temor de fazer e receber elogios
5. Preocupação pela expressão de sentimentos positivos e a iniciativa de interações com o sexo oposto
6. Temor à avaliação negativa por parte dos demais ao manifestar comportamentos negativas

7. Temor a uma comportamento negativa por parte dos demais na expressão de comportamentos positivas
8. Preocupação pela expressão dos demais na expressão de sentimentos
9. Preocupação pela impressão causada nos demais
10. Temor de expressar sentimentos positivos
11. Temor à defesa dos direitos
12. Ato de assumir possíveis carências próprias

A *validade concomitante* da EMES-C encontrada usando a FNE ("Temor à Avaliação Negativa", Watson e Friend, 1969), a SAD ("Escala de Evitação e Ansiedade Social", Watson e Friend, 1969) e a ATQ ("Questionário de Pensamentos Automáticos", Hollon e Kendall, 1980) como critérios reflete-se nas seguintes correlações: FNE (0,58), SAD (0,57), ATQ-F (0,49) e ATQ-I (0,48). No Apêndice "B" deste livro, pode-se verificar o desenvolvimento da EMES-C.

3. *Teste de Autoverbalizações Assertivas* (ASST, "Assertiveness Self-Statement Test", Schwartz e Gottman, 1976)

A ASST foi criada para ser administrada imediatamente após os sujeitos representarem situações simuladas breves que requeriam comportamento de recusa. Emprega uma escala de 5 pontos (1 = "Muito raramente"; 5 = "Muito freqüentemente") relativa à freqüência com que o sujeito experimentou 16 autoverbalizações positivas que facilitariam o comportamento de recusa e 16 autoverbalizações negativas que o inibiriam. Foi obtida uma consistência interna de 0,74 (Bruch, 1981). É uma das medidas de auto-informe cognitivos mais utilizada na literatura das HS. Avalia somente autoverbalizações referentes à dimensão específica de recusa de pedidos. Isso tem a vantagem da concreção a um só tipo de resposta e, por conseguinte, um maior nível de previsão, e a desvantagem da falta de generalização para outros tipos de respostas.

4. *Teste de Autoverbalizações na Interação Social* (SISST, "Social Interaction Self-Statement Test", Glass, Merluzzi, Biever e Larsen, 1982)

Compõe-se de 30 itens (15 verbalizações positivas e 15 negativas) e foi construída para avaliar a freqüência de autoverbalizações positivas (facilitadoras) e negativas (inibidoras) em um contexto de interação heterossocial. Os sujeitos podem responder a cada item de 1 a 5, segundo a freqüência com que tiveram o pensamento antes, durante ou depois de uma interação com alguém do sexo oposto. No Apêndice "C" deste livro, encontra-se descrito esse teste.

A confiabilidade teste-reteste encontrada foi de 0,79 para os itens positivos e de 0,89 para os negativos (Zweig e Brown, 1985). A consistência interna foi de 0,73 e 0,86, respectivamente (Glass e cols., 1982). Ambas as escalas tinham uma correlação de –0,48 (Zweig e Brown, 1985). Este último estudo encontrou, além disso, as seguintes correlações:

Escalas	SISST – Positiva	SISST – Negativa
FNE	–0,32**	0,58***
SAD	–0,57***	0,74***
IBT	–0,20*	0,37***
MC	0,01	– 0,12

* p < 0,05; ** p < 0,001. *Nota:* FNE – "Fear of Negative Evaluacion"; SAD: "Social Avoidance and Distress Scale"; IBT: Irrational Beliefs Test" (Jones, 1969); MC: "Marlowe-Crowne Desirability Scale".

Por outro lado, Beidel, Turner e Dancu (1985) e Turner e Beidel (1985) concluíram que uma pontuação de 34 na subescala negativa parece ser um ponto de corte apropriado para se designar uma mostra de sujeitos como possuidores de uma relativamente alta ou baixa freqüência de cognições negativas. Em estudo realizado com situações de interação extensa (ver item correspondente neste capítulo) concluímos que não havia diferenças significativas em cognições positivas durante a interação entre sujeitos de alta e baixa habilidade social, mas havia (p < 0,001) em cognições negativas, tendo os sujeitos de baixa habilidade social maior quantidade de pensamentos negativos que os de alta habilidade social (Caballo e Buela, 1989).

Outras medidas de auto-informe cognitivos estão enumeradas no quadro 5.3.

Além dos inventários estruturados e semi-estruturados expostos anteriormente, traçados para medir cognições sociais (grande parte das quais incluir-se-iam dentro do que Glass e Merluzzi [1981] denominam *métodos de reconhecimento*), podem ser-nos úteis também os *métodos de lembrança* (Glass e Merluzzi, 1981), cujo representante mais importante seria a "anotação de pensamentos" (*Thought-listing,* Cacioppo e Petty, 1981; Parks e Hollon, 1988). Esse procedimento consiste essencialmente em anotar, depois de realizar uma tarefa (social, em nosso caso), os pensamentos:

a. Que sejam provocados por apresentação de estímulo ou situação estimulante.

Quadro 5.3. Alguns inventários freqüentemente empregados na avaliação das habilidades sociais

Inventários sobre habilidades sociais	
"Escala sobre Conduta Interpessoal" *(SIB, Scale for Interpersonal Behavior)*	Arrindell e cols. (1990)
"Inventário de Assertividade-Agressividade de Bakker" *(BAAI, Bakker Assertiveness-Agressiveness Inventory)*	Bakker e cols. (1978)
"Medida da Busca Assertiva de Trabalho" *(AJHS, Assertive Job-Hunting Survey)*	Becker (1980)
"Questionário sobre Asserção de Callner e Ross" *(Callner-Ross Assertion Questionnaire)*	Callner e Ross (1976)
"Inventário de Conduta Assertiva, de Del Greco" *(DABI, Del Greco Assertive Behavior Inventory)*	Del Greco (1983)
"Questionário de Auto-avaliação da Asserção" *(ASAT, Assertion Self-Assessment Table)*	Galassi e Galassi *(1977b)*
"Inventário de Situações Interpessoais" *(ISI, Interpersonal Situation Inventory)*	Goldsmith e McFall (1975)
"Análise da Asserção Pessoal" *(Personal Assertion Analysis, PAA)*	Hedlund e Lindquist (1984)
"Inventário por Auto-informe da Assertividade" *(Assertiveness Self-Report Inventory, ASRI)*	Herzberger, Chan e Katz (1984)
"Escala de Retraimento Social" *(SRS, Social Reticence Scale)*	Jones e Russell (1982)
"Escala de Assertividade para Adolescentes" *(ASA, Assertiveness Scale for Adolescents)*	Lee e cols. (1985)
"Questionário de Encontros e Assertividade" *(DAQ, Dating and Assertion Questionnaire)*	Levenson e Gottman (1978)
"Inventário de Relações Pessoais" *(PRI, Personal Relations Inventory)*	Lorr e More (1980) Lorr e Myhill (1982)
"Questionário Matson para a Avaliação de Habilidades Sociais com Jovens" *(MESSY, Matson Evaluation of Social Skills with Youngters)*	Matson, Rotatori e Helsel (1983)
"Escala de Assertividade de Rathus Simplificada" *(Simple Rathus Assertiveness Schedule, SRAS)*	McCormick (1984)
"Inventário de Resolução de Conflitos" *(CRI, Conflict Resolution Inventory)*	McFall e Lillesand (1971)
"Inventário de Assertividade para ATS" (NAI, *Nurses Assertiveness Inventory)*	Michelson e cols. (1986)

Quadro 5.3. *(Continuação)*

Inventários sobre habilidades sociais	
"Teste Comportamental da Expressão de Ternura" *(BTTE, Behavioral Test of Tenderness Expression)*	Warren e Gilner (1979)
"Escala de Assertividade de Wolpe-Lazarus" *(WLAS, Wolpe-Lazarus Assertiveness Scale)*	Wolpe e Lazarus (1966)
Inventários sobre ansiedade social	
"Escala Multimodal de Expressão Social – Parte Emocional (EMES-E)"	Caballo (1993)
"Inventário de Ansiedade Social – Revisado" *(SAI-R, Social Anxiety Inventory – Revised)*	Curran e cols. (1980)
"Inventário de Asserção" (grau de mal-estar) *(AI, Assertion Inventory)*	Gambrill e Richey (1975)
"Questionário de Pensamentos de Ansiedade Social" *(SAT, Social Anxiety Thoughts Questionnaire)*	Hartman (1984)
"Escala de Temor Social" *(Social Fear Scale, SFS)*	Raulin e Wee (1984)
"Questionário Situacional" *(SQ, Situational Questionnaire)*	Rehm e Marston (1968)
"Inventário de Ansiedade Social" *(SAI, Social Anxiety Inventory)*	Richardson e Tasto (1976)
Inventários cognitivos	
"Questionário de Expectativas Generalizadas sobre os Demais" *(GEOQ, Generalized Expectations of Others Questionnaire)*	Eisler e cols. (1978)
"Técnica de Avaliação da Solução de Problemas Interpessoais" *(IPSAT, Interpersonal Problem-Solving Assessment Technique)*	Getter e Nowinski (1981)
"Escala Cognitiva de Assertividade" *(CSA, Cognition Scale of Assertiveness)*	Golden (1981)
"Lista de Autoverbalizações" *(SSC, Self Statement Checklist)*	Halford e Foddy (1982)

Quadro 5.3. (Continuação)

Inventários cognitivos	
"Teste de Autoverbalizações Assertivas – Revisado" *(Assertion Self-Statement Test – Revised)*	Heimberg e cols. (1983)
"Teste de Crenças Irracionais" *(IBT, Irrational Beliefs Test)*	Jones (1969)
"Questionário Pessoal" *(PQ, Personal Questionnaire)*	Shepherd (1984)
"Teste de Respostas Cognitivas" *(CRT, Cognitive Response Test)*	Watkins e Rush (1983)

b. Que sejam gerais sobre o tema da comunicação ou problema interpessoal.

c. Que lhe tenha ocorrido enquanto antecipava e/ou atendia à situação estimulante.

Cacioppo e Petty (1981) assinalam que as duas últimas formas de anotação de pensamentos são menos restritivas que a primeira, já que não se pede aos sujeitos que identifiquem os efeitos cognitivos do estímulo, podendo ser difícil para eles separar os pensamentos provocados pelo estímulo dos que não o são. O tempo dado para a anotação das respostas cognitivas foi de 45 segundos até um minuto ou mais, mas o intervalo de tempo mais comumente empregado foi de 2 a 3 minutos. Como uma regra a seguir – assinalam os autores anteriores –, se são desejados somente os pensamentos mais importantes, então um intervalo curto será melhor que um longo. Se o intervalo é demasiadamente longo, o sujeito teria tempo para acrescentar pensamentos, selecionar entre suas respostas cognitivas e suprimir parte destas.

Para poder classificar essas respostas cognitivas é preciso, primeiro, "unificá-las", o que significa que os protocolos devem ser divididos em unidades individuais de respostas cognitivas. Existem, principalmente, três métodos de "unificação". No primeiro, os sujeitos são instruídos para, antes de anotar seus pensamentos, descreverem um em cada célula. O segundo método é similar ao primeiro, exceto que são juízes, em vez de sujeitos, que determinam o que constitui idéia ou pensamento. Um critério comum é que uma idéia expressa, seja ou não correta gramaticalmente, constitui uma unidade. Outros critérios poderiam apoiar-se no emprego de ponto-e-vírgula, orações compostas etc. No terceiro método, não se busca uma idéia de destaque. Pelo contrário, um número arbitrário de palavras ou período de tempo serve como unidade de resposta cognitiva.

Cacioppo e Petty (1981) informam que esse procedimento não parece reativo, porque as respostas não afetam a tarefa sob pesquisa. As "anotações de pensamentos" parecem ser sensíveis às manipulações experimentais e às diferenças individuais. A medida parece cobrir pensamentos que mediam as respostas afetivas em vez de racionalizações *post hoc* dessas respostas. Um método similar ao de "anotação de pensamentos" poderia ser o de "anotação de imagens" em que, diante do enfrentamento de uma situação social, o sujeito descreve a(s) imagem(ns):

a. Que sejam provocadas por apresentação de estímulo ou situação estimulante.

b. Que sejam gerais sobre o tema da comunicação ou problema interpessoal.

c. Que lhes tenham ocorrido enquanto antecipavam e/ou atendiam à situação estimulante.

Um terceiro tipo de métodos, similares aos anteriores, são os *métodos de lembrança com ajuda de estímulos* (Glass e Merluzzi, 1981), dos quais o mais empregado foi a "anotação de pensamentos com ajuda do vídeo". Esse procedimento implica gravar o comportamento do sujeito em uma situação real ou simulada (em geral problemática), logo passando a gravação para o sujeito, pedindo-lhe que se lembre dos pensamentos (e/ou sentimentos e/ou imagens) experimentados enquanto se encontrava na situação original. Esse tipo de estratégia pode ser vista como uma tentativa de fazer com que os sujeitos experimentem novamente a mesma seqüência de acontecimentos cognitivos e informem sobre eles *concomitantemente,* em vez de retrospectivamente.

5.3.4. *Alguns problemas das medidas de auto-informe*

Embora não pretendamos aprofundar-nos nesse tema, assinalaremos alguns dos problemas mais importantes dos métodos de auto-informe empregados no campo das HS.

Nas páginas anteriores não fizemos referência alguma à validade das diversas escalas quando falamos delas. Realmente, foi um contínuo problema encontrar um critério externo para validar esses inventários. Todos os demais métodos de avaliação das HS têm, também, sérias limitações, pondo-se, inclusive, em dúvida a validade de provas comportamentais como as interações simuladas breves (ver mais adiante). As quatro estratégias empregadas normalmente para avaliar o grau em que as escalas de HS são medidas válidas foram as seguintes (Beck e Heimberg, 1983):

1. Avaliação da sensibilidade das escalas aos efeitos do tratamento.
2. Análise das correlações entre escalas.
3. Avaliação do grau em que as pontuações do auto-informe se relacionam com um critério independente.
4. Exame das relações entre as escalas e os testes tradicionais de personalidade.

Tendo em conta as dificuldades dessas estratégias para encontrar a validade das escalas de HS, passaremos ao longo desse tema até que disponhamos de dados seguros. Convém anotar, porém, que os inventários que mais apoio receberam com relação a sua validade foram o CRI, o RAS, a CSES e a ASES.

Por outro lado, as medidas de auto-informe tentam averiguar o comportamento ou cognições do sujeito em situações da vida real. Descreve-se um comportamento ou um pensamento a um sujeito e pede-se que assinale com que freqüência realiza esse comportamento ou tem esse pensamento. Às vezes, pede-se ao sujeito que compare seu comportamento com o de outras pessoas ou que descreva certos traços de sua personalidade. Tudo isso está sujeito a diversos erros por parte de quem preenche a escala. Alguns deles são os seguintes:

1. O que uma pessoa pensa de seu comportamento pode estar em clara discrepância com sua comportamento real, seja por causa da desejabilidade social ou de uma percepção errônea de seu próprio comportamento em ambientes sociais. Os inventários cognitivos incluídos dentro dos métodos de reconhecimento podem refletir reavaliações *post hoc* do que os sujeitos pensam que deveriam ter pensado, ou os pensamentos que o sujeito tenha tido podem não estar descritos nos itens dos inventários. Tampouco está demonstrado que o respaldo manifestado às idéias irracionais seja equivalente a acreditar nelas (Dryden, 1984).

2. O comportamento e as cognições de um sujeito variam normalmente com as situações e com as pessoas. As HS são altamente específicas à situação, isto é, os sujeitos agem e pensam de maneiras diferentes em situações diferentes. As pontuações totais mascaram essas variações situacionais. Enquanto as pontuações totais podem ser úteis, às vezes, para propósitos de seleção pouco apurados (p. ex., identificação de indivíduos de alta e baixa habilidade social), não se deveria esperar que predissessem o comportamento em situações específicas.

3. Costuma-se pedir ao sujeito que classifique e limite as descrições de seu comportamento ou de seus pensamentos na vida real com uma frase – cada item

dos questionários. Essa descrição pode ser difícil de realizar por não ter nunca descrito com uma simples frase a complexidade de um pensamento ou de uma situação, com o conseguinte grau de dificuldade para relacionar cada item aos pensamentos ou comportamentos reais.

4. Pede-se, também, ao sujeito que se recorde dos pensamentos que acabam de passar por sua cabeça, o que costuma pensar ou como age normalmente em determinadas ocasiões. É possível que alguns indivíduos se lembrem apenas de pensamentos ou comportamentos favoráveis, enquanto outros podem se lembrar dos desfavoráveis, pontuando, por conseguinte, de forma diferente.

5. Supõe-se que cada item é um estímulo-padrão, provocando o mesmo tipo de dados em cada indivíduo. Um mesmo pensamento pode significar coisas muito diferentes para duas pessoas distintas. Inclusive, considera-se que os termos semiquantitativos, como "freqüentemente", "às vezes" e "muito" representam quantidades substancialmente diferentes nos diversos indivíduos. Bellack (1979*b*) assinala que, ao examinar diferentes inventários das HS, "surpreendemo-nos pela similaridade do *conteúdo* dos itens e pela assombrosa variabilidade de seu *formato*" (p. 159).

6. Às vezes, os dados necessários para responder com precisão podem não estar disponíveis para o sujeito. Poderia haver situações que nunca se lhe tenham apresentado e ele não sabe como reagiria, ou não pode verbalizar os processos cognitivos que subjazem suas ações. Nesse último caso, as tentativas de medir as cognições são literalmente impossíveis (Shepherd, 1984).

7. Os inventários comportamentais não recolhem os elementos moleculares da comportamento hábil (p. ex., contato visual, volume da voz), tão importantes para efetuá-la.

Apesar de todos esses inconvenientes e problemas e do desvio histórico dos pesquisadores comportamentais contra os instrumentos de auto-informe, as escalas podem proporcionar um índice do resultado clínico e apresentam dados sobre as autopercepções do paciente que não estão disponíveis a partir das avaliações por meio da observação. Além disso, esses instrumentos são freqüentemente a escolha mais prática para medir a mudança em lugares clínicos (Beck e Heimberg, 1983). Em resumo, "as pessoas podem ser excelentes fontes de informação sobre si mesmas. Para ter certeza se queremos que as pessoas nos contem coisas sobre si mesmas, temos de lhes fazer perguntas a que possam responder adequadamente" (Mischel, 1981, p. 482).

5.4. A ENTREVISTA

A entrevista transforma-se freqüentemente na principal ferramenta de análise comportamental e, na prática clínica, costuma ser um instrumento indispensável. A entrevista comportamental é diretiva e está centrada na pesquisa de informações concretas específicas e pertinentes. O paciente é a melhor, e às vezes a única, fonte de informação sobre sua experiência interpessoal e sobre pensamentos e emoções associados com essa experiência. A entrevista é a estratégia mais conveniente para a obtenção dessa informação: a história interpessoal e os dados observacionais informais (Arkowitz, 1981; Bellack, 1979*a;* Bellack e Morrison, 1982; Eisler, 1976; Monti, 1983). Também podem ser identificadas, por meio da entrevista, as situações sociais específicas problemáticas para o paciente, as habilidades necessárias para a atuação apropriada em cada situação, os fatores antecedentes e conseqüentes que controlam o comportamento pouco hábil, assim como especificar se o indivíduo possui os comportamentos sociais adequados, determinar que outros instrumentos de avaliação serão necessários para completar a avaliação comportamental e conhecer a avaliação subjetiva do paciente sobre sua atuação social, o que pode ser considerado uma variável de controle interno.

Como acontece com todas as entrevistas clínicas, aquelas que se centram no comportamento da pessoa com os demais dependem, em boa parte, do estabelecimento de uma boa relação. A atmosfera deveria ser relaxada e amigável e o entrevistador, enquanto se concentra no comportamento real, teria de ser sensível à pessoa como um todo (Wilkinson e Canter, 1982). Uma vez que a maioria dos pacientes começará a falar inicialmente sobre problemas pessoais em termos de ansiedade, depressão, infelicidade conjugal etc., em vez de falar sobre sua pouca habilidade ao enfrentar as relações sociais, é importante que o entrevistador estruture a entrevista ao redor das relações interpessoais específicas do paciente (Eisler, 1976).

A informação histórica pode fornecer indícios importantes sobre o desenvolvimento dos problemas atuais – se o paciente sempre agiu de maneira pouco efetiva, se durante seu desenvolvimento tinha freqüentes problemas de relação com seus semelhantes etc. O propósito da história interpessoal não é procurar uma introspecção de seus problemas interpessoais, mas determinar mais especificamente a natureza e o grau de suas habilidades e responsabilidades interpessoais. Também pode proporcionar dados ao terapeuta do tipo de modelos de comportamento interpessoal a que o paciente se expôs e a natureza do reforço interpessoal que recebeu para manter vários aspectos de seu comportamento social, tanto adaptativos como não-adaptativos (Eisler, 1976).

A entrevista proporciona também ao psicólogo clínico uma oportunidade para observar o paciente interagir; além disso, é um encontro interpessoal. A fluência e o conteúdo da fala, sua postura, contato visual, gestos etc. são uma valiosa fonte de informação que não deveria passar despercebido. Essas observações podem especificar comportamentos-problema dos quais o paciente não se dá conta.

A parte central da entrevista deve ser o comportamento social atual do paciente. A especificação dos antecedentes e conseqüentes de diferentes comportamentos interpessoais problemáticos, assim como sua operacionalização segundo dados quantitativos (e qualitativos), é fundamental para o tratamento. Não temos de nos fixar somente nas respostas manifestas, mas também nas possíveis cognições mediadoras que podem intervir na expressão de um comportamento socialmente inadequado. Outras variáveis, como as expectativas do paciente, sua motivação para mudar e as modificações que gostaria de conseguir, deveriam também ser pesquisadas ao longo da entrevista. No quadro 5.4, expusemos um modelo de entrevista para a avaliação das HS e para cuja realização nos foi muito útil o esquema proposto por Arkowitz (1981). É preciso levar em conta que a entrevista não possui um formato completamente estruturado, pelo que as perguntas constituem apenas o esqueleto, uma espécie de guia sobre os aspectos que o entrevistador deveria indagar. Alguns terapeutas seguem a "Tabela de Auto-informe da Asserção" *(Assertion Self-Assessment Table),* proposta por Galassi e Galassi (1977) para obter informação sobre o comportamento do paciente com diferentes pessoas. Uma adaptação de tal tabela pode ser encontrada no quadro 5.5.

Walen (1985) assinala que o indivíduo com ansiedade social estará nervoso na primeira entrevista com o terapeuta, oferecendo, assim, uma oportunidade *in vivo* para mostrar as emoções e as cognições relativas ao problema enquanto estão "frescas". Por exemplo – continua esse autor – "uma das primeiras perguntas que faço aos novos pacientes é como se sentem quando vêm me procurar. Dão-se conta de algum sentimento particular de quando vinham à sessão ou enquanto se sentavam na sala de espera? Podem identificar determinado pensamento que tinham ou alguma expectativa que mantinham? Poderia continuar perguntando se a ansiedade que sentem é típica deles em situações novas e se as cognições que informam são bons exemplos de como pensam normalmente nessas circunstâncias" (Walen, 1985, p. 111).

Não obstante, a qualidade pouco estruturada da entrevista e a possibilidade de que as respostas do indivíduo se encaixem com as perguntas do terapeuta são suas principais vantagens, ao mesmo tempo em que proporcionam sérios problemas de validade. A informação obtida na entrevista pode não ser representativa do comportamento por, pelo menos, cinco razões (Schroeder e Rakos, 1983). Primeiramente, a autopercepção e a lembrança são pouco fiáveis. Em segundo lugar, é difícil con-

Quadro 5.4. Entrevista dirigida para habilidades sociais (V. E. Caballo, 1987)

1. DADOS GERAIS

Nome: ______________________ Idade: ______ Sexo: ______

Endereço: ______________________ Telefone: ______________

Ocupação: ______________ Estado civil: ________ Nº de irmãos: ____________

Nº de irmãs: ________ Que ordem ocupa entre os irmãos/ãs? ______________________

Com quem mora atualmente? ______________

2. DESCRIÇÃO FÍSICA DO PACIENTE

3. OBSERVAÇÃO COMPORTAMENTAL DO PACIENTE DURANTE A ENTREVISTA (adequação de diferentes elementos moleculares)

	Muito inapropriado/a			Normal			Muito apropriado/a
Olhar	1	2	3	4	5	6	7
Expressão facial	1	2	3	4	5	6	7
Sorrisos	1	2	3	4	5	6	7
Postura corporal	1	2	3	4	5	6	7
Orientação	1	2	3	4	5	6	7
Gestos	1	2	3	4	5	6	7
Automanipulações	1	2	3	4	5	6	7
Volume da voz	1	2	3	4	5	6	7
Tom e inflexão	1	2	3	4	5	6	7
Fluência da fala	1	2	3	4	5	6	7
Tempo de fala	1	2	3	4	5	6	7
Clareza	1	2	3	4	5	6	7
Conteúdo verbal	1	2	3	4	5	6	7
Senso de humor	1	2	3	4	5	6	7
Aparência pessoal	1	2	3	4	5	6	7

Elementos globais	Muito baixo/a						Muito alto/a
Habilidade social	1	2	3	4	5	6	7
Ansiedade geral	1	2	3	4	5	6	7
Atrativo físico	1	2	3	4	5	6	7

Comentários gerais sobre os aspectos anteriores:

4. DESCRIÇÃO POR PARTE DO PACIENTE DOS PROBLEMAS PRESENTES E DOS OBJETIVOS DO TRATAMENTO COM SUAS PRÓPRIAS PALAVRAS

Quadro 5.4. (Continuação)

5. PRINCIPAIS PROBLEMAS ALÉM DA INADEQUAÇÃO SOCIAL

6. EFEITOS DA DISFUNÇÃO SOCIAL SOBRE O DESEMPENHO DIÁRIO DA PESSOA

7. MOTIVAÇÃO PARA O TRATAMENTO

8. AVALIAÇÃO DO FUNCIONAMENTO SOCIAL EM ÁREAS ESPECÍFICAS

8.1. *Relações com o mesmo sexo*

Quantos amigos/as íntimos/as tem?
Tem muitos/as amigos/as?
Como são essas relações?
É difícil conhecer pessoas novas?
Como se comporta nessas ocasiões?
Quanta gente nova conheceu nos dois últimos meses?

8.2. *Relações com o sexo oposto*

Quantos/as amigos/as íntimos tem?
Tem muitos/as outros/as amigos/as?
Como são essas relações?
É difícil conhecer pessoas novas?
Como se comporta nessas ocasiões?
Com quantas pessoas diferentes do sexo oposto saiu durante o último ano?
Tem problemas para conseguir "ficar"?
Quantas vezes "ficou" nos dois últimos meses? Com quantas pessoas diferentes?

8.3. *Capacidade para expressar sentimentos positivos e negativos aos demais*

Tem dificuldade para expressar sentimentos positivos aos demais?
Como se sente ao expressar esses sentimentos?
O que pensa sobre a expressão de sentimentos positivos?
Como se comporta quando os demais fazem com que se sinta frustrado ou aborrecido?
Expressa normalmente seus sentimentos de incômodo aos demais?
Mostra-se agressivo/a para com os demais?

8.4. *Defesa dos próprios direitos*

Faz valer seus direitos frente aos demais normalmente?
Acredita que as pessoas se aproveitam de você?
Há algumas situações nas quais lhe é muito difícil defender seus direitos?

Quadro 5.4. *(Continuação)*

8.5. *Lidar com críticas*

É freqüentemente criticado?
Afeta-se muito com as críticas?
Como reage às críticas?

8.6. *Fazer e recusar pedidos*

Pode, sem dificuldade, pedir favores aos demais?
Há situações nas quais lhe é muito difícil pedir favores?
O que pensa quando vai pedir algo a alguém?
Tem normalmente sucesso em seus pedidos?
É capaz de resistir à pressão dos demais para que se comporte de maneira contrária a suas crenças?
É capaz de recusar pedidos pouco razoáveis provenientes de amigos/as?
E de superiores?
O que pensa que aconteceria no caso de recusar pedidos pouco razoáveis a essas pessoas?
Como negocia os conflitos com membros de sua família?
E com seus amigos/as?
E nas relações de trabalho?

8.7. *Fazer e receber elogios*

Tem problemas para fazer elogios a outra pessoa?
E para mostrar apreço a alguém que tenha feito algo por você?
Como reage a um elogio?

8.8. *Interação com figuras de autoridade*

Figuras de autoridade causam-lhe temor ou ansiedade?
É capaz de enfrentar uma figura de autoridade?
Como se comporta ao relacionar-se com uma pessoa com autoridade?
O que pensa quando tem de se relacionar com um superior?

8.9. *Interação com membros da família*

Relação com irmãos e irmãs no passado
No presente
Relação com os pais no passado
No presente
O que pensa de sua família?

Quadro 5.4. (Continuação)

8.10. *Interações com colegas de trabalho e/ou classe*

Como são as relações com seus colegas de trabalho/classe?
Em que gostaria que melhorassem?

8.11. *Situações de grupo*

Como se comporta em uma situação de grupo?
Fala normalmente em uma situação de grupo?
Teme o que pensam outras pessoas do grupo quando você fala?

8.12. *Situações de falar em público*

É difícil falar em público?
A ansiedade o impede de falar em público?
Se tivesse de falar em público, que pensamentos lhe viriam à cabeça?

8.13. *Iniciativa de interações sociais*

Tem dificuldades em iniciar conversações?
E em mantê-las?
Como inicia conversações com seus semelhantes?
Grau de ansiedade antes de iniciar uma conversação (1–10)
O que pensa quando vai iniciar uma conversação?

8.14. *Manutenção e desenvolvimento de interações sociais*

O que faz para desenvolver e manter uma amizade com pessoas do mesmo sexo?
E do sexo oposto?
Duram muito suas amizades?
Que importância tem para você a manutenção de relações sociais?

8.15. *Expressão de opiniões*

Costuma expressar suas opiniões?
Normalmente os outros entendem o que você lhes quer comunicar?

9. ESTIMATIVA SUBJETIVA DE SUA HABILIDADE SOCIAL (1.10). DE SUA ANSIEDADE SOCIAL (1.10)

Quadro 5.4. *(Continuação)*

10. COGNIÇÕES DISFUNCIONAIS RELACIONADAS COM O FUNCIONAMENTO SOCIAL

11. CONHECIMENTO SEXUAL, EXPERIÊNCIAS E TEMORES

12. SITUAÇÃO DE VIDA ATUAL COM REFERÊNCIA ESPECIAL A CONTATOS SOCIAIS POTENCIAIS

13. DESCRIÇÃO DE UM DIA TÍPICO COM REFERÊNCIA PARTICULAR A CONTATOS SOCIAIS

14. EMPREGO ATUAL E SITUAÇÃO EDUCACIONAL

15. INTERESSES E ATIVIDADES DE LAZER AGRADÁVEIS

16. OBSTÁCULOS PARA O FUNCIONAMENTO SOCIAL EFETIVO

17. HISTÓRIA

17.1. Descrição do período de início das dificuldades sociais (anotar se as dificuldades são crônicas)
17.2. Educação
17.3. Histórico profissional
17.4. Antecedentes familiares
17.5. Antecedentes de saúde
17.6. Descrição do período de melhor funcionamento social
17.7. Descrição do período de pior funcionamento social

trolar as características de exigência. A entrevista pode produzir um "conjunto de problemas" específico, seja no entrevistador, seja no paciente, que pode modelar o conteúdo da entrevista. O sexo, a idade e as características raciais do terapeuta podem dirigir as respostas do paciente e as perguntas do entrevistador. Terceiro, a entrevista pode estar limitada por uma série de razões pessoais e profissionais. Quarto, o entrevistador pode atender a aspectos diferentes da comunicação. Finalmente, a entrevista é uma amostra de comportamentos sociais. É, também, um encontro bastante exclusivo e não, necessariamente, representativo de outras interações.

Essas ameaças à validade não foram pesquisadas cuidadosamente. Apesar dos problemas da validade de conteúdo – assinalam Schroeder e Rakos (1983) –, a entrevista tem um enorme valor potencial e pode ser considerada ponto de partida para a avaliação ou instrumento para gerar hipóteses sobre o comportamento social do paciente, as quais, mais tarde, podem ser investigadas ou validadas por outros procedimentos (Becker e Heimberg, 1985).

Quadro 5.5. Tabela de Auto-informe da Asserção (modificada da "Assertion Self-Statement Table", de Galassi e Galassi, 1977) que pode ser usada durante a entrevista, com o fim de obter maior informação sobre a expressão de diferentes tipos de comportamento com diferentes tipos de pessoas.

	Tipos de pessoas												
Tipos de comportamento	*Amigos mesmo sexo*	*Amigos sexo oposto*	*Parceiro*	*Pais*	*Familiares*	*Autoridade mesmo sexo*	*Autoridade sexo oposto*	*Colega de trabalho mesmo sexo*	*Colega de trabalho sexo oposto*	*Contato consumidor*	*Profissional mesmo sexo*	*Profissional sexo oposto*	*Crianças*
Iniciar e manter conversações													
Expressar amor, agrado e afeto													
Defender direitos													
Pedir favores													
Recusar pedidos													
Fazer elogios													
Aceitar elogios													
Expressar opiniões pessoais													
Expressar incômodo de modo justificado													
Desculpar-se													
Pedir mudança de comportamento													
Enfrentar críticas													

5.5. A AVALIAÇÃO PELOS OUTROS

Um método de avaliação útil, mas pouco empregado, consiste nas avaliações do sujeito por parte de seus amigos e conhecidos. De certa maneira, às vezes essas avaliações podem ser consideradas uma forma de observação direta no ambiente real, empregando como avaliadores indivíduos que fazem parte do contexto social do sujeito. Porém, essas avaliações estão limitadas pelo fato de que os pares observam somente uma parte pequena e limitada de comportamento social do sujeito, e estão abertas à possibilidade de desvio se tratam de apresentar uma boa imagem dele (Arkowitz, 1977). Avaliou-se, por exemplo, a habilidade social de estudantes universitários por colegas de quarto e por membros de seu curso, usou-se a observação do cônjuge para medir a interação do casal etc.

Uma forma mais indireta desse método costuma ocorrer nas entrevistas conjuntas do paciente e outra(s) pessoa(s) significativa(s) de seu ambiente, com o terapeuta. Às vezes, a descrição do paciente de seu comportamento levanta suspeitas com relação a sua precisão e, se for possível, pode-se solicitar a presença de alguma outra pessoa que esteja ao lado dele quando se dá o comportamento. Se há desacordo entre as descrições de ambos, discute-se conjuntamente, até que se chegue a um acordo sobre o comportamento ocorrido na situação determinada. Essas entrevistas proporcionam também ao clínico uma evidência mais objetiva de como os outros recebem e interpretam as respostas sociais do paciente.

No quadro 5.6 mostramos um exemplo de como poderia ser um registro do comportamento do indivíduo por parte de seus iguais ou outras pessoas significativas de seu ambiente (modificado de Wilkinson e Canter, 1982).

Se nos interessam especialmente as comportamentos moleculares, poderíamos modificar o conteúdo do registro anterior e adaptar um tipo de registro similar ao descrito no quadro 5.7.

Também podem preencher-se informações de avaliação que o terapeuta entrega a diversas pessoas do contexto do paciente, como o "Questionário dos colegas" *(Peer Questionnaire,* de Linehan, Goldfried e Goldfried, 1979) ou o formato apresentado por Lowe (1985), em que, sobre uma escala de freqüências de 5 pontos, faziam-se perguntas a uma série de juízes ambientais relativas ao grau em que o sujeito: *a.* dava início a contatos com a pessoa que avaliava; *b.* era divertido estar com ele/ela; *c.* era fácil falar com ele/ela; e *d.* mostrava interesse pelo avaliador.

Convém ter em conta, finalmente, que o propósito do treinamento (e da avaliação) das HS trata, em último termo, de ter certo impacto sobre o contexto do paciente (Bellack, 1979*a*). Por conseguinte, a reação do ambiente para com o paciente é um fator crítico na planificação e na avaliação do tratamento (Kazdin, 1977). As reações e percepções dos demais são importantes, inclusive se não refletem um quadro muito preciso do comportamento real (Bellack, 1979*a*; Schroeder e Rakos, 1983).

Quadro 5.6. Exemplo de avaliação (quantitativa) pelos demais do comportamento global de um sujeito

Comportamento geral (quantitativo) – "Quando saímos para passear"	
	FREQÜÊNCIA DOS COMPORTAMENTOS
Começa conversações	X X
Escuta	X
Expressa sentimentos positivos	X X X
Expressa opiniões próprias	X

Quadro 5.7. Exemplo de avaliação (qualitativa) pelos demais de comportamentos moleculares de um indivíduo

Comportamentos não-verbais (qualitativos) – "Quando saímos para passear"							
	Inapropriado					Apropriado	
	1	2	3	4	5	6	7
Contato visual			X				
Expressão facial			X				
Volume de voz	X						
Gestos		X					

5.6. O AUTO-REGISTRO

Quando o observador e o observado são a mesma pessoa, o procedimento denomina-se, geralmente, auto-observação ou auto-registro (Cone, 1978). O observador escreve em um diário, faz uma anotação, grava em uma fita cassete etc. ao mesmo tempo em que ocorre o comportamento.

O auto-registro é um método para observar e registrar o comportamento tanto manifestado (público) quanto encoberto (cognições). Pode-se pedir aos pacientes que registrem os antecedentes e/ou os conseqüentes (manifestos e/ou encobertos) que acompanham o comportamento de interesse. Pode-se fazer, também, com que os pacientes estimem seu nível de ansiedade, assim como sua habilidade e a satisfação de seus comportamentos. Uma das vantagens do auto-registro como técnica de avaliação é que permite o acesso a dados que, de outra maneira, não estariam facilmente disponíveis. Obviamente, as percepções e cognições internas de um indivíduo sobre os acontecimentos socioambientais não estão submetidas a escrutínio público. Além disso, é muito difícil obter dados sobre a interação social diária de um indivíduo, exceto mediante procedimentos de auto-informe altamente estruturados (Bellack e Morrison, 1982; Eisler, 1976). No quadro 5.8, pode-se observar um formato de auto-registro empregado freqüentemente na avaliação das HS.

O auto-registro tem sido empregado de forma sistemática na pesquisa das habilidades heterossociais (Arkowitz, 1977; Christensen, Arkowitz e Anderson, 1975; Galassi e Galassi, 1979*a*; Kolko e Milan, 1985*a*; Lowe, 1985; Twentyman e McFall, 1975). Os sujeitos costumam registrar informações sobre os encontros, as pessoas com as quais interagem, quem começou o contato social, a quantidade de tempo que estiveram juntos, tarefas realizadas em comum etc. (Lowe, 1984). Arkowitz (1981) descreve um exemplo de auto-registro, no caso de uma mulher com problemas de relações sociais, que constava dos seguintes itens:

- Número total de interações sociais.
- Número de interações com homens.
- Número de interações com mulheres.
- Categoria de interações sociais (número de homens e mulheres diferentes).
- Categoria de interações com homens.
- Categoria de interações com mulheres.

O terapeuta pode conservar os auto-registros do paciente para examinar melhor se suas interações sociais no contexto real mudaram ao longo da intervenção.

Em alguns aspectos, é possível que seja a medida mais significativa que se pode obter da efetividade do tratamento, já que proporciona dados comportamentais relativamente específicos do ambiente natural e, exceto nos casos em que seja possível observar diretamente o comportamento social do paciente fora do lugar de treinamento, pode ser a melhor fonte de informação disponível sobre a mudança do comportamento *in vivo* (Kelly, 1982).

Por outro lado, o indivíduo costuma preencher semanalmente a(s) folha(s) de auto-registro antes, durante e/ou depois do THS, e nela(s) está refletida a freqüência das dimensões comportamentais que nos interessa avaliar (ver Quadro 5.9), assim como as situações sociais problemáticas, os antecedentes e conseqüentes do comportamento manifestado e a especificação deste. As folhas de auto-registro podem ser usadas, também, como um meio de controle das tarefas para casa passadas ao paciente (ver Quadro 5.8). Ainda, o auto-registro pode atuar, às vezes, como um auto-reforço do comportamento que se está registrando, produzindo um incremento ou diminuição deste na direção desejada. Um exemplo do auto-registro de um tipo de comportamento, segundo sua freqüência, levado a cabo de forma gráfica, pode ser visto na figura 5.1.

Se, além disso, queremos avaliar com mais precisão os pensamentos e imagens disfuncionais do paciente, podemos usar o método de *amostras aleatórias dos pensamentos* (Genest e Turk, 1981), no qual o sujeito usa um gerador eletrônico de intervalos aleatórios, que emite um zumbido de vez em quando, sinalizando, dessa forma, o momento em que tem de fazer um registro das cognições que estão passando por sua cabeça ou que acabam de passar. Algumas das vantagens desse método incluem: 1. a escolha aleatória do pensamento e/ou imagem provoca poucas intrusões; 2. é flexível e pode ser usada para compilar dados em lugares naturais e sobre períodos extensos; e 3. os sujeitos podem ser, em certa maneira, pouco autoconscientes da tarefa, porque não está limitada ao ambiente do laboratório. Hulburt (1979) assinala tanto as vantagens como as desvantagens desse procedimento. Pode proporcionar amostras de pensamentos e/ou imagens aleatórias, confiáveis, mas ao mesmo tempo podem não ser mais que simples amostras de pensamentos e/ou imagens sem interesse. Acontecimentos pouco freqüentes podem ser importantes, especialmente para o clínico, mas é possível que a escolha aleatória não registre acontecimentos escassos que poderiam ser críticos. Um método um pouco diferente é a *avaliação cognitiva "in vivo"* (Last, Barlow e O'Brien, 1985), em que o indivíduo leva consigo uma pequena fita cassete, à qual vai unido um diminuto microfone, e no qual se registram os pensamentos e/ou imagens que passam por sua cabeça antes, *durante* (se possível) ou depois de uma interação social. Por outro lado, Dryden (1984) descreve um formato de auto-registro para a identificação de idéias pouco racionais, que pode

Quadro 5.8. Folha de auto-registro multimodal usada na avaliação das habilidades sociais

Nome: ______________________ Período: ______________

Hora e dia em que ocorreu	Situação	Avaliação da ansiedade (0–100)	Pensamentos	Comportamento social manifestado Resposta dos outros	Satisfação com o resultado (1–10).	O que gostaria de ter feito

Quadro 5.9. Folha de auto-registro da freqüência diária de diversos tipos de comportamento

FOLHA DE AUTO-REGISTRO

Nome: ______________________________ Semana: __________ a __________

Dias

Tipos de comportamento	SEGUNDA	TERÇA	QUARTA	QUINTA	SEXTA	SÁBADO	DOMINGO
Iniciar conversações							
Manter conversações							
Falar em público							
Fazer elogios							
Aceitar elogios							
Pedir favores							
Recusar pedidos							
Defender direitos							
Expressar afeto							
Expressar opiniões							
Expressar desagrado							
Enfrentar críticas							

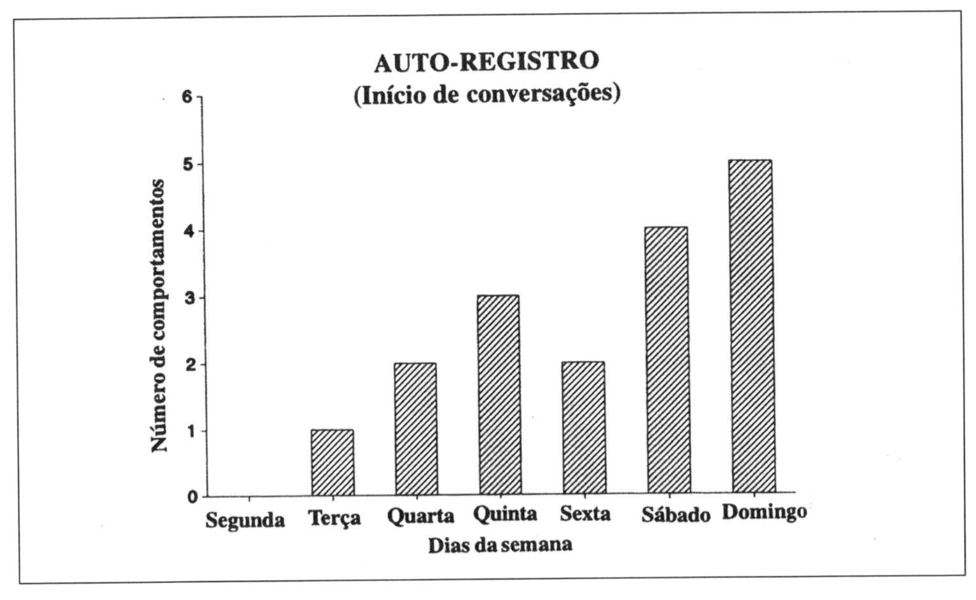

Fig. 5.1. Exemplo de auto-registro gráfico de um tipo de comportamento ("iniciativa de interações") que um paciente pode executar.

ser interessante quando suspeitamos que essas idéias têm um papel importante nos problemas interpessoais do paciente.

As ameaças mais freqüentes à validade do auto-registro são a não-confiabilidade e a reatividade (Bellack, 1979*a*; Bellack e Morrison, 1982). A *não-confiabilidade* refere-se à inexatidão ou à inconsistência da observação ou manutenção do registro, enquanto a *reatividade* refere-se a uma mudança no comportamento-objetivo como função da auto-observação. Com o tempo, alguns pacientes podem cansar-se e dedicar menos atenção ao registro da ocorrência de um comportamento ou pensamento ou de detalhes das interações sociais *in vivo* que faziam na primeira fase do auto-registro. Isso pode acarretar como resultado "perder" certas interações que haviam sido registradas previamente. Por outro lado, os pacientes podem chegar, também, a ser mais eficientes no auto-registro de acontecimentos *in vivo* críticos quando adquirem mais experiência nesse procedimento, aumentando o número e a natureza das anotações em seus registros conforme passa o tempo. Além disso, "é provável que a percepção alterada das interações sociais por parte do paciente, ou de sua própria atuação nessas interações, acompanhe o treinamento em habilidades sociais e possa direcionar a precisão objetiva dos registros do comportamento"

(Kelly, 1982, p. 118). Apesar dessas limitações, o auto-registro é um método de avaliação muito empregado, especialmente nos contextos clínicos.

5.7. MEDIDAS COMPORTAMENTAIS

Uma vez que a habilidade social dá-se a conhecer por meio de respostas manifestas, a observação comportamental seria a estratégia de avaliação mais lógica. A avaliação comportamental tem sido empregada em uma grande parte dos trabalhos sobre HS, tanto de pesquisa como clínicos. Em alguns desses últimos, tentou-se fazer com que o terapeuta observasse o comportamento do sujeito em situações reais, mas com freqüência isso é muito difícil, se não impossível. Por um lado, pode não haver muito que observar: a falta de habilidade social implica, geralmente, baixa freqüência de comportamento hábil. Por outro, os efeitos reativos do observador poderiam ser poderosos o suficiente para desacreditar os possíveis resultados. Devido aos problemas com a observação direta no contexto real, a avaliação comportamental das HS tem confiado nas interações simuladas. Esse tipo de interação pode sofrer diversas variações. As situações podem apresentar-se por meio de um gravador ou ser representadas ao vivo por um colaborador. As provas de situações *discretas* exigem uma única resposta, enquanto as provas de interação *extensa* implicam uma seqüência de interações entre o sujeito e o colaborador. Outras provas que poderíamos chamar de interação *semi-extensa* incluem várias respostas do colaborador que podem estar predeterminadas ou seguir, dentro de uma categoria limitada, as respostas do sujeito a avaliar. Em sua forma menos estruturada, pode-se pedir ao sujeito que simplesmente converse com a outra pessoa no laboratório ou na clínica, com o fim de avaliar a atuação do sujeito em um primeiro encontro. Ele pode ser informado de que a outra pessoa é um colaborador ou, pelo contrário, pode, de certa forma, ser enganado, de modo que o sujeito não o saiba.

Nas situações simuladas, as respostas são, geralmente, gravadas em vídeo, o que permitirá posteriormente avaliar os comportamentos verbais e não-verbais, assim como a ansiedade e a habilidade globais manifestadas nessas situações (p. ex., Caballo e Buela, 1988*a*). Embora alguns pesquisadores tenham assinalado que pode ser difícil garantir uma amostra representativa do comportamento habitual do indivíduo devido à presença de câmaras e demais equipamentos técnicos, a experiência clínica e a pesquisa parecem sugerir que o "medo do palco" é uma resposta relativamente pouco freqüente, e que a maioria dos sujeitos habitua-se bastante rapidamente à presença do instrumental técnico (Griffiths, 1974). Além disso, a gravação em vídeo oferece a vantagem de se poder observar repetidamente o comportamento do indivíduo, de poder decompô-lo nos elementos moleculares que sejam necessários, de utilizar a retroalimentação do comportamento como um elemento a mais de tratamento e de poder obter maior confiabilidade das mudanças pré/pós-tratamento.

Uma questão importante na avaliação das HS é o tamanho da unidade comportamental que será medida. A unidade de medida para avaliar as HS varia desde amplas unidades *molares,* como as avaliações globais das HS, até unidades mais *moleculares,* como a duração do contato visual. Os registros molares são úteis por uma série de razões (Curran e Wessberg, 1981). As avaliações molares são mais fáceis de se obter em situações-critério reais que os registros moleculares. Segundo, a avaliação global pode ser mais apropriada para uma visão precisa do funcionamento geral de uma pessoa devido à facilidade de escolher amostras das muitas situações com pontuações globais enquanto oposto a medidas moleculares. E, terceiro, as avaliações globais são mais parecidas aos juízos reais feitos por pessoas do ambiente do avaliado que os registros moleculares. As desvantagens dos registros molares incluem sua subjetividade e o nível tão geral de informação que fornecem. Isso não constitui uma base sólida para traçar programas de tratamento, já que podem indicar que um indivíduo é socialmente não-hábil, mas não oferecem informação sobre as causas de por que é percebido dessa forma.

A medição com unidades moleculares implica avaliações mais precisas e mais bem definidas dos comportamentos-objetivo. Assinalamos diretamente que elementos específicos do comportamento do sujeito são inadequados, proporcionando certas diretrizes para a planificação da intervenção. Requerem, também, menos inferências por parte dos observadores. Não obstante, os registros moleculares têm sido criticados por não explicar a natureza complexa das interações sociais e o contexto situacional onde têm lugar. Implícita nesse enfoque encontra-se a suposição de que é melhor ter mais de um "bom" comportamento (p. ex., contato visual), e menos de um "mau" comportamento (p. ex., perturbações da fala). Mas pode haver muito do "bom" e muito pouco do "mau" (Arkowitz, 1981; Caballo, 1982). Por exemplo, alguém que olha fixamente por um longo tempo durante uma interação social e que tem uma fluência perfeita, sem perturbações da fala, poderia ser considerado menos hábil que outra pessoa com menos contato visual e uma quantidade média de perturbações da fala.

Em uma tentativa de recolher o melhor de ambos os enfoques, molar e molecular, e de eliminar algumas de suas desvantagens, foram construídos recentemente dois formatos de avaliação para as HS de "nível intermediário", isto é, formatos a meio caminho entre as avaliações molares e as moleculares. Wallander, Conger e Conger (1985) desenvolveram o "Sistema de Avaliação de Habilidades Sociais Intermediárias" *(Behavioral Referenced Rating System of Intermediate Social Skill, BRISS),* que consiste em um conjunto de escalas de avaliação por meio da observação, construídas para ser utilizadas por juízes ao avaliar a adequação das HS do homem adulto a partir de interações de representação de papéis gravadas em vídeo (Wallander, 1988). Compreende 11 escalas (ou *habilidades intermediárias)* baseadas em cinco componentes *não-verbais* (Uso da cabeça, Expressão facial, Olhos, Braços e mãos, e Pernas e todo o corpo) e em seis componentes *verbais* (Linguagem, Pronúncia, Estrutura da conversação, Conteúdo da conversação, Estilo pessoal de conversação e Comportamento dirigido ao outro) das habilidades sociais. Cada um desses componentes (ou habilidades intermediárias) é avaliado segundo uma escala de 7 pontos, desde "muito inadequado" (1) até "muito adequado" (7). Além disso, cada escala ou habilidade intermediária compreende uma média de 15 subdimensões únicas que, por sua vez, constam de 1 a 5 *referências* comportamentais ("Uma referência indica um comportamento ou um efeito que pode se dar em uma breve interação inicial", Wallander, Conger e Conger, 1985, p. 139). Um exemplo é o seguinte:

Habilidade intermediária: "Estilo de conversação"
Subdimensão: "Fez anotações sarcásticas"
Referências: "várias vezes", "uma vez", "nenhuma vez"

Farrell, Rabinowitz, Wallander e Curran (1985) construíram uma versão diferente do BRISS que denominaram "Lista de Avaliação de Habilidades Sociais de Nível Intermediário" *(Intermediate Level Social Skills Assessment Checklist, ILSSAC),* que avalia as mesmas habilidades de nível intermediário que o procedimento anterior. Na ILSSAC, o avaliador tem de responder simplesmente sim ou não para cada um dos 20 itens que qualificam cada habilidade. Cada item tem uma pontuação determinada e prefixada (de 1 a 7) e a média de todas essas pontuações assinala alta ou baixa presença dessa habilidade no comportamento do sujeito durante a interação em que foi avaliada. "Dessa forma, a ILSSAC poderia nos proporcionar dados relevantes na avaliação da competência social geral da pessoa, assim como informação sobre as habilidades sociais específicas que fizeram parte da avaliação geral. Tais dados não estão disponíveis a partir dos registros moleculares nem dos molares" (Farrell, Rabinowitz, Wallander e Curran, 1985, p. 169). Um exemplo do formato da ILSSAC é o seguinte:

Habilidade intermediária: "Conteúdo da conversação"
Item: "Temas sem interesse a maior parte do tempo"
Valor do item (se esse comportamento ocorreu): "3"

As 11 habilidades de nível intermediário que compõem a ILSSAC são as mesmas que as do BRISS: 1. Uso da cabeça; 2. Emprego da expressão facial; 3. Emprego dos olhos; 4. Emprego dos braços e mãos; 5. Emprego do corpo e pernas; 6. Linguagem; 7. Emissão da fala; 8. Estrutura da conversação; 9. Conteúdo da conversação; 10. Estilo pessoal de conversação; e 11. Comportamento dirigido para o companheiro.

Esses dois trabalhos sobre habilidades de nível intermediário parecem-nos um esforço louvável de tentar resolver alguns dos problemas inerentes às avaliações molar e molecular, combinando a qualidade mais útil das globais (isto é, relevância clínica) e das moleculares ou "micros" (isto é, especificidade metodológica). A utilidade de ambos os instrumentos na avaliação das HS está ainda por ser estabelecida, apesar de haver transcorrido um tempo considerável desde sua publicação.

5.7.1. *Sobre os "juízes" de avaliação*

A avaliação do comportamento manifestado dos sujeitos é feita normalmente na pesquisa, por uma série de "juízes" e/ou colaboradores que determinam a adequação do comportamento social do sujeito e/ou a freqüência e/ou duração de determinados comportamentos.

Quando se pede a uma série de juízes que meça o número de vezes que ocorre uma resposta, o tempo que dura um comportamento específico etc., deve-se treinar esses juízes na observação e na quantificação correta de tais acontecimentos. Porém, o que ainda não está claro é a necessidade de treinamento quando a característica a medir é a *adequação* do comportamento-objetivo. Essa questão é importante, especialmente quando existem estudos que informam diferenças na avaliação entre juízes treinados e não-treinados (p. ex., Farrell e cols., 1984; Kolko e Milan, 1985*b*). O treinamento produz uma maior concordância nas avaliações dos juízes, aumentando sua confiabilidade e sua capacidade de discriminação dos comportamentos considerados. Esse treinamento implica, na maioria dos casos, instruir os avaliadores com relação a quais comportamentos observar, fazer com que pratiquem a avaliação de vídeos, dar-lhes retroalimentação sobre a precisão de suas avaliações, e fazer com que os avaliadores estejam de acordo seja com um protocolo-padrão ou com as avaliações de outros. O uso de juízes treinados foi freqüente na avaliação comportamental das HS (Curran, 1982; Curran e cols., 1982; Farrell e cols., 1984; Farrell e cols., 1985; Kolko e Milan, 1985*b*; Wessberg e cols., 1981). Porém, existe cada vez mais evidência de que, em muitos casos, o treinamento dos avaliadores aumenta a confiabilidade às custas da validade, o que simplesmente introduz novos desvios nas avaliações (Bernardin e Pende, 1980;

Corriveau e cols., 1981; Wallander e cols., 1983). Pode-se alegar que, ao treinar os juízes, os pesquisadores podem estar modelando-os para que se ajustem a sua própria definição idiossincrática das HS, que pode desfrutar ou não de ampla aceitação consensual. Dada a definição atual da competência social – assinalam Schlundt e McFall (1985) – não é aconselhável ensinar aos juízes que comportamentos observar quando emitem seus juízos. "Já que a competência é um juízo social relativo, provavelmente seja melhor não dizer aos juízes o que é que têm que buscar; pelo contrário, deveríamos permitir a eles que empregassem seu próprio sistema de valores para fazer as avaliações" (Schlundt e McFall, 1985, p. 33). Sugeriu-se, inclusive, que os avaliadores possam desenvolver normas internas para a avaliação dos indivíduos, sem importar o treinamento prévio (Bellack, 1983).

Se forem empregados avaliadores sem treinamento, a seleção destes será crucial. Ao escolher esse enfoque, a chave é assegurar que as pessoas selecionadas como juízes sejam representativas daqueles sujeitos que estariam em posição de definir o que é um comportamento hábil ou não-hábil no ambiente natural, procedimento denominado na literatura comportamental como "validação social" (Kazdin, 1977). "Em resumo – apontam Schludnt e McFall (1985) – sugerimos que as avaliações de competência sejam obtidas a partir de juízes sem treinamento oriundos da população relevante de avaliadores da vida real. Os juízes deveriam avaliar amostras de comportamentos seja ao vivo ou gravados em vídeo, e os juízos deveriam ser avaliações da efetividade, realizadas sobre uma escala de 3 a 7 pontos" (p. 34). O emprego de juízes sem treinamento foi também freqüente no terreno das HS, principalmente nas últimas décadas (Caballo, 1993*a*; Caballo e Buela, 1988*a*; Conger e Conger, 1982; Firth e cols., 1986; Kolko e Milan, 1985*b*; Miller e Funabiki, 1984; Moisan-Thomas e cols., 1985; Spitzberg e Cupach, 1985).

Outro aspecto interessante é a revelação de uma falta de relação significativa entre as avaliações dos juízes das habilidades dos sujeitos experimentais, as avaliações dos colaboradores interagentes e as auto-avaliações dos próprios sujeitos (Biever e Merluzzi, 1981; Caballo, 1993*a*; Caballo e Buela, 1988*a*; Kolko e Milan, 1985*b*; Moisan-Thomas e cols., 1985; Spitzberg e Cupach, 1985). Os dados sugerem, por um lado, que os critérios utilizados para julgar a *própria atuação* podem ser substancialmente diferentes dos critérios empregados para julgar a *atuação do outro*. Por outro lado, embora o esquema cognitivo utilizado para julgar a competência de outra pessoa é provável que seja similar, seja um companheiro de comunicação ou um observador, "parece que os observadores e os interagentes não empregam os mesmos sinais comportamentais [...] para extrair suas atribuições de competência" (Spitzberg e Cupach, 1985, p. 217). Assim, nesse estudo, enquanto os colaboradores interagentes confiavam em sinais de expressão facial, variedade dos temas, clareza de voz, proximidade, duração do turno de fala e o tomar da palavra, ao emitir seus juízos, os observadores faziam referência ao emprego de perguntas, proximidade, volume de voz, gestos, variedade dos temas, ritmo da fala, expressão facial, perturbações da fala e contato visual. Em um estudo realizado, Caballo e Buela (1988*a*) concluíram que a adequação de toda uma série de elementos moleculares (do comportamento de sujeitos experimentais em uma situação análoga) avaliados por juízes (observadores), via gravação em vídeo, não apresentava correlação com a habilidade social geral avaliada pelo companheiro de interação (colaborador) dos sujeitos experimentais. Porém, a correlação de tais elementos com a própria avaliação dos sujeitos de sua habilidade social era moderada para um conjunto de elementos importantes (p. ex., olhar, volume de voz, fluência, tempo de fala, atenção pessoal e perguntas). Se considerarmos avaliações globais da habilidade social, podemos dizer que as avaliações por juízes (observadores) e pelo próprio sujeito não se correlacionam freqüentemente entre si, de forma significativa, e quando o fazem, as correlações costumam ser bastante baixas. Apenas em alguns aspectos globais, presumivelmente relacionados com a habilidade social, como é o atrativo físico, as correlações entre as três fontes de avaliação que acabamos de assinalar atingem um nível moderado (Caballo,1993*a*).

Não obstante, temos de ressaltar que quando se tratou de correlacionar a "adequação" de vários elementos moleculares, avaliada por alguns juízes, com a "quantidade/freqüência" desses mesmos elementos moleculares avaliada por juízes diferentes, concluiu-se que havia uma elevada correlação para vários elementos (p. ex., olhar, pausas, tempo de fala etc.), significando que, para alguns deles, uma maior adequação implicava, *geralmente,* maior quantidade/freqüência (Caballo e Buela, 1988*a*). Em outras palavras, a avaliação "subjetiva" da *adequação* de vários comportamentos moleculares tinha, quase sempre, o referencial mais "objetivo" de sua *quantidade/freqüência.*

A seguir, descreveremos várias estratégias de observação comportamental empregadas tradicionalmente na avaliação das HS: a observação na vida real, as provas de interação breve e interação semi-extensa e as provas de interação extensa.

5.7.2. *Observação na vida real*

A observação na vida real é o procedimento de avaliação mais desejável, embora tenha sido muito difícil de empregar. Como dissemos anteriormente, a maioria dos comportamentos interpessoais de interesse ocorrem em circunstâncias privadas e/ou são pouco freqüentes ou imprevisíveis. Também é um fator limitante o custo de enviar observadores à comunidade. Dadas essas dificuldades, há poucos exemplos de observação *in vivo* na literatura. Tal observação é mais útil com populações "cativas", como pacientes psiquiátricos internos ou crianças em idade escolar, e com comportamentos públicos, como o brincar e as conversas casuais (Bellack e Morrison, 1982).

Foram realizadas, não obstante, algumas tentativas de avaliação de situações na vida real. O emprego da "ligação telefônica" como estratégia de avaliação ao vivo foi o método mais utilizado (Frisch e Higgins, 1986; Kaplan, 1982; McFall e Lillesand, 1971; McFall e Marston, 1979; McFall e Twentyman, 1973; Piccinin e cols., 1985). Nela, um colaborador ligava para o sujeito que deveria ser avaliado, fazendo-lhe pedidos pouco razoáveis, como assinar uma revista, ou que colaborasse com seu tempo em uma campanha para "salvar os ônibus" da cidade ou para apoiar o esforço de um suposto "informe dos cidadãos sobre a segurança do tráfego", ou que emprestasse suas anotações pouco tempo antes de um exame. O trabalho de Frisch e Higgins (1986) oferece-nos um exemplo desse último procedimento: "Faziam cinco pedidos sucessivos ao sujeito, que consistiam em pedir-lhe emprestadas (pouco antes do exame) as anotações de aula. Especificamente, o colaborador pedia permissão para: 1. Fazer algumas perguntas sobre a "classe de Psicologia"; 2. Pedir-lhe emprestadas as anotações de aula durante uns "poucos minutos"; 3. Pedir-lhe as anotações por "um dia, mais ou menos"; 4. Pedir-lhe emprestadas as anotações por dois dias, 3 ou 4 dias antes do exame; 5. Pedir-lhe emprestadas as anotações um dia antes do exame e devolvê-las depois do exame" (p. 225). A facilidade do sujeito para recusar os pedidos pouco razoáveis era considerada uma amostra do comportamento real do sujeito. Porém, esses procedimentos não trouxeram resultados significativos, não sendo empregados de forma sistemática na pesquisa das HS. São necessários mais esforços para melhorar o enfoque da "ligação telefônica" (Galassi, Galassi e Vedder, 1981).

Outro método de avaliação, utilizado com menos freqüência, pode ser esquematizado no seguinte exemplo extraído de um trabalho de Piccinin e cols. (1985): "Antes do programa, prometeu-se aos participantes 5 dólares por sua participação. Três semanas depois de haver terminado, receberam, não obstante, somente 3 dólares, o que criou uma situação na qual era apropriado um pedido de esclarecimento, dado o compromisso anterior [...]" (p. 756).

Outras tentativas foram consideradas na pesquisa de interações familiares. Foram empregados observadores que iam à casa do(os) sujeito(s) objetivo(s) de avaliação na hora da refeição, que se supõe é um período de elevada interação

(Jacob, 1976; Weis e Margolin, 1977). Poderiam ser colocados também gravadores por toda a casa e gravar em intervalos aleatórios.

Curran e Wessberg (1981) descrevem o seguinte exemplo de observação na vida real: "Havia duas situações, uma com um homem e outra com uma mulher. Ambas implicavam acompanhar um membro da equipe a uma tarefa e, durante esse tempo, o membro da equipe persuadia o senhor X para que se detivesse em um café. Durante cada uma dessas "pausas para tomar café", um terceiro membro da equipe, que estava sentado próximo, observava a interação. Naquele momento, o senhor X não sabia que as pausas haviam sido planejadas e que estava sendo observado" (p. 431).

Não obstante, dedicaram-se poucos esforços para desenvolver instrumentos ou procedimentos de avaliação *in vivo* que não sejam reativos nem intrusivos. Necessita-se com urgência mais pesquisa sobre essa área.

Também foram empregados, às vezes, *métodos naturalistas* para avaliar as autoverbalizações espontâneas que os sujeitos emitem (Glass e Merluzzi, 1981). Essa estratégia de avaliação cognitiva foi utilizada basicamente com crianças em lugares fechados, onde há a possibilidade de se registrar as verbalizações espontâneas das crianças ao brincar com seus colegas e, inclusive, com bonecos. Esse é, provavelmente, o tipo de informação com a menor demora e com menos passos intervenientes entre os processos e as informações do pensamento. A "fala em voz alta" dos sujeitos, que não é dirigida para ninguém que não seja a si mesmo, é provável que reflita os processos de pensamento que estão ocorrendo nesse momento com bastante aproximação.

Um problema óbvio com esses métodos é a falta de controle sobre a fala que se produz. Não se pode supor que a criança falará sobre aquilo em que o experimentador está interessado e a ausência de fala é, geralmente, não-interpretável.

Devido aos problemas encontrados na avaliação das HS por meio da observação em situação natural, têm sido utilizadas, freqüentemente, interações simuladas. A seguir, descrevemos os formatos clássicos desses procedimentos.

5.7.3. *Testes estruturados de interação breve e semi-extensa*

Denominadas também "testes de representação de papéis", essas estratégias de observação direta têm sido as mais amplamente utilizadas na pesquisa sobre as HS. A maioria dos testes de interação *breve* consta de três partes:

1. Uma descrição detalhada da situação particular na qual se encontra o sujeito.

2. Um comentário, feito pelo companheiro de representação de papel, dirigido ao sujeito avaliado.
3. A resposta do sujeito ao companheiro.

Foram empregadas numerosas variações desse enfoque básico. Os sujeitos responderam a gravações tanto de áudio como de vídeo, assim como a colaboradores ao vivo. As interações ficaram limitadas a um breve intercâmbio (o formato mais freqüente) ou estenderam-se a uma série de réplicas do colaborador (provas de interação *semi-extensa)*. Nesse último caso, aplicaram-se dois tipos de provas: aquelas nas quais as respostas do colaborador estavam determinadas de antemão (independentemente das respostas do sujeito) e aquelas outras nas quais as respostas do colaborador seguiam (com uma frase) o conteúdo das respostas do sujeito e dentro de limites prefixados. Também variou muito o número e o conteúdo das cenas, bem como o estilo do comportamento do colaborador.

A comportamento do sujeito, em resposta ao comentário feito pelo colaborador, é gravada em vídeo (o método mais freqüente) ou em fita cassete e depois é analisada com base em uma série de componentes verbais (p. ex., pedido de nova comportamento, perguntas com final aberto) e não-verbais (p. ex., contato visual, expressão facial, volume de voz), além de certas características molares (p. ex., habilidade, ansiedade, atrativo).

Foram construídas diferentes provas de situações breves na pesquisa das HS. Em princípio, a maioria originou-se a partir dos trabalhos de Rehm e Marston (1968) e de McFall e Marston (1970), que empregaram uma série de situações gravadas em fita cassete. Posteriormente, com os trabalhos de Eisler e cols. (Eisler, Hersen e Miller, 1973*a*; Eisler, Hersen e Miller, 1975; Eisler, Miller e Hersen, 1973*b*), empregaram-se colaboradores *in vivo* e as respostas dos sujeitos eram gravadas em vídeo. Algumas das provas de interação breve mais utilizadas foram as seguintes.

1. *Teste de Situação* (ST, "Situation Test", Rehm e Marston, 1968)

Compõe-se de duas formas alternativas, compreendendo cada uma delas 10 situações que requerem alguma resposta de interação heterossocial. Apresentadas originalmente por um reprodutor de fitas cassete, seu emprego posterior variou esse tipo de apresentação, utilizando colaboradores *in vivo*. A prova foi elaborada para sujeitos exclusivamente masculinos. Um exemplo representativo dessa prova é a seguinte cena:

Narrador: Quando você está saindo de um café, uma garota o toca nas costas e lhe diz:
Colaborador: "Acho que você esqueceu este livro"
Resposta do sujeito:

(Rehm e Marston, 1968, p. 566)

2. *Teste Comportamental de Representação de Papéis* (BRPT, "Behavioral Role Playing Test", McFall e Marston, 1970)

Os itens dessa prova foram selecionados a partir de um conjunto inicial de mais de duas mil situações. Posteriormente foram escolhidas 16 delas, que constituíram a prova. No estudo original, os comentários do colaborador eram apresentados por meio de uma fita cassete e as respostas do sujeito eram gravadas em outra fita. Exemplos de situações interpessoais incluídos nela eram as seguintes: alguns amigos o interrompem quando você está estudando, a lavanderia perdeu sua roupa, seu chefe lhe pede que trabalhe um tempo extra quando você já tinha feito planos diferentes. O formato para a apresentação de cada situação estimulante é representado pela seguinte situação extraída da prova:

Narrador: Nessa cena, imagine que você está na fila de um teatro. Você está nessa fila há pelo menos dez minutos e falta pouco tempo para começar a apresentação. Você está um pouco longe do começo da fila e começa a se perguntar se haverá ingressos suficientes. Você está assim, esperando pacientemente, quando duas pessoas se aproximam do indivíduo que está a sua frente e começam a falar. São amigos, obviamente, e vão à mesma sessão. Você olha rapidamente para o relógio e percebe que a apresentação começa dentro de dois minutos. Então, um dos que acabam de chegar diz ao amigo da fila:
Recém-chegado: "Olhe, a fila está enorme. O que você acha se ficássemos aqui com você?".
Pessoa na fila: "Perfeito, ora. Duas pessoas a mais ou a menos não têm nenhuma importância".
Narrador: E ao entrarem as pessoas entre você e seu amigo, uma delas o olha e diz:
Recém-chegado: "Perdão, não se importa se entramos aqui, não é?"
(McFall e Marston, 1970, pp. 297-298)

3. *Teste Comportamental de Assertividade – Revisado* (BAT-R, "Behavioral Assertiveness Test – Revised", Eisler, Hersen e Miller, 1975)

Essa prova foi construída a partir do "Teste comportamental de assertividade" (BAT), elaborado por Eisler, Miller e Hersen (1973*a*). O BAT-R compõe-se de 32 situações, a metade das quais implicam expressões positivas e a outra metade expressões negativas, enquanto varia o sexo e a familiaridade do colaborador que faz o comentário. No estudo de Eisler e cols. (1975), a resposta do sujeito era gravada em vídeo e avaliada posteriormente com base em 12 componentes verbais e não-verbais, que eram: duração do contato visual, sorrisos, duração da resposta, latência da resposta, volume da voz, emoção apropriada, perturbações da fala, ceder a pedidos, elogio, apreço, pedido de novo comportamento e comportamento positivo espontâneo. Também era avaliada a assertividade geral. Esse "teste" foi provavelmente a prova de interação breve mais extensamente empregada na pesquisa das HS. Uma situação típica seria a seguinte:

Narrador: Você está no trabalho e percebe que seu chefe está às voltas com um trabalho que precisa terminar a tempo. Realmente você gostaria de ajudá-lo. Você se aproxima.
Ele diz: "Nunca terminarei a tempo".

(Hersen, Bellack e Turner, 1987, p. 12)

4. *Teste Comportamental da Expressão de Carinho* (BTTE, "Behavioral Test Tenderness Expression", Warren e Gilner, 1978)

Para a elaboração dessa prova, compilou-se uma amostra de 55 itens de representação de papéis que cobriam várias áreas da expressão positiva, incluindo elogio, apreço, agradecimento, auto-revelação, expressão de sentimentos positivos de amor, afeto e satisfação, desculpas sinceras, empatia, apoio e tolerância e interesse pela intimidade da outra pessoa. Dessa amostra, foram selecionados 15 itens, que constituíram a prova final. É preciso assinalar que os autores elaboraram também uma prova escrita com essas mesmas 15 situações, com um gabarito para sua correção. Essa última forma de aplicar a prova é considerada uma medida de auto-informe e, como tal, foi numerada no item correspondente (Warren e Gilner, 1979). Um exemplo das situações incluídas nessa prova é a seguinte:

Narrador: Hoje você esteve pensando sobre sua relação com sua noiva/o ou esposa/o, em como satisfaz muitas de suas necessidades de amor, segurança e confiança em si mesmo e pensa que ela/ele precisa de você. Horas mais tarde vocês se encontram e fazem um tranqüilo passeio pelo parque. Ela/ele lhe diz:

Colaborador: "Em que você está pensando? Está tão tranqüilo/ a..."
(Warren e Gilner, 1978, p. 180)

5. *Teste de Interação Social Simulada* (SSIT, "Simulated Social Interaction Test", Curran, 1982)

É uma prova relativamente breve. Consta de oito situações que abrangem as seguintes áreas: crítica por parte do chefe, assertividade social durante uma entrevista, enfrentamento e expressão de ira, contato heterossexual, consolo interpessoal, conflito e recusa por parte de um familiar próximo, perda potencial de amizade e receber elogios de um amigo. Para quatro das cenas emprega-se um colaborador masculino, enquanto para as quatro restantes utiliza-se um feminino. Essa prova tem sido muito empregada na pesquisa das HS, especialmente por Curran e cols. (Curran, 1982; Curran, Corriveau, Monti e Hagerman, 1980; Farrell, Curran, Zwick e Monti, 1984; Fingeret, Monti e Paxson, 1983; Monti e cols., 1980; Monti e cols., 1984*a*; Steinberg e cols., 1982).

Um exemplo de uma cena do SSIT é a seguinte:

Narrador: Você está em uma reunião social informal ou em uma festa e percebe que um(a) rapaz/moça esteve olhando-o por toda a tarde. Logo, ele(a) se aproxima e diz:
Colaborador: "Olá, eu me chamo Carlos/Helena".
Resposta do sujeito:

Construímos uma versão do SSIT modificada e a empregamos em nossa pesquisa. Nessa versão (SSIT-M), compilamos as oito situações apresentadas na prova original, acrescentando um segundo comentário por parte do colaborador. Além disso, incluímos mais duas situações. Um exemplo do SSIT-M é o seguinte:

Narrador: Suponhamos que você responda ao anúncio de um jornal e tem que ir a uma entrevista de emprego. Enquanto ocorre a entrevista, o entrevistador lhe diz:
Colaborador: "O que o faz pensar que está capacitado/a para esse trabalho?"
Resposta do sujeito:
Colaborador: "Você sabe que as exigências do posto são muito altas".
Resposta do sujeito:

Outras provas de interação breve empregadas na literatura das HS podem ser verificadas no quadro 5.10.

Quadro 5.10. Outras provas estruturadas de interação breve

Prova	Referência
"Teste de Situações Comportamentais" *(Behavioral Situations Test)*	Barrios (1983)
"Teste de Assertividade para Crianças" *(Behavioral Assertiveness Test for Children)*	Bornstein e cols. (1977)
"Teste para a Avaliação do Comportamento de Manter Encontros" *(Dating Behavior Assessment Test)*	Glass, Gottman e Shmurak (1976)
"Teste de Representação de Papéis da Conduta Interpessoal" *(IBRT, Interpersonal Behavior Role-Playing Test)*	Goldsmith e McFall (1975)
"Situações Interpessoais Gravadas em fita cassete" *(Tape Recorded Interpersonal Situations)*	Goldstein e cols., (1973)
"Teste de Assertividade para Diabéticos" *(Diabetes Assertiveness Test)*	Gross e Johnson (1981)
"Medidas Comportamentais da Conversação" *(Behavioral Conversational Measures)*	Haemmerlie e Montgomery (1982)
"Amostra da Asserção de Mulheres Universitárias" *(College Women's Assertion Sample)*	MacDonald (1975)
"Teste Comportamental de Representação da Asserção" *(Behavioral Role-Playing Assertion Test)*	McFall e Lillesand (1971)
"Prova de Adequação Heterossocial" *(HAT, Heterosocial Adequacy Test)*	Perry e Richards (1979)
"Prova da Situação Gravada" *(TST, Taped Situation Test)*	Rehm e Marston (1968)

Várias das características dessas provas transformam-nas em uma estratégia atrativa. São baratas e fáceis de usar, e o formato breve permite que se apresentem ao sujeito muitas situações estimulantes diferentes. Da mesma maneira, é simples construir uma série de cenas que se encaixem em cada estudo ou sujeito individual. Infelizmente, a simplicidade para construir novos itens e a validade aparente do procedimento mostram-se também como desvantagens. Recentemente, foi questionada a validade dos métodos de representação de papéis como equivalentes à avaliação do comportamento do sujeito em situações ao vivo (Bellack e cols., 1978; 1979*a*; 1979*b*, Burkhart, Green e Harrison, 1979; Dickson e cols., 1984; Glasgow e cols., 1980; Gorecki e cols., 1981*a*; 1981*b*). Segundo Bellack, Hersen e Lamparski (1979*a*), "é certamente provável que alguns procedimentos de *rol-play* não são válidos. Se alguns o são, é algo que falta demonstrar" (p. 341).

Igualmente, há uma série de variações no breve formato dessas provas que podem afetar a atuação do sujeito na representação de papéis. Essas variações podem refletir-se em:

- O conteúdo dos itens (Bellack e cols., 1979*a*; Bellack, 1983; Kolotkin, 1980).
- A quantidade de informação proporcionada sobre a tarefa de avaliação (Westefeld e cols., 1980).
- Os comportamentos-objetivo (Bellack, 1983; Bellack e cols., 1979*a*).
- A população da qual se extraem os sujeitos (Bellack, 1983; Bellack e cols., 1979*a*).
- O nível de habilidade exigido (Bellack, 1983; Higgins e cols., 1979).
- A capacidade de representação de papéis (Reardon e cols., 1979).
- A desejabilidade social (Kiecolt e McGrath, 1979).
- O número de respostas requeridas por parte do sujeito (uma ou várias) (Bellack, 1983; Galassi e Galassi, 1976).
- O modo de apresentação (ao vivo ou em fita) (Bellack, 1979*b*; 1983; Galassi e Galassi, 1976).
- As conseqüências potenciais das várias alternativas de resposta (Bellack, 1983; Fiedler e Beach, 1978).
- O comportamento do colaborador (Bellack, 1983; Steinberg e cols., 1982).

Alegou-se que uma forma de aumentar a validade das cenas de representação de papéis consiste em construir essas cenas tão relevantes quanto possível para os sujeitos, isto é, "elaboradas sob medida" (Becker e Heimberg, 1985; 1988; Bellack, 1983; Chiauzzi e cols., 1985; Kelly, 1982; Kelly e Lamparski, 1985). Becker e Heimberg (1985) e Chiauzzi e cols. (1985) informam que as cenas "personalizadas" de representação de papéis geram maior implicação por parte dos sujeitos, e esses autores defendem "um enfoque personalizado na avaliação por meio de cenas de *rol-play,* em que todas as cenas tenham um formato similar, mas sejam selecionadas de modo que representem situações importantes do sujeito" (Becker e Heimberg, 1985, p. 211). Isso, e permitir que os sujeitos façam uma prévia exploração e se preparem na imaginação para cada interação, pode ajudar, em grande medida, o sujeito a "entrar no papel" de forma apropriada e produzir respostas de *role-play* válidas no ambiente natural. Enquanto essa forma de construir as situações simuladas breves seria viável na clínica, onde cada paciente é examinado em profundidade individualmente, seria altamente difícil e dispendioso fazê-lo na pesquisa das HS em grande escala. Não obstante, é uma alternativa válida de avaliação comportamental e deveria ser pesquisada mais a fundo.

Outra diferença importante entre as amostras reais e as de *role-play,* sobre a qual tem-se insistido, refere-se às conseqüências potenciais das respostas do sujeito. Nas provas de interação breve, o sujeito sabe que as conseqüências sociais são relativamente pouco importantes, enquanto nas situações reais as conseqüências poderiam ter um importante impacto no sujeito.

Foram realizados, também, estudos que supuseram um certo apoio às provas de *role-play* como representações válidas do comportamento real (Biever e Merluzzi, 1981; Kern, 1981; Kolotkin e Wielkiewicz, 1981; St Lawrence, Kirksey e Moore, 1983; Wessberg e cols., 1982). Mas o breve formato empregado nas provas de *role--play* "pode ser demasiado restritivo, não chegando a atingir muitos comportamentos interativos críticos" (Bellack, 1979*a*). Por isso, as interações mais extensas podem provocar pautas de comportamento mais representativas que os breves intercâmbios característicos das situações breves. Um procedimento de avaliação no qual os sujeitos sejam submetidos a demandas sociais sucessivas, mais que a um pedido único "dar-nos-ia uma melhor simulação das situações sociais reais, em que as respostas são interativas por natureza, em vez de discretas" (Safran, Alden e Davidson, 1980, p. 193). As provas de interação semi-extensa tentam seguir essas bases, levando em conta as duas variações que assinalamos anteriormente. Um exemplo de uma prova de interação semi-extensa poderia ser o seguinte (Galassi e Galassi, 1977):

Narrador: Um amigo folgado pede-lhe constantemente dinheiro emprestado – 10, 20, 50 reais – por uma ou outra razão. Não devolveu nada ainda, e já lhe deve 300 reais. Você não quer emprestar-lhe mais dinheiro até que devolva o que deve. Nesse momento você tem dinheiro, inclusive notas de diferentes valores. Chega, então, seu amigo:

1º Colaborador: Olá! Olhe, não tenho dinheiro e gostaria de comprar um sanduíche no café. Você poderia me emprestar 10 reais?

1ª Resposta:

2º Colaborador: Eu devolvo.

2ª Resposta:

3º Colaborador: Então não confia em mim? Ótimo!

3ª Resposta:

4º Colaborador: Eu teria devolvido se você tivesse pedido.

4ª Resposta:

5º Colaborador: Homem, não seja tão "unha-de-fome"! Empreste-me nem que sejam 5 reais.

5ª *Resposta:*
6º *Colaborador:* Bom, então até logo!

5.7.4. *Testes semi-estruturados de interação extensa*

Alguns desses testes foram denominados, por vezes, "interações reais planejadas", "interações naturalistas" e, inclusive, "interações ao vivo", embora não aconteçam na vida real. Essas estratégias compreendem uma variedade de encontros simulados traçados como situações paralelas ou similares a situações que ocorrem normalmente na vida real. Os formatos empregados foram vários. O mais parecido a uma situação da vida real é a estratégia da "sala de espera", onde se coloca um sujeito em uma sala de espera com um colaborador experimental, que o sujeito pensa ser outro sujeito na mesma situação que ele. Dá-se uma desculpa qualquer ao sujeito real, como, por exemplo, que o experimento está atrasado e que ele terá de esperar um pouco. Logo, a interação que acontece entre o sujeito e o colaborador é tomada como uma amostra do comportamento do sujeito em uma situação de "conversação social" (Conger e Farrell, 1981; Greenwald, 1977; Pilkonis, 1977; Rakos e cols., 1982; Twentyman, Boland e McFall, 1981; Wessberg e cols., 1979). O comportamento do sujeito é observado através de um espelho unidirecional ou gravado em vídeo, sempre de maneira que o sujeito não perceba que está sendo observado ou filmado. Esse procedimento de avaliação foi incluído algumas vezes dentro dos métodos de observação na vida real (Conger e Conger, 1982).

Um formato ligeiramente diferente do anterior consiste em apresentar duas pessoas uma à outra (uma delas o sujeito experimental, e a outra um colaborador) e propor-lhes a tarefa de manter uma conversação durante um tempo determinado. O colaborador é apresentado ao sujeito experimental como outro sujeito na mesma condição e a interação é gravada em vídeo. O sujeito pode ser informado, ou não, de que a situação será registrada em vídeo (Argyle, Bryant e Trower, 1974; Beidel, Turner e Dancu, 1985; Caballo, 1993*a*; Caballo e Buela, 1988*a*; Faulstich e cols., 1985; Himadi e cols., 1980; Jaremko e cols., 1982; Twentyman, Pharr e Connor, 1980). Um exemplo típico é encontrado no trabalho de Lowe (1985):

> [...] foi dito a cada sujeito que queríamos ter uma idéia de como se comportava quando queria conhecer alguém pela primeira vez. Explicou-se que lhe seria apresentado outro sujeito de estudo que gostaria de conhecê-lo ao longo de uma interação de 5 minutos. Era-lhes permitido falar sobre qualquer assunto, exceto o próprio experimento. Foram informados de que a interação seria gravada em vídeo através de um espelho unidirecional, mas que deveriam ignorar

tal fato [...] Do mesmo modo, especificou-se aos sujeitos que seus companheiros de interação haviam recebido as mesmas instruções que eles.

Os sujeitos não interagiram realmente com outro sujeito nas mesmas condições, mas sim com uma de três mulheres ou um de três homens, todos eles colaboradores do experimentador. Os colaboradores eram estudantes treinados para se comportar de maneira padronizada com todos os sujeitos. Em poucas palavras, os colaboradores não iniciavam nenhuma conversação depois dos primeiros trinta segundos até que tivessem transcorrido 10 segundos de silêncio, respondiam brevemente (5 segundos ou menos) aos comentários e perguntas dos indivíduos e mantinham um comportamento moderadamente positivo para com o sujeito ao longo da interação (pp. 199-200).

Um terceiro formato consiste em informar o sujeito por alto sobre a natureza da tarefa e dar-lhe instruções para que aja *"como se"* a interação fosse real (p. ex., Arkowitz, e cols., 1975; Barlow e cols., 1977; Twentyman e McFall, 1975), gravando-a em vídeo. A situação descrita no estudo de Barlow e cols. (1977), na qual foram empregados estudantes universitários masculinos como sujeitos experimentais, foi a seguinte:

Informou-se aos sujeitos que falariam durante 5 minutos, aproximadamente, com uma mulher da mesma idade e que a conversação seria gravada em vídeo. As mulheres, auxiliares do experimentador não conheciam previamente os sujeitos masculinos do experimento. Embora todas as interações acontecessem, na verdade, em um estúdio audiovisual, o lugar era descrito como a biblioteca da universidade depois das aulas. O sujeito masculino deveria se comportar *como se* a mulher fosse uma colega de classe em quem estava interessado social ou sexualmente e com quem queria ficar, embora não soubesse seu nome. Foi dito aos sujeitos que agissem de forma tão masculina e socialmente adequada como lhes fosse possível e informou-se que não era necessário continuar com a garota, mas deveriam se comportar como o fariam, de forma natural, em uma situação similar na qual seu objetivo final fosse ficar com ela.

Para padronizar a participação das auxiliares foi-lhes dito que se abstivessem de iniciar a conversação e que limitassem suas respostas às iniciativas do sujeito a cinco palavras aproximadamente. Foi-lhes dito que inibissem freqüentes sorrisos, assentimentos de cabeça e outras formas positivas de comunicação não-verbal. Também, que não fossem hostis ou desagradáveis quando respondessem às iniciativas dos sujeitos. Mais tarde, os sujeitos foram avaliados em uma série de comportamentos verbais e não-verbais e foram examinadas as diferenças entre sujeitos masculinos adequados e inadequados socialmente.

As interações semi-estruturadas têm variado consideravelmente. A duração vai desde 1 minuto em média (p. ex., Nelson, Hayes, Felton e Jarret, 1985) até

15 minutos (p. ex., Spitzberg e Cupach, 1985), embora o comportamento possa mudar em diferentes pontos da interação. Porém, um período de 4 a 5 minutos foi a duração mais típica desse tipo de interação (Blumer e McNamara, 1985; Caballo, 1993*a*; Caballo e Buela, 1988*a*; Dow e cols., 1985; Emmelkamp e cols., 1985; Faulstich e cols., 1985; Firth e cols., 1986; Twentyman e McFall, 1975; Urey, Langhlin e Kelly, 1979; Wessberg e cols., 1981). Os avaliadores foram instruídos a responder de maneira calorosa ou neutra, a fazer comentários depois de pausas de silêncio que vão de 5 a 60 segundos, e a oferecer somente comentários específicos ou espontâneos. As limitações impostas ao comportamento do colaborador reduzem de alguma maneira a espontaneidade da interação, mas asseguram, também, que a conversação não será dominada pelo companheiro. Se isso ocorresse, não seria possível avaliar as habilidades sociais do sujeito experimental.

Com relação aos formatos empregados, cada um tem vantagens e desvantagens. Aconselhamos o emprego do procedimento da "situação enganosa" quando esse tipo de prova for usado para avaliar as habilidades de um sujeito em uma única ocasião. Wheldall e Alexander (1985) apóiam energicamente a utilização de "situações enganosas", como as empregadas pelos psicólogos sociais (p. ex., os estudos de Asch sobre a conformidade ou os de Milgram sobre a obediência), como um passo intermediário em direção a uma metodologia relevante na avaliação das HS. Por outro lado, o procedimento de "como se" parece-nos mais benéfico quando precisar ser usado várias vezes (p. ex., de variável dependente pré-pós-tratamento). No primeiro caso, é possível que o sujeito perceba a situação enganosa durante o tempo que transcorre entre dois possíveis usos dessa estratégia, e, por isso, na segunda aplicação o comportamento do paciente poderia estar muito dirigido e, provavelmente, não seria válido. Além disso, razões éticas impedem que se "engane" o sujeito durante muito tempo. O procedimento de "como se", embora possa proporcionar um comportamento menos representativo da vida real do sujeito, pode ser utilizado a intervalos de tempo variáveis (pré-pós-tratamento e acompanhamento).

As provas de interação extensa foram utilizadas com freqüência na avaliação das habilidades heterossociais, em que a situação clássica foi a de "rapaz conhece a garota" ou vice-versa. Não obstante, nas últimas décadas tem-se dado uma proliferação de estudos que empregam esse tipo de prova na avaliação das HS em geral. Além dos estudos já mencionados anteriormente nesse item, outros incluíram situações de interação extensa, como os seguintes: Biever e Merluzzi (1981); Christoff e cols. (1985*b*); Jerremalm e cols. (1986); Kern (1982); Kern e cols. (1983); Kolko e Milan (1985*b*); Kupke e cols. (1979*b*); MacDonald e cols. (1975); Mahaney e Kern (1983); Milbrook e cols. (1986); Miller e Funabiki

(1984); Moisan-Thomas e cols. (1985); Wallander, Conger e Conger (1985), o que dá uma idéia da aceitação dessa estratégia de avaliação.

Temos de assinalar que as provas de interação breve, semi-extensa e extensa são análogas das situações da vida real. Mas até que ponto é similar o comportamento manifestado por um indivíduo em provas de representação de papéis ao exibido na vida real? Se uma pessoa manifesta um comportamento socialmente hábil em tais provas, mas não o faz na vida real, o que podemos concluir? Se o sujeito apresentou um comportamento hábil, embora seja em uma situação análoga, quer dizer que esse comportamento se encontra em seu repertório comportamental. A representação de papéis continua sendo válida, embora o comportamento do sujeito seja diferente nela do que na vida real. O que devemos supor é que podem existir obstáculos internos (p. ex., cognições negativas, falta de discriminação dos estímulos relevantes) ou externos (conseqüências aversivas) na vida real que impedem que a pessoa mostre tal comportamento.

Embora as provas de interação extensa sejam mais similares que as de interação breve às situações da vida real, não estão, tampouco, isentas de problemas. Em primeiro lugar, essas provas implicaram quase de forma exclusiva o comportamento do sujeito, uma vez que já tenha sido apresentado ao outro membro do sexo oposto, e concentraram-se exclusivamente na conversação inicial. Portanto, há muitos outros aspectos das HS que essas situações não cobrem. Aqui estariam incluídas habilidades como descobrir maneiras de aumentar a probabilidade de conhecer pessoas, dar o primeiro passo para iniciar uma conversação, ficar com alguém do sexo oposto, lidar com uma recusa real ou imaginária, e temas mais complexos concernentes a relações a longo prazo e mais íntimas. Enquanto esses aspectos são, com freqüência, objetivo dos programas de THS, não foram avaliados, normalmente, nos estudos experimentais. A avaliação naturalista de alguns desses aspectos poderia realizar-se melhor – assinala Arkowitz (1977) – mediante procedimentos como bailes, encontros ou reuniões sociais programados pelos experimentadores, durante os quais os comportamentos dos indivíduos poderiam ser codificados sem barreiras.

Uma segunda limitação das provas de interação extensa refere-se à crença de conseqüências situacionais. Essas conseqüências, porém, estão presentes em situações mais reais. Se a situação de avaliação tivesse essas conseqüências, os comportamentos dos sujeitos poderiam aproximar-se mais de seu comportamento no contexto natural.

Cremos, não obstante, que as provas de interação extensa são, de modo geral, preferíveis às provas de interação breve, nas quais o sujeito é submetido a "uma série de cenas rápidas... Não está claro ainda qual quantidade de atuação inicial é confundida com a ansiedade e a perplexidade" (Bellack, 1983, p. 36). Além disso, as situações semi-estruturadas permitem a avaliação da natureza recíproca das interações, muitas vezes mais importante que a simples recontagem dos comportamentos com base em sua quantidade ou freqüência (Boice, 1982; Fischetti, Curran e Wessberg, 1977; Peterson e cols., 1981). Necessita-se, porém, de mais pesquisa para proporcionar uma estrutura válida e confiável às interações semi-estruturadas e poder avaliar com esse método as diferentes dimensões comportamentais das HS.

Incluímos também neste item a avaliação das cognições sociais por meio dos *métodos expressivos* (Glass e Merluzzi, 1981), dos quais o mais notável é o procedimento de "pensar em voz alta" *(Thinkaloud)*. Nessa estratégia, pede-se aos sujeitos que: 1. imaginem que se encontram em uma situação particular e que expressem o que estão pensando, ou 2. expressem os pensamentos durante a atuação em uma interação pessoal, que pode ser no laboratório (em forma de situações semi-estruturadas) ou na vida real. Nesse último caso, o terapeuta aborda a situação-problema do contexto natural com o sujeito e o ajuda a identificar pensamentos ou imagens que passem por sua cabeça nesses momentos (Dryden, 1984). Não obstante, esse último procedimento estaria a meio caminho entre a "observação na vida real" e a observação em situações simuladas, já que o método de "pensar em voz alta" é demasiado intrusivo para ser considerado semelhante a uma situação real, que não inclui esse procedimento.

Ericsson e Simon (1978) ressaltaram que o "pensar em voz alta" pode ser criticado, pelo menos, sobre três bases. Primeiro, as verbalizações que acontecem concomitantemente com os pensamentos específicos são reativas e podem alterar os processos cognitivos em estudo. Segundo, o indivíduo pode informar acerca de somente uma parte dos pensamentos que passam pela memória a curto prazo. Assim, os auto-informes podem ser incompletos e fragmentados. Terceiro, já que podem ocorrer muitos pensamentos simultaneamente, o sujeito pode informar sobre aqueles que são irrelevantes com relação aos mecanismos reais de pensamento relacionados com os processos cognitivos de interesse.

5.8. REGISTROS PSICOFISIOLÓGICOS

Os registros psicofisiológicos foram muito pouco empregados na avaliação das HS. A disfunção comportamental pode aparecer nos sistemas de resposta fisiológico, motor ou cognitivo. Embora esses três sistemas sejam considerados normalmente bastante independentes, as mudanças em um sistema podem afetar posteriormente o outro. Apesar da ênfase da literatura comportamental sobre a importância da "tripla via de avaliação", poucas pesquisas sobre as HS usaram medidas fisiológicas. Encontramos somente 18 estudos que utilizassem algum tipo de registro fisiológico. A variável dependente mais usada foi a taxa cardíaca (em 12 dos 18 trabalhos). Outros elementos fisiológicos empregados compreendem pressão sangüínea, fluxo sangüíneo, respostas eletrodermais, resposta eletromiográfica e respiração (ver item 2.3).

Até agora, o emprego das variáveis anteriores teve muito pouca utilidade na avaliação das HS, havendo grandes diferenças individuais nas variadas características fisiológicas. Entre elas, a "rapidez na redução da ativação" poderia ter um certo papel na pesquisa das HS (Beidel, Turner e Dancu, 1985; Dayton e Mikulas, 1981). Os autores anteriores concluíram que os sujeitos de alta habilidade social demoram menos para reduzir sua ativação (medida pela taxa cardíaca ou o volume de sangue) que os sujeitos de baixa habilidade social.

Kiecolt-Glaser e Greenberg (1983) criticam o uso feito das medidas fisiológicas, já que normalmente foram empregadas cenas breves de *role-play* com comentários gravados. Tendo em conta que as interações mais extensas e os comentários ao vivo produzem maior ansiedade, "o uso de cenas de resposta única e/ou comentários gravados podem ter minimizado as diferenças da atividade fisiológica" (Kiecolt-Glaser e Greenberg, 1983, p. 98).

Os registros psicofisiológicos utilizaram principalmente um polígrafo para medir a taxa cardíaca e ou a resistência da pele. Pode-se empregar, além disso, um rotulador para marcar o princípio e o fim de cada cena e de cada resposta. Para medir a pressão sangüínea foi usado um esfigmomanômetro. A seguir, expomos um exemplo do emprego de medidas fisiológicas na pesquisa das HS, que pode ser representativo de como utilizar os registros psicofisiológicos nesse campo:

> Quando os sujeitos chegavam para o experimento, era-lhes entregue o "Inventário de Asserção" de Gambrill e Richey (1975). Depois de colocar os eletrodos, havia um período de descanso de 5 minutos antes de registrar a linha de base da taxa cardíaca e da resposta galvânica da pele, seguido pelo registro da linha de base da pressão sangüínea [...] Havia intervalos entre cenas de 15 segundos para permitir que se recuperassem de qualquer mudança na ativação, com a adição de mais tempo se as respostas fisiológicas estavam ainda por cima das observadas antes do começo da cena. Depois de cada grupo de cenas curtas ou longas, havia mais um minuto, quando o sujeito era instruído, por meio de uma fita cassete, a relaxar [...] A pressão sangüínea era medida depois do minuto da linha de base e imediatamente depois de cada um dos grupos de cenas [...] Faziam-se duas leituras de cada vez (Kiecolt-Glaser e Greenberg, 1983, p. 102).

É preciso dizer, também, que a instrumentação empregada para medir as variáveis psicofisiológicas foi incômoda (p. ex., polígrafos) e limitada pela variedade de movimentos dos sujeitos. Porém, com o recente desenvolvimento tecnológico na instrumentação biomédica, foram feitos grandes avanços para produzir pequenos equipamentos que permitam o registro durante o envolvimento em situações da vida real (Ahern, Wallander, Abrams e Monti, 1983; Carrobles, 1986). O emprego de tais instrumentos deveria aumentar o realismo do encontro social que nos interessa.

5.9. O ESTABELECIMENTO DE UMA BATERIA MULTIMODAL NA AVALIAÇÃO DAS HABILIDADES SOCIAIS

Acabamos de ver diferentes métodos de avaliação das HS que podemos empregar tanto na pesquisa quanto na prática clínica. Em termos ideais, o terapeuta que quiser examinar a efetividade de uma intervenção selecionará vários tipos de medidas para utilizar na avaliação dos pacientes antes, durante e depois do tratamento, incluindo a etapa de acompanhamento. Os auto-informes, a entrevista, o auto-registro, as situações simuladas e os registros psicofisiológicos podem-nos proporcionar, todos, dados úteis tanto para a planificação do tratamento quanto para avaliar sua efetividade. Não obstante, é provável que as medidas descritas anteriormente produzam informação contraditória relativa ao sujeito que avaliamos. Lang (1968) alegou que as medidas de auto-informe, as comportamentais e as fisiológicas são representativas de diferentes sistemas de resposta e, por conseguinte, não se deveria esperar que se correlacionassem. Porém, essa discrepância também é útil, podendo trazer dados sobre déficits em algum(ns) dos sistemas de resposta e não em outro(s). Por exemplo, as situações simuladas podem revelar que o sujeito tem habilidades adequadas, enquanto a avaliação por meio do auto-registro e a entrevista podem revelar que o sujeito evita a atuação nessas situações devido a uma ansiedade pouco realista e/ou a uma auto-avaliação negativa de suas habilidades. Nesse sentido, não é de se esperar que as provas de interação simulada se correlacionem necessariamente com a atuação na situação real, mas, efetivamente, poderiam dar-nos um índice do repertório de habilidades do sujeito. Outros dados sobre as cognições sociais ou a ansiedade experimentada pelo indivíduo podem ser obtidos mediante vários métodos de avaliação.

Com o objetivo de acelerar o avanço do THS, alguns autores assinalam que nossos esforços devem concentrar-se na pesquisa de temas de avaliação em vez de temas de tratamento. Galassi, Galassi e Fulkerson (1984) e Galassi e Vedder (1981) apontam que entre as necessidades de avaliação mais prementes encontram-se as de desenvolver uma taxonomia de respostas interpessoais e de tipos de situações, identificar os critérios para a atuação competente ou socialmente hábil, e isolar os componentes verbais e não-verbais que conformam a atuação hábil nessas situações. A identificação de variáveis cognitivas que mediam o comportamento em situações interpessoais representa outro tema importante de interesse. Uma pesquisa sistemática sobre a utilidade dos componentes fisiológicos na atuação hábil também é muito desejada. Com relação aos instrumentos de avaliação específicos, a necessidade mais evidente são medidas válidas e confiáveis do comportamento ao vivo específicas à resposta e ao tipo de situação. O desenvolvimento de medidas de auto-informe específicas também à resposta e à situação e a melhoria da validade de nossas provas de interação simulada representam áreas adicionais de interesse, assim como a incorporação de aparelhos simples e manipuláveis para a avaliação de variáveis fisiológicas em situações interpessoais da vida real, sem que isso suponha limitação de movimentos para o sujeito. Cremos que as bases já estão cimentadas. Temos de construir, agora, a estrutura de uma avaliação das HS, baseada nos três sistemas de resposta, que seja compreensiva, válida e confiável.

6. Treinamento em Habilidades Sociais

O THS encontra-se entre as técnicas mais potentes e mais freqüentemente utilizadas para o tratamento dos problemas psicológicos, para a melhoria da efetividade interpessoal e para a melhoria geral da qualidade de vida. Desde o início como "treinamento assertivo", a esfera de ação desse movimento estendeu-se, até ser considerado, atualmente, uma das estratégias de intervenção mais amplamente utilizadas dentro do campo dos serviços de saúde mental (L'Abate e Milan, 1985). Mas, o que é o THS? O THS pode ser definido como "um enfoque geral da terapia dirigido a incrementar a competência da atuação em situações críticas da vida" (Goldsmith e McFall, 1975, p. 51) ou como "uma tentativa direta e sistemática de ensinar estratégias e habilidades interpessoais aos indivíduos com a intenção de melhorar sua competência interpessoal individual em tipos específicos de situações sociais" (Curran, 1985, p. 122).

As premissas do THS são (Curran, 1985):

1. As relações interpessoais são importantes para o desenvolvimento e o funcionamento psicológicos.
2. A falta de harmonia interpessoal pode contribuir ou conduzir a disfunções e perturbações psicológicas.
3. Certos estilos e estratégias interpessoais são mais adaptativos que outros para tipos específicos de encontros sociais.
4. Esses estilos e estratégias interpessoais podem ser especificados e ensinados.
5. Uma vez aprendidos, esses estilos e estratégias melhorarão a competência em situações específicas.
6. A melhoria na competência interpessoal pode contribuir ou conduzir à melhoria no funcionamento psicológico.

O THS compõe-se de uma combinação de procedimentos comportamentais para uns (p. ex., Heimberg e cols., 1977), ou de qualquer procedimento, para outros (p. ex., Rimm e Masters, 1974), dirigidos a incrementar a capacidade do indivíduo para que se implique nas relações interpessoais de maneira socialmente apropriada.

Mas, a que se deve a atuação de maneira socialmente inadequada de um indivíduo? Alegou-se uma série de razões que impediria um indivíduo de manifestar um comportamento socialmente hábil. Esses fatores seriam os seguintes:

1. As respostas hábeis necessárias não estão presentes no *repertório de respostas* de um indivíduo. Este pode nunca ter aprendido o comportamento apropriado ou pode ter aprendido um comportamento inapropriado. É possível, também, que essas respostas inapropriadas tenham alta probabilidade de ocorrência devido à aprendizagem anterior, e, inclusive, mesmo se o indivíduo possuir as habilidades necessárias, as respostas inapropriadas podem superar as habilidades mais apropriadas e dar-se uma atuação inadequada.

2. O indivíduo sente *ansiedade condicionada,* o que o impede de responder de maneira socialmente adequada. Por meio de experiências aversivas ou de condicionamento vicário, sinais anteriormente neutros relacionados com as interações sociais foram associados a estímulos aversivos.

3. O indivíduo contempla de maneira incorreta sua atuação social, *auto-avaliando-se negativamente,* com acompanhamento de pensamentos "autoderrotistas", ou está temeroso pelas possíveis conseqüências do comportamento hábil.

4. *Falta de motivação* para atuar apropriadamente em determinada situação, podendo dar-se uma carência de valor reforçador por parte das interações interpessoais.

5. O indivíduo não sabe *discriminar* adequadamente as situações nas quais determinada resposta provavelmente seja efetiva.

6. O indivíduo não está seguro de seus *direitos* ou não crê que tenha o direito de responder apropriadamente.

7. No caso de pacientes psiquiátricos, os penetrantes efeitos da *internação* fizeram com que o paciente se desabituasse com as respostas sociais, o que apresenta como resultado uma incapacidade para reproduzir o que poderia ter sido, antes, parte integral do seu repertório.

8. *Obstáculos ambientais* restritivos que impedem o indivíduo de se expressar apropriadamente ou que, até mesmo, punem a manifestação desse comportamento socialmente adequado.

A maioria desses elementos poderia ser reagrupada em quatro modelos fundamentais (Bellack e Morrison, 1982):

a. Modelo dos déficits em habilidades.
b. Modelo da ansiedade condicionada.
c. Modelo cognitivo-avaliativo.
d. Modelo da discriminação errônea.

Conseqüentemente, o processo do THS deveria implicar, em seu desenvolvimento completo, quatro elementos de forma estruturada. Esses elementos são:

1. *Treinamento em habilidades,* no qual são ensinados comportamentos específicos, praticados e integrados ao repertório comportamental do indivíduo. Dado que a aquisição das HS depende de um conjunto de fatores enquadrados, principalmente, dentro da teoria da aprendizagem social, o THS inclui muitos desses procedimentos em sua aplicação. Concretamente, empregam-se procedimentos como as instruções, a modelação, o ensaio de comportamento, a retroalimentação e o reforço, todos os quais serão descritos mais adiante. O treinamento em habilidades é o elemento mais básico e mais específico do THS. Às vezes, dependendo do problema particular do indivíduo, emprega-se somente esse procedimento do THS.

2. *Redução da ansiedade* em situações sociais problemáticas. Normalmente, essa diminuição da ansiedade é conseguida de forma indireta, isto é, apresentando o novo comportamento mais adaptativo que, supostamente, é incompatível com a resposta de ansiedade (Wolpe, 1958). Se o nível de ansiedade é muito elevado, pode-se empregar diretamente uma técnica de relaxamento e/ou a dessensibilização sistemática.

3. *Reestruturação cognitiva,* na qual se tentam modificar valores, crenças, cognições e/ou atitudes do indivíduo. Com freqüência, a reestruturação cognitiva acontece, como com o elemento anterior, de forma indireta. Isto é, a aquisição de novos comportamentos modifica, mais a longo prazo, as cognições do indivíduo. Porém, com a crescente cognitivação da terapia comportamental, a incorporação de procedimentos cognitivos ao THS é algo habitual na aplicação dessa técnica, especialmente aspectos da terapia racional emotiva, auto-instruções etc.

4. *Treinamento em solução de problemas,* no qual se ensina o indivíduo a *perceber* corretamente os "valores" de todos os parâmetros situacionais relevantes, a *processar* os "valores" desses parâmetros para gerar respostas potenciais, a *selecionar* uma dessas respostas e a *enviá-la* de maneira que maximize a probabilidade de atingir o objetivo que impulsionou a comunicação interpessoal. O treinamento em solução de problemas não costuma ser feito de forma sistemática nos programas de THS, embora geralmente se encontre presente, de forma implícita, neles.

A importância do THS nos casos em que se aplica varia, conforme seja utilizado como técnica principal ou como auxílio para outros procedimentos terapêuticos. Podemos dizer, porém, que em todos os casos, o THS interessa-se pela mudança da comportamento social. Embora, em princípio, essa técnica tenha sido desenvolvida como uma aplicação do condicionamento pavloviano aos transtornos "neuróticos" (ansiedade social, principalmente; Salter, 1949), posteriormente estendeu-se a todas as áreas das relações interpessoais. Para Pith e Roth (1978) o objetivo principal do THS consiste em permitir às pessoas fazer escolhas sobre sua vida e atuações. O THS ensina aos indivíduos como trabalhar de forma construtiva com os outros e estabelecer relações mais satisfatórias (Landau e Paulson, 1977). Também poderia ensinar, por exemplo, a cuidar de si, a pedir o que desejam, a se proteger dos pedidos pouco razoáveis e das críticas, a ser capazes de se abrir com os outros (Bakker, Bakker-Rabdau e Breit, 1978; Rimm e Masters, 1974; Schinke e cols., 1979). Em resumo, a essência do THS consistiria em tentar aumentar o comportamento adaptativo e pró-social, ensinando as habilidades necessárias para uma interação social satisfatória (Eisler, 1976; Kelly, 1982; Spence e Spence, 1980), com a finalidade de conseguir a satisfação interpessoal (Brown e Brown, 1980).

Alega-se que um programa completo de THS deve buscar um conjunto de habilidades cognitivas, emocionais, verbais e não-verbais (Linehan, 1984). Por outro lado, os programas de THS deveriam tratar diferentes tipos de respostas hábeis como entidades únicas, e reconhecer que o impacto social de um comportamento é específico ao tipo de resposta hábil que define esse comportamento.

Na prática, podemos considerar, com Lange (1981; Lange, Rimm e Loxley, 1978), que as quatro etapas do THS são as seguintes:

1. O desenvolvimento de um sistema de crenças que mantenha um grande respeito pelos próprios direitos e pelos direitos dos demais.
2. A distinção entre comportamentos assertivos, não-assertivos e agressivos.
3. A reestruturação cognitiva da forma de pensar em situações concretas.
4. O ensaio comportamental de respostas assertivas em situações determinadas.

Essas etapas não são necessariamente sucessivas; às vezes, entrelaçam-se no tempo e, de fato, podem se readaptar e se modificar de diversas formas para se adequarem melhor às necessidades do indivíduo.

Temos de assinalar, também, que existem muito poucas contra-indicações para o THS, se for o tratamento escolhido. As únicas contra-indicações seriam as seguintes (Curran, 1985):

1. O ambiente real do indivíduo não toleraria a mudança no nível de competência social deste e trataria de impedir tal mudança.
2. Existem procedimentos mais eficientes que poderiam produzir mudanças mais facilmente no nível de competência dos indivíduos.
3. O nível motivacional ou a capacidade intelectual de um indivíduo são tais que ele não se beneficiaria muito do THS.

Das muitas técnicas de terapia comportamental, "o THS pode ser a mais estimulante para o terapeuta, mas é, provavelmente, também a mais difícil. Em parte, porque com freqüência é difícil determinar com certeza uma resposta socialmente apropriada para uma situação determinada" (Rimm, 1977, p. 87).

6.1. OS "PACOTES" DE TREINAMENTO EM HABILIDADES SOCIAIS

Os procedimentos empregados no THS têm sido, em sua maioria, elementos comportamentais de terapia. Foi incluída uma grande variedade deles nos "pacotes" do THS. Entre os procedimentos utilizados encontramos os seguintes:

1. *Ensaio de comportamento* ("Behavior rehearsal") ou representação de papéis ("Role playing")
   - 1.1. Ensaio encoberto ("Covert rehearsal")
     - 1.1.1. Asserção encoberta ("Covert assertion")
   - 1.2. Ensaio manifesto ("Overt rehearsal")
     - 1.2.1. Inversão de papéis ("Role reversal")
     - 1.2.2. Representação exagerada do papel
     - 1.2.3. Ensaio de comportamento dirigido
     - 1.2.4. Prática dirigida ("Guided pratice")
     - 1.2.5. Colocar-se no papel do outro ("Role taking")
     - 1.2.6. Dessensibilização por meio de ensaios ("Rehearsal desensitization")
2. *Modelação* ("Modeling")
   - 2.1. Modelação encoberta ("Covert modeling")
   - 2.2. Modelação manifesta ("Overt modeling")
     - 2.2.1. Modelação com participação dirigida

3. *Reforço*
   3.1. Reforço encoberto
   3.2. Reforço externo
   3.3. Auto-reforço
4. *Retroalimentação* ("Feedback")
   4.1. Retroalimentação áudio/vídeo
   4.2. Retroalimentação verbal
   4.3. Retroalimentação não-verbal
   4.4. Retroalimentação por fichas
5. *Instruções* ("Instructions")
6. *Ensino* ("Coaching")
7. *Tarefas para casa*
8. *Fazer um diário*
9. *Reestruturação cognitiva* ("Cognitive restructuring")
10. *Exercícios de solução de problemas*
11. *Auto-instruções*
12. *Detenção do pensamento* ("Thought stopping")
13. *Relaxamento*
14. *Dessensibilização* ("Desensitization")
15. *Inundação* ("Flooding")
16. *Reflexo* ("Mirroring")
17. *Discussão* em pequenos grupos
18. *Exercícios de esclarecimento de valores*
19. *Exercícios não-verbais*
20. *Auto-avaliação*
21. *Contratos*
22. *Exortação e palestra do terapeuta*
23. *Leituras selecionadas*
24. *Filmes*
25. *Autocontrole*
26. *Psicodrama*

Rich e Schroeder (1976) assinalam que os procedimentos de treinamento podem ser incluídos, em termos de sua função, em uma das seguintes categorias:

a. Operações de aquisição da resposta (p. ex., modelação, instruções).
b. Operações de reprodução da resposta (p. ex., ensaio de comportamento).
c. Operações de modelagem *(shaping)* e fortalecimento da resposta (p. ex., retroalimentação, ensino por parte do terapeuta ou reforço pelo grupo).

d. Operações de reestruturação cognitiva (p. ex., manipulação cognitiva).
e. Operações de transferência da resposta (p. ex., tarefas para casa).

Porém, apesar da variedade de elementos, o "pacote" básico do THS implicou tipicamente os seguintes procedimentos: *instruções*, *modelação, ensaio de comportamento* (ou procedimento-base), *retroalimentação* e *reforço* (p. ex., Bornstein e cols., 1980; Bellack, Hersen e Turner, 1976; Curran e cols., 1985; Golden, 1981; Goldstein e cols., 1985; Hollandsworth e cols., 1978; Linden e Wright, 1980; Ollendick e Hersen, 1979; Spence e Marzillier, 1979; Shepherd, 1978; Wilkinson e Canter, 1982, para citar alguns), mais as *tarefas para casa,* com a finalidade de generalizar gradualmente à vida real as habilidades aprendidas na clínica. Nas últimas décadas, com a grande expansão da terapia cognitiva, foram incorporados elementos da terapia racional emotiva, do treinamento em auto-instruções etc.

6.2. O FORMATO DO TREINAMENTO EM HABILIDADES SOCIAIS

O formato básico do THS inclui identificar primeiro, com a ajuda do paciente, as áreas específicas nas quais tem dificuldades. O melhor é obter vários exem- plos específicos das situações problemáticas em termos do que acontece realmente nelas. A entrevista, o auto-registro, os instrumentos de auto-informe, o emprego de situações análogas e/ou a observação na vida real constituem ferramentas freqüentemente utilizadas na determinação de problemas de inadequação social (ver capítulo 5 para revisão de algumas das técnicas de avaliação das HS). Delinear a natureza do problema é importante porque o tratamento específico utilizado pode depender, até certo ponto, do tipo de comportamento-problema.

Uma vez identificado, o passo seguinte consiste em analisar por que o indivíduo não se comporta de forma socialmente adequada. Anteriormente, assinalou-se uma série de fatores que poderiam impedir uma pessoa de se comportar de forma socialmente hábil (p. ex., déficits em habilidades, ansiedade condicionada, cognições desadaptativas, discriminação errônea). A especificação dos fatores implicados no comportamento desadaptativo nos facilitará o caminho para o emprego dos diferentes procedimentos do THS.

Antes de começar com o treinamento em si, é importante informar ao paciente sobre a natureza do THS, sobre os objetivos a atingir na terapia e sobre o que se espera que faça. Além disso, é importante fomentar sua motivação para com o treinamento. Masters e cols. (1987) assinalam que a maioria dos terapeutas dão ênfase considerável na indução a uma atitude positiva, entusiasta, com relação ao THS antes de começar com os procedimentos de treinamento. "Em parte, isso é assim porque o THS, como a maioria das técnicas de terapia comportamental, requer uma grande quantidade de participação ativa do paciente, o que faz necessária uma grande motivação" (Masters, Burish, Hollon e Rimm, 1987, p. 96). Uma vez que o paciente tenha compreendido o objetivo do THS e esteja de acordo em fazê-lo, pode-se começar com o programa de sessões.

Às vezes, pode ser necessário ensinar o indivíduo a relaxar, antes de abordar determinadas situações problemáticas. A redução da ansiedade nessas situações favorecerá, com toda a probabilidade, a atuação socialmente adequada do paciente e a aquisição de novas habilidades (em caso de não possuí-las). O relaxamento progressivo de Jacobson, dando especial importância ao relaxamento diferencial, pode ser utilizado nesse contexto. Ensinar o paciente a determinar sua ansiedade (pontuações SUDS) nas situações problemáticas pode ser, portanto, um passo prévio importante.

Posteriormente, e seguindo o esquema proposto por Lange (1981; Lange, Rimm e Loxley, 1978) para o desenvolvimento do THS, podemos considerar, em uma primeira fase, a construção de um sistema de crenças que mantenha o respeito pelos próprios direitos pessoais e pelos direitos dos demais. Bower e Bower (1976) assinalam que nossos direitos humanos provêm da idéia de que todos somos criados iguais, em sentido moral, e temos de nos tratar mutuamente como iguais. Um direito humano básico, no contexto das HS, é algo que se considera que todas as pessoas têm em virtude de sua existência como seres humanos. A premissa subjacente do THS é humanista: não produzir estresse desnecessário nos demais e apoiar a auto-realização de cada pessoa. A tabela 6.1 apresenta alguns desses direitos humanos mais importantes no contexto das HS.

Uma segunda etapa do THS, apontada anteriormente, consiste em que o paciente entenda e diferencie entre respostas assertivas, não-assertivas e agressivas. No apêndice E deste livro, encontram-se descrições básicas desses três tipos de resposta. Pode-se planificar uma série de exercícios estruturados para que o paciente participe ativamente da aprendizagem das diferenças dessas formas de comportamento.

Os sujeitos participantes em um programa de THS devem ter claro que o comportamento assertivo é, geralmente, mais adequado e reforçador que os outros estilos de comportamento, ajudando o indivíduo a expressar-se livremente e a conseguir, freqüentemente, os objetivos a que se propõe. Além disso, aumentaria a motivação do paciente para continuar com o programa de THS.

Tabela 6.1. Amostra de direitos humanos básicos[a]

1. O direito a manter sua dignidade e respeito, comportando-se de forma hábil ou assertiva – inclusive se a outra pessoa sente-se ferida – desde que não viole os direitos humanos básicos dos demais.
2. O direito a ser tratado com respeito e dignidade.
3. O direito a recusar pedidos sem ter de se sentir culpado ou egoísta.
4. O direito a experimentar e expressar seus próprios sentimentos.
5. O direito a deter-se e pensar antes de agir.
6. O direito a mudar de opinião.
7. O direito a pedir o que quiser (levando em conta que a outra pessoa tem o direito de dizer não).
8. O direito a fazer menos do que humanamente é capaz de fazer.
9. O direito a ser independente.
10. O direito a decidir o que fazer com seu próprio corpo, tempo e propriedade.
11. O direito a pedir informação.
12. O direito a cometer erros – e ser responsável por eles.
13. O direito a se sentir satisfeito consigo.
14. O direito a ter suas próprias necessidades, e que essas necessidades sejam tão importantes como as necessidades dos demais. Além disso, temos o direito de pedir (não exigir) aos demais que respondam a nossas necessidades e de decidir se satisfazemos as necessidades dos demais.
15. O direito a ter opiniões e expressá-las.
16. O direito a decidir se quer satisfazer as expectativas de outras pessoas ou se prefere agir seguindo seus interesses – desde que não viole os direitos dos demais.
17. O direito a falar sobre o problema com a pessoa envolvida e esclarecê-lo, em casos-limite, em que os direitos não estão totalmente claros.
18. O direito a obter aquilo pelo que paga.
19. O direito a escolher não se comportar de maneira assertiva ou socialmente hábil.
20. O direito a ter direitos e defendê-los.
21. O direito a ser escutado e a ser levado a sério.
22. O direito a estar só, quando assim o escolher.
23. O direito a fazer qualquer coisa, desde que não viole os direitos de outra pessoa.

[a] Baseada principalmente em P. Jakubowski e A. Lange, *Responsible assertive behavior;* Campaign, Ill., Research Press, 1978. © 1978 Research Press. Reproduzido com autorização, e utilizando outras fontes diversas.

Uma terceira etapa abordaria a reestruturação cognitiva dos modos de pensar incorretos do indivíduo socialmente inadequado. Dado que o comportamento socialmente hábil é situacionalmente específico, os termos anteriores referir-se-iam também a situações-problema específicas para cada paciente. Do mesmo modo, as pautas inadequadas de pensamento consideram-se específicas à situação na qual o indivíduo se encontra inserido. O objetivo das técnicas cognitivas empregadas consiste em ajudar os pacientes a reconhecer que o que dizem a si mesmos pode influenciar seus sentimentos e seu comportamento. Podem ser utilizados diversos exercícios para facilitar aos pacientes descobrir as relações entre suas cognições e seus sentimentos e comportamentos. Procedimentos como auto-análise racional, imagens racional-emotivas (Caballo e Buela, 1991; Maultsby, 1984) ou diversas variações do treinamento em auto-instruções (D'Amico, 1977; Meichenbaum, 1977; Santacreu, 1991) podem servir a esse propósito.

A quarta e mais importante e específica etapa do THS é constituída pelo ensaio comportamental das respostas socialmente adequadas em situações determinadas. Levando em conta tudo o que foi visto anteriormente, já temos o caminho desobstruído para o ensaio satisfatório dos comportamentos-problema. O uso do relaxamento, no caso de o paciente sentir-se muito nervoso, a aceitação de um conjunto de direitos humanos básicos, a diferenciação entre estilos de resposta adaptativos e não-adaptativos e a reestruturação cognitiva dos pensamentos incorretos do indivíduo servem-nos para facilitar (e, às vezes, possibilitar) o ensaio comportamental apropriado e, principalmente, sua generalização à vida real. Os procedimentos empregados nessa quarta etapa do THS são: o ensaio de comportamento (o elemento básico), a modelação, as instruções, a retroalimentação/reforço e as tarefas para casa. Esses procedimentos dão-se em situações-problema específicas em que intervêm tipos específicos de pessoas e representando determinado tipo de comportamento. Dadas a concreção e a operatividade que se persegue no THS, o tipo de comportamento representado tem de ser decomposto em elementos mais simples, elementos "moleculares" que possam ser avaliados com base em sua adequação e/ou freqüência (ver Caballo, 1993; Caballo e Buela, 1988*a*, 1989). No capítulo 2, oferece-se uma descrição, com certo detalhe, dos elementos moleculares considerados mais importantes no âmbito das HS.

6.2.1. *O ensaio de comportamento*

O ensaio de comportamento é o procedimento mais freqüentemente empregado no THS. Por meio de tal procedimento, representam-se maneiras apropriadas e efetivas de enfrentar as situações da vida real que são problemáticas para o paciente. O objetivo do ensaio de comportamento consiste em aprender a modificar modos de resposta não-adaptativos, substituindo-os por novas respostas. O ensaio de comportamento diferencia-se de outras formas de representação de papéis, como o psicodrama, ao centrar-se na mudança de comportamento como fim em si mesmo, e não como técnica para identificar ou expressar supostos conflitos.

No ensaio de comportamento, o paciente representa curtas cenas que simulam situações da vida real. Pede-se ao "ator" principal – o paciente – que descreva brevemente a situação-problema real. As perguntas *que, quem, como, quando* e *onde* são úteis para emoldurar a cena, bem como para determinar a maneira específica em que o indivíduo quer atuar. A pergunta "por que" deve ser evitada. O representante – ou representantes – do outro papel ou papéis – é chamado pelo nome das pessoas significativas para o indivíduo na vida real. Uma vez que se começa a representar a cena, é responsabilidade dos treinadores assegurar-se de que o "ator" principal representa o papel e que tenta seguir os passos comportamentais enquanto atua. Se ele "sai do papel" e começa a fazer comentários, explicando acontecimentos passados ou outros assuntos, o treinador fará, com firmeza, com que entre outra vez no papel.

Se o participante tem dificuldades com uma cena, dever-se-ia parar para discutir. Continuar quando alguém está ansioso ou incomodado, ou está mostrando um comportamento inapropriado ou não-funcional, não é construtivo. Por outro lado, se um indivíduo mostra simplesmente uma leve vacilação ou está se aproximando do comportamento desejado, pode-se "apontar", dando-lhe apoio e ânimo. O "apontar" pode consistir em "qualquer tipo de instrução direta, indício ou sinal que se dá ao sujeito durante o ensaio de uma cena, seja de forma verbal ou não-verbal.

Se a situação escolhida para o ensaio de comportamento se mostra muito difícil, deve-se sugerir ao sujeito para praticar uma versão mais fácil da mesma situação. Podem ser recordadas algumas questões sobre o ensaio de comportamento:

1. É preciso limitar-se a um problema em uma situação. Não se deve tentar resolver tudo de uma vez.
2. É preciso limitar-se ao problema exposto no princípio.
3. Deve-se escolher uma situação recente ou uma que provavelmente ocorra em um futuro próximo.
4. Não se deve prolongar a parte da representação de papéis além de um a três minutos.
5. As respostas devem ser tão curtas quanto possível.
6. É preciso lembrar que quem vai atuar é o principal conhecedor do comportamento assertivo e de qual é a melhor resposta para a pessoa nessa situação. Os que vão representar os outros papéis devem ser escolhidos com base no que pensa o sujeito com relação a quem representaria melhor as cenas.

Um número apropriado de ensaios de comportamento para um segmento ou para uma situação varia de três a dez. Salvo se a situação ensaiada for curta, deve ser dividida em segmentos praticados na ordem em que ocorrem. Uma espécie de esquema que o paciente pode ter presente pode ser visto no quadro 6.1.

Embora a seqüência de cada representação de papéis (isto é, os passos comportamentais) seja sempre a mesma (pode apresentar pequenas variações), o conteúdo das situações representadas muda de acordo com o que ocorre ou poderia ocorrer aos sujeitos na vida real. A seguir, descrevemos uma seqüência típica para fazer o ensaio de comportamento em um formato grupal. São expostos vários passos para oferecer uma idéia de como pode ser uma seqüência completa do ensaio de comportamento (ajudado por outros procedimentos), embora com freqüência não seja necessário passar por todos esses passos (p. ex., muitas vezes, não é necessário a modelação e/ou o ensaio encoberto). Seqüências similares podem ser encontradas na maioria dos textos sobre o THS (p. ex., Caballo, 1987; Hall e Rose, 1980; Lange e Jakubowski, 1976; Becker, Heimberg e Bellack, 1987; Liberman, DeRisi e Mueser, 1989). Os passos são os seguintes:

1. *Descrição* da situação-"problema".
2. *Representação* do que o paciente faz normalmente nessa situação.
3. Identificação das possíveis *cognições desadaptativas* que estejam influenciando o comportamento socialmente inadequado do paciente.
4. Identificação dos *direitos humanos básicos* implicados na situação.
5. Identificação de um *objetivo adequado* para a resposta do paciente. Avaliação do paciente dos objetivos a curto e longo prazo *(solução de problemas).*
6. Sugestão de respostas alternativas pelos outros membros do grupo e pelos treinadores/terapeutas, concentrando-se em *aspectos moleculares* da atuação.
7. Demonstração de uma dessas respostas pelos membros do grupo ou treinadores para o paciente *(modelação).*
8. O paciente *pratica de modo encoberto* o comportamento que vai efetuar como preparação para a representação de papéis.
9. *Representação,* por parte do paciente, da resposta escolhida, levando em conta o comportamento do modelo que acaba de presenciar, e as *sugestões* oferecidas pelos membros do grupo/terapeutas ao comportamento modelado. O paciente não tem de reproduzir como um "macaco de imitação" o comportamento modelado, mas tem de integrá-lo em seu estilo de resposta.
10. *Avaliação da eficácia* da resposta:

a. Por quem representa o papel, baseando-se no nível de ansiedade presente e no grau de eficácia que pensa ter tido a resposta (o paciente pode utilizar, aqui, os elementos do quadro 6.1. que sejam pertinentes nesse momento).

Quadro 6.1. Esquema do treinamento em habilidades sociais[a]

I. *Avalie a situação*
   1. Determine o que acredita ser direitos e responsabilidades das diferentes partes na situação.
   2. Determine as prováveis conseqüências a curto e a longo prazo dos diferentes caminhos de ação.
   3. Decida como se comportará na situação.

II. *Experimente novas situações e comportamentos nas situações de prática*
   1. Ensaie as novas condutas nas situações representadas. Tente uma e outra vez. Pratique quantas vezes for necessário. Mude a resposta do companheiro de *role-play,* de tal modo que as conseqüências possam ser positivas, negativas ou neutras.
   2. Refute as crenças errôneas e as atitudes contraproducentes e substitua-as por crenças mais corretas e produtivas.
      Inverta sua perspectiva. Como você se sentiria na posição da outra pessoa?
      É verdade a crença? Por que é verdade? Que evidências apóiam a crença?
      A crença o ajuda a sentir-se como quer se sentir?
      A crença o ajuda a atingir seus objetivos sem ferir os demais?
      A crença o ajuda a evitar incômodos ou situações desagradáveis importantes sem negar ao mesmo tempo seus próprios direitos?
      Pergunte a opinião dos outros sobre o impacto e as conseqüências prováveis de seu comportamento.
      Use a "detenção do pensamento" para interromper crenças contraproducentes e obsessivas que ocorrem freqüentemente.

III. *Avalie seu comportamento*
   1. Determine sua ansiedade na situação
      (Aprenda a relaxar, se for necessário: a) relaxamento completo, b) relaxamento diferencial)
      Pontuação SUDS
      Contato visual
      Postura relaxada
      Riso nervoso
      Movimentos de cabeça, mãos e corpo excessivos
   2. Avalie o conteúdo verbal
      Você disse o que queria dizer realmente?
      Seus comentários eram concisos, pertinentes, apropriadamente assertivos à situação?
      Seus comentários eram claros, específicos e firmes?
      Evitou longas explicações, pretextos e desculpas?
      Empregou a primeira pessoa e a expressão de sentimentos quando era apropriado?
   3. Avalie a adequação de seu comportamento não-verbal
      Respondeu quase imediatamente depois que a outra pessoa falou?
      Sua expressão facial estava em consonância com a situação? Você olhava para o rosto da outra pessoa?

Quadro 6.1. (Continuação)

Acompanhava com gestos apropriados o que estava dizendo?
Sua postura e orientação estavam de acordo com a situação?
A distância/contato corporal eram adequados ao tipo de pessoa/situação?
Havia vacilação ou gaguejar em sua voz?
O volume e a entonação eram apropriados?
Havia alguma queixa, lamento ou sarcasmo em sua voz?
Havia silêncios em demasia? O tempo de fala era compartilhado ou sua contribuição era mínima?

4. Decida se está satisfeito com sua atuação geral na situação

IV. *Use os novos comportamentos nas interações da vida real*

1. Decida comportar-se de forma assertiva em uma situação da vida real. Pratique a situação como uma tarefa para casa.
2. Comece a se comportar assertivamente em interações que ocorrem de forma natural, tendo o cuidado de não ir depressa demais.
3. Registre e avalie as tarefas para casa, os comportamentos ensaiados e as interações que ocorrem de forma natural empregando as folhas de registro adequadas.

[a] Baseado em M. D. Galassi e J. P. Galassi. *Assert Yourself! How to be your own person,* Nova York, Human Sciences Press, 1977. © 1977 Human Sciences Press. Reproduzido com autorização.

b. Pelos outros membros/treinadores do grupo, baeando-se no critério do comportamento hábil. A *retroalimentação* proporcionada por eles é específica, ressaltando os traços positivos e assinalando os comportamentos inadequados de maneira amigável, não punitiva. Uma forma de conseguir isso é perguntando aos membros do grupo "O que poderia ser melhorado?", levando em conta que devem referir-se a aspectos "moleculares" concretos e observáveis. Além disso, os terapeutas reforçarão as melhoras empregando uma estratégia de *modelagem* ou aproximações sucessivas.

11. Levando em conta a avaliação realizada pelo paciente e o resto do grupo, o terapeuta ou outro membro do grupo volta a representar (*modelo*) o comportamento, incorporando algumas das sugestões feitas no passo anterior. Não é conveniente que em cada ensaio se tente melhorar mais de dois elementos verbais/não-verbais por vez.

12. Repetem-se os passos 8 a 11 tantas vezes quantas seja necessário, até que o paciente (especialmente) e os terapeutas/membros do grupo pensem que a resposta chegou a um *nível adequado* para ser transferida para a vida real. É preciso assinalar que não é necessário repetir o modelo do passo 11 em cada ocasião em que se torne a representar a cena. O paciente deve incorporar diretamente à sua nova representação as sugestões feitas.

13. Repete-se a cena inteira, uma vez incorporadas, progressivamente, todas as possíveis melhorias.

14. Dão-se as últimas instruções ao paciente sobre como pôr em prática, na vida real, o comportamento ensaiado, as conseqüências positivas e/ou negativas com as quais pode se deparar e que o mais importante é que tente, não que tenha sucesso *(tarefas para casa)*. Assinala-se, também, que, na próxima sessão, serão analisados tanto a forma de efetuar tal comportamento como os resultados obtidos.

Se o paciente é incapaz de completar o ensaio satisfatoriamente, deve-se decompor, então, a cena representada em partes menores e ensaiá-las passo a passo. "Poderia, também, ser decomposta em comportamentos verbais e não verbais e ser praticada não-verbalmente antes de acrescentar as palavras" (Wilkinson e Canter, 1982, p. 47). Esses mesmos autores assinalam que também se pode dar uma oportunidade aos membros do grupo, antes da representação da cena, para que ensaiem durante uns poucos minutos em pares ou em grupos de três etc. (dependendo da situação). Isso permite ao treinador dar uma volta pelo grupo e fazer sugestões, antes que representem "em público".

À seqüência anterior típica do ensaio de comportamento são acrescentados, ultimamente, elementos de treinamento em *percepção social*: habilidades para receber, processar e enviar informação (Becker, Heimberg e Bellack, 1987; Liberman, DeRisi e Mueser, 1989). Embora a capacidade para receber e processar estímulos situacional e interpessoalmente relevantes, para determinar as normas e as regras particulares, para compreender as emoções e as intenções de outras pessoas etc. já tenha sido ressaltada há anos como um importante elemento do THS (p. ex., Morrison e Bellack, 1981; Trower, 1980), não ficou muito claro como levar a cabo esse treinamento em percepção social. Becker, Heimberg e Bellack (1987) consideram oito áreas como objetivos do treinamento em percepção social. Essas áreas são: 1. Mudanças no turno de palavra; 2. Mudanças de temas de conversação; 3. Esclarecer o que o outro disse; 4. Persistência no que expressamos quando a outra pessoa está em dúvida; 5. Averiguar o estado emocional da outra pessoa (por meio dos elementos não-verbais); 6. Reconhecer as manifestações de reforço ou de punição por parte da outra pessoa; 7. Recordação de interações passadas para determinar a probabilidade de que uma resposta seja reforçada ou punida pelo outro; e 8. Ter em conta que podem ocorrer respostas imprevisíveis na outra pessoa.

Os mesmos autores anteriores esforçam-se para que, por meio do treinamento em percepção social, os pacientes reconheçam os sinais sociais importantes, que compreendam as normas sociais, que imaginem e efetuem várias respostas ante esses sinais sociais e que vigiem seus próprios sinais e os modifiquem, se for necessário, para melhorar a comunicação (Becker, Heimberg e Bellack, 1987). Os procedimentos de treinamento que empregam incluem proporcionar informação sobre os sinais sociais importantes, que os reconheçam nos demais, que sejam ensinadas respostas ante esses sinais dos demais (por meio da informação, da modelação, do ensaio de comportamento, da retroalimentação por vídeo e da generalização). Os comportamentos não-verbais constituem elementos básicos a se levar em conta na hora de treinar qualquer das oito áreas assinaladas anteriormente, já que muitas dessas áreas estão determinadas por componentes não-verbais. E mais, o treinamento em tais áreas é fundamentalmente um treinamento na percepção, na interpretação, na seleção e manifestação de comportamentos não-verbais.

Podem ser incluídas diversas variações na seqüência do ensaio de comportamento. Por exemplo, podem ser ensaiadas diferentes conseqüências negativas (inclusive a pior delas), que poderiam ser reproduzidas ante o comportamento do sujeito. Também os papéis podem ser invertidos ao longo do ensaio, de modo que o paciente se ponha no papel da pessoa a quem vai dirigir a comportamento na vida real, podendo, assim, sentir mais empatia com as reações que a outra pessoa poderia ter diante de seu próprio comportamento (Masters e cols., 1987; Monti e Kolko, 1985). Porém, essa inversão de papéis foi criticada por alguns autores que assinalam que, salvo que o problema do paciente seja a redução de respostas agressivas, a inversão de papéis debilita a resposta assertiva e fortalece as cognições negativas subjacentes (Booraem e Flowers, 1978).

Foram realizados experimentos, dentro da literatura sobre as HS, que tentaram avaliar a eficácia e/ou contribuição do ensaio de comportamento como elemento dos programas de THS. Lazarus (1966) demonstrou uma clara superioridade do ensaio de comportamento sobre o conselho direto e a terapia não-diretiva com pacientes "neuróticos" de consulta externa. Posteriormente, McFall e cols. (McFall e Lillesand, 1971; McFall e Marston, 1970; McFall e Twentyman, 1973) tentaram avaliar a importância e a contribuição de diversos procedimentos empregados no THS. Examinaram os procedimentos seguintes: ensaio de comportamento (encoberto e manifesto), modelação, ensino *(coaching)* e retroalimentação, separados e combinados. McFall e Marston (1970) concluíram que o ensaio de comportamento era eficaz para aumentar o comportamento assertivo de recusa em sujeitos universitários, mas que a retroalimentação, tanto por áudio quanto por vídeo, não aumentava significativamente a eficácia do ensaio de comportamento. McFall e Twentyman (1973) concluíram que o ensaio de comportamento manifestado e o encoberto eram igualmente eficazes no treinamento de respostas de recusa assertivas. A combinação de procedimentos mais eficaz resultava ser o ensaio de comportamento associado à instrução. A modelação, por outro lado, não acrescentava nenhum efeito à combinação dos processos anteriores ou aos dois elementos em separado. A combinação do ensaio de comportamento e a instrução era aditiva em seus efeitos, mas não a modelação. Turner e Adams (1977) e Heimberg e cols.

(1977) assinalam que o ensaio de comportamento e o ensino são os componentes mais efetivos do THS com estudantes universitários.

Nos estudos com pacientes psiquiátricos, porém, pode ser que o ensaio de comportamento não seja suficiente por si só (Eisler, Hersen e Miller, 1978; Hersen e cols., 1978*b*), necessitando da ajuda de outros elementos, como a modelação e a instrução. As diferenças na efetividade dos componentes do THS com essas duas populações (universitários e pacientes psiquiátricos) poderiam ser um produto de seus respectivos níveis de funcionamento. "Os estudantes universitários podem possuir as habilidades necessárias para considerar várias alternativas de resposta em uma situação determinada. Dessa maneira, o ensaio de comportamento e o ensino podem ser suficientes para produzir mudanças comportamentais. Os pacientes psiquiátricos (cujo repertório comportamental encontram-se minimamente desenvolvidos ou foram colocados em uma extinção "institucional") podem não possuir essas habilidades. Por conseguinte, a modelação adquirirá um papel mais central" (Heimberg e cols., 1977, p. 961).

6.2.2. *A modelação*

A exposição do paciente a um modelo que mostre corretamente o comportamento-objetivo do treinamento permitirá a aprendizagem observacional desse modo de atuação. A modelação costuma ser representada pelo terapeuta ou por algum membro do grupo e pode apresentar-se ao vivo ou gravado em vídeo. A representação pode ser de todo o episódio ou de somente uma parte dele. Demonstrou-se que o método da modelação é mais efetivo quando os modelos são de idade próxima e do mesmo sexo que o observador, e quando o comportamento do modelo encontra-se mais próximo ao do observador, em vez de ser altamente competente ou mais extremo. Nesse último caso, a representação pode resultar demasiado complexa, de modo que o observador pode sentir-se acanhado e não realizar nenhuma aprendizagem significativa (Schroeder e Black, 1985). É importante, então, que o terapeuta dirija a atenção do paciente para os componentes separados, específicos da situação, de forma que reduza sua complexidade. A modelação tem, além disso, a vantagem de ilustrar os componentes não-verbais e paralingüísticos de determinado comportamento interpessoal. O tempo de exposição ao modelo também parece ser importante, produzindo resultados mais positivos as exposições mais longas (Eisler e Frederiksen, 1980). Por outro lado, é importante que o paciente não interprete o comportamento modelado como *a* única forma "correta" de se comportar, mas como uma maneira de enfocar uma situação particular (Wilkinson e Canter, 1982).

No treinamento, a modelação parece mais apropriada quando: *a.* uma pessoa mostra um comportamento inapropriado e é mais fácil mostrar o comportamento correto que explicá-lo ou "apontá-lo" (especialmente útil para o comportamento não-verbal e o complexo), ou *b.* um paciente não responde em absoluto ou não parece saber como começar. Parece, também, que o emprego do procedimento do "modelo" é mais importante com populações de amplas deficiências (p. ex., pacientes psiquiátricos) que com aquelas que possuem um nível superior de adaptação social (p. ex., sujeitos universitários). Alguns aspectos a recordar sobre a modelação são os seguintes:

1. A atenção é necessária para a aprendizagem. Uma vez que na modelação aprende-se vicariamente por meio da observação e da escuta, quem vai atuar tem de saber a que comportamentos é preciso prestar atenção e lembrar-se. Às vezes, ajuda ter uma discussão de grupo sobre o que o modelo fez que deu como resultado uma resposta especialmente hábil, ou fazer com que o terapeuta assinale alguma dessas respostas.
2. A modelação tem mais influência quando o observador considera o comportamento do modelo como desejável e quando essa comportamento tem conseqüências positivas. O paciente recordará melhor as respostas se tiver oportunidade para praticar o comportamento do modelo.
3. É importante que o paciente não interprete o comportamento modelado como a maneira "correta" de se comportar, mas como uma forma de abordar uma situação particular.

Muitas das pesquisas sobre os benefícios da modelação revelam um efeito facilitador. Eisler, Blanchard, Fitts e Williams (1978) pesquisaram os efeitos de acrescentar a modelação ao THS (ensaio de comportamento, ensino e retroalimentação) com esquizofrênicos não-psicóticos (sem especificar). Um grupo de THS e outro de ensaio de comportamento (somente prático) serviram como grupos de comparação. Os resultados indicaram que a modelação foi necessária para melhorar a atuação dos esquizofrênicos, especialmente com relação ao estilo de emissão das respostas (embora fosse desnecessário e, às vezes, prejudicial para os não-psicóticos).

Kazdin (1975, 1976) concluiu que imaginar vários modelos realizando o comportamento assertivo conduziu a maiores mudanças que imaginar um único modelo; as conseqüências favoráveis ao modelo melhoravam a atuação, as melhorias transferiam-se a situações novas de representação de papéis, e os ganhos eram mantidos, segundo medidas de auto-informe, no acompanhamento quatro meses mais tarde. Esse mesmo autor mostrou em outros estudos a eficácia da modelação, empregada sozinha, para modificar o comportamento socialmente não-hábil de sujeitos não-psiquiátricos (Kazdin, 1974, 1979, 1980). Também outros pesquisadores encontraram efeitos significativos da modelação dentro do "pacote" do THS (Friedman, 1971; Eisler, Hersen e Miller, 1973; Hersen e cols., 1973*b*; Hersen e cols., 1979; O'Connor, 1972). Apesar dos resultados de seu estudo, que davam conta de que a modelação não exercia nenhum efeito ao ser acrescentada aos procedimentos de ensaio de comportamento e/ou ensino, McFall e Twentyman (1973) pensam que em um programa de THS todos os sujeitos deveriam ser submetidos a uma modelação antes do uso dos outros componentes do THS. É provável que essa modelação não seja nem benéfica nem danosa – anotam esses autores – "mas garante que todos os sujeitos tenham passado pela experiência de modelação necessária" (p. 217).

6.2.3. *Instruções/ensino*

O termo *ensino (coaching),* denominado também, às vezes, retroalimentação corretiva, tenta proporcionar ao indivíduo informação explícita sobre a natureza e o grau de discrepância entre sua atuação e o critério (p. ex., "seu contato visual foi demasiado breve, aumente-o"). Em geral, também costuma incluir informação específica sobre o que constitui resposta apropriada (p. ex., "Quero que pratique olhar diretamente o rosto da outra pessoa quando estiver falando com ela"), anotações que dirigem a atenção do sujeito para suas necessidades etc. O termo *instrução (instrution)* é mais amplo, abrangendo, além do anterior, informação específica e geral sobre o programa de THS ou aspectos dele.

A informação pode apresentar-se sob diversas formas, por meio de representações de papéis, discussões, material escrito, descrições na lousa, gravações em vídeo etc. Exemplos de informação apresentados nas primeiras sessões são os "direitos humanos básicos" ou a distinção entre comportamentos assertivos, não-assertivos e agressivos. Também, no começo de qualquer sessão do THS, é importante transmitir claramente ao paciente o componente ou dimensão exatos que receberão atenção nesse dia e dar uma explicação sobre sua importância. O propósito de começar cada sessão com uma breve instrução do terapeuta é assegurar-se de que os pacientes compreendem as expectativas desse dia, para depois poder atendê-las. Em uma palavra, as instruções não são dadas somente para fornecer aos pacientes informação sobre o comportamento social, mas também para proporcionar uma base e uma explicação para os exercícios e ensaios de comportamento posteriores. O paciente deveria saber o que se espera que faça na representação de papéis antes de fazê-lo.

6.2.4. *Retroalimentação e reforço*

Retroalimentação e reforço são dois elementos fundamentais do THS. Muitas vezes, esses dois componentes fundem-se em um, quando a retroalimentação que se dá ao paciente é reforçadora para ele. O *reforço* tem lugar ao longo das sessões do THS e serve tanto para adquirir novos comportamentos, recompensando aproximações sucessivas, como para aumentar determinados comportamentos adaptativos no paciente. Twentyman e Zimering (1979) assinalam que o tipo de reforço mais empregado nos programas de THS foi o verbal. As recompensas sociais são reforços efetivos para a maioria das pessoas e no THS são dispensadas por meio do elogio e do ânimo. O *efeito* benéfico é maior quando ocorre imediatamente depois do ensaio de comportamento. Além de reforçar verbalmente o sujeito que atua, também se pode reforçar não-verbalmente por meio de expressão facial, assentimentos de cabeça, aplausos, palmadas nas costas etc. Cada vez que um paciente faz parte em uma representação de papéis, o treinador tem a oportunidade de reforçar o comportamento desejado. Twentyman e Zimering (1979) informam que estudos que empregaram técnicas de reforço aplicáveis além do laboratório tendiam a mostrar os resultados mais positivos. Os pesquisadores podem encontrar efeitos de transferência maiores quando se realiza uma tentativa sistemática de incluir "reforço ambiental" nos programas de treinamento.

Também se pode instruir os pacientes para que se auto-recompensem, "que digam e façam algo agradável para si mesmos" se praticam bem suas novas habilidades (Goldstein, Gershaw e Sprafkin, 1985). Uma forma de ajudar o processo de auto-reforço é associá-lo a um reforço secundário, como o dinheiro. Por exemplo, pode-se mudar uma moeda de um bolso a outro depois de uma resposta assertiva. Essa transferência é acompanhada por uma autoverbalização positiva. Vão se juntando as moedas para a aquisição de um reforço mais amplo. O auto-reforço serve também para manter comportamentos que não são recompensados pelo ambiente externo.

Booraem e Flowers (1978) assinalam que a psicoterapia tende a centrar-se nos aspectos negativos do comportamento, explorando os problemas do paciente mais que suas capacidades. Por isso, é importante começar cada sessão de grupo com informes dos sucessos. Começar assim estabelece um tom de êxito no grupo e permite àqueles pacientes que fizeram bem na vida real obter reforço por parte do grupo, o que os ajudará a manter as melhoras obtidas. "Isso é especialmente importante quando fez o melhor que poderia fazer, mas não conseguiu ainda o que queria, ou está começando a obter certa retroalimentação negativa do ambiente devido a sua mudança" (Booraem e Flowers, 1978, p. 25).

A *retroalimentação* proporciona informação específica ao sujeito, essencial para desenvolvimento e melhora de uma habilidade. A retroalimentação pode ser dada pelo treinador, outros membros do grupo, ou ser oferecida pela repetição por audio ou vídeo. Se a retroalimentação é oferecida por outros membros do grupo, estes deveriam ser treinados para que fossem positivos e a apresentassem de tal modo que fosse benéfica para o paciente. As seguintes diretrizes podem ser úteis (Wilkinson e Canter, 1982):

a. Deve-se especificar, antecipadamente, os comportamentos submetidos a retroalimentação, de modo que durante a representação de papéis os observadores possam concentrar-se nas respostas relevantes.

b. A retroalimentação deve concentrar-se no comportamento, em vez de na pessoa.

c. A retroalimentação deve ser detalhada, específica e concentrar-se naqueles comportamentos assinalados, seja durante a sessão ou em sessões prévias.

d. Não se deve dar uma retroalimentação de mais de três comportamentos por vez, já que é muito difícil observar e informar sobre um número maior.

e. Deve-se proporcionar a retroalimentação diretamente ao sujeito; p. ex., "Foi boa a maneira como você olhou para ela", e não "Foi boa a maneira como ela o olhou".

f. A retroalimentação deveria concentrar-se no positivo, com sugestões para a melhora e a mudança, se necessário.

g. Deve-se enfatizar que a retroalimentação não é um juízo objetivo do sujeito, mas impressões subjetivas que podem variar com as pessoas.

h. Deve-se lembrar, especialmente o terapeuta, que a pessoa que dá a retroalimentação o faz com base em suas próprias normas e cultura, que poderiam diferir das do paciente.

O processo de oferecer retroalimentação pode também ter outros efeitos benéficos. Proporciona aos pacientes a oportunidade de praticar o falar diretamente à outra pessoa e ajuda os membros do grupo a se concentrarem no "ator", mantendo-os implicados com o grupo e aumentando a probabilidade de aprendizagem observacional com relação àqueles comportamentos que têm sucesso (e, em conseqüência, são reforçadas).

Se for empregada a retroalimentação por vídeo, dever-se-ia dar primeiro ao paciente a oportunidade de comentar sua atuação, e as mesmas regras anteriormente expostas deveriam ser aplicadas. A repetição por meio do vídeo deve ser empregada com precaução. Embora possa ser uma fonte de motivação e incentivo, pode também ser perturbadora e ameaçadora para alguns sujeitos. Galassi, Galassi e Fulkerson (1984) assinalam que a retroalimentação por meio do vídeo não melhora e, inclusive, pode diminuir os benefícios do THS breve. Gelso (1974) informou que esse procedimento pode aumentar a ansiedade do paciente em programas de THS de curta duração. Não obstante, seus efeitos em programas de maior duração são desconhecidos. Dado o incremento na utilização das técnicas audiovisuais nos últimos anos, dever-se-ia pesquisar sistematicamente se o emprego do vídeo nos programas de THS proporciona melhoras importantes (Dowrick e Biggs, 1983; Heilveil, 1983).

6.2.5. *Tarefas para casa*

"Todo terapeuta com experiência sabe que o sucesso da prática clínica depende em grande medida das atividades do paciente quando não está com ele. Essa dependência das atividades 'externas' é especialmente certa no caso da prática comportamental" (Shelton e Levy, 1981, p. ix).

As *tarefas para casa* são uma parte essencial do THS. O que acontece na vida real proporciona material que servirá para os ensaios no grupo. Entre as tarefas para casa determinadas aos pacientes, encontram-se o registro de seu nível de ansiedade em situações determinadas (pontuação SUDS), o registro de situações nas quais tenha atuado de maneira hábil, de situações nas quais gostaria de ter atuado assim etc. As tarefas para casa constituem o veículo pelo qual as habilidades aprendidas na sessão de treinamento são praticadas no ambiente real, isto é, são generalizadas à vida diária do paciente.

Normalmente, cada sessão de um programa de THS começa e termina com uma discussão sobre as tarefas para casa, que são traçadas especificamente para atingir os objetivos da terapia. Quando a terapia vai avançando, uma boa parte de cada sessão é dedicada a preparar o paciente para as próximas tarefas para casa, e a dificuldade da tarefa aumenta gradualmente conforme progride o tratamento.

Shelton e Levi (1981) ressaltam uma série de benefícios derivados do emprego sistemático das tarefas para casa:

1. *Acesso a comportamentos privados*

Um enfoque de tratamento que faz com que a terapia continue inclusive na ausência do terapeuta é especialmente útil para os comportamentos que não podem ser observados facilmente no consultório do terapeuta.

2. *Eficácia do tratamento*

A maioria dos novos padrões de comportamento necessita ser praticada repetidamente e em lugares diferentes. A prática que se limita ao tempo da sessão na terapia não terá finalizado o trabalho. Ademais, o uso do resto da semana não dedicada à terapia formal pode significar uma economia de dinheiro, tempo e da utilização dos serviços de saúde.

3. *Um maior autocontrole*

Implicar os pacientes em seu próprio tratamento fora das horas da terapia pode ajudá-los a ver a si mesmos como os principais agentes de mudança e motivá-los a agir em benefício de seu próprio interesse.

4. *Transferência do treinamento*

Uma das tarefas principais que o terapeuta enfrenta consiste em ajudar o paciente a transferir o que aprendeu durante a terapia ao mundo exterior. A transferência pode ocorrer ao longo de três dimensões: situações, respostas e tempo.

Becker e Heimberg (1985) aconselham seguir uma série de diretrizes ao programar as tarefas para casa do sujeito:

a. A tarefa deveria ser elaborada com o paciente.
b. As instruções das tarefas para casa deveriam ser detalhadas.
c. A tarefa deveria ter uma alta probabilidade de sucesso. Por conseguinte, as tarefas deveriam ser programadas se e somente se o paciente puder razoavelmente executar uma boa resposta e se quem receber essa resposta tiver probabilidade de reagir da maneira prevista no tratamento. As tarefas para casa sem sucesso determinadas no começo do tratamento podem dar como resultado uma justificada hesitação para tentar futuras comportamentos. Os sucessos podem melhorar em grande medida a motivação e o envolvimento dos pacientes no tratamento.

É útil que as tarefas para casa sejam anotadas em ficha ou caderneta de anotações. Pode-se pedir ao paciente que mantenha um registro de sua atuação, indicando o que aconteceu, quando praticou a tarefa, seu sucesso, grau de ansiedade ou dificuldades experimentadas etc. O registro das tarefas para casa serve para lembrar o paciente, permite-lhe observar atentamente seu próprio comportamento e proporciona informação válida sobre a qual o terapeuta pode dar retroalimentação na sessão posterior.

Normalmente, o paciente informa na sessão seguinte como se saiu com as tarefas. O treinador deve obter detalhes sobre o que aconteceu exatamente e o paciente deveria ser apropriadamente recompensado por ter tentado a tarefa para casa, tenha tido sucesso ou não. Se as coisas não funcionarem, é importante que o treinador saiba exatamente o que aconteceu e, se necessário, dar mais um treinamento.

6.2.6. *Procedimentos cognitivos*

De uma ou outra maneira, em praticamente todo programa de THS estão implicados elementos cognitivos. A informação do terapeuta pode modificar as expectativas e metas do paciente. A modelação pode alterar as atribuições de auto-eficácia. O ensaio de comportamento pode fornecer evidência comportamental que altere as atribuições negativas sobre si mesmo. E a retroalimentação social sobre a manifestação do novo comportamento mais efetivo, nas tarefas para casa, deveria ter também um efeito nas concepções do sujeito sobre si mesmo (Trower, O'Mahony e Dryden, 1982).

Porém, com a recente expansão da terapia cognitiva, o THS introduziu como componentes do programa algumas técnicas de modificação de comportamento cognitivo. Esses procedimentos cognitivos encontram-se dispersos ao longo de todo o THS, desde a integração dos direitos humanos básicos ao sistema de crenças do paciente até a modificação direta de cognições desadaptativas que inibem ou desbaratam o comportamento social deste. O treinamento em solução de problemas ou em percepção social é procedimento explícito utilizado, às vezes, dentro dos programas de THS. A redução das autoverbalizações negativas e o aumento das positivas, em geral, estão incluídos em todo THS. Freqüentemente, empregam-se também elementos da terapia racional emotiva. Assim, por exemplo, Dryden (1984) assinala que os terapeutas podem colaborar com seus pacientes para ajudá-los a chegar a ser bons empiristas, no sentido de que os animam a considerar seus pensamentos ou inferências automáticas como hipóteses, em vez de fatos, e a buscar dados que possam corroborar ou refutar essas hipóteses. "Ajuda os pacientes a identificar seus pensamentos automáticos e a determinar se esses pensamentos contêm distorções. Ajuda-os a reconhecer a categoria da distorção e anima-os a responder empiricamente a essas distorções" (Dryden, 1984*b*, p. 318).

6.3. GENERALIZAÇÃO E TRANSFERÊNCIA

A generalização foi definida como "a ocorrência de comportamento relevante sob condições diferentes, não-treinadas (isto é, ao longo de lugares, pessoas, comportamentos e/ou tempo), sem a programação dos acontecimentos nas mesmas condições em que se tenha dado o treinamento" (Stokes e Baer, 1977, citados por Galassi, Galassi e Vedder, 1981).

Apesar da ênfase no ensaio e na prática, o propósito último do THS não é ajudar os pacientes a enfrentar mais efetivamente o comportamento de outra pessoa durante as interações nas sessões de treinamento. Pelo contrário, o que o terapeuta busca é estabelecer a mudança durante essa prática controlada da situação problemática e, logo (o que é mais importante), facilitar a generalização das habilidades aprendidas pelo paciente às situações conflitantes da vida real. Se os pacientes mostram HS apropriadas durante o ensaio no local de treinamento, mas fracassam no contexto natural, a intervenção não serviu a uma função clínica.

Como se viu anteriormente, há vários tipos de generalização (Furnham, 1983*b*, Galassi, Galassi e Vedder, 1981; Kelly, 1982; Scott, Himadi e Keane, 1983):

1. *Generalização em relação ao tempo,* que se refere à manutenção de uma habilidade no repertório do indivíduo durante um período de tempo depois de ter sido aprendida. Se a melhora era somente transitória e diminui imediatamente após terminada a intervenção, pouco benefício tirará o paciente do treinamento.
2. *Generalização em relação ao contexto físico,* que se refere à presença da habilidade sob condições "ambientais" diferentes daquelas do treinamento, isto é, a transferência do aprendido em laboratório à vida real.
3. *Generalização em relação a situações interpessoais.* Não é possível para os pacientes do THS ensaiar cada possível situação problemática que enfrentará. Os pacientes têm de generalizar o emprego das HS recém-adquiridas a situações interpessoais ligeiramente diferentes daquelas que foram o tema do treinamento ou ensaio.
4. *Generalização em relação a respostas,* isto é, o grau em que a aprendizagem de habilidades específicas afeta o desenvolvimento de outras habilidades semelhantes, dentro da mesma classe de respostas.
5. *Generalização em relação a pessoas,* que se refere ao grau em que o paciente mostra as habilidades aprendidas com pessoas diferentes das que se encontravam presentes durante o treinamento.

Muitos dos trabalhos experimentais feitos sobre a eficácia do THS empregaram alguma medida de generalização. Scott, Himadi e Keane (1983) revisaram 68 estudos que incluíam o THS, durante o período de 1967-1981. Daqueles, 87% (n = 59) empregava algum método para avaliar a generalização. Cinquenta e dois por cento (n = 31) desses avaliava a generalização com uma medida, 31% (n = 18) informavam duas medidas, 10% (n = 6) usavam três medidas, enquanto 7% (n = 4) empregavam quatro ou mais medidas de generalização. Surpreendentemente, somente 37% (n = 25) dos critérios proporcionavam alguma medida para o acompanhamento dos efeitos do tratamento. De todos os trabalhos que avaliavam a generalização, 88% (n = 52) obtiveram resultados positivos em pelo menos uma medida.

A generalização ao longo do tempo era avaliada em 37% (n = 25) dos estudos de treinamento, como vimos. A duração média do acompanhamento era de 21 semanas, indo de 2 a 96 semanas. Oitenta por cento (n = 20) desses estudos empregaram medidas de acompanhamento de 6 meses ou menos. Outros estudos posteriores à revisão de Scott e cols. (1983) empregaram períodos de acompanhamento que caem também dentro desse intervalo, como, por exemplo, Branston e Spence (1985), 3 meses; Caballo e Carrobles (1989), 6 meses; Emmelkamp e cols. (1985), 1 mês; Kolotkin e cols., (1984) 6 semanas; Van Dam-Baggen e cols. (1986), 3 meses. Dos trabalhos revisados por Scott e cols. (1983), 64% (n = 16) concluíram que pelo menos uma das medidas era mantida durante o período de acompanhamento.

Dos estudos de tratamento, 38% (n = 26) tentaram medir a generalização avaliando se as habilidades recém-aprendidas podiam ocorrer em outro lugar diferente ao do treinamento. Sessenta e cinco por cento (n = 17) dos estudos obtiveram resultados positivos em uma medida pelo menos.

A generalização ao longo de situações foi avaliada em 63% (n = 37) dos estudos. Oitenta e nove por cento (n = 33) deles obtiveram resultados positivos. A generalização ao longo de pessoas foi medida em 60% (n = 41) dos trabalhos. Setenta e três por cento (n = 30) deles mostraram que as habilidades aprendidas durante o tratamento eram generalizadas com sucesso a outras pessoas não presentes durante o treinamento. A dimensão de generalização informada com menos freqüência era a de "respostas", com somente 6% (n = 4) dos estudos. Com relação a este último tipo de generalização, Scott, Himadi e Keane (1983) estabelecem a questão de que as mudanças em comportamentos que não são objetivos do treinamento devem-se ao fato de que compartilham muitas propriedades com os comportamentos-objetivo, e não devido a um processo de generalização ou transferência.

Para que se dê a generalização no THS, ela tem de ser programada, mais do que esperada ou lamentada (Hersen, Eisler e Miller, 1973). Nos estudos experimentais com universitários, a falta de generalização do treinamento não é, em geral, demasiado frustrante, já que os sujeitos participantes não tiveram, normalmente, a necessidade de buscar ajuda terapêutica antes do experimento. Mas é mais sério quando na prática clínica não se conseguir a transferência dos efeitos do treinamento à vida real do paciente. O terapeuta não pode deixar a generalização ao acaso: "Não somente deverá assegurar que seu paciente terá sucesso (obterá reforço positivo) por suas primeiras tentativas de comportamento assertivo, mas terá de identificar cada área de funcionamento na qual se faça necessário o treinamento assertivo" (Hersen, Eisler e Miller, 1974, p. 309). Sheldon (1977) assinala que o método mais efetivo para promover a transferência durante o THS é uma combinação da interação verbal e do ensaio de comportamento durante as horas de sessão, seguida por "trabalhos para casa" que impliquem a prática em uma variedade de situações.

Scott, Himadi e Keane (1983) sugerem uma série de elementos para que exista maior probabilidade de generalização no THS.

1. *Emprego de situações relevantes/múltiplas*

É preciso ensinar habilidades que ofereçam soluções válidas aos problemas reais da pessoa, bem como empregar tantas variações de situações quantas seja possível, com o fim de aumentar a probabilidade de treinamento sob condições ou propriedades estimulantes que seriam comuns por meio de situações.

2. *Treinamento com múltiplas pessoas e/ou pessoas relevantes*

Além de determinar os tipos de situações que oferecem mais dificuldade ao indivíduo na vida real, é importante explorar os tipos de pessoas com quem experimenta mais incômodo. Talvez os problemas ocorram principalmente com pessoas do sexo oposto, pessoas com autoridade e/ou pessoas atraentes.

3. *Treinamento de pessoas significativas para oferecer reforço*

Com a finalidade de generalizar além do laboratório os comportamentos recém-adquiridas, o sujeito tem de receber reforço social, material ou em forma de autoverbalizações. Recomendou-se, freqüentemente, que se programem reforços ambientais para os comportamentos treinados. Talvez a forma mais eficaz de programá-los consista em treinar pessoas significativas do ambiente do sujeito para que proporcionem esses reforços quando for possível.

4. *Treinamento em lugares variados*

O treinamento em lugares diferentes permitirá uma seleção aleatória de condições-estímulo que incrementará a probabilidade de se generalizar os efeitos do tratamento. Porém, com freqüência existem limitações práticas da capacidade do terapeuta para variar os lugares de treinamento.

5. *Programar sessões regulares de "apoio" depois do tratamento*

Devido ao fato de a manutenção de contingências positivas para as respostas recém-treinadas no contexto natural ser frágil, e devido à estruturação do reforço contingente no ambiente poder apresentar dificuldades de procedimento, uma alternativa consiste em estruturar sessões de apoio como um procedimento normal do tratamento. O período entre sessões pode ser gradualmente ampliado e as sessões podem desvanecer-se paulatinamente.

6. *Treinamento em discriminação*

Treinar os pacientes a discriminar os sinais sociais apropriados para responder adequadamente, os que se encontram presentes quando não é necessária uma resposta assertiva, os que podem produzir conseqüências aversivas para o sujeito pode facilitar a extensão dos efeitos do treinamento a outros lugares e situações interpessoais e pode ser facilmente incorporado a qualquer programa de tratamento. Pode aumentar, também, a probabilidade de o paciente ser reforçado em vez de punido por utilizar as habilidades-objetivo.

7. *Mediação cognitiva e estratégias de autocontrole*

Já que as avaliações cognitivas podem mediar a atuação de um indivíduo em várias situações interpessoais, processos de mediação cognitiva, como a reestruturação cognitiva e a modelação encoberta, poderiam ser empregadas para promover a transferência em alguns pacientes.

Os procedimentos de autocontrole, incluindo o treinamento dos pacientes para auto-observar seu comportamento, para avaliar objetivamente sua atuação e para outorgar-se as conseqüências apropriadas, previamente determinadas, podem mostrar-se como meios poderosos para promover a generalização. Com treinamento suficiente, um indivíduo pode ser capaz de melhorar sua atuação nas situações-meta sem importar o lugar, as pessoas ou os temas particulares implicados.

6.4. FORMATOS INDIVIDUAL E GRUPAL DO TREINAMENTO EM HABILIDADES SOCIAIS

Embora os procedimentos do THS (ou treinamento assertivo) tenham seguido, inicialmente, um formato individual (Salter, 1949; Wolpe, 1958), cada vez mais foi-se prestando atenção ao formato grupal (Alberti e Emmons, 1970; Bower e Bower, 1976; Cotler e Guerra, 1976; Kelley, 1979; Lange e Jakubowski, 1976; Lazarus, 1968*c*, Liberman e cols., 1975). Cada modalidade tem suas vantagens e inconvenientes, embora os procedimentos componentes de ambas as acepções sejam basicamente os mesmos.

O THS em formato individual

A relação mais consistente entre avaliação e tratamento se faz possível empregando o THS com um único indivíduo cada vez. Essa modalidade não somente permite uma avaliação inicial das habilidades e debilidades do paciente durante o período de linha de base, mas também, como uma função da observação contínua, permite uma constante reavaliação da eficácia particular dos procedimentos que estão sendo aplicados. Além disso, tem a vantagem, com relação ao treinamento em grupo, de que este mascara a variação sofrida pelos sujeitos individuais, e o treinamento individual não o faz.

Por outro lado, o THS individual permite a concentração nos problemas particulares do paciente, modificando progressivamente o conteúdo do programa conforme avança o treinamento e pode-se observar a evolução das habilidades do paciente.

Também pode ser necessária essa modalidade de THS quando o sujeito apresenta ansiedade excessiva e lhe seria muito difícil adaptar-se ao grupo. Para esse tipo de pessoa pode ser útil começar o treinamento de forma individual e, uma vez diminuído o nível de ansiedade, introduzi-lo em um grupo de THS.

Os informes experimentais sobre o THS com um único sujeito foram muito menos freqüentes na literatura que os estudos sobre THS em grupo (Foy, Eisler e Pinkston, 1979; Franco e cols., 1983; Marzillier, Lambert e Kellett, 1978; Newton, 1986; Rahaim, Lefevre e Jenkins, 1980; Schmidman e Layne, 1979; Stravynski, 1984; Van Hasselt e cols., 1979, 1984). Não obstante, isso se deve a uma maior dificuldade na elaboração e na publicação de estudos de caso único.

Na prática, a escolha entre o treinamento individual e o treinamento em grupo depende freqüentemente do lugar e dos recursos disponíveis. Em alguns lugares pode não haver pacientes suficientes para formar um grupo, de modo que é necessário o treinamento individual. Em outros, será escolhido o treinamento em grupo sobre a base da conveniência, para tornar mais econômico o emprego do tempo do terapeuta. "Não há uma vantagem clara em ensinar a um indivíduo habilidades sociais por meio de um grupo ou de instrução e prática individuais: é somente uma questão de economia de tempo e esforço" (Phillips, 1978, p. 6).

O THS em formato grupal

As vantagens do treinamento em grupo podem resumir-se nas seguintes:

1. O grupo oferece uma situação social já estabelecida, na qual os participantes que recebem o treinamento podem praticar com as outras pessoas. Um grupo proporciona diferentes tipos de pessoas necessárias para criar as representações de papéis e para proporcionar uma maior categoria de retroalimentação. Os membros de um grupo fornecem, também, uma série de modelos, ajudando, por conseguinte, a dissipar a idéia de que o modelo apresentado pelo terapeuta é a única forma "correta". Além disso, demonstrou-se que a aprendizagem vicária é mais eficaz quando os modelos têm características em comum com o observador.
2. O grupo procura em seus membros uma série de pessoas a quem conhecer e com quem praticar suas habilidades recém-adquiridas e pode oferecer um contexto de apoio em que os pacientes, ao encontrarem-se em um grupo de pessoas com posição similar à sua, sentem-se menos intimidados. Se há membros no grupo que estão mais adiantados no treinamento e que informam e mostram melhora, podem ajudar a desenvolver expectativas positivas nos novos membros.
3. A situação social na qual se desenvolve o THS tem a vantagem de ser real em vez de simulada, como em geral acontece nas sessões individuais, e as oportunidades de que o novo comportamento se generalize a outras situações sociais aumentam.
4. O treinamento em grupo faz um uso mais econômico do tempo do terapeuta, o que permite, também, um menor gasto financeiro por parte do paciente.

Lange e Jakubowski (1976) assinalam que há quatro tipos básicos de grupos de THS: a) *Grupos Orientados para os exercícios,* nos quais os membros participam, inicialmente, de uma série estabelecida de exercícios de representação de papéis e, em sessões posteriores, geram suas próprias situações de ensaio de comportamento, b) *Grupos orientados para os temas,* nos quais cada sessão dedica-se a determinado tema e emprega-se, para isso, o ensaio de comportamento,

c) *Grupos semi-estruturados,* que utilizam alguns exercícios de representação de papéis com outros procedimentos terapêuticos, como o treinamento de pais, esclarecimento de valores etc., e d) *Grupos não-estruturados,* nos quais os exercícios de representação de papéis baseiam-se totalmente nas necessidades dos membros de cada sessão.

O tamanho dos grupos de THS variou com certa freqüência, dependendo dos objetivos e do tempo do terapeuta e o número de sujeitos disponíveis. Assim, encontramos grupos de THS de três (Foxx e cols., 1985) até quinze sujeitos (Liberman e cols., 1975). Porém, podemos dizer que o número de sujeitos mais empregado e recomendado no THS em grupo foi de *8 a 12 membros* (p. ex., Alberti e Emmons, 1982; Alden e Cappe, 1986; Blumer e McNamara, 1985; Caballo e Carrobles, 1989; Goldstein e cols., 1985; Haynes-Clements e Avey, 1984; Liberman e cols., 1975; Piccinin e cols., 1985; Rimm e Masters, 1974; Van Dam-Baggen e Kraaimaat, 1986; Wilkinson e Canter, 1982). Mais ainda variou o tempo de duração dos programas de THS. Geralmente, as sessões de THS aconteciam *uma vez por semana,* embora tenhamos encontrado estudos que empregaram quatro (Bramston e Spence, 1985) ou cinco (Monti e Kolko, 1985) dias na semana, ao longo de *8 a 12 semanas,* tendo havido estudos que empregaram três semanas (Haynes-Clements e Avey, 1984; Piccinin e cols., 1986) ou 17 semanas (Van Dam-Baggen e Kraaimaat, 1986). A duração de cada sessão também variou freqüentemente, indo de 30 minutos (Bramston e Spence, 1985; Hatzenbuehler e Schroeder, 1982) até duas horas e meia (Emmelkamp e cols., 1985). Pensamos que 2 *horas* por sessão é uma duração adequada (p. ex., Caballo e Carrobles, 1989; Haynes-Clements e Avey, 1984; Wilkinson e Canter, 1982).

Há certa discussão entre terapeutas sobre se os pacientes de um grupo de THS deveriam ser de idade, inteligência, diagnóstico e grupo social similares e com um tipo de dificuldade parecido, ou se é melhor mesclar diferentes tipos de pacientes em um grupo. Wilkinson e Canter (1982) indicam que não existem regras a esse respeito. Os pacientes com certas características em comum podiam pensar que os outros membros do grupo têm melhor compreensão de suas dificuldades e podem proporcionar-lhes maior apoio. Porém, certa mescla oferece variedade de modelos para a representação de papéis e maior categoria de retroalimentação. Além disso, o paciente pode obter melhor compreensão das pessoas que provêm de uma esfera mais ampla.

6.5. O CONTEÚDO DO TREINAMENTO EM HABILIDADES SOCIAIS

Ao fazer um programa de THS é crucial proporcionar uma atmosfera livre de juízos de valor sobre os sentimentos e o comportamento das pessoas. O conteúdo do THS varia dependendo de uma série de fatores, incluindo os objetivos do programa de treinamento, os tipos de tarefas consideradas para o tratamento, as categorias de diagnóstico dos sujeitos implicados, as necessidades dos sujeitos e seus déficits etc. O tema do conteúdo dos programas de THS é controvertido em certos aspectos (Curran, 1985). Primeiro, na maioria dos programas, as habilidades ensinadas estão baseadas na intuição do pesquisador ou terapeuta e não em dados empíricos (Curran, 1979*b*; Christoff e Kelly, 1985). Por conseguinte, inclusive, se essas habilidades são aprendidas, não há garantia de que a atuação do sujeito seja mais competente do que o era antes na situação-objetivo (Curran, 1985).

Segundo, alguns programas de THS incluem como componentes do treinamento métodos que são considerados procedimentos de tratamento por si mesmos, como, p. ex., o treinamento em relaxamento. A inclusão desses elementos torna difícil, obviamente, atribuir os resultados desses programas somente ao treinamento em habilidades.

Uma terceira área de controvérsia com relação ao conteúdo dos programas de THS considera tanto o *nível* dos comportamentos a ensinar quanto sua *natureza.* Questionou-se a utilidade de limitar o THS a ensinar componentes comportamentais muito específicos (McFall, 1982; Trower, 1982). Por outro lado, os programas de THS ensinam realmente mais que respostas motoras. A maioria deles estabelece objetivos, proporciona retroalimentação com relação às percepções, combate os pensamentos ilógicos e as crenças pouco racionais etc.

Linehan (1984) alega que um programa completo de THS deve procurar um conjunto de habilidades cognitivas, emocionais, verbais e não-verbais. Um exemplo de programa típico de THS pode ser encontrado no estudo de Van Dam-Baggen e cols. (1986). Esse programa era composto de três fases:

a. Treinamento em habilidades sociais básicas, como observar, escutar, dar e receber retroalimentação, e em componentes não-verbais do comportamento social, como contato visual, volume da fala, etc.

b. Treinamento em respostas sociais específicas, como fazer e recusar pedidos, fazer e receber elogios, receber recusas, iniciar e manter uma conversação, fazer e receber críticas, manifestar expressões positivas, defender os próprios direitos, convidar, pedir informação, terminar encontros sociais e expressar opiniões.

c. Treinamento em habilidades de autocontrole, como a auto-observação, estabelecer objetivos e subobjetivos realistas e concretos, estabelecer padrões realistas e o auto-reforço apropriado. Também eram ensinadas estratégias de solução de problemas com a finalidade de enfrentar futuros problemas.

Ao começar a aplicar um programa de THS deveria ter-se em conta algumas questões, como as seguintes (Alberti e Emmons, 1978):

1. Que o paciente compreende perfeitamente os princípios básicos do comportamento socialmente adequado.
2. Que o paciente está preparado para começar o programa de THS.
3. As tentativas iniciais do paciente deverão ser escolhidas por seu alto potencial de sucesso quanto a proporcionar reforço.
4. Examinar as possíveis mudanças que se possam produzir devido ao novo comportamento do paciente em seu contexto cultural.

A habilidade social às vezes provoca avaliações não-favoráveis que podem ameaçar ou piorar aspectos das relações interpessoais (Delamater e McNamara, 1986). Os pacientes deveriam compreender isso e ser treinados para antecipar e discriminar situações sociais que provavelmente produzam tais reações. Os pacientes que possam antecipar tanto os benefícios como os custos de determinado comportamento hábil em determinado contexto encontrar-se-ão na melhor posição para determinar realisticamente sua provável efetividade instrumental antes de levá-la a cabo.

O treinamento em percepção social pode melhorar o reconhecimento de sinais pessoais e situacionais relevantes para o comportamento social adequado. Esse treinamento pode identificar e avaliar os déficits em percepção social devidos a erros em escutar, olhar, integrar os estímulos verbais e visuais, compreender o significado do que foi visto e ouvido, e atender a sinais relevantes (Becker e Heimberg, 1985; Becker, Heimberg e Bellack, 1987; Delamater e McNamara, 1986; Linehan, 1984; Morrison e Bellack, 1981). A capacidade de receber e processar com precisão estímulos interpessoais relevantes otimizará as próprias perspectivas para decidir quando e como deveriam ser as habilidades sociais.

Os programas de THS deveriam tratar diferentes tipos de respostas hábeis como entidades únicas, e reconhecer que o impacto social de um comportamento é específico ao tipo de resposta hábil que define esse comportamento.

Delamater e McNamara (1986) assinalam que os pacientes deveriam desenvolver inicialmente aquelas habilidades necessárias para dar e receber reforços sociais (p. ex., iniciar interações, fazer e receber elogios, mostrar empatia). É provável que essas respostas competentes facilitem interações sociais favoráveis e de sucesso. Com essas habilidades, os indivíduos podem enfrentar mais efetivamente as conseqüências negativas antecipadas de seu comportamento em situações de conflito. É conveniente, além disso, preparar explicitamente o paciente para um possível fracasso em suas primeiras tentativas de se comportar de forma socialmente adequada. Embora os fracassos devessem ser bastante improváveis no princípio, não há garantia de que o comportamento do paciente seja reforçado pelo ambiente. Alberti e Emmons (1978) instruem seus pacientes da seguinte maneira:

> Haverá alguns fracassos em suas asserções. Esses procedimentos não o levarão a 100% de sucesso em todas as suas relações. Não há respostas instantâneas ou mágicas aos problemas da vida. A assertividade nem sempre funciona... Você é humano. Permita a si mesmo cometer erros. Você se sentirá incomodado, deprimido, desanimado, frustrado. Permita-se ser humano, logo, tente de novo... O maior valor da asserção de cada um é o sentimento satisfatório de ter expressado a si mesmo. Saber que você está em seu direito de se expressar, e sentir-se livre para dizer o que está sentindo e para fazê-lo são as maiores conquistas. Normalmente, você concluirá que a assertividade fará com que as coisas andem. Mas, tanto se funcionar ou não funcionar, lembre-se do bem que sente alguém ao opinar sobre si mesmo. Você fez o que pôde, ainda que o resultado não tenha sido o que esperava. Se tentou verdadeiramente e fez tudo o que podia, é tudo o que deve pedir a si mesmo (p. 52).

Por outro lado, defendeu-se o estabelecimento de programas de THS padronizados (Foxx e cols., 1985), o que permitiria sua aplicação em toda uma série de locais de tratamento. Piccinin e cols. (1985) concluíram que não havia diferenças em nenhuma das variáveis dependentes entre programas de THS que incluíam os procedimentos clássicos e que se diferenciavam por um ser individualizado e personalizado e o outro padronizado. Esses autores assinalavam que "o objetivo explícito de individualizar o programa de necessidades dos participantes não parece necessário com sujeitos universitários que funcionem razoavelmente" (p. 759). Esse tema recebeu muito pouca atenção e deveria ser pesquisado com mais profundidade no futuro.

Linehan (1984) descreve uma série de recomendações para o emprego clínico do THS:

1. A classificação dos valores do paciente é o primeiro passo necessário na planificação do THS.
2. Qualquer que seja o método de THS que o clínico adote, o objetivo deveria ser melhorar a aquisição de comportamentos por parte do paciente. As respostas efetivas alcançarão objetivos valorizados pelo paciente em situações que anteriormente eram problemáticas.
3. Os métodos de THS devem melhorar a efetividade do paciente para alcançar o objetivo nas relações pessoais e para fomentar o respeito para consigo.

4. As estratégias da habilidade social deveriam ser selecionadas levando em conta as conseqüências a curto e a longo prazo.

5. O treinamento em estabelecer prioridades consistentes com os valores pessoais é um componente necessário do THS.

6. O THS completo transmitirá novas habilidades cognitivas, emocionais e de atuação. A capacidade para decidir como atuar em determinada situação é uma habilidade necessária, como o é também a capacidade para avaliar o comportamento próprio e regular as atuações futuras de acordo com isso.

7. A avaliação, feita ao longo do tratamento e do acompanhamento, assegura que se levam em conta os diferentes objetivos.

8. As instruções, o ensaio de comportamento, a modelação, a retroalimentação e o reforço podem ser empregados conjunta ou separadamente para transmitir os comportamentos hábeis.

6.5.1. *Estratégias para o THS*

Podemos utilizar estratégias mais ou menos estruturadas como elementos de ajuda para o THS. As estratégias estruturadas, como o próprio nome indica, consistem em exercícios que se encontram estruturados e que se fazem nas sessões de terapia. O objetivo é fazer com que os sujeitos pratiquem comportamentos que estariam incluídos em uma dimensão concreta e que, pelo formato estruturado dos exercícios, são simples e instrutivos para conseguir esse objetivo. A seguir, exporemos toda uma série de exercícios estruturados para o THS, exercícios que podem ser úteis para as diferentes etapas e as diferentes dimensões de um programa de THS.

6.5.1.1. Estratégias iniciais e de aquecimento

A primeira atividade em um grupo de THS é a apresentação de cada membro para o resto do grupo. Na sessão inicial de um grupo de THS, as pessoas não se conhecem. Um exercício habitual para que as pessoas se conheçam é o seguinte: os participantes do grupo juntam-se aos pares. Deixam-se 10 minutos de conversação, quando cada membro do par passa 5 minutos falando com o outro. Nesses cinco minutos, cada pessoa do grupo deveria conseguir uma breve biografia do/a companheiro/a, descrever a si mesmo expressando os 5 adjetivos que imagina que melhor o descrevem e assinalar seus três pontos fortes. Posteriormente, as pessoas voltam ao grupo e cada membro oferece uma pequena sinopse de seu companheiro/a. Outros exercícios de aquecimento são os seguintes:

Faz-se com que todos os membros do grupo formem um círculo encostando os ombros e que um dos membros fique de fora. O jogo consiste em que o membro que ficou de fora tente entrar no círculo, enquanto os membros que o formam tratam de não deixá-lo entrar (sem violência, nem um empenho excessivo).

Formam-se grupos de três pessoas. Duas delas encontram-se em frente uma da outra e uma terceira serve como espectador. Uma das duas primeiras pessoas terá de dizer unicamente "sim", enquanto a que está a sua frente responde somente "não". Podem variar todos os elementos não-verbais e paralingüísticos que quiserem, mas não o conteúdo verbal ("sim" ou "não"). Durante a interação, as duas pessoas têm de observar que sinais não-verbais se manifestam quando se sentem mais seguras e o observador tem de fazer o mesmo com relação ao comportamento que observa. Os papéis vão se revezando. Finalmente, expõem-se as conclusões ao grupo.

Os participantes reúnem-se aos pares. Cada um deles tem de ter um papel e uma caneta. Sem falar, têm de desenhar conjuntamente (cada membro do par pegando simultaneamente a mesma caneta) sobre o papel, por exemplo, uma árvore, uma pessoa e uma casa. Uma vez que todos os pares terminem, o grupo reúne-se de novo, e discute-se brevemente que membro da dupla foi o mais ativo na realização do desenho, se sua atuação ativa ou passiva foi reflexo de seu comportamento na vida real, e que sinais não-verbais empregou para ter maior participação no desenho. Se os dois participaram por igual, ressaltam-se os sinais não-verbais que empregaram para consegui-lo.

6.5.1.2. Exercícios para a determinação da ansiedade

Entrega-se aos participantes uma folha com a descrição de "Possíveis sinais na expressão de ansiedade ou nervosismo" (Tabela 6.2). Os membros do grupo repassam essa folha durante 10 minutos. Dessa forma, os sujeitos podem ter uma idéia dos sintomas de ansiedade que se manifestam neles e discriminar mais corretamente quando estão mais ou menos nervosos.

Instruímos o sujeito na utilização da "Escala de Unidades Subjetivas de Ansiedade" (SUDS, se utilizarmos a abreviatura inglesa) da seguinte maneira (Cotler e Guerra, 1976):

Tabela 6.2. Possíveis sinais na expressão de ansiedade ou nervosismo (adaptado de Cotler e Guerra, 1976)

1. Tremor nos joelhos
2. Braços rígidos
3. Automanipulações (coçar-se, esfregar-se etc.)
4. Limitação do movimento das mãos (nos bolsos, nas costas, entrelaçadas)
5. Tremor nas mãos
6. Sem contato visual
7. Músculos do rosto tensos (caretas, tiques etc.)
8. Rosto inexpressivo
9. Rosto pálido
10. Rubor
11. Umedecer os lábios
12. Engolir saliva
13. Respirar com dificuldade
14. Respirar mais devagar ou mais depressa
15. Suar (rosto, mãos, axilas)
16. Falsete na voz
17. Gagueira ou frases entrecortadas
18. Correr ou acelerar o passo
19. Balançar-se
20. Arrastar os pés
21. Limpar a garganta
22. Boca seca
23. Dor ou acidez de estômago
24. Aumento da taxa cardíaca
25. Balanço das pernas/pés quando está sentado e com uma perna sobre a outra
26. Roer as unhas
27. Morder os lábios
28. Sentir náuseas
29. Sentir tontura
30. Sentir que se sufoca
31. Ficar imobilizado
32. Não saber o que dizer

A escala SUDS (Unidades Subjetivas de Ansiedade) é empregada para comunicar o nível de ansiedade experimentado de forma subjetiva. Depois de responder a cada situação, avalie-se empregando a pontuação SUD. Ao empregar a escala, você avaliará seu nível de ansiedade de 0 (zero), completamente relaxado, até 100, muito nervoso e tenso.

Imagine que você está completamente relaxado e tranqüilo. Para algumas pessoas, isso ocorre enquanto descansam ou lêem um bom livro. Para outras, ocorre enquanto estão na praia ou encontram-se boiando na água. Dê uma pontuação "0" à maneira como você se sente quando está o mais relaxado possível.

A seguir, imagine uma situação na qual sua ansiedade é extrema. Imagine sentir-se extremamente tenso e nervoso. Talvez, nessa situação, suas mãos encontrem-se frias e trêmulas. Você pode se sentir tonto ou acalorado, ou pode sentir-se reprimido. Para algumas pessoas, as ocasiões nas quais se sentem mais nervosas são aquelas nas quais uma pessoa próxima sofre um acidente; quando se exerce uma pressão excessiva sobre elas (exames, trabalhos etc.); ou quando falam diante de um grupo. Dê uma pontuação de "100" à maneira como você se sente nessa situação.

Você identificou os dois pontos extremos da escala SUDS. Imagine a escala inteira (como uma regra) que vai de "0" SUD, completamente relaxado, até "100" SUD, totalmente nervoso.

0	5	10	15	20	25	30...	85	90	95	100
Completamente relaxado										Totalmente nervoso

Você tem agora a categoria inteira da escala para avaliar seu nível de ansiedade. Para praticar como usar essa escala, escreva sua pontuação SUD nesse momento.

A pontuação SUD pode ser utilizada para avaliar as situações sociais nas quais você se encontre na vida real. O método de relaxamento que você vai aprender servirá para diminuir sua pontuação na escala SUDS. A experiência de elevados níveis de ansiedade é desagradável para a maioria das pessoas. Além disso, a ansiedade pode inibi-lo a dizer o que quer e pode interferir na forma como você expressa a mensagem.

O grau em que seja capaz de reduzir sua pontuação SUD em qualquer situação dependerá de uma série de fatores, incluindo o nível de ansiedade que experimenta geralmente, a pontuação SUD que tinha inicialmente, que tipo de comportamento se requer, e a pessoa a quem dirige o comentário. Não pensamos que seu objetivo seja alcançar um 0 (zero) ou um 5 em todas as situações. Seu objetivo será reduzir seu nível de SUD até um ponto em que se sinta suficientemente confortável para se expressar.

Para praticar o emprego da pontuação SUD, pode-se descrever uma série de situações. Para cada situação, escute a descrição de cada cena e, em seguida, imagine que está vivendo essa situação. Depois de imaginar a situação, escreva a quantidade de ansiedade (pontuação SUD) que sente. Quando se imaginar nessa situação, tente descrever como se sentiria se essa situação estivesse acontecendo realmente. Finalmente, se estiver nervoso/a ou tenso/a enquanto imagina a cena, tente reparar nas partes de seu corpo nas quais sente mais a ansiedade (Tabela 6.2). Sentia o estômago tenso? Sentia um nó na garganta? Tinha as mãos frias ou suadas? Tinha dor de cabeça? Tinha movimentos nervosos nas pálpebras? Se localizar a área ou as áreas nas quais se sente mais tenso/a, pode empregar melhor os exercícios de relaxamento.

Como tarefa para casa, entrega-se ao sujeito uma folha de auto-registro (ver Quadro 6.2). Nela, o paciente tem de identificar e registrar uma breve descrição das situações de sua vida que produzem diferentes níveis de relaxamento e ansiedade. Com a breve descrição da situação, pede-se ao paciente que descreva seus sintomas físicos (ver Tabela 6.2). As pontuações SUD estão já anotadas na folha de auto-registro em incrementos de 10 pontos, de modo que o paciente passará por toda a escala de 100 pontos. Durante o tempo que dura o emprego da folha de auto-registro, o paciente tem de descrever uma situação que lhe produza de 0 (zero) a 9 de ansiedade, outra que caia dentro da categoria de 10 a 19 etc. (ver Quadro 6.2).

A avaliação dos diferentes níveis de ansiedade produzidos por diferentes situações pode servir a vários propósitos. Por exemplo, pedir aos indivíduos que registrem seu nível de ansiedade durante as interações faz com que pensem e se concentrem. Pensar e concentrar-se é, em parte, incompatível com a ansiedade. Portanto, é provável que o nível de ansiedade da pessoa seja reduzido. Também, observar constantemente a pontuação SUD durante as interações interpessoais faz com que os sujeitos se dêem mais conta das situações nas quais reprimem suas emoções e não fazem ou dizem nada sobre elas.

6.5.1.3. Exercício de relaxamento

No caso de os sujeitos terem um elevado grau de ansiedade diante de determinadas situações sociais, pode-se ensiná-los a relaxar. O treinamento em relaxamento requer uma prática regular em casa, se quiser que seja útil para ajudar a aliviar posteriormente a ansiedade. As pessoas dão-se mais conta de sua ansiedade somente quando há elevados níveis dela. Nesses momentos, a capacidade para controlar a situação de maneira apropriada e de reduzir rapidamente a tensão encontra-se muito reduzida. Um indivíduo com elevados níveis de ansiedade não pode raciocinar claramente, e a informação que lhe chega está freqüentemente distorcida. Ao dar-se conta do grau de ansiedade quando se encontra em um nível ainda baixo, pode-se iniciar algum procedimento de relaxamento para evitar que a ansiedade continue aumentando e que chegue a um nível que não se possa controlar.

Normalmente, utilizamos o método de relaxamento progressivo de Jacobson para ensinar a relaxar, mas poderia ser utilizado qualquer outro. O relaxamento progressivo emprega exercícios de tensão e relaxamento de uma série de músculos para conseguir o relaxamento completo do indivíduo. Um exemplo dos diferentes grupos de músculos considerados e dos exercícios empregados para tensionar os diferentes grupos musculares é o seguinte:

Quadro 6.2. Folha de auto-registro de Unidades Subjetivas de Ansiedade (SUDS)

Nome: ______________________ Período: ______________

Dia e hora	*SUDS*	*Descreva a situação*	*Descreva as respostas de ansiedade/relaxamento*
	0-9		
	10-19		
	20-29		
	30-39		
	40-49		
	50-59		
	60-69		
	70-79		
	80-89		
	90-100		

1. *Mãos:* apertar os punhos.
2. *Antebraço:* dobrar os braços pelo cotovelo e apertar o antebraço contra o braço.
3. *Braço:* pôr os braços retos, com as mãos soltas, estendendo-os para a frente.
4. *Ombros:* erguer os ombros.
5. *Parte posterior do pescoço:* apertar o queixo contra o peito.
6. *Nuca:* apertar a nuca contra o encosto do sofá onde está apoiada a cabeça.
7. *Testa:* erguer as sobrancelhas, enrugando a testa.
8. *Olhos:* apertar as pálpebras.
9. *Boca:* abrir a boca tanto quanto possa. A seguir, apertar os lábios.
10. *Mandíbulas:* apertar as mandíbulas.
11. *Língua e parte interna do pescoço:* apertar a ponta da língua sobre a parte superior do palato, onde se junta com os dentes superiores.
12. *Peito:* puxar o ar pelo nariz, mantê-lo no peito e soltá-lo lentamente pela boca.
13. *Abdome:* empurrar para a frente os músculos abdominais.
14. *Nádegas:* empurrar para a frente as nádegas junto com os quadris.
15. *Coxas:* estender as pernas, levantá-las e estendê-las para fora.
16. *Panturrilhas:* estender as pernas para fora, com os dedos dos pés apontando reto.
17. *Pés:* curvar os dedos dos pés para baixo e, a seguir, estendê-los para cima.

Cada grupo muscular é tensionado (durante uns 10 segundos) e logo relaxado. Tensiona-se outra vez e torna-se a relaxar, induzindo, a partir desse momento, sensações de relaxamento cada vez mais intensas. Um exemplo do exercício feito com o primeiro grupo de músculos – as mãos –, depois de o sujeito se colocar o mais confortavelmente possível, em um ambiente sem ruídos, com luz tênue e sem que nenhuma outra pessoa possa atrapalhar, pode ser a seguinte seqüência:

Ponha-se confortável e feche os olhos, por favor. Preste atenção somente em minha voz e escute o que vou dizendo. Concentre-se em suas mãos. Quando eu disser "já", aperte fortemente os punhos, mantendo a tensão, até que eu diga "pronto". Então, tente relaxá-las lentamente. Concentre-se em suas mãos. Já! Tensione os punhos... aperte-os fortemente, mantendo a tensão. Note as sensações de tensão nessa parte de seu corpo. Os punhos encontram-se fortemente apertados... Pronto! Afrouxe os punhos... deixe-os descansar sobre o braço da poltrona e observe a diferença entre tensão e relaxamento... Note como esses músculos vão relaxando... Agora, vamos tornar a tensionar os punhos. Já! Aperte os punhos... tensione-os... Mantenha a tensão e sinta as sensações de tensão neles... Pronto! Afrouxe os punhos... deixe que descansem sobre a poltrona... deixe que a tensão vá desaparecendo lentamente, tranqüilamente... Note como os músculos de seus dedos se distendem... Como suas mãos relaxam... e note a diferença entre tensão e relaxamento. Suas mãos relaxam pouco a pouco... suavemente... tranqüilamente... cada vez mais... cada vez um pouco mais...

Assim, pode-se proceder com os demais grupos de músculos. Palavras que podem ajudar a criar sensação de relaxamento são: afrouxar, distender, relaxar, soltar, suavizar, alisar, acalmar, flácido, leve, mole, pesado, sereno, afundar etc. Quando todo o corpo estiver relaxado, pode-se induzir uma imagem relaxante, agradável ao sujeito, que sirva para aprofundar ainda mais o estado de relaxamento. Por exemplo, pode-se fazer com que o sujeito imagine que se encontra em uma praia, ou em um campo muito verde ou em outro lugar que seja muito relaxante para ele, e criam-se os estímulos agradáveis e prazenteiros que o rodeiam nessa situação. Alguns exemplos de imagens que ajudam a aprofundar o estado de relaxamento podem ser observadas no item seguinte.

6.5.1.4. Imagens que aprofundam o estado de relaxamento

Às vezes, pode ser útil fazer com que o sujeito imagine que se encontra em uma situação relaxante. A descrição dessas imagens é algo que o terapeuta tem de dominar para induzir o sujeito a estados de relaxamento mais profundos (sem necessidade de chegar ao estado hipnótico). Algumas cenas que podem ser utilizadas são as seguintes:

Imagine um dia ensolarado. Você está passeando por um bosque onde você já esteve anteriormente. O céu está azul. Há umas pequenas nuvens brancas flutuando acima das copas das árvores. Você encontra um pequeno caminho. Sente-se alegre e relaxado, e nota como estalam os pequenos ramos caídos conforme anda pelo caminho. Você ouve o rumor da água. É um pequeno riacho que está a sua frente. A água está limpa e cristalina. No outro lado do rio você vê um campo muito verde, com poucas árvores. Você tira os sapatos e vai cruzar o rio. Sente a água morna que molha seus pés, revigorando-os. Ouve o doce trinar dos pássaros e a brisa que roça seu rosto. Um suave cheiro de grama fresca enche o ar. Você quase pode saborear o frescor da primavera. Você vai até um grande carvalho que se encontra no meio do campo. Senta-se sob seus ramos e apóia suas costas em seu amplo tronco. Você sente a grama sob suas pernas e seus pés. Olha para cima e vê como balançam as folhas das árvores. Observa o suave azul do céu e umas pequenas nuvens brancas que flutuam nele. Respira profunda e lentamente. Sente-se completamente tranqüilo e seguro. Você desfruta dessa cena durante uns minutos.

Você imagina que está em um lindo balão. Encontra-se no solo, preso por dois sacos de terra. Esses sacos representam todos os seus problemas. Em um momento, você arrancará os sacos e, quando fizer isso, estará arrancando todos os seus problemas. Agora, arranque o primeiro saco. Você sente imediatamente uma perda de peso sobre seus ombros. Agora, arranque o segundo saco, e conforme faz isso, vai se sentindo alegre e leve. Todas a suas preocupações foram embora. Você sente que o balão sobe suavemente, cada vez mais alto. Há uma corda pendurada que lhe dá um total controle sobre o balão. Você desliza agora sobre formosos campos; o Sol brilha; porém, a temperatura é perfeita – nem muito quente, nem muito fria. Você se deita em um colchão macio e se deleita no sentimento de tranqüilidade e comodidade que sente nesse momento (Turner, 1991).

Imagine que você se encontra em uma praia muito tranqüila. Você está deitado na areia sobre uma toalha. Sente o calor agradável da areia sob seu corpo. Você olha a seu redor e observa o azul da água e do céu. Somente umas pequenas nuvens vão flutuando por ele. Você observa suas formas e sua brancura e como vão se movendo. O Sol encontra-se no alto do céu e seus quentes raios dissolvem a tensão de seu corpo. Você pode sentir como uma leve brisa roça sua pele, infundindo-lhe uma agradável sensação de tranqüilidade. Você ouve as pequenas ondas do mar rompendo-se suavemente contra a orla da praia. Vai se sentindo cada vez mais relaxado e uma sensação de paz e de tranqüilidade inunda todo o seu corpo. Você fixa o olhar no intenso azul do céu e em uma pequena nuvem mais além. Você se sente muito bem e goza de um grande relaxamento.

6.5.1.5. Exercícios para os direitos humanos básicos

Nossos direitos humanos provêm da idéia de que todos somos criados iguais, em sentido moral, e que temos de nos tratar como tais. Nas relações sociais, entre dois iguais, nenhuma pessoa tem privilégios exclusivos, porque as necessidades e os objetivos de cada pessoa têm de ser valorizados igualmente. Um direito humano básico no contexto das HS é algo que todo o mundo tem direito a ser (p. ex., ser independente), ter (p. ex., ter sentimentos e opiniões próprios) ou fazer (p. ex., pedir o que se quer) em virtude de sua existência como ser humano. Como já assinalamos anteriormente, a premissa subjacente do THS é humanista: não produzir tensão ou ansiedade indevida nos demais e fomentar o crescimento e o progresso de cada pessoa.

Um tipo de direito que se confunde freqüentemente com os direitos humanos básicos é o direito de *representação*. Os direitos humanos podem ser generalizados a todos, enquanto os direitos de representação são aqueles que uma pessoa possui em virtude de um contrato formal ou informal para exercer certas responsabilidades ou empregar determinadas habilidades. Para ajudar a diferenciar esses dois tipos de direitos, pode-se realizar o seguinte exercício: o terapeuta pede a cada participante que escreva em um papel uma lista de direitos que pensa pertencer a cada um dos membros de duplas complementares, como pai/filho, chefe/empregado, homem/mulher etc. A seguir, expõem-se os direitos escritos diante do grupo. Os direitos que dependam do papel que a pessoa representa em cada uma dessas duplas seriam direitos de representação e não poderiam ser generalizados a todos os membros das diferentes duplas, coisa que ocorreria em caso de ser direitos humanos básicos.

Dado que nem todas as pessoas reconhecem os mesmos direitos humanos básicos, podem-se estabelecer conflitos. Uma vez que a habilidade social baseia-se na capacidade para defender os próprios direitos humanos básicos sem violar os dos demais, uma habilidade primária para chegar a ser mais hábil socialmente consiste em aprender a definir e identificar os direitos humanos básicos, diferentes dos direitos de representação, e compreender suas origens e limitações. Jakubowski (1973) assinala quatro razões pelas quais é importante desenvolver um sistema de crenças que ajude as pessoas a manter e justificar sua atuação socialmente hábil: 1. a pessoa pode continuar acreditando em seu direito de agir assertivamente, inclusive quando é criticado injustamente por seu comportamento assertivo; 2. pode contra-atacar qualquer culpa irracional que possa ocorrer mais tarde como resultado de ter-se comportado assertivamente; 3. pode estar orgulhosa de sua asserção, inclusive no caso de que a ninguém mais agrade seu comportamento; e 4. será mais provável que se comporte assertivamente.

Posteriormente, podem ser realizados os seguintes exercícios. Entrega-se a cada sujeito uma folha com a "amostra de direitos humanos básicos" (ver Tabela 6.1). Eles escolhem um direito que não lhes seja cômodo de aceitar e o expressam em voz alta a cada membro do grupo, colocados em um círculo ("Círculo de direitos"). À sua vez, os membros do grupo respondem a cada vez: "Sim, você tem esse direito" ou alguma frase similar.

Em outro exercício, depois que os participantes do grupo tenham lido a mesma folha anterior sobre os direitos humanos básicos, pede-se que escolham um direito da lista que seja importante para eles, mas que normalmente não se aplica a suas vidas, ou ainda, um que lhes seja difícil de aceitar. A seguir, apresentam-se as seguintes instruções: "Fechem os olhos... coloquem-se em uma posição confortável... inspirem profundamente pelo nariz, mantenham o ar dentro tanto quanto possam e, a seguir, soltem-no lentamente pela boca... Agora imaginem que têm o direito que selecionaram da lista... Imaginem como muda a vida de vocês ao aceitar esse direito... Como se comportariam... Como se sentiriam consigo... com outras pessoas...". Essa fantasia continua durante dois minutos, depois dos quais o terapeuta continua dizendo: "Agora, imaginem que já não têm esse direito... Imaginem como mudaria a vida de vocês comparando-a a como era há alguns momentos... Como se comportariam agora... e como se sentiriam consigo... e com outras pessoas...". Essa fantasia continua durante outros dois minutos. A seguir, aos pares, discutem as seguintes questões: que direito selecionaram, como atuaram e como se sentiram quando tinham e quando não tinham o direito, e o que aprenderam com o exercício (Kelley, 1979; Lange e Jakubowski, 1976).

6.5.1.6. Exercícios para a distinção entre comportamento assertivo, não-assertivo e agressivo

Uma primeira distinção entre comportamentos assertivos, não-assertivos e agressivos pode ser feita empregando um modelo bidimensional da assertividade, no qual uma dimensão referir-se-ia ao tipo de expressão, *manifesta/encoberta* e a outra dimensão ao estilo de comportamento, *coercitivo/não-coercitivo* (o estilo de comportamento coercitivo emprega o castigo e a ameaça para atingir o objetivo). Na "asserção", o comportamento seria expresso de forma manifesta e sem exercer coação sobre a outra pessoa, enquanto o comportamento "agressivo" seria expresso de forma manifesta, mas de modo coercitivo sobre a outra pessoa. Na "não-asserção", ou há uma falta de expressão do comportamento ou faz-se de forma indireta, mas sem intimidar o outro. Na "agressão passiva", o comportamento é expresso de maneira indireta, mas coagindo a outra pessoa, isto é, tenta-se controlar o comportamento da outra pessoa de maneira indireta ou sutil (p. ex., um olhar ameaçador). A figura 6.1. a seguir pode representar graficamente esses quatro estilos de resposta (Del Greco, 1983).

Também o apêndice E apresenta diversas características sobre os estilos de resposta assertivo, não-assertivo e agressivo. Do mesmo modo, o quadro 6.3 traz uma série de diferenças nos níveis verbal, não-verbal e de conseqüências para esses três estilos de resposta. Depois, apresentam-se diferentes exemplos sobre o comportamento assertivo, o não-assertivo e o agressivo. Isso pode ser feito por meio de uma série de meios (vídeo, representação de cenas, explicação verbal etc.). Uma vez que os participantes no grupo assinalam ter entendido as diferenças entre esses tipos de comportamento, faz-se o seguinte: são distribuídos três cartões de cores diferentes a cada membro, cada uma das quais representa um tipo de comportamento (p. ex., branca – assertiva, azul – não-assertiva e vermelha – agressiva). Vão sendo apresentadas novamente diferentes comportamentos. Os membros do grupo têm de qualificar o tipo de comportamento que se lhes apresenta levantando, todos ao mesmo tempo, o cartão correspondente. Discute-se por que o comportamento apresentado é considerado assertivo, não-assertivo ou agressivo, e também por que as pessoas que classificam o comportamento de forma diferente da maioria assim o fazem. Se a maior parte do grupo se "engana" ao classificar o comportamento, discute-se do mesmo modo.

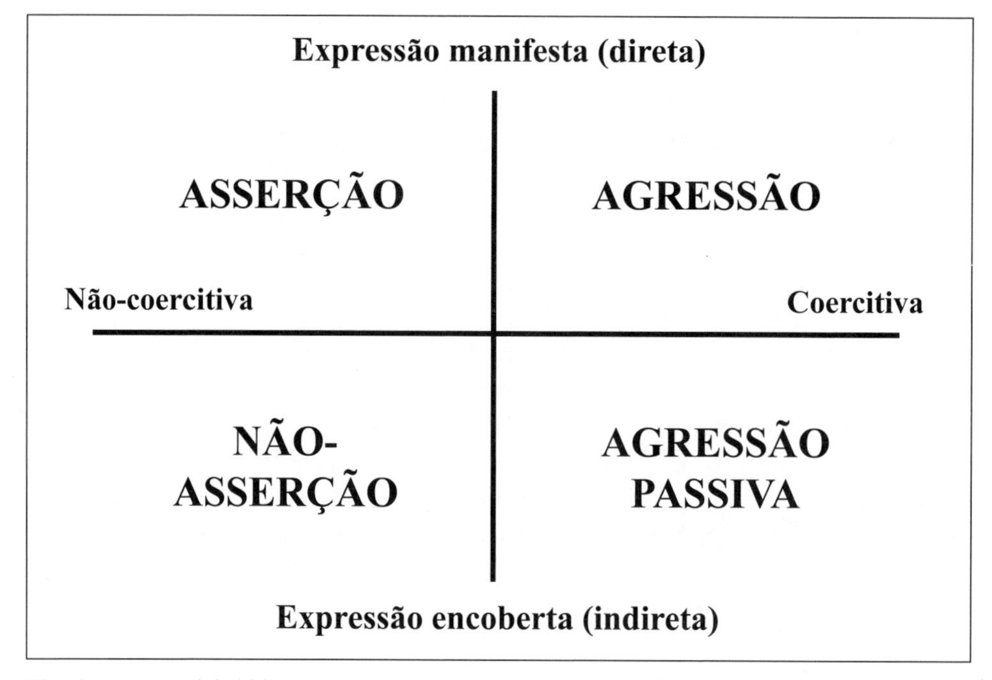

Fig. 6.1. Um modelo bidimensional da assertividade para explicar as diferenças entre os comportamentos assertivo, não-assertivo e passivo (segundo Del Greco, 1983).

Alguns exemplos que podem ser apresentados aos membros do grupo para que discriminem entre os três estilos de resposta são os seguintes:

Situação A

Você combinou com um amigo/a para jantar em sua casa. Ele acaba de chegar, mas com uma hora de atraso, e não telefonou para avisar. Você está incomodado pelo atraso. Você diz:

1. Entre. O jantar está servido
   assertiva
   não-assertiva*
   agressiva
2. Você é um cara-de-pau! Como se atreve a chegar tão tarde? É a última vez que o convido.
   assertiva
   não-assertiva
   agressiva*
3. Estou esperando há uma hora. Gostaria que tivesse telefonado para dizer que chegaria tarde.
   assertiva*
   não-assertiva
   agressiva

Quadro 6.3. Três estilos de resposta

Não-assertivo	Assertivo	Agressivo
Muito pouco, muito tarde Muito pouco, nunca	O suficiente dos comportamentos apropriados no momento certo	Muito, muito cedo Muito, muito tarde
Comportamento não-verbal	**Comportamento não-verbal**	**Comportamento não-verbal**
Olhos que olham para baixo; voz baixa; vacilações; gestos desamparados; negando importância à situação; postura afundada; pode evitar totalmente a situação; retorce as mãos; tom vacilante ou de queixa; risinhos "falsos".	Contato visual direto; nível de voz conversacional; fala fluente; gestos firmes; postura ereta; honesto/a; respostas diretas à situação; mãos soltas.	Olhar fixo; voz alta; fala fluente/rápida; enfrentamento; gestos de ameaça; postura intimidatória; desonesto/a.
Comportamento verbal	**Comportamento verbal**	**Comportamento verbal**
"Talvez"; "Suponho"; "Imagino se poderíamos"; "Você se incomodaria"; "Apenas"; "Você não acha que", "Eh"; "Bom"; "Realmente, não é importante"; "Não se incomode".	"Penso"; "Sinto"; "Quero"; "Façamos"; "Como podemos resolver isso?"; "O que você está pensando?"; "O que você acha?"; Mensagens em primeira pessoa, verbalizações positivas.	"Seria melhor se você"; "Faça"; "Tenha cuidado"; "Você deve estar brincando"; "Se você não fizer..."; "Você não sabe"; "Você deveria"; "Péssimo". Mensagens interpessoais.
Efeitos	**Efeitos**	**Efeitos**
Conflitos interpessoais Depressão Desamparo Imagem pobre de si mesmo Prejudica a si mesmo Perde oportunidades Tensão Sente-se sem controle Solidão Não gosta de si nem dos outros Sente-se aborrecido	Resolve os problemas Sente-se bem com os demais Sente-se satisfeito Sente-se bem consigo Relaxado Sente-se com controle Cria a maioria das oportunidades Gosta de si e dos demais É bom para si e para os outros	Conflitos interpessoais Culpa Frustração Imagem pobre de si mesmo Prejudica os demais Perde oportunidades Tensão Sente-se sem controle Solidão Não gosta dos outros Sente-se aborrecido

Situação B
Você comprou ontem um par de sapatos e hoje já estão com a sola despregada. Você quer trocar os sapatos. Vai até a loja onde os comprou e conta o problema

ao vendedor. Ele diz que é muito fácil consertar os sapatos, e que você mesma/o pode fazê-lo em casa. Você responde:

1. Está bem. Até logo! — assertiva / não-assertiva* / agressiva
2. Troque-os agora mesmo. Você pensa que eu sou sapateiro?! E não torne a me enganar. — assertiva / não-assertiva / agressiva*
3. Pode ser, mas prefiro que os troque. Quero outro par de sapatos. — assertiva* / não-assertiva / agressiva

As explicações para cada uma das respostas são as seguintes:

Resposta A1: *Não-assertiva,* porque você não expressa que seu amigo/a chegou tarde nem que você está incomodado/a com sua comportamento.

Resposta A2: *Agressiva,* porque você insulta seu amigo/a e o ameaça.

Resposta A3: *Assertiva,* porque expressa a seu amigo que chegou tarde e que você está incomodado/a com isso.

Resposta Bl: *Não-assertiva,* porque não expressa que o que você quer é trocar os sapatos.

Resposta B2: *Agressiva,* pois é expressa em forma de ordem, é irônica e acusa o funcionário de tê-lo enganado.

Resposta B3: *Assertiva,* porque expressa o que você quer sem ferir o outro.

6.5.1.7. A modificação do comportamento cognitivo

6.5.1.7.1. *A terapia racional emotiva*

Um exercício muito útil para introduzir os pacientes nos princípios racional-emotivos, descobrir defesas, mostrar-lhes como os pensamentos influenciam os sentimentos e fazer com que se dêem conta de que uma grande parte desses pensamentos é automática é o seguinte: diz-se aos membros do grupo que se sentem confortavelmente, que fechem os olhos, inspirem profundamente pelo nariz, retenham o ar durante certo tempo nos pulmões e soltem-no lentamente pela boca. A seguir, são dadas as seguintes instruções (Wessler, 1983):

Vou pedir-lhes que pensem em algo secreto, algo sobre vocês mesmos que não contariam normalmente a ninguém mais. Pode ser algo que tenham feito no passado, algo que estejam fazendo no presente. Algum hábito secreto ou alguma característica física [pausa]. Estão pensando nisso? [pausa]. Muito bem. Agora vou pedir a alguém que diga ao grupo em que pensou... que o descreva com detalhes. [pausa curta] Mas, como sei que todo o mundo gostaria de fazer isso, e não temos tempo suficiente para que todos o afaçam, escolherei alguém. [pausa – olhando para os membros do grupo] Bem, acho que já escolhi alguém. [pausa]. Mas, antes que eu chame essa pessoa, permitam-me perguntar: o que estão experimentando nesse momento? (p. 49).

Normalmente, as pessoas experimentam uma elevada ansiedade (se de fato viveram o exercício), que pode ser quantificada perguntando aos sujeitos o nível de pontuação SUDS. Nesse momento, o terapeuta mostra ao grupo que é o *pensamento* de fazer algo, não o fazê-lo, o que conduz aos seus sentimentos. Então, o terapeuta pergunta sobre os tipos de pensamentos que conduziram tais sentimentos.

Esse exercício pode servir também para introduzir o sujeito nos princípios da terapia racional emotiva. Para Ellis, o pensamento anticientífico ou irracional é a causa principal da perturbação emocional, já que, consciente ou inconscientemente, a pessoa escolhe tornar-se neurótica, com sua forma de pensar ilógica e pouco realista (Ellis e Lega, 1993). O comportamento socialmente inadequado pode provir de um pensamento irracional e incorreto, de reações emocionais excessivas ou deficientes ante os estímulos e de padrões de comportamento disfuncionais. O que costumamos assinalar como nossas reações emocionais ante determinadas situações são causadas principalmente por nossas suposições e avaliações conscientes e/ou automáticas. Assim, sentimos ansiedade não diante da situação objetiva, mas diante da interpretação que fazemos dessa situação.

O modelo ABC da terapia racional emotiva funciona da seguinte forma (Lega, 1991): O ponto "**A**" ou *acontecimento ativante* (atividade ou situação particular) não produz diretamente e de forma automática "**C**" ou *conseqüências* (que podem ser *emocionais* [**Ce**] e/ou *comportamentais* [**Cc**]), já que, se assim fosse, todas as pessoas reagiriam de maneira idêntica diante da mesma situação. "C" é produzido pela interpretação que se dá a "A", isto é, pelas *crenças (Beliefs)* (**B**) que geramos sobre tal situação. Se "B" é funcional, lógico e empírico, considera-se "racional" (**rB**). Se, pelo contrário, dificulta o funcionamento eficaz do indivíduo, é "irracional" (iB). O método principal para substituir uma crença irracional (**iB**) por uma racional (rB) chama-se *refutação* ou *debate* (**D**) e é, basicamente, uma adaptação do método científico à vida cotidiana, método pelo qual questionam-se hipóteses e teorias para determinar sua validade. A ciência não é somente o uso da lógica e de dados para verificar ou recusar uma teoria. Seu aspecto mais importante consiste em revisão e mudança constantes de teorias e em tentativas de substituí-las por idéias mais válidas e conjecturas mais úteis. É flexível em vez de rígida, de mente aberta em lugar de dogmática. Luta por uma verdade maior, mas não por uma verdade perfeita e absoluta. Apega-se a dados e fatos reais (os quais podem mudar a qualquer momento) e ao pensamento lógico (o qual não se contradiz mantendo simultaneamente dois pontos de vista opostos). Evita, também, formas rígidas de pensar, como "tudo-ou-nada" ou "um-ou-outro", e aceita que a realidade tem, em geral, duas faces, e inclui acontecimentos e características contraditórios. O pensamento irracional é dogmático e pouco funcional e o indivíduo avalia a si mesmo, aos demais e ao mundo em geral de forma rígida (Ellis e Lega, 1993; Lega, 1991). Tal avaliação é conceitualizada por meio de exigências absolutistas, dos *"devo"* e *"tenho de"* dogmáticos (em vez de utilizar concepções de tipo probabilista ou preferencial), gerando emoções e comportamentos pouco funcionais que interferem na obtenção e na conquista de metas pessoais. Dessas exigências absolutistas derivam três inferências: 1. *Fatalismo,* que é a tendência a ressaltar em excesso o negativo de um acontecimento; 2. *Não-posso-suportar,* que é a tendência a exagerar o insuportável de uma situação; e 3. *Condenação,* que é a tendência a avaliar a si mesmo ou os demais como "totalmente maus", comprometendo seu valor como pessoas em conseqüência de seu comportamento. Das exigências absolutistas derivam também numerosas distorções cognitivas, como as propostas por Beck e cols. (1979). Algumas dessas distorções podem ser encontradas na página 235 do presente livro. Ellis e Lega (1993) assinalam que aprender a pensar racionalmente consiste em aplicar as principais regras do método científico à forma de ver a si mesmo, os demais e a vida. Essas regras são:

1. Mais vale aceitar como "realidade" o que acontece no mundo, embora não nos agrade e tentemos mudá-lo.
2. Na ciência, teorias e hipóteses são postuladas de maneira lógica e consistente, evitando contradições importantes (assim como "dados" falsos ou pouco realistas).
3. A ciência é flexível, não rígida. Não mantém algo de forma absoluta e incondicional.
4. Não inclui o conceito de "merecer" ou "não merecer", nem glorifica as pessoas (nem as coisas) por seus "bons" atos e as condena por seus "maus" comportamentos.
5. A ciência não tem regras absolutas sobre a comportamento e os assuntos humanos, mas pode ajudar as pessoas a alcançar suas metas e a ser felizes *sem* oferecer garantias (Ellis e Lega, 1993).

Alguns dos pensamentos irracionais mais comuns dos seres humanos são os seguintes (Ellis e Harper, 1975):

1. *Tenho de* ser amado e aceito por todas as pessoas que sejam importantes para mim.

2. *Tenho de* ser totalmente competente, adequado e capaz de conseguir qualquer coisa ou, pelo menos, ser competente ou com talento em alguma área importante.

3. Quando as pessoas agem de maneira ofensiva e injusta, *devem* ser culpados e condenados por isso, e ser considerados indivíduos vis, malvados e infames.

4. É *terrível* e *catastrófico* quando as coisas não seguem pelo caminho que eu gostaria que seguissem.

5. A desgraça emocional origina-se por causas externas e eu tenho pouca capacidade para controlar ou mudar meus sentimentos.

6. Se algo parece perigoso ou temível, *tenho de* estar preocupado por isso e sentir-me ansioso.

7. É mais fácil evitar afrontar certas dificuldades e responsabilidades da vida que empreender formas mais reforçadoras de autodisciplina.

8. As pessoas e as coisas *deveriam* funcionar melhor, e se não encontro soluções perfeitas às duras realidades da vida, tenho de considerar isso *terrível* e *catastrófico.*

9. Posso conseguir a felicidade por meio da inércia e da falta de ação ou tratando de desfrutar passivamente e sem compromisso.

A aplicação das regras do método científico para a refutação dos pensamentos irracionais constitui um dos pontos-chave da terapia racional emotiva. Assim, tomando como exemplo o primeiro pensamento irracional "Tenho de ser amado e aceito por todas as pessoas que sejam importantes para mim"), os passos de tal aplicação seriam os seguintes (Ellis e Lega, 1993):

1. Inferência ("fatalismo").

2. Esse pensamento é realista e verdadeiro? (Não, já que não existe nenhuma lei que diga que *devo* ser aceito por quem considero importante).

3. Esse pensamento é lógico? (Não, porque o fato de que eu considere certas pessoas importantes, não implica que *devam* me aceitar).

4. Esse pensamento é flexível e pouco rígido? (Não, porque sustenta que, sob *todas* as circunstâncias e durante *todo* o tempo, as pessoas que considero importantes *devem* me aceitar, o que é bastante inflexível).

5. Esse pensamento prova que "mereço" algo? (Não, não se pode provar que, embora eu aja de modo muito adequado com quem considero importante para mim, exista uma lei universal que os *faz, exige* e *obriga* que me aceitem).

6. Essa forma de pensar prova que serei feliz, agirei corretamente e obterei bons resultados? (Não, ao contrário. Não importa o quão obstinadamente trate de conseguir que as pessoas me aceitem, posso falhar facilmente – e se, então, penso que elas *têm de* me aceitar, provavelmente vou me sentir deprimido/a).

Ao identificar as principais crenças irracionais que impedem o comportamento assertivo, pode-se buscar, também, as mensagens de socialização ligadas a elas. O seguinte exemplo, modificado de Wolfe e Fodor (1978), descreve esses aspectos para as mulheres:

Crença irracional que conduz a respostas não-assertivas: Minha desgraça emocional origina-se por causas externas e tenho pouca capacidade, ou nenhuma, para controlar ou mudar meus sentimentos. Exemplos de respostas não-assertivas: "Faz com que eu me sinta um trapo"; "Deixou-me tão nervosa! Eu o teria matado".

Mensagem de socialização para as mulheres: As mulheres são emocionais, histéricas.

A refutação do pensamento irracional anterior traz a idéia de que "ninguém *faz* com que me sinta de nenhuma maneira; posso controlar meus próprios pensamentos e sentimentos".

6.5.1.7.2. *Outras formas de intervenção cognitiva*

Outra forma de intervenção cognitiva implica a identificação de diálogos internos errôneos e o desenvolvimento de habilidades de enfrentamento. *O que uma pessoa diz a si mesma* (p. ex., autoverbalizações, imagens, auto-avaliações, atribuições) antes, durante e depois de um acontecimento constitui um determinante importante do comportamento que manifestará. Por exemplo, às vezes, a pessoa começa a se concentrar em seu comportamento a tal extremo que perde a percepção do que a outra pessoa faz, diz ou, até, sente. As pessoas costumam experimentar ansiedade nas situações sociais porque têm pensamentos e autoverbalizações negativos, como o medo de fazer ridículo, o medo do que os demais podem pensar delas, de não agradá-los, de não saber o que dizer etc. Não é o outro que faz com que nos sintamos dessa maneira; são nossas próprias autoverbalizações negativas. Não é correto dizer que a outra pessoa nos deixa nervosos. É mais provável que seja o que nós estamos dizendo a nós mesmos que nos deixa nervosos. Esses diálogos internos podem ser, também, um objetivo do THS. Uma forma de ajudar os pacientes a reconhecer seus diálogos internos é fazendo com que os membros do grupo fechem os olhos, relembrem vividamente uma situação da vida real que lhes cause ansiedade e fixem-se na seqüência de pensamentos, sentimentos e imagens que aconteceram antes, durante e depois da fantasia. É importante que os pacientes expressem esses aspectos e que o terapeuta os ajude a reconhecer seus estilos cognitivos incorretos. O paciente tem de chegar a saber identificar as autoverbalizações negativas e a reavaliar essas verbalizações mais cuidadosa e racionalmente. Beck e cols. (1979) mencionam quatro métodos para recolher as autoverbalizações: 1. separando meia hora por dia para deter-se nesses pensamentos; 2. registrando os pensamentos negativos que acompanham uma emoção negativa importante; 3. repassando os pensamentos que se encontram associados às emoções negativas e os acontecimentos precipitantes ambientais; e 4. durante a entrevista com o terapeuta. Palavras-chave para a identificação de pensamentos desadaptativos podem ser: "Devo", "Tenho de", "Não posso suportar", "Não tenho o direito", "É injusto", "Terrível", "Espantoso", "Catastrófico", "Sempre", "Nunca" etc. Uma vez que o paciente sabe identificar suas autoverbalizações ou imagens negativas pode-se empregar a *técnica da dupla ou tripla coluna.* Na coluna da esquerda se escreve o pensamento negativo automático e na coluna da direita se escreve várias respostas positivas alternativas. Pode fazer, também, uso de uma terceira coluna, na qual reinterpreta o acontecimento ambiental. Um exemplo da técnica da dupla e tripla coluna seria o seguinte:

Pensamento irracional	*Pensamento racional*	*Reinterpretação*
Se estou calado as pessoas pensarão que sou esquisito, mas, se falo, pensarão que sou bobo, e isso seria terrível.	As pessoas não pensarão, necessariamente, que sou esquisito se estou calado; também pode ser que não notem quanto tempo falo.	As pessoas gostam de conversa superficial. Não faz sentido que cada observação tenha de ser inteligente.

Os pacientes têm de aprender a discriminar entre o pensamento e a realidade e a mudar da análise dedutiva à indutiva, isto é, a considerar os pensamentos como teorias ou hipóteses que devem ser contrastadas, em vez de afirmações de fato.

Também pode-se empregar a terapia racional emotiva para a refutação dos pensamentos incorretos com argumentos lógicos. Ou podemos aprender a trocar as autoverbalizações negativas por outras positivas e ensaiar mentalmente. Logo, cada vez que identifiquemos um pensamento negativo, o substituímos imediatamente por um positivo relacionado. Por exemplo:

Autoverbalização negativa	*Autoverbalização positiva*
Sou enfadonho	Posso ser interessante
Nunca sei o que dizer	Posso pensar em alguma coisa

Não tenho salvação	Posso mudar
Nunca encontrarei um bom trabalho	Posso encontrar um bom trabalho, se procurar

Borkovec (1975) utilizou a técnica do *controle de estímulo* para reduzir a freqüência dos pensamentos negativos. Assim, o paciente tem de seguir várias regras:

1. Observar seus pensamentos durante o dia e aprender a reconhecer os primeiros sintomas de ansiedade.
2. Estabelecer um período de preocupação (p. ex., 30 minutos) à mesma hora e no mesmo lugar todos os dias.
3. Quando perceber que está se preocupando, deixar a preocupação para o tempo e lugar assinalados anteriormente.
4. Substituir os pensamentos negativos, produtores de ansiedade, prestando atenção à tarefa que se tenha nas mãos ou em qualquer coisa do ambiente.
5. Utilizar o período de preocupação assinalado anteriormente para entrar de cheio em suas preocupações e pensamentos negativos.

Dessa maneira, limitam-se as preocupações a um tempo e lugar determinados, podendo estar o resto do dia livre dessas preocupações inúteis.

Por sua vez, D'Amico (1977) empregou um procedimento de inoculação de estresse (ver Deffenbacher, 1991) no âmbito do THS. Uma adaptação de tal procedimento seguiria os seguintes passos:

1. *Preparação para a exigência assertiva*
   - 1.1. Qual seria uma resposta adequada a essa situação?
   - 1.2. Se sigo o modelo do comportamento assertivo (sinais verbais e não-verbais, respostas alternativas e suas conseqüências), posso assumir a exigência.
   - 1.3. Pense no modelo! É muito melhor que se preocupar!
   - 1.4. Sem pensamentos negativos sobre não ser capaz de enfrentá-lo. Pense somente no modelo!
   - 1.5. Fora, preocupações! Não servem para nada.
   - 1.6. Talvez o que estou sentindo não seja ansiedade, mas vontade de responder adequadamente.

2. *Enfrentando e controlando a exigência assertiva*
   - 2.1. Ehh! Eu posso fazer!
   - 2.2. Agora, um passo de cada vez. Pense no que está fazendo.

2.3. Não pense no que pode deixá-lo nervoso. Pense somente no que está esperando!
2.4. Isso! Lentamente, um passo de cada vez.

3. *Enfrentando a presença de ansiedade interpessoal*
   3.1. Muito bem, estou sentindo um pouco de ansiedade, vou parar!
   3.2. Agora, vou etiquetá-la de 0 a 100 e observarei sua mudança. Primeiro sobe um pouco, e agora vai para baixo.
   3.3. Volte a se concentrar na situação e observe como a ansiedade vai desaparecendo.
   3.4. Isso, estou utilizando a resposta apropriada!
   3.5. Vamos, agora, deixe que vá embora!

4. *Autoverbalizações reforçadoras*
   4.1. Muito bem!, Eu o fiz!, Funcionou!
   4.2. Sinto-me muito bem!
   4.3. Não foi tão ruim!
   4.4. Quanto mais o faço, mais fácil fica!

Beck identificou várias cognições errôneas, cognições que o terapeuta pode explicar ao paciente. Alguns desses erros cognitivos são (Dobson e Franche, 1991):

1. Tirar conclusões quando falta a evidência ou é, inclusive, contraditória *(Inferência arbitrária)*.
2. Centrar-se em um detalhe específico extraído de seu contexto, não levando em conta outras características mais relevantes da situação *(Abstração seletiva)*.
3. Chegar a uma conclusão a partir de um fato isolado *(Generalização excessiva)*.
4. Exagerando ou minimizando o significado de um acontecimento *(Maximização e minimização)*.
5. Tendência a atribuir a si mesmo fenômenos externos *(Personalização)*.
6. Classificando todas as experiências em categorias opostas *(pensamento absolutista dicotômico)*.

A explicação desses erros cognitivos pode ajudar ainda mais o paciente a identificar suas cognições desadaptativas e a trabalhar para mudá-las por cognições mais adequadas e facilitadoras do comportamento socialmente adequado.

A seguir, abordaremos tipos de comportamentos específicos incluídos freqüentemente como objetivos do THS.

6.5.2. *O estabelecimento de relações sociais*

Se pensarmos em cada pessoa como uma ilha, a capacidade de se comunicar adequadamente torna-se uma espécie de ponte que nos permite aproximar nossa ilha à dos demais e compartilhar algo de nós mesmos com pessoas diferentes e, ao mesmo tempo, aprender algo delas. É importante estabelecer boas pontes interpessoais, já que somente por meio do contato com os demais podemos estabelecer relações sociais. Não obstante, não se deve manter a expectativa não-realista de encontrar uma relação duradoura ao final de cada ponte que construamos. Simplesmente não é realista esperar que estaremos interessados em todas as pessoas que conheçamos ou que todas elas responderão a nossas iniciativas. Podemos pensar em nossa capacidade de nos comunicar com sucesso como uma espécie de pontuação média, isto é, uma porcentagem média de tentativas terminadas com sucesso para chegar aos outros (Girodo, 1980).

Foi proposta uma série de razões pelas quais as pessoas não iniciam relações com outras pessoas (Gambrill e Richey, 1985; Nelson-Jones, 1986). Algumas delas são as seguintes:

1. *Falta de informação sobre as relações sociais.* As relações sociais de uma pessoa podem ser pouco satisfatórias simplesmente porque lhe falta informação sobre a natureza das relações sociais. Gambrill e Richey (1985) apresentam algumas *crenças falsas* que as pessoas em geral têm sobre as relações sociais:

a. As amizades são formadas ao acaso, sem requerer esforços de sua parte.
b. A maioria das pessoas com que nos encontramos está disposta à formação de novas relações.
c. As relações desenvolvem-se rapidamente.
d. Não se pode aprender grande coisa sobre fazer amigos/as.
e. Tudo é questão de sentimentos.
f. Não se pode fazer grande coisa para tornar as relações mais profundas.
g. Não se pode fazer grande coisa para manter os/as amigos/as e as relações íntimas.

Não estar familiarizado com as formas habituais de iniciar relações e com as variações que geralmente ocorrem em tais relações constitui algo que elimina toda possibilidade de aprofundar a amizade. Algumas pessoas temem o simples fato de que lhes dirijam a palavra. Não estão seguras de aonde levaria uma resposta de sua parte. Não estão seguras de quais são os motivos da outra pessoa para lhes dirigir a palavra, por mais correta que seja. Temem ser manipuladas, enganadas, usadas e induzidas a situações que podem chegar a ser embaraçosas. Não estão familiarizadas com as regras desse *ritual da relação,* nem com as variedades dos intercâmbios sociais. Os contextos sociais novos ou pouco habituais aumentam o temor e a ansiedade, até o ponto de predominarem as relações defensivas sobre as manifestações autênticas.

Um aspecto importante relativo a fazer novos/as amigos/as consiste em saber onde conhecer pessoas novas. Essa informação costuma faltar em muitas pessoas com poucos/as amigos/as. Podem-se aproveitar as situações nas quais nos vemos envolvidos a cada dia ou podemos buscar lugares novos onde conhecer novas pessoas. Uma das razões mais freqüentes pelas quais as pessoas não desfrutam de contatos sociais agradáveis é que não tiram proveito das situações sociais que têm disponíveis (Gambrill e Richey, 1985). Também pode-se ir sozinho a uma série de lugares, como museus, bibliotecas, concertos, aulas etc. "Se você se preocupa com o que os outros vão pensar de você, leve em conta a possibilidade de aprender a maneira de reduzir sua sensibilidade diante de suas reações e o modo de reforçar sua confiança nas decisões que tomar. Não deixe que o medo à crítica limite suas oportunidades" (Gambrill e Richey, 1985, p. 99). Esses autores descrevem um Inventário de Atividades que oferecem a possibilidade de conhecer pessoas. Algumas dessas atividades são:

1. Visitar outras pessoas.
2. Ir a festas.
3. Ir a bares.
4. Sair para dançar.
5. Assistir a aulas de educação para adultos.
6. Participar de esportes.
7. Estar presente em acontecimentos culturais.
8. Visitar museus.
9. Unir-se a grupos de trabalho voluntário.
10. Tornar-se membro de organizações temáticas.

Porém, ir a um bar ou a uma danceteria é o pior que pode fazer uma pessoa pouco hábil que queira adquirir maior confiança em si mesma. A confiança em si mesmo tem duas origens: a crença de possuir a capacidade de se relacionar com habilidade e desenvoltura e a oportunidade de praticar repetidamente essa capacidade. Nenhuma dessas duas coisas é favorecida no ambiente de bares ou danceterias. Pode-se ir a esses lugares e divertir-se, mas não se deve pensar em julgar a si mesmo segundo o papel que represente neles.

2. *Falta de habilidades interpessoais.* Uma pessoa pode não tomar a iniciativa para conhecer outras pessoas porque não sabe como se aproximar ou não sabe

como dar início à interação, sobre que temas falar, como lidar com uma resposta negativa. Gambrill e Richey (1985) assinalam que, normalmente, pode-se saber se atraímos alguém pelo que faz e pelo que não faz. Às vezes, as pessoas não sabem que estão comunicando desinteresse ou neutralidade, em vez de interesse. Saber reconhecer sinais de interesse nos ajudará a tomar decisões mais precisas sobre quem está ou não está interessado/a em nós. Da mesma maneira, podemos enviar sinais de interesse para uma pessoa que nos agrada, de forma que lhe seja mais fácil colocar-se em contato conosco. No capítulo dedicado aos elementos não-verbais podemos encontrar uma série de comportamentos que têm uma gama de significados compartilhados. Entre os comportamentos interpretados como calorosos (de receptividade) e frios (de recusa), podem-se encontrar os seguintes (Gambrill e Richey, 1986):

Comportamentos calorosos: olhar nos olhos, tocar a mão, inclinar-se para ele(a), sorrir com freqüência, olhar da cabeça aos pés, expressão facial alegre, sentar-se em frente a ele(a), assentir com a cabeça, umedecer os lábios, levantar as sobrancelhas, olhos muito abertos, gestos muito expressivos com as mãos, olhares rápidos.

Comportamentos frios: bocejar sem vontade, franzir a testa, afastar-se dele/a, olhar para o teto, negar com a cabeça, limpar as unhas, olhar para outro lugar, estalar os dedos, percorrer o ambiente com o olhar, agarrar as próprias mãos, brincar com as pontas do cabelo, cheirar o próprio cabelo.

Mas não é suficiente somente ter informação sobre a natureza das relações sociais. Também é importante possuir as habilidades sociais necessárias para estabelecer uma interação com outras pessoas. Mais adiante vamos nos deter em procedimentos úteis para iniciar e manter conversações, como as perguntas com final aberto, a livre informação, a auto-revelação e a escuta ativa.

3. *Falta de habilidades para mudar.* Às vezes, as pessoas não se decidem a mudar sua vida social por diversos motivos. Alguns dos pretextos oferecidos para isso são os seguintes (Gambrill e Richey, 1985):

a. "Não gosto de ir aos lugares sozinho(a)". Algumas pessoas ficam em casa porque não querem ser vistos sozinhos em público ou porque pensam que não vão se divertir se saírem sozinhos. No caso improvável de que saiam sozinhos, sentem-se excessivamente conscientes de si mesmos (se saem para comer, fazem-no muito depressa, ou se vão ao cinema, sentem-se aliviados quando as luzes se apagam e já não se encontram visíveis para os demais). Não sabem como desfrutar de sua própria companhia em lugares públicos. Isso limita sensivelmente sua liberdade. É importante que uma pessoa possa desfrutar de sua própria companhia.

b. "Estou muito ocupado(a)". Algumas pessoas dizem que estão muito ocupadas para conhecer ourtas pessoas. Porém, o que acontece é que, freqüentemente, não organizam seu tempo para aproveitar as máximas vantagens possíveis. Se não há tempo durante a semana, sempre se podem aproveitar os fins de semana. Se passar tempo com os demais é importante para uma pessoa, esta pode planificar atividades para ter tempo.

c. "Não posso mudar". Dizer a si mesmo freqüentemente "não posso" pode levar a que realmente acredite nisso. É possível que experiências anteriores tenham sido decepcionantes e constituam para a pessoa uma "prova" de que não pode mudar. Talvez tenha empregado, no passado, métodos pouco eficazes para a mudança e agora acredita que não pode mudar. Substituir as palavras "não posso" por "não quero" colocará grande parte da responsabilidade para mudar na própria pessoa e fará com que esta tome uma posição mais ativa na planificação de atividades e objetivos que a ajudem a mudar de forma eficaz sua vida social.

4. *Regras internas rígidas.* Todas as pessoas têm em sua cabeça uma série de regras relativas a qual é o comportamento apropriado para elas e para os demais. Se essas regras são rígidas, em vez de flexíveis, podem interferir nas oportunidades de interação com os outros. Por exemplo, podemos pôr barreiras a nossas relações com os demais dependendo de idade, sexo, raça, *status* socioeconômico, aparência física, nacionalidade etc. As regras internas podem reduzir sensivelmente o número de pessoas com as quais se relacionar. Uma regra interna pouco realista é estabelecer exigências perfeccionistas para os outros. Têm de aparecer como amigos, amantes etc. perfeitos; do contrário, não merecem atenção. Em outras palavras, ser muito rígido sobre como "devem" ou "têm de" ser os demais pode criar muitas dificuldades para estabelecer novas relações.

5. *Temor à avaliação negativa.* As pessoas podem chegar a ser escravas do temor ao que os outros possam pensar delas. Esse temor costuma incluir o fato de que os outros encontrem algum defeito e se afastem. O temor a ser repelido constitui uma das razões mais freqüentes que as pessoas têm para não tomar a iniciativa de conhecer outras pessoas. Além disso, existe um temor secundário de não ser capaz de enfrentar a humilhação da recusa (Nelson-Jones, 1986). Embora seja importante o que os demais possam pensar de nós, se queremos começar uma relação com eles, nunca seremos capazes de agradar a todos. O temor à avaliação dos demais pode estar baseado, em parte, na exigência implícita de que todos têm de nos aceitar e apoiar em cada momento. Se não se satisfaz essa exigência, pode-se desenvolver esse temor devido a uma tendência a ver a recusa como uma catástrofe e como reflexo de nosso valor como pessoas. O temor excessivo à crítica é um sinal de pouca segurança em si mesmo e de preocupação excessiva sobre o que podem pensar as outras pessoas. A única forma de evitar a crítica

dos demais é ficarmos em casa e, ainda assim as pessoas podem nos criticar por não sairmos mais. Sendo a crítica um fenômeno tão freqüente em nossas vidas, é melhor aprender a enfrentá-la adequadamente. Como assinalam Gambrill e Richey (1985), alguém disse que "somente o medíocre não tem inimigos".

6. *Antecipação de conseqüências negativas em vez de positivas.* As pessoas diferenciam-se muito no grau em que são capazes de correr riscos. As circunstâncias passadas da vida determinam em grande medida o grau de segurança que nos acompanha nas situações presentes e futuras. As relações novas implicam um risco e as conseqüências de implicar-se nelas podem ser positivas ou negativas. Assim, crenças negativas contraproducentes, como "é arriscado começar conversações e, além disso, pode ser que eu não agrade à outra pessoa" ou "não sei o que dizer. Se não digo algo brilhante, a outra pessoa pensará que sou um idiota, e eu deveria ser uma pessoa que conversasse de forma brilhante" (Galassi e Galassi, 1977), podem estar presentes em muitos sujeitos. O ditado "quem não arrisca, não petisca" resume, em certa medida, esse estado de coisas.

7. *Pensamentos negativos sobre si mesmo.* O que pensamos sobre nós mesmos influencia sensivelmente nossa capacidade de fazer amigos/as. Se uma pessoa pensa que não merece que os demais a conheçam, que não é suficientemente interessante, atraente, inteligente, simpática etc. para isso, dificilmente poderá se abrir aos demais e estabelecer relações profundas.

8. *A responsabilidade de fazer a primeira aproximação.* Algumas pessoas podem representar um papel passivo, em vez de um ativo, para conhecer novas pessoas. É como se estivessem esperando que as coisas acontecessem, em vez de tomar parte ativa na modificação dos acontecimentos. Às vezes, essa passividade é reforçada pelas regras sociais, como no caso das mulheres. Por exemplo, espera-se que as mulheres tomem menos a iniciativa para começar novas relações que os homens.

9. Obstáculos ambientais. Os diferentes contextos diferenciam-se nas oportunidades que oferecem para desenvolver e aprofundar as relações. Às vezes, mudar de ambiente é suficiente para melhorar as possibilidades de conhecer pessoas novas. As oportunidades de um lugar podem ser determinadas pelo número de pessoas de um ou outro sexo que ali se encontram, pela idade destas, pelas formas estabelecidas para conhecer pessoas novas etc.

6.5.2.1. A iniciativa, a manutenção e o encerramento de conversações

A maneira exata com a qual se deve iniciar uma conversação depende do contexto: a situação material (o trabalho, o ônibus, uma festa), a hora do dia (o café da manhã, o almoço, a saída do trabalho), a pessoa em questão (homem, mulher, subordinado, superior) etc. Abordar alguém com um pretexto é uma maneira muito segura de começar uma relação e pode "esconder" adequadamente os verdadeiros motivos. Embora a maioria das pessoas goste de estar acompanhada durante seus momentos livres, não lhe agrada as situações diretamente encaminhadas a satisfazer necessidades "declaradas" de contato humano. Ter essas necessidades é uma condição biológica do ser humano, mas revelá-las não é prerrogativa de todos (Girodo, 1980). Habitualmente, quando uma pessoa se mostra muito direta ao falar de suas intenções em uma relação social, a outra pessoa sente um certo temor de ter de enfrentar uma solicitude tão importante. Na maioria das situações, o mais adequado é camuflar as intenções para que a outra pessoa possa salvar as aparências e não se sentir incomodada por tais pedidos. Por outro lado, as atividades do tempo livre deveriam ser agradáveis e divertidas. Assim, se admitirmos a validade e a utilidade do termo, os momentos de ócio e as reuniões informais têm o objetivo específico de ser superficiais, se entendermos por superficialidade a ausência de uma visceral e profunda imersão em um pântano de pensamentos e sentimentos privados (Girodo, 1980).

O que torna difícil uma tarefa é não saber como abordar uma situação determinada, que informação buscar e que comportamento é considerado mais adequado. Tudo isso leva à insegurança, e se a isso se junta o temor ao fracasso, o "custo psíquico" derivado da energia perdida e a preocupação podem tornar a tarefa mais difícil do que é na realidade. Em uma conversação, as pessoas não sabem, em geral, como iniciar ou entrar nela. Uma vez iniciada a conversação, é importante saber como mantê-la. Duas habilidades importantes são mudar o conteúdo e mudar o tema da conversação. É importante, também, saber como terminar uma conversação ou como passar de um nível de conversação a outro. Em resumo, é útil saber como iniciar, manter e encerrar conversações de maneira socialmente hábil.

Gambrill e Richey (1985) assinalam que há pelo menos oito maneiras de iniciar conversações:

1. Fazer uma pergunta ou um comentário sobre a situação ou uma atividade na qual se está implicado.
2. Fazer elogios aos demais sobre algum aspecto de seu comportamento, aparência ou algum outro atributo.

3. Fazer uma observação ou uma pergunta casual sobre o que alguém está fazendo.
4. Perguntar se pode juntar-se à outra pessoa ou pedir à outra pessoa que se junte a ele(a).
5. Pedir ajuda, conselho, opinião ou informação a outra pessoa.
6. Oferecer algo a alguém.
7. Compartilhar experiências, sentimentos ou opiniões pessoais.
8. Cumprimentar outra pessoa e apresentar-se.

Antes de começar uma interação é importante atentar aos elementos não-verbais que a pessoa a quem queremos nos dirigir manifesta. Nas primeiras páginas deste livro descreve-se toda uma série de interpretações sobre os comportamentos não-verbais que podemos levar em conta. Uma vez que decidimos conhecer alguém, o passo seguinte é estabelecer contato visual e falar. Embora muita gente busque desesperadamente a expressão "perfeita" de aproximação, a verdade é que o que se diz tem realmente pouca importância (desde que não seja uma expressão negativa). Os comentários comuns são adequados, mas acompanhados principalmente por um comportamento não-verbal de interesse e de agrado. Se a outra pessoa está interessada, é provável que proporcione livre informação ajudando a encontrar interesses comuns e mais pessoais. Garner (1981) assinala que, ao falar de expressões de aproximação, há três temas para escolher: "a situação", "a outra pessoa" e "si mesmo"; e, principalmente, três maneiras de começar: "Fazer uma pergunta", "Dar uma opinião" e "Assinalar um fato". Garner destaca que falar sobre a situação é, talvez, a melhor maneira de começar uma conversação (para isso, podemo-nos fixar em coisas do contexto que nos interessem ou nos chamem a atenção e que provavelmente signifiquem o mesmo para outra a pessoa). Gambrill e Richey (1985, pp. 113-115) sugerem uma série de regras básicas para a iniciação de conversações:

a. Ser positivo.
b. Ser direto.
c. Cultivar uma perspectiva dupla.
d. Antecipar uma reação positiva.
e. Tirar proveito do humor.
f. Utilizar frases iniciais curtas.
g. Perguntar a si mesmo como responderia.
h. Fazer perguntas com final aberto.
i: Tirar proveito da livre informação.
j. Aproximar-se de pessoas que parecem livres para começar uma conversa.
k. Insistir.

l. Aproximar-se de pessoas que parecem amigáveis.
m. Cultivar a curiosidade.
n. Selecionar objetivos alcançáveis.
o. Tirar proveito do estilo próprio.
p. Sorrir e olhar para as pessoas.
q. Não intimidar.
r. Recompensar os próprios esforços.

Também é preciso levar em conta que ser repelido não é o fim do mundo. O comentário pode ter sido apropriado e, ainda assim, receber uma resposta mínima ou negativa. É possível que a outra pessoa esteja de mau humor e recusaria de toda forma qualquer aproximação. Ou interpretou mal os comentários. Ou qualquer outra razão, inclusive a de não querer responder a uma aproximação de outra pessoa. Logicamente, não podemos agradar a todos. Mas o importante é ter tentado, recompensarmo-nos por isso e continuar tentando.

Com freqüência, não queremos apenas iniciar uma conversação, mas mantê-la. Uma vez estabelecido um tema comum, há várias maneiras de manter uma conversação. Uma delas é dizer algo e logo perguntar à outra pessoa seu ponto de vista sobre o tema. Outra forma é revelar informação pessoal, como os gostos, as atitudes etc *(auto-revelação)*. Porém, é preciso lembrar que o que se revele seja importante para o tema e que não seja tão pessoal que seja inoportuno. A maioria das pessoas não revela seus segredos mais profundos a completos estranhos. A idéia é fazer comentários cada vez um pouco mais pessoais, de modo que a conversação chegue a ser mais significativa. Outro procedimento consiste em não responder às perguntas com um simples "sim" ou "não", mas explicar um pouco mais o próprio ponto de vista, de forma que a outra pessoa tenha algo a que responder *(livre informação)*. Também é útil fazer perguntas que requeiram mais que um simples "sim" ou "não" *(perguntas com final aberto)*. Outras vezes será conveniente mudar o conteúdo ou os temas específicos da conversação. Fazer isso proporcionará um ar renovador a qualquer conversação, até mesmo entre velhos amigos. Algumas formas de se manter a conversação podem ser as seguintes:

a. Discutir sentimentos, suposições ou impressões mútuas.
b. Compartilhar pensamentos e opiniões pessoais sobre um tema.
c. Intercâmbio mútuo de feitos, compartilhar informação objetiva sobre um tema.
d. Compartilhar fantasias, sonhos, imagens, metas ou desejos.
e. Compartilhar atividades recentes.

f. Compartilhar atividades passadas.
g. Compartilhar fatos engraçados, contar histórias divertidas, rir de si mesmo.

Além de mudar o conteúdo de uma conversação para manter um intercâmbio agradável, podem ser introduzidos novos temas. Pode-se mudar o tema de conversação sem modificar o conteúdo geral de um intercâmbio. Por exemplo, se o conteúdo geral implica compartilhar atividades recentes, poderiam ser incluídos temas específicos, como o que se fez no fim de semana passado, o último CD comprado etc. Há várias maneiras de introduzir temas novos. Uma ocasião ideal para introduzir um tema novo é, geralmente, durante uma breve pausa da conversação, que serve como pausa natural entre um tema e o seguinte. Poder-se-ia dizer: "Esta manhã ouvi pelo rádio que ...", "Contaram-me que ...". Às vezes, a relação entre vários temas existe somente porque a menção de um deles lembra casualmente o outro. Poder-se-ia dizer: "a propósito...", "Falando de...". Outra maneira de mudar o tema de conversação é simplesmente dizer que gostaria de discutir sobre outro assunto.

As conversas têm um limite temporal, e uma habilidade necessária nas interações sociais implica terminar as conversações e a planificação de possíveis futuros encontros. Para desfrutar das conversações é importante aprender a terminar aquelas de que não gostamos, prolongar aquelas que nos são agradáveis, saber arranjar futuros contatos com quem gostaríamos de tornar a ver e recusar pedidos de encontros posteriores que não nos interessem. A maneira apropriada de encerrar uma conversação depende de as duas pessoas permanecerem em um mesmo lugar (p. ex., uma festa) ou não (p. ex., uma conversação na rua). No primeiro caso, podemos ver alguma outra pessoa com quem gostaríamos de falar e dizer: "Perdão, mas estou vendo alguém que gostaria de cumprimentar"; no segundo caso, além de se preparar para ir embora, poderíamos dizer: "Perdão, mas tenho de ir. Foi bom vê-lo". Se convidarmos alguém a nossa casa e acharmos que já é hora de finalizar o encontro devido ao cansaço ou outros compromissos, poderíamos expressar nossa intenção com o "ter desfrutado da noite". Poderíamos dizer algo assim como: "Gostei muito desta noite; gostaria que nos tornássemos a reunir em breve". Se quiséssemos arranjar um futuro contato, poderíamos expressar quanto desfrutamos da conversação, manifestar que gostaríamos de tornar a vê-la e pedir o número de telefone da outra pessoa. Às vezes, oferecer nosso número de telefone previamente pode nos proporcionar mais força para pedir à outra pessoa seu número.

Para que uma conversação funcione, os participantes devem estar interessados em, pelo menos, discutir sobre os mesmos temas. Mas, além disso, podemos contar com uma série de estratégias que ajudem a manter a conversação. Essas estratégias estão descritas no item seguinte.

6.5.2.2. Estratégias para a manutenção de conversações

Além de tudo o que vimos nas linhas anteriores, há uma série de procedimentos que colaboram para que as conversações se desenvolvam de forma mais fluida. Esses procedimentos são os seguintes:

1. *Perguntas com final fechado/aberto.* Com a finalidade de obter informação sobre a outra pessoa, é necessário fazer perguntas. Existem pelo menos dois tipos. As perguntas com *final fechado* são aquelas nas quais quem responde não tem outra escolha em sua resposta além da oferecida por quem pergunta. Esse tipo de pergunta tem, geralmente, uma resposta direta, ou pode ser respondida com uma resposta curta selecionada a partir de um número limitado de possíveis respostas (Hargie, Saunders e Dickson, 1981). As perguntas que começam por "onde", "quando" e "quem" são normalmente fechadas. Também são fechadas as perguntas que podem ser respondidas adequadamente por "sim" ou "não", as que pedem ao sujeito que escolha entre duas ou mais alternativas, ou as que pedem que identifique algo. As perguntas com *final aberto* são aquelas que podem ser respondidas de diversas maneiras, deixando a resposta aberta a quem responde. Com essas perguntas, quem responde tem um elevado grau de liberdade para decidir que resposta dar. Esse tipo de pergunta é de caráter amplo e requer mais de uma ou duas palavras. Do mesmo modo, tem também a vantagem de permitir dirigir a conversação para o nível de comunicação que se deseja. As perguntas que começam com "que", "como" e "por que" são normalmente abertas. Freqüentemente, ensina-se aos pacientes a fazer perguntas abertas para manter conversações durante um tempo mais prolongado.

2. *Livre informação.* A livre informação refere-se à informação que não foi requerida especificamente pela pergunta. Seja de forma consciente ou não, as pessoas destacam a parte de si mesmas da qual querem falar. Nesse sentido, a livre informação é, em geral, uma espécie de convite para falar sobre aquilo que a pessoa que o oferece pensa ser apropriado. Por conseguinte, quando se apresenta a situação adequada, pode-se ajudar a manter a conversação proporcionando quantidade suficiente de livre informação (para a outra pessoa) sobre si mesmo, especialmente sobre nossos sentimentos e atitudes, se nos interessa aprofundar a amizade e a intimidade com a outra pessoa.

Podem-se fazer perguntas abertas sobre a livre informação, fazer comentários sobre ela ou que sirva para oferecer a própria auto-revelação. Por exemplo, A: "O que você estuda?", B: "Psicologia. Na semana que vem tenho um exame muito difícil" *(Livre informação)*. Também constitui livre informação muitos sinais não-verbais como, p. ex., a roupa, os traços físicos, o sorriso, a expressão facial etc.

3. *Auto-revelação*. Refere-se "ao ato de compartilhar verbal ou não-verbalmente com o outro aspectos do que o torna uma pessoa, aspectos que o outro indivíduo não conhecerá ou compreenderá sem sua ajuda" (Stewart, 1977, compilado em Hargie, 1986, p. 223). Às vezes as relações de uma pessoa terminam antes que tenham começado a funcionar. Nesses casos, pode ser que essa pessoa não conte de si mesma o suficiente para que os demais saibam com quem estão tratando, que conheçam seus pensamentos, sentimentos. A auto-revelação pode ser o principal meio pelo qual as relações de contato superficial possam transformar-se em reciprocidade. As pessoas preocupam-se somente com aqueles com os quais estão envolvidas. E a auto-revelação tem um papel primordial na obtenção do envolvimento (ver Fig. 6.2.).

As auto-revelações verbais são verbalizações nas quais o indivíduo revela informação pessoal sobre si mesmo. As auto-revelações não-verbais são comportamentos manifestados por um indivíduo que transmite aos outros uma impressão de suas atitudes ou sentimentos (Hargie, 1986). Em qualquer conversação, é importante que os dois (ou mais) participantes pratiquem pelo menos alguma auto-revelação, já que uma relação somente pode se desenvolver quando as pessoas envolvidas compartilham algo sobre elas mesmas. Chegar a uma maior intimidade e amizade é possível quando se fala sobre os próprios sentimentos, fantasias, gostos, desejos, objetivos a curto e longo prazo etc. Ao revelar coisas à outra pessoa, compartilhamos, de alguma maneira, nossos sentimentos e nossa intimidade com ela. E, além disso, permitimos que ela conte mais coisas sobre si ("reciprocidade"). Se quisermos que a outra pessoa conte coisas de si, às vezes será necessário que contemos mais de nós mesmos, principalmente no início de uma relação. Se quisermos saber o nome de uma pessoa, é mais provável que o consigamos dizendo: "a propósito, meu nome é Henrique. E o seu?". O mesmo acontece com endereços, números de telefone e outras informações, assim como para opiniões e sentimentos. Geralmente, é verdade que a auto-revelação íntima produz auto-revelação íntima, enquanto a impessoalidade produz impessoalidade. Porém, temos de fazer uma ressalva. Não se pode apressar a intimidade. Nos primeiros contatos com outra pessoa, a convenção cultural é falar sobre aspectos superficiais e temas pouco comprometedores. Pouco a pouco, haverá maior auto-revelação de sentimentos e de questões mais íntimas. Normalmente, evitamos alguém que revela informações íntimas muito depressa, porque supomos que essa pessoa esteja desadaptada ou espera níveis de intimidade similares de nós, e podemos não nos encontrar ainda preparados para isso. A auto-revelação deveria ser *simétrica,* assinalando, com isso, que as pessoas deveriam auto-revelar-se aproximadamente no mesmo ritmo se quiserem construir uma relação eqüitativa e de reciprocidade.

Fig. 6.2. "Tempo para escutar". Desenho realizado por Caren Nederlander, Copyright © 1981 Franklin Center for Behavior Change, Southfield, Michigan. Reproduzido com autorização do autor.

"Tempo para escutar"

Propósito:

1. Aumentar a comunicação em geral.
2. Sinalizar o negativo sem brigar.
3. Recompensar o positivo e reforçar a mudança.

Procedimento:

1. Reserve tempo a cada dia para se comunicar.
2. Cada pessoa fala durante cinco minutos sem interrupção (embora quem escuta possa tomar notas e contar o tempo).
3. Quem escuta dá retroalimentação para indicar que a mensagem principal foi entendida.

Há quatro níveis de aprofundamento crescente por meio dos quais geralmente a comunicação ocorre: clichês, fatos, opiniões e sentimentos (Garner, 1981).

a. Clichês: quando uma pessoa se encontra com outra, as duas quase sempre começarão a intercambiar clichês (frases feitas). Esse ritual serve, às vezes, para reconhecer simplesmente a presença da outra pessoa e, outras, para esclarecer que cada parte é receptiva a abrir os canais de comunicação a intercâmbios mais substanciais. Rituais típicos de abertura incluem: "Olá!", "E aí?", "Como vai?", "Olá! Que bom vê-lo!". Uma vez que esses rituais de abertura não são estabelecidos para intercambiar informação, um simples "Olá!" é o que se espera de resposta. Porém, se as duas pessoas dirigem-se no mesmo sentido e não há interesse em discutir nada importante, podem ser empregados outros clichês relativos a tempo, programas de televisão da noite anterior, estado de saúde de algum membro da família etc.

b. Fatos: depois de trocar clichês, as pessoas procedem, normalmente, ao intercâmbio de fatos. Nas relações novas, estes serão freqüentemente fatos simples da vida; nas relações já existentes, serão basicamente acontecimentos recentes: "Estou fazendo Faculdade de Direito", "Minha mãe veio me ver e fomos fazer compras". Os primeiros intercâmbios de fatos servem para tentar nos mostrar se há coisas suficientes para compartilhar antes de estabelecer uma relação que valha a pena.

c. Opiniões: as opiniões proporcionam aos demais um ponto de vista mais pessoal sobre nós. Alguém que queira nos conhecer, como somos realmente, se tornará mais ligado a nós se conhece nossas opiniões sobre o estilo de vida das grandes cidades, o amor etc. A expressão de opiniões pode proporcionar aos demais material no qual basear perguntas e comentários.

d. Sentimentos: os sentimentos diferenciam-se dos fatos e das opiniões porque vão além de descrever o que aconteceu e como vimos o que aconteceu, e transmitimos nossa reação emocional diante do que aconteceu. Por essa razão, a expressão de sentimentos dará a visão mais próxima do que realmente somos. "Revelar fatos e opiniões é importante, mas se não revela seus sentimentos, as pessoas começarão, provavelmente, a considerá-lo frio e superficial e pouco interessado em manter intimidade com elas. Também, se reprime as emoções em seu interior, é muito mais provável que desenvolva uma variedade de transtornos físicos e emocionais" (Garner, 1981, p. 58).

4. *A escuta.* Com a finalidade de responder de forma apropriada aos demais, é necessário prestar atenção às mensagens que enviam e associar futuras respostas

a essas mensagens. As mensagens recebidas podem ser verbais ou não-verbais. A *escuta ativa* se dá quando um indivíduo manifesta certos comportamentos que indicam claramente que está prestando atenção à outra pessoa. Podem consistir em mensagens verbais curtas e ocasionais, ou exclamações como "Ah-hah", "Uh-huh", "Oh!", "Ah, é?" etc., que mostram a quem fala que lhe estão prestando atenção e o animam, também, a continuar falando. Nesse tipo de escuta podem refletir-se os pensamentos e/ou os sentimentos de quem fala, resumindo simplesmente seus comentários nas próprias palavras de quem escuta ("parafraseando"). Esse tipo de escuta é uma maneira excelente de animar os outros a falar. Uma resposta verbal similar à anterior é o que se chama de "acompanhamento verbal". Isso refere-se ao processo por meio do qual quem escuta emparelha seus comentários verbais com as respostas de quem fala, de modo que continuem de maneira coerente o que disse aquele que fala. Se o ouvinte continua os comentários de quem fala, fazendo perguntas ou afirmações relacionadas que utilizam as idéias expressas por quem fala, considera-se, normalmente, como uma indicação de atenção e interesse. Também, a "referência a afirmações anteriores" feitas pela outra pessoa (desde recordar seu nome até recordar outros detalhes sobre fatos, sentimentos ou idéias expressas pela outra pessoa) indica um interesse nela (ao recordar o que falou em outra ocasião), e é muito provável que a anime a participar mais ativamente na interação (Hargie, Saunders e Dickson, 1981).

A escuta ativa pode ocorrer, também, por meio de comportamentos não-verbais por parte de quem escuta. Alguns desses comportamentos considerados indicadores da escuta ativa são (Hargie, Saunders e Dickson,1981):

– Assentimentos de cabeça.
– Sorrisos.
– Contato visual direto.
– Imitar ("refletir") a expressão facial de quem fala.
– Adotar uma postura atenta.
– Limitar o uso de gestos distraídos, como brincar com a caneta, olhar para o relógio, tamborilar com os dedos na mesa, mover o pé para cima e para baixo (quando se está sentado e com uma perna sobre a outra) etc.

A *escuta passiva* ocorre quando um indivíduo assimila informação sem mostrar sinais externos claros que indiquem estar escutando (Hargie, Saunders e Dickson, 1981).

5. *As pausas terminais.* Os temas de conversação superficial, como o tempo, o custo de vida ou o filme visto no dia anterior podem ser mantidos durante apenas

alguns minutos. Logo costuma-se chegar a uma "pausa final", quando nenhuma das duas pessoas tem nada mais a dizer sobre esse tema. Os lapsos terminais em geral são reconhecidos por uma longa pausa depois de uma pequena colocação e antes que haja nenhuma outra reação. Quando um tema parece ter se esgotado, pode-se praticar um tipo de resgate voltando explicitamente a um tema anterior da conversação que está sendo desenvolvida ou, ainda, de uma conversação anterior. Outro tipo de resgate de uma pausa terminal utiliza uma frase de transição que serve para conduzir a um novo tema que está sendo introduzido na conversação (Bower e Bower, 1976). Por exemplo, depois da pausa do lapso final, pode-se dizer: "a propósito, estávamos falando no início da conversa..." ou ainda "Está muito bem. Mas há um outro assunto do qual não falamos...". A menos que nós ou nosso interlocutor proporcione essas frases de transição, a conversação terminará ou vagará sem rumo em torno do tema esgotado. Seria útil estar preparado com alguns temas aos quais recorrer quando ocorrem essas emergências (Bower e Bower, 1976).

6. *Os silêncios.* As conversações trazem períodos de silêncio que são completamente normais. Esses períodos curtos podem oferecer pausas arejadoras. Às vezes, esses silêncios podem ser incômodos e outras vezes podem ser totalmente naturais. Alguns indivíduos, especialmente aqueles que não têm experiência nas habilidades de conversação, têm verdadeira fobia a pausas ou silêncios em uma conversação. Esses indivíduos "pensam que deveriam preencher cada momento da conversação com palavras. Não é necessário apressar-se em preencher cada período de silêncio, já que pode servir para refletir sobre o que foi dito, para fazer perguntas, para mudar de tema etc. Às vezes, o melhor, com relação aos silêncios, é estabelecer um enfoque racional emotivo, isto é, assinalar que o silêncio não é realmente mau em uma relação e que o pior do silêncio é o que dizemos a nós mesmos sobre ele. Não há nada com relação ao silêncio *per se* que deva nos provocar ansiedade, mas sim com relação às autoverbalizações negativas que temos sobre ele.

Um aspecto importante da iniciativa e da manutenção de conversações é saber como entrar em uma conversação em curso. Para que uma pessoa se introduza em uma conversação que se desenvolve muito depressa é possível que tenha de esperar para fazer comentários quando ocorrer uma breve pausa ou vacilação. Se se está à espera de uma longa pausa, é possível que não consiga dizer nem uma palavra, e o tema poderia mudar antes que tivesse oportunidade de expressar suas idéias. Isso não significa interromper os demais enquanto falam, mas intervir rapidamente depois de uma das pessoas terminar sua frase. Para isso, é importante aprender a identificar quando se dá uma *pausa natural* na conversação, como, por exemplo, quando uma das pessoas se detém para respirar, ou quando está reunindo seus pensamentos depois de uma frase. Também é útil saber entrar em uma conversação quando não se apresenta a oportunidade por si mesma. Pode-se elevar ligeiramente a voz. Inclusive, um ligeiro aumento funciona como um sinal para os demais de que se quer falar. Não é necessário gritar. O conteúdo do que se diz pode também ser útil. Comentários como "Não entendo o que quer dizer com...", opiniões e o uso do nome da outra pessoa são, em geral, uma boa maneira de se introduzir em uma conversação. É difícil que alguém continue falando sem parar se for distraído pelo uso de seu nome. Por exemplo, "Carlos, estou de acordo com o que você disse porque..."; porém, é preciso levar em conta que o que se faz com o corpo pode ser tão importante, se não mais, quanto o que se diga com palavras. Mover o corpo para a outra pessoa, fazer gestos com as mãos, um leve toque no braço da outra pessoa, estar visível para o resto do grupo, olhar diretamente para os membros do grupo são comportamentos não-verbais que colaborarão com o objetivo de se introduzir em um grupo.

Há pessoas que abrigam uma série de idéias irracionais e/ou negativas que constituirão um obstáculo para a iniciação de interações. Algumas delas são as seguintes (Galassi e Galassi, 1977; Girodo, 1980):

1. *Se fico muito tempo em uma reunião, uma festa ou um baile conhecerei alguém.* Se uma pessoa (homem) espera passivamente para estabelecer alguma relação, é muito provável que não estabeleça nenhuma. Esperar com os braços cruzados não costuma dar nenhum resultado, embora nas mulheres essa comportamento de iniciação possa não ser determinante, especialmente se possuem outras qualidades, como o atrativo físico. Girodo (1980) assinala que o mais surpreendente é que "muitas dessas pessoas voltam no dia seguinte (principalmente aos bares e às danceterias) e agem do mesmo modo que na véspera: ficam sentados como um saco de batatas e esperam que aconteça alguma coisa, em vez de ir buscá-la" (p. 75).

2. *Há muitas pessoas com sorte, pois se lhes apresentam oportunidades para se relacionar. Todo o mundo as aprecia e as convida.* As relações de amizade que as pessoas têm não costumam ser fruto da casualidade, mas de toda uma série de atuações. Normalmente, será mais benéfico para nós tomar a iniciativa e dar o primeiro passo.

3. *Se uma pessoa não nos demonstra imediatamente que gostou de nós, então não vai gostar nunca.* É raro que uma pessoa revele sua simpatia para com outra na primeira interação que mantém.

4. *Se peço a uma pessoa do sexo oposto que saia comigo e ela nega, é porque não valho nada, ou não valho o bastante para ela.* Girodo (1980) assinala

que uma pessoa pode aceitar ou não um convite dependendo de: *a.* a habilidade social que a outra pessoa mostrou ao fazer o convite, *b.* a história social que os dois tenham compartilhado previamente, *c.* a disponibilidade material para o encontro, e *d.* seus interesses e necessidades.

5. *Não tenho o direito de incomodar outras pessoas.* No caso de outras pessoas pensarem que as incomodamos, logo nos farão saber, mas esse pensamento não nos deve impedir de tomar a iniciativa nas interações.

6. *Não sei o que dizer. Se não digo algo brilhante, a outra pessoa pensará que sou um(a) idiota, e eu deveria ser um conversador brilhante.* Os temas da maioria das conversações são pouco profundos. Qualquer um pode falar sobre esses temas. Provavelmente, seja mais importante mostrar nosso interesse na outra pessoa do que as palavras que se digam. O que a outra pessoa pensa de nós é problema dela. Pelo menos, temos o valor de tentar conhecer pessoas novas (Galassi e Galassi, 1977).

Quando se faz o THS em grupo, pode-se acrescentar a tudo o que vimos até aqui algum exercício estruturado que ilustre alguns pontos. Assim, por exemplo, pode-se empregar algum exercício para dar-se mais conta dos elementos não-verbais empregados quando se está mantendo uma conversação e que influem nas primeiras impressões. O exercício dos *"temas vazios",* proposto por Lange e Jakubowski (1976), pode servir de exemplo. Para fazê-lo, formam-se grupos de três ou quatro pessoas. Distribui-se a todos os participantes um cartão com um tema "vazio" sobre o qual têm de falar, por turnos, diante do resto do subgrupo durante 1 minuto e meio. Não importa o conteúdo da "conversa", mas têm importância os elementos da comunicação não-verbal: contato visual, sorrisos, expressão facial, postura corporal, gestos, volume, tom e inflexão, clareza, velocidade. (O conteúdo de uma grande parte das conversações sociais, especialmente com estranhos, não tem, em geral, nenhum significado importante. Simplesmente, as pessoas examinam-se mutuamente e desenvolvem impressões.) Todos os membros do subgrupo tendo terminado, dá-se retroalimentação positiva sobre os elementos não-verbais adequadamente empregados. Essa retroalimentação deveria ser dada depois que os três membros do grupo tivessem falado. Alguns dos temas "vazios" são: cristal, maçaneta, chave, tijolo, lousa, lápis, peso de papel, linha, anel, parede, água, cabelo, prato, areia, tapete, canudo, madeira, clava, pedra, relógio, papel, sapato, cadeira etc.

Outro exercício pode ser focalizar a atenção em elementos externos da relação. Por exemplo, na expressão facial do companheiro, na forma de mover as mãos, na distância que há entre nós. Também podemos empregar a escuta ativa, concentrando-nos no que a outra pessoa está dizendo e mostrando diferentes sinais de escuta ativa. Podemos concentrar-nos nos *sentimentos* que a outra pessoa expressa, no *conteúdo* ou nas duas coisas. Podemos, também, imitar ou "refletir" as expressões faciais da outra pessoa. A escuta ativa ajuda a resolver o velho problema de não ter nada a dizer. Algumas pessoas que têm dificuldade para dizer algo provavelmente estarão tentando prestar atenção a duas conversações ao mesmo tempo: a que estão tendo com a outra pessoa e a que estão tendo consigo. Esta última consiste, normalmente, em preocupações sobre sua atuação, em pensamentos de antecipação de conseqüências negativas, em centrar-se em seus sintomas de ansiedade. Paradoxalmente, quanto mais o indivíduo se centrar nesses elementos internos, menos capaz será de atuar corretamente. Se verbalizássemos todos os nossos pensamentos, idéias e associações, estaríamos falando a maior parte do tempo. As pessoas que falam muito aprenderam a não censurar em excesso seus pensamentos antes de falar. Também aprenderam a reduzir suas expectativas sobre as conversações "profundas" e a sentir-se satisfeitas com conversas informais. Kleinke (1986) assinala algumas idéias para praticar as habilidades de conversação:

a. Utilizar o telefone. O telefone é uma boa idéia para praticar conversações. Por exemplo, podemos ligar para a estação de trem ou de ônibus e perguntar por diversos horários. Ou ligar para um cinema e perguntar pela hora das projeções. Ou ligar para uma loja e perguntar por um produto. Ou para um programa de rádio que ofereça aos ouvintes essa oportunidade.

b. Dizer "olá!". Dizer "olá!" ou "bom dia", "boa tarde" às pessoas com quem nos encontremos no ambiente de trabalho ou escolar. Sorrir e dizer "olá!" ao entrar em uma loja, em um bar etc. Não importa que não respondam.

c. Fazer elogios. Fazer um elogio a uma pessoa que se encontre na fila de algum lugar: ônibus, supermercado, caixa de um banco etc. É possível que a pessoa carregue algo sobre o que fazer um elogio. Podemos perguntar onde o comprou.

d. Fazer perguntas. Podemos fazer perguntas às pessoas sobre muitas coisas, como, p. ex., seu carro, seu cachorro etc. As pessoas gostam de falar sobre suas atividades e seus gostos. Fazer perguntas abertas.

e. Compartilhar uma experiência comum. Buscar algo que possamos compartilhar com uma pessoa que queiramos conhecer (p. ex., estar em uma fila muito longa, levar muito tempo esperando o ônibus etc.).

f. Ler, perguntar e contar. Ler o jornal, revistas, ver TV, aprender sobre a situação política, os acontecimentos do país ou do mundo etc. Pedir às pessoas sua opinião sobre esses temas e compartilhar nosso conhecimento com elas.

g. *Apreciar o valor da conversa informal.* A conversa informal permite que pessoas que não se conhecem possam estar juntas em uma situação sem riscos. Dessa forma, podem comunicar seus interesses ao outro. Nos primeiros encontros, é importante o fato de falar, mais que o conteúdo do que se fala.

Algumas tarefas para casa, relativas ao tipo de comportamento que vimos neste item, além de praticar os comportamentos que acabamos de ver, são as seguintes: 1. Apresente-se a uma pessoa desconhecida numa loja, na vizinhança ou na classe; 2. Convide alguém que segue o mesmo caminho a acompanhá-lo; 3. Na fila do cinema ou do ônibus, comente em voz alta alguma circunstância exterior; 4. Assista a uma conferência e inicie conversação com uma pessoa; 5. Sente-se ao lado de uma pessoa no ônibus, no metrô etc. e comece uma conversação; 6. Faça uma pesquisa de opinião pessoal. Pergunte a quinze pessoas sua opinião sobre um tema atual. Faça pelo menos uma pergunta sobre suas opiniões; 7. Converse com o frentista do posto quando for abastecer o carro; 8. Enquanto toma café em um bar, faça uma pergunta ao atendente e mantenha com ele uma pequena conversação; 9. Pergunte algo em um supermercado e mantenha uma pequena conversação com o(a) atendente.

6.5.3. *Fazer e receber elogios*

Os elogios são comportamentos verbais específicos que ressaltam características positivas de uma pessoa. Os elogios funcionam como reforçadores sociais e ajudam a tornar mais agradáveis as interações sociais. Existem muitas razões pelas quais é importante fazer elogios e expressar apreço, quando justificado. Algumas delas são as seguintes (Galassi e Galassi, 1977).

1. Os outros desfrutam, ao ouvir expressões positivas, sinceras, sobre como nos sentimos com relação a eles.
2. Fazer elogios ajuda a fortalecer e aprofundar as relações entre duas pessoas.
3. Quando se fazem elogios aos demais, é menos provável que se sintam esquecidos ou não-apreciados.
4. Nos casos nos quais é preciso expressar sentimentos negativos ou defender os direitos legítimos diante de alguém, é menos provável que se produza um enfrentamento emocional se tais comportamentos ocorrerem em uma relação na qual previamente foi feito algum elogio sobre outros aspectos do comportamento do indivíduo.

A maioria de nós não presta atenção quando as pessoas ao nosso redor agem de maneira que nos agradam. Somente quando não atuam da forma como queremos que atuem é que prestamos a elas uma atenção especial e rapidamente criticamos seu comportamento. Podemos levar em conta alguns aspectos ao fazer e receber elogios, como os seguintes.

a. As respostas reforçadas se repetem. Como assinalamos anteriormente, os elogios podem cumprir a função de reforçadores sociais e, portanto, aumentar aqueles comportamentos que os precedem. Porém, ignorar o comportamento que nos agrada (praticando a extinção) e punir o que não nos agrada é uma maneira pouco eficaz de ajudar os outros a aprender como queremos que nos tratem.

b. O modo mais comum de expressar admiração consiste em oferecer uma expressão positiva direta. Os elogios podem ser feitos, normalmente, sobre o *comportamento,* a *aparência* e/ou as *posses* da outra pessoa. Além disso, as expressões positivas podem ser melhores de duas maneiras: a) Sendo específico (isto é, dizendo exatamente o que nos agrada na outra pessoa) e b) Dizendo o nome da outra pessoa.

c. É conveniente fazer elogios sobre coisas específicas que nos agradam. Desse modo, dizemos à outra pessoa do que é que gostamos exatamente em, por exemplo, seu comportamento.

d. Ao fazer elogios, é preferível expressá-los em termos de nossos próprios sentimentos, em vez de em termos absolutos ou de fatos. Por exemplo, é melhor dizer "Gosto da sua casa" do que "É uma casa bonita".

e. Para muita gente é difícil aceitar elogios diretamente. Seja por modéstia ou porque não sabe o que dizer, costumam negar a validade do elogio que fazemos e, portanto, diminuem a probabilidade de que tornemos a fazer outro elogio. Alguns autores recomendam que para que os elogios sejam mais fáceis de fazer e de aceitar, podem ser seguidos de uma pergunta (p. ex., "Você fez uma palestra muito agradável. Como você fez os gráficos?"). Dessa maneira, quando os demais ouvem os elogios, em vez de buscar uma resposta, podem simplesmente agradecer e responder à pergunta.

f. As expressões positivas podem se tornar mais confiáveis de diversas maneiras. 1) Se normalmente não fazemos elogios e queremos começar a fazê-los, devemos começar fazendo algum elogio de vez em quando e ir aumentando progressivamente sua freqüência. 2) No princípio, é melhor expressar os elogios de maneira conservadora, já que expressões repentinas de apreço provavelmente levantem suspeitas. 3) É melhor oferecer expressões positivas quando não quisermos nada da outra pessoa. Se vamos pedir um favor, é provável que o elogio não seja levado em conta. 4) Não é conveniente devolver o elogio que recebemos com outro igual dirigido à outra pessoa. Pode soar superficial, como uma obrigação adquirida.

Quando começamos a fazer elogios aos demais, é mais provável que também recebamos mais elogios. Para que esses intercâmbios positivos continuem, é importante que reforcemos nos demais o comportamento de fazer elogios. Se respondermos aos elogios negando-os ("quem? eu?"), mudando o foco de atenção ("eu também gosto de sua jaqueta") ou recusando-os ("Você gostou mesmo da minha palestra? A verdade é que nem sequer me preparei"), não é provável que tornem a nos fazer elogios. Freqüentemente, um simples "Obrigado!" ou um "Obrigado, você é muito gentil!" é suficiente para manter o comportamento de nos fazerem elogios.

Também podem ser abordadas crenças contraproducentes associadas ao fazer e receber elogios. Algumas dessas crenças podem ser (Galassi e Galassi, 1977): "Se saio por aí fazendo elogios às pessoas e dizendo quanto as aprecio, pensarão que quero algo delas. Podem pensar, também, que não sou sincero"; "Por que deveria fazer-lhe um elogio? Já lhe pagam pelo trabalho"; "Se alguém me faz um elogio e o aceito e concordo com ele, as pessoas pensarão que sou um convencido"; "Se alguém me diz algo agradável, tenho de responder com algo agradável"; ou "As pessoas não deveriam fazer-me elogios porque não os mereço".

Podemos fazer um exercício sobre fazer e receber elogios dentro do grupo de THS. Coloca-se o grupo em um círculo e pede-se para que cada pessoa faça um elogio verdadeiro ao companheiro/a da direita, e que este/a responda. Depois de responder, faz, por sua vez, outro elogio à pessoa que se encontra a sua direita, e assim sucessivamente. Os dois participantes, em cada elogio, devem interagir brevemente antes de que quem o recebe faça um elogio à pessoa seguinte. Os elogios têm de ser sinceros. Esse exercício pode ter variações, como fazer com que os elogios sejam sobre um aspecto específico do comportamento, da aparência e das posses ou, em geral, que se levem em conta um ou vários dos aspectos assinalados anteriormente e que favorecem o fazer e/ou receber elogios.

Algumas das tarefas para casa que podem ser realizadas para generalizar à vida real o aprendido nas sessões e que, além disso, seja mantido por reforço natural: 1) Faça um elogio a seu pai ou a sua mãe; 2) Faça um elogio a seu namorado/a; 3) Faça um elogio a um amigo/a; 4) Faça um elogio a um/a colega de trabalho; 5) Diga "bom dia" ou "boa tarde" ao porteiro de seu prédio; 6) Diga "bom dia" ou "boa tarde" aos seus vizinhos; 7) Busque a oportunidade de fazer um elogio a um garçom, ao vendedor de uma loja. Faça essas tarefas levando em conta tudo o que foi visto neste item.

6.5.4. *Fazer e recusar pedidos*

Algumas pessoas evitam, freqüentemente, fazer pedidos razoáveis aos demais. Quando os fazem, parecem desculpar-se ou esperar que sejam recusados. Outras pessoas têm problemas em dizer não e, por sua vez, oferecem pretextos por não ser capazes de satisfazer os pedidos da outra pessoa, quando a verdadeira questão é que não querem atendê-la. Pelo contrário, há pessoas agressivas que podem se comportar de modo exigente, coercitivo e hostil ao fazer um pedido, e ressentidas e hostis quando este é recusado.

A categoria de *fazer pedidos* inclui pedir favores, pedir ajuda e pedir a outra pessoa que mude seu comportamento. Essa categoria implica que o paciente seja capaz de pedir o que quiser sem violar os direitos dos outros. Um pedido se faz de tal maneira que não tente facilitar a recusa por parte da outra pessoa; a pessoa que faz o pedido espera que este seja aceito.

O THS ensina os pacientes a fazer pedidos freqüentemente com a finalidade de conseguir mais coisas, mas o paciente precisa dar-se conta de que um pedido não é sinônimo de exigência, já que, nesse último caso, estaria violando os direitos da outra pessoa. É preciso reconhecer o direito da outra pessoa a recusar seu pedido. Reconhecer os direitos dos demais é a melhor proteção dos próprios direitos. Reconhecer o direito da outra pessoa de recusar nosso pedido protege nosso direito de fazer pedidos e aumenta a freqüência destes. Mas, também não se trata de fazer pedidos de forma indiscriminada. Pode-se chegar a ser uma pessoa incômoda se pedimos constantemente aos outros favores desnecessários. Esse comportamento é inadequado e demonstraria pouco interesse pelos direitos dos demais. Porém, é totalmente aceitável fazer pedidos quando se necessita. Há pessoas que acreditam que os demais (especialmente pessoas significativas) deveriam saber o que elas querem sem que o peçam.

Às vezes, quando fazemos um pedido a outra pessoa, esta ou não entende totalmente a natureza de nosso pedido ou não decidiu se quer ou não satisfazê-lo. Como resultado, suas respostas podem não ser claras. Nesses casos, parece apropriado tornar a expressar ou esclarecer o pedido uma ou mais vezes. Porém, em algum momento dá-se uma resposta clara. Se essa resposta for negativa, novos pedidos pareceriam inapropriados e mostrariam pouco interesse pelos direitos dos demais. Em tal situação, um único pedido para que a outra pessoa reconsidere sua posição pode ser adequado, mas não mais. Apelar ao senso comum da outra pessoa, rogar, insultar, ameaçar ou recorrer a expressões sobre as responsabilidades dos/as verdadeiros/as amigos/as parecem manipulações (Galassi e Galassi, 1977).

Entre as crenças pouco racionais sobre esse tipo de comportamento, podemos encontrar, por exemplo: "Se peço e recebo um favor, então estarei em dívida para com a outra pessoa. Esperará que eu faça um favor igual ou maior no futuro, e não quero ter essa obrigação" ou "Se faço um pedido, a outra pessoa não será capaz de dizer não, embora queira recusar" (Galassi e Galassi, 1977).

Algumas recomendações para praticar as habilidades de fazer pedidos são: a) Ser direto; b) Não é necessária nenhuma justificativa, embora as explicações normalmente ajudem; c) Não é necessário nenhum pretexto; d) Não é preciso tomar uma resposta negativa de modo pessoal, e e) É preciso estar preparado para ouvir tanto um "não" quanto um "sim", e respeitar o direito da outra pessoa a dizê-lo.

Recusar pedidos de forma adequada implica que o paciente seja capaz de dizer "não" quando queira fazê-lo e que não se sinta mal por fazê-lo. Temos o direito de dizer "não" a pedidos pouco razoáveis e a pedidos que, embora razoáveis, não queremos atender. Galassi e Galassi (1977) assinalam que há várias razões pelas quais ser capaz de dizer "não" é importante: 1. Ajuda-nos a não nos implicar em situações nas quais lamentaríamos mais tarde ter-nos envolvido; 2. Ajuda-nos a evitar circunstâncias nas quais sentiríamos que se aproveitam de nós ou que nos manipulam para fazer algo que não queremos fazer; 3. Permite-nos tomar nossas próprias decisões e dirigir nossa vida nessa situação.

Antes de recusar um pedido, precisamos estar certos de que entendemos perfeitamente o que nos pedem. Caso contrário, temos de pedir que nos esclareçam, até que entendamos.

Recusar um pedido traz a possibilidade de que a outra pessoa se sinta ferida ou que tente persuadir o paciente. As recusas apropriadas devem ser acompanhadas por razões, e nunca por pretextos (ver Fig. 6.3). Uma vez que essa discriminação é difícil, no THS os pacientes treinam, inicialmente, recusar sem pretextos ou razões.

Depois de aprender a fazê-lo, ensina-se a distinção entre razões e pretextos, já que entender isso é básico para agir de forma socialmente hábil. Uma razão é um fato que, se mudasse, mudaria a resposta. Assim, se um paciente recusa um pedido porque está ocupado, mas teria dito "sim" caso não estivesse ocupado, "estar ocupado" é uma razão. Porém, se está ocupado e recusa um pedido, mas continuaria recusando inclusive se não estivesse ocupado, "estar ocupado", nesse

Fig. 6.3. "Como dizer não". Desenho realizado por Caren Nederlander, Copyright © 1981. Franklin Center for Behavior Change, Southfield, Michigan. Reproduzido com autorização do autor.

"Como dizer não"

Você pode dizer "não" sem se sentir culpado nem aborrecido mais tarde

caso, é um pretexto que simplesmente serve para justificar a recusa (Booraem e Flowers, 1978). No THS, desaconselha-se o emprego de pretextos, já que o paciente sabe que são pretextos e não ajudam à dignidade do comportamento social. Além disso, os pretextos podem se tornar armadilhas. Por exemplo, se estar ocupado é um pretexto, a outra pessoa pode perguntar em um momento em que o paciente não esteja ocupado. Isso, em geral, coloca o paciente em uma posição muito incômoda, já que estar ocupado não era a verdadeira questão. As recusas de pedidos ade-quadas têm de ser expressas de forma clara, concisa e sem pretextos (Booraem e Flowers, 1978).

Entre as crenças negativas sobre "recusar pedidos" que podem ser encontradas estão, por exemplo: "Se sou um amigo(a) de verdade, deveria atender o pedido" ou "É mais fácil atender o pedido dessa pessoa que enfrentá-la se não atender" (Galassi e Galassi, 1977).

Algumas recomendações para recusar pedidos são: *a.* Dizer simplesmente "não". Pode-se dar uma razão, mas não existe uma obrigação de justificar a resposta; *b.* Pedir tempo, se necessário, para pensar sobre o pedido; *c.* Pedir mais informação/esclarecimento; *d.* Arcar com a responsabilidade das próprias decisões; e *e.* Se for pressionado, pode repetir o "não", mas não existe a obrigação de dar uma razão ou justificar a resposta. Frases como: "Não quero fazê-lo, por isso agradeceria se não tornasse a pedir. Minha resposta continua sendo a mesma" podem ser usadas quando nos sentimos pressionados. Uma vez que tenhamos dado uma resposta clara, pedidos posteriores por parte da outra pessoa serão provavelmente incômodos e inapropriados e podem ser ignorados. Também podem-se utilizar procedimentos como o "disco rachado", ou "banco de neblina" etc. (ver páginas posteriores).

Entre as tarefas para casa que poderiam ser úteis para praticar esse tipo de comportamento são: 1) Ir a um restaurante e pedir um copo d'água. Dizer obrigado e ir embora; 2) Perguntar as horas a uma pessoa que passe pela rua; 3) Perguntar por um endereço, uma rua, um lugar etc. a um indivíduo desconhecido na rua; 4) Pedir a um amigo que lhe empreste algum dinheiro e devolvê-lo sem pretextos em dois ou três dias; 5) Pedir a um amigo(a) que o acompanhe a tomar um café, ir ao cinema, sem se importar que possa dizer "não"; 6) Ligar para uma loja e perguntar se tem determinada coisa; 7) Entrar em uma loja e perguntar pelo preço de qualquer produto; 8) Entrar em uma loja e pedir que troquem uma nota de 100 reais; 9) Ir a um supermercado, selecionar um produto e pedir a uma pessoa com o carrinho cheio que o deixe entrar a sua frente.

6.5.5. *Expressão de incômodo, desagrado, desgosto*

Temos direito a viver uma vida feliz e agradável. Se algo que alguém faz limita de forma pouco razoável nossa felicidade, temos o direito de fazer algo a respeito. Às vezes, podemos estar incomodados, em determinadas situações, pelo comportamento de outras pessoas. Por exemplo, um amigo(a) chega sempre tarde quando marca encontro conosco, nosso parceiro deixa sua roupa suja em qualquer lugar da casa, nossos vizinhos estão fazendo ruído excessivo e impedem nossa concentração no estudo etc. Nessas situações, podemos nos sentir incomodados ou desgostosos com razão e, se é assim, temos o direito de expressar esses sentimentos de maneira socialmente adequada. Porém, temos, também, a responsabilidade de não humilhar ou rebaixar a outra pessoa no processo. Trata-se de comunicar o que estamos sentindo de forma não-agressiva. Isso pode mudar ou não a situação, mas, na maioria dos casos, servirá para que a outra pessoa se dê conta de algo que nos incomoda (e não o repita no futuro) e, principalmente, para expressar nossas emoções, impedindo que se acumulem em nosso interior – e conduzam a diversas conseqüências negativas, como uma explosão de ira em um momento inadequado, o desenvolvimento de transtornos psicossomáticos etc. Na maioria dos casos, é conveniente expressar nosso incômodo e nosso desgosto justificados no momento próprio, de forma que não se produza essa inibição dos sentimentos. A expressão desses sentimentos pode ser complicada porque os demais podem não responder favoravelmente a nossas expressões. As reações dos demais podem ser suavizadas se levamos em conta algumas diretrizes ao manifestar sentimentos de desgosto e incômodo. Essas diretrizes são:

a. Determinar se vale a pena criticar determinado comportamento: este pode ser muito insignificante, não tornará a ocorrer etc.

b. Ser breve. Uma vez expresso o que se queria dizer, não é preciso fazer rodeios.

c. Evitar fazer acusações, dirigindo a crítica ao comportamento, e não à pessoa.

d. Pedir uma mudança de comportamento específico.

e. Expressar os sentimentos negativos em termos de nossos próprios sentimentos, em primeira pessoa, e não em termos absolutos.

f. Quando seja possível, começar e terminar a conversação em um tom positivo.

g. Estar disposto a escutar o ponto de vista da outra pessoa. Terminar a conversação quando esta pode acabar em atrito.

Kelley (1979) assinala que, em geral, pode ser útil empregar uma espécie de roteiro se tivermos problemas na expressão adequada de sentimentos negativos. Para isso, seriam adotados três passos:

1. *Centrar-se nos elementos relevantes da situação,* como *a.* o comportamento diante do qual temos de reagir; *b.* nossos sentimentos, os efeitos que o

comportamento produz em nós e os sentimentos dos outros; *c.* as mudanças comportamentais que queremos efetuar; e *d.* as possíveis conseqüências positivas e negativas.

2. *Escolher qual dos elementos anteriores vamos expressar verbalmente.* Para realizar essa expressão, podemos utilizar uma espécie de roteiro que se demonstrou especialmente útil para a expressão de sentimentos negativos, a estratégia DESC (Bower e Bower, 1976). O acrônimo DESC serve para abreviar os quatro passos-chave da estratégia: *Descrever* ("**D**escribe"), *Expressar* ("**E**xpress"), *Especificar* ("**S**pecify") e as *Conseqüências* ("**C**onsequences"). Bower e Bower (1976) explicam assim os quatro passos:

Passo 1. *Descreva* o comportamento ofensivo ou incômodo da outra pessoa em termos objetivos. Observe e examine exatamente o que a outra pessoa disse ou fez. Use termos concretos, descrevendo momento, lugar e freqüência específicos da atuação. Descreva a atuação, não o "motivo". Alguns começos de frases típicos desse passo seriam: "Quando você...", "Quando eu...", "Quando...".

Passo 2. *Expresse* seus pensamentos ou sentimentos sobre o comportamento ou problema de forma positiva, como se fossem dirigidos a um objetivo a atingir. Expresse-os com calma, centrando-se no comportamento incômodo, e não na pessoa. Alguns começos de frases típicos desse passo seriam: "Sinto-me...", "Acho que...".

Passo 3. *Especifique,* de forma concreta, a mudança de comportamento que quer que a outra pessoa apresente. Peça, a cada vez, uma ou duas mudanças que não sejam muito significativas. Leve em conta se a outra pessoa pode satisfazer suas demandas sem sofrer grandes perdas. Pergunte-lhe se está de acordo. Especifique (se for apropriado) que comportamento está disposto a mudar para chegar a um acordo. Alguns começos de frases típicos desse passo seriam: "Preferiria...", "Gostaria...".

Passo 4. Assinale as *conseqüências* positivas que você proporcionará (ou que ocorrerão) se a outra pessoa mantiver o acordo para mudar. Caso seja necessário (e somente nesse caso), assinale à outra pessoa que conseqüências negativas proporcionará (ou ocorrerão) se não houver mudança. Alguns começos de frases típicos desse passo seriam: "Se você fizer...", "Se não fizer...".

É preciso levar em conta que nem sempre é necessário empregar os quatro passos descritos, podendo, às vezes, ter a mesma utilidade o emprego de um, dois ou três dos componentes. Normalmente, o emprego de um ou dois componentes é suficiente. Alguns dos componentes empregados separadamente com freqüência são: Expressar ("Não gosto que use meu carro") e Especificar ("Não quero que você me ligue depois da meia-noite"). Outras combinações empregadas com freqüência incluem: Descrever, Especificar e Conseqüências quando tratamos com estranhos ou quando são violados nossos direitos; e Descrever, Expressar e Especificar (negociar) quando é com amigos(as). Ao empregar a primeira combinação, tentamos fazer compreender um assunto sem chegarmos a ser vulneráveis ao ataque ou a oferecer à outra pessoa uma saída fácil. A segunda combinação é útil com amigos, que estão mais dispostos a compreender e simpatizar com o problema e podem ofender-se se forem mencionadas as conseqüências. Quando são expressas as conseqüências é importante que não sejam percebidas como tentativa de coação. As conseqüências referem-se à atuação que a pessoa prepara para assumir e expressá-las é um processo de compartilhar a informação. Expressar as conseqüências permite que a outra pessoa conheça o nível de frustração que atingimos e a atitude que estamos dispostos a tomar.

3. *Elaborar um roteiro socialmente adequado.* Um exemplo pode ser o seguinte:

Descrever: "Quando respiro a fumaça do cigarro que você fuma..."

Expressar: "Sinto-me mal, incomoda-me a garganta, dói-me a cabeça ..."

Especificar: "Gostaria que chegássemos a um acordo para que ambos nos sentíssemos bem; que você pudesse fumar e eu não tragasse a fumaça. Por exemplo, quando você tiver vontade de fumar, poderia fazê-lo em outro cômodo..."

Conseqüências: "Dessa forma, poderia trabalhar melhor e teria mais tempo livre para compartilhar com você..." (conseqüências positivas). "Do contrário, teríamos de estudar em turnos e perderíamos muito mais tempo..." (conseqüências negativas).

Uma vez preparado o roteiro, pode-se comprovar sua qualidade fazendo algumas das seguintes perguntas (Kelley, 1979):

Descrever. É objetivo, específico, simples e concreto? Descreve o comportamento e não as intenções, os motivos ou as atitudes?

Expressar. Os sentimentos são expressos de forma tranqüila e construtiva? Dirigem-se a um comportamento específico, e não à pessoa?

Especificar. É explícito e requer pequenas mudanças comportamentais, observáveis e realistas? Deixa aberto o caminho para a negociação?

Escolher. Ressalta as possíveis conseqüências positivas, explícitas e apropriadas ao comportamento? No caso de conseqüências negativas, fica claro que se está compartilhando a informação para que a outra pessoa conheça suas opções, e não para ameaçá-la?

Por sua vez, Gambrill e Richey (1985) propõem cinco componentes similares para a expressão de sentimentos negativos: 1. *Quando* (descrever o comportamento específico que nos incomoda); 2. *Sinto-me* (descrição de nossos sentimentos, utilizando palavras que se refiram a eles); 3. *Porque* (explicar como nos afeta o comportamento incômodo); 4. *Gostaria* ou *preferiria* (descrever o que queremos), e 5. *Porque* (descrever como nos sentiríamos).

Algumas crenças negativas que podem aparecer sobre o tipo de comportamento que estamos vendo nesse item são: "Se os demais vêem que estou aborrecido, pensarão que sou um sem-graça, pouco racional, um tonto ou que tenho má vontade" ou "Se sou realmente seu amigo(a), não tenho nenhum direito de me incomodar. Os(as) verdadeiros(as) amigos(as) compreendem-se mutuamente e não se incomodam um com o outro" (Galassi e Galassi, 1977).

Pode-se ensaiar roteiros como o descrito anteriormente em grupos pequenos, seguindo o formato de uma fila. Dependendo do número de membros do grupo de THS, fazem-se um ou dois grupos de cinco ou seis pessoas. Cada um desses subgrupos forma uma fila ombro com ombro, trabalhando as filas separadamente. A primeira pessoa de cada fila identifica uma situação específica para trabalhar que corresponda à expressão de sentimentos negativos justificados. Essa primeira pessoa (A) sai da fila, coloca-se em frente à segunda pessoa (B) e define brevemente a situação. Por exemplo, seu parceiro chega sempre atrasado aos encontros e você gostaria de chegar a um acordo com ele para não ter de esperar tanto sempre. Pode-se ensaiar o primeiro passo do roteiro ("Descrever") com a pessoa B. Os outros membros da fila dariam retroalimentação específica e positiva sobre o comportamento de A e indicariam como se poderia melhorar seu comportamento. É preciso levar em conta tanto os elementos não-verbais como os elementos verbais. A pessoa A pratica depois com C dois passos do roteiro ("Descrever" e "Expressar"), incorporando as melhoras assinaladas pelos demais membros da fila. Uma vez terminado o ensaio, volta-se a dar retroalimentação a A; este manifesta como acha que praticou a atuação e dirige-se a D para ensaiar três passos do roteiro ("Descrever", "Expressar" e "Especificar") com ele. Repete-se o mesmo processo anterior e, finalmente, a pessoa ensaia o roteiro completo ("Descrever", "Expressar", "Especificar" e "Conseqüências") com a pessoa seguinte da fila (E). A pessoa A coloca-se no final da fila e a pessoa B realiza o mesmo percurso que a pessoa A, praticando o roteiro DESC progressivamente.

Nas tarefas para casa, o roteiro DESC deve ser praticado para expressar nosso incômodo, desagrado e desgosto justificados em nosso meio habitual.

6.5.6. *Enfrentar críticas*

Não importa quão boas sejam nossas relações, seremos criticados de vez em quando. A maneira como enfrentamos as observações críticas tem um papel importante na determinação da qualidade de nossas relações. Normalmente, as pessoas responderão de forma defensiva, como podem ser os seguintes comportamentos (Garner, 1981): *a.* pode-se tentar evitar a crítica ignorando-a, negando-se a discuti-la, mudando de assunto ou indo embora. Essa atuação deixaria o problema sem resolver; *b.* podemos negá-la diretamente. O resultado pode ser o mesmo que no caso anterior; *c.* podemos tentar desculpar nosso comportamento, explicando-o com detalhe e diminuindo sua importância. Aqui não prestamos atenção aos sentimentos ou razões de nosso crítico, podendo acumular-se esses sentimentos nele até chegar a explodir; *d.* podemos responder à crítica com outra crítica, isto é, devolvendo-a. Devolver a crítica, embora sirva para expressar nossos sentimentos, costuma causar um dano importante às relações. Quase nunca promove a consideração dos problemas reais nem favorece o compromisso. Favorece os argumentos acalorados e faz com que as pessoas percam o respeito mútuo.

Booraem e Flowers (1978) pensam que quando se recebe uma crítica, o comportamento mais adequado consiste em deixar que a crítica siga seu curso sem acrescentar informação ou "combustível" ao sistema. Depois de finalizada a crítica, temos de expressar o que quisermos. Não devemos nos defender se, de fato, estamos errados. Se pensarmos que temos razão, a defesa deve começar uma vez finalizada a crítica.

Garner (1981) propõe abordar a crítica de forma construtiva seguindo uma série de passos, que são os seguintes:

1. *Pedir detalhes.* Com a finalidade de nos inteirarmos exatamente de quais são as objeções da outra pessoa, convém pedir detalhes. Se quisermos ser muito específicos, podemos considerar a possibilidade de propor perguntas "estilo repórter": que, quem, quando, como, onde e por que, sobre a situação apresentada pela outra pessoa.

2. *Estar de acordo com a crítica.* Segundo Garner, há dois tipos de "expressões de acordo", podendo-se empregar uma ou outra enquanto mantemos, ao mesmo tempo, nossa posição. As opções são:

a. Estar de acordo com a verdade. Freqüentemente, parte do que expressam nossos críticos é certo e o mais correto seria estar de acordo com a verdade. Podemos repetir as palavras-chave de nosso crítico ("A comida não saiu muito boa"... *[Resposta]* "É verdade, hoje a comida não saiu muito boa"). Se vamos mudar em resposta à crítica, temos de estar de acordo com a verdade e expressar logo o que pensamos fazer de maneira diferente, algo que normalmente restaurará a harmonia. Mas, ainda que não queiramos mudar, podemos melhorar a situação respondendo de maneira socialmente adequada, depois de concordar com a verdade e admitindo que nosso comportamento pode ser um problema para a outra pessoa. Nosso crítico saberá que o problema foi reconhecido e é provável que nos respeite por sermos tão diretos. Porém, a crítica virá formulada, freqüentemente, em termos gerais, empregando palavras como "sempre", "nunca", "todos", "nenhum" etc. para descrever nosso comportamento ("Sua comida nunca fica boa"), ou estarão nos rotulando, dirigindo a crítica a nós, como pessoas, e não ao comportamento que os incomoda ("Você é um inútil, um egoísta etc."). Quando nos deparamos com essas críticas tão amplas, podemos estar de acordo com a parte que seja verdade e não estar de acordo com o resto. Geralmente, poderemos citar provas do contrário para expressar, de maneira mais eficaz, nosso desacordo. Às vezes, os críticos citarão verdades gerais, obrigando-nos a fazer o que querem que façamos. Também aqui podemos estar de acordo com a verdade, mas recusando as conclusões de nossos críticos. Sempre podemos expressar nossos sentimentos, algo que não oferece uma boa base para discutir.

b. Estar de acordo com o direito do crítico a uma opinião. Fazer isso nos ajudará a pensar em pontos de vista diferentes, enquanto, ao mesmo tempo, nos ajudará a manter nossa própria opinião. Quando estamos totalmente em desacordo com a crítica, podemos expressá-lo. Mas também podemos encontrar, normalmente, alguma maneira de estar de acordo com ela, enquanto dizemos o que cremos ser a verdade.

Embora os passos que acabamos de ver constituam uma forma construtiva de abordar a crítica, pode ser que às vezes necessitemos utilizar "procedimentos defensivos" ou de proteção. Tais procedimentos são técnicas poderosas que podem provocar um corte permanente ou temporal na comunicação ou na própria relação. Portanto, somente deveriam ser utilizados depois de ter falhado a comunicação honesta e se a outra pessoa persistir em nos fazer de vítimas, em não nos escutar ou em não nos respeitar. No item 6.5.7 são expostas, com certo detalhe, algumas técnicas defensivas.

Os procedimentos defensivos são defesas verbais que tentam proteger o indivíduo, mas sem isolá-lo da retroalimentação e da comunicação. Temos de aprender a discriminar quando a crítica é construtiva e quando é destrutiva. Se decidirmos utilizar uma técnica defensiva, devemos também assumir a responsabilidade de escutar as mudanças na comunicação. Se a comunicação injusta termina, então deveríamos finalizar o uso do procedimento defensivo e retomar uma comunicação mais aberta. Se voltar a ocorrer a interação injusta, dever-se-á repetir a técnica defensiva. Saber quando começar e quando continuar ou parar com o uso da técnica é tão crucial como saber utilizá-la. Em muitas ocasiões, esse procedimento de começar-terminar é necessário antes de se estabelecer um sistema de comunicação mais equilibrado. No caso de uma repreensão, quem repreende não pára imediatamente de repreender. O processo costuma flutuar, cessando por um momento, começando de novo, de novo tornando a parar. Durante os momentos de calma deveria se manifestar a comunicação honesta.

6.5.7. *Procedimentos defensivos*

Os procedimentos defensivos costumam ser empregados quando procuramos recusar algo, defendermo-nos de outro indivíduo (defendendo nosso espaço, nosso tempo etc.) ou, em geral, interromper um padrão de interação destrutivo e injusto, substituindo-o por uma comunicação justa e mutuamente respeitosa. Quando as habilidades de defesa são utilizadas pela primeira vez, é provável que o receptor dessa interação se sinta mais ou menos frustrado por não ser capaz de nos influenciar da maneira desejada. Nesse caso, é provável que a comunicação termine com certa rapidez. Mas esse corte nos canais de comunicação é somente temporário normalmente, e é provável que a interação se transforme em outra mais eqüitativa, se a outra pessoa for capaz de reconhecer que somos capazes de defender nossos direitos e proteger a nós mesmos. Porém, em alguns casos, o outro indivíduo pode não querer se adaptar a uma relação mais eqüitativa. Se ambos mantivermos nossa postura, pode dar-se um corte mais permanente na comunicação, desembocando, finalmente, no divórcio, na perda de amizade ou na perda do trabalho. Devido a essas possíveis conseqüências, é muito importante, ao aprender as técnicas de defesa, que nos demos conta da possibilidade de tais conseqüências, de modo que possamos escolher se agimos ou não defensivamente.

O disco riscado. Esse procedimento normalmente é empregado para fazer pedidos e/ou recusar um pedido pouco razoável ou ao qual não queremos atender. Desse modo, não temos de dar longas explicações, desculpas ou justificativas para recusar um pedido ou para pedir algo. O procedimento consiste na repetição contínua do ponto principal que queremos expressar. Não prestamos atenção a outros temas da conversação que não sejam a questão que nos interessa. O indivíduo soa como um disco riscado, repetindo uma e outra vez sua posição de forma tão precisa quanto possível. O indivíduo escuta, mas não responde a algo que saia fora da questão que deseja tratar. Smith (1977) o descreve como o procedimento que "mediante a repetição serena das palavras que expressam nossos desejos, uma e outra vez, ensina a virtude da persistência..." (p. 437). Com efeito, essa técnica permite-nos ser persistentes, repetindo uma e outra vez o que queremos, sem que nos aborreçamos, irritemos, nem levantemos a voz. Não devemos dar razões, desculpas ou explicações acerca do "porquê" de nosso interesse; temos de fazer ouvidos moucos para tudo o que nos digam para infundir-nos sentimentos de culpa. Nada do que diga a outra pessoa poderá conosco e continuaremos dizendo com voz tranqüila o que desejamos dizer, até que a outra pessoa atenda a nosso pedido ou aceite um compromisso. A frase-chave é do tipo "sim, mas..." ou "mas o fato é que...".

A asserção negativa. Esse procedimento é empregado quando o indivíduo é atacado e se enganou. A técnica implica fazer com que o indivíduo admita seu erro e mude imediatamente para autoverbalizações positivas. O indivíduo não está na defensiva se está errado. A utilização dessa técnica requer uma ampla prática, uma vez que existe uma tendência natural das pessoas a se defenderem quando são atacadas verbalmente (Booraem e Flowers, 1978). Smith (1977) a define como a "técnica que nos ensina a aceitar nossos erros e faltas (sem ter de nos desculpar-nos por eles) mediante o reconhecimento decidido e compreensivo das críticas, hostis ou construtivas, que se formulam a propósito de nossas qualidades negativas" (p. 438). Temos de corrigir nossa crença de que a culpa está associada automaticamente a um erro. A maioria de nós deve modificar a maneira de reagir quando enfrenta um erro, para poder dessensibilizar-se emocionalmente frente às possíveis críticas próprias ou dos demais.

O recorte. Essa técnica é apropriada tanto se somos atacados e não estamos certos de ter cometido um erro, quanto se imaginamos ser atacados por meio de sinais não-verbais, mas o conteúdo que se expressa não é claramente de enfrentamento. Quando *recortamos,* respondemos *sim* ou *não* com mínima "livre informação", esperando que a outra pessoa esclareça o assunto (Booraem e Flowers, 1978). Por exemplo, preparamos o café da manhã todos os dias, mas nessa manhã não o fizemos e alguém nos diz: "O café da manhã não está preparado"; podemos responder: "Sim, é verdade" e esperamos. O recortar é uma forma de fazer com que o indivíduo esclareça uma questão antes de responder; mas não é uma maneira de substituir uma comunicação mais natural.

Ignorar seletivamente. Consiste em atender, ou não atender, seletivamente a aspectos específicos do conteúdo da fala da outra pessoa. Por exemplo, não se responde às manifestações injustas ou ofensivas, mas se responde somente às expressões que não sejam destrutivas, produtoras de culpa ou injustas. É preciso saber controlar tanto o conteúdo verbal (silêncio) como o não-verbal que produzimos diante das expressões incômodas da outra pessoa. Dessa maneira, extinguimos determinadas respostas da outra pessoa. A técnica é relativamente fácil de empregar sob estados de alta ansiedade, já que não requer o emprego de frases defensivas. Mas a efetividade da técnica implica uma discriminação complexa sobre quando atender e quando não atender à informação específica. Continuamos normalmente a conversação em curso, mas respondemos de forma seletiva à informação dada.

Separar os temas. Às vezes, no transcurso de uma interação, mais de um tema ou mensagem serão apresentados conjuntamente. A menos que esses temas ou mensagens sejam separados e tratados de forma diferente, podemos começar a nos sentir confusos, ansiosos e/ou culpados. Por exemplo, a outra pessoa pode associar "emprestar-lhe o carro" com "sermos seu amigo(a)", ou "temos de fazer o que ele(ela) quiser porque o(a) amamos". Ao separar os diferentes temas, somos mais capazes de discriminar o que a outra pessoa nos pede ou as implicações do que está fazendo, de modo que possamos formular uma resposta apropriada, sem necessidade de deixar as coisas sem resolver.

Desarmar a ira. Essa técnica é uma variação do que se conhece como *Mudança do conteúdo ao processo* (mudar o centro da conversação do conteúdo a algum processo observado na outra pessoa, como uma emoção que manifesta ou um comportamento que expressa, como o volume da voz). Implica ignorar o conteúdo da mensagem irada e concentrar nossa atenção e conversação no fato de que a outra pessoa está aborrecida. Temos de expressar abertamente que retomaremos o conteúdo tão logo a outra pessoa se acalme, mas devemos recusar cortesmente continuar com o conteúdo antes disso. Devemos tentar manter contato visual e empregar um tom de voz moderado. Uma forma de procurar obter esse desarme da ira é tentar fazer com que a outra pessoa se sente e tome um café, um chá, um suco etc. Enquanto fazemos isso, continuamos falando sobre a consideração dos temas apresentados, mas evitamos discutir qualquer conteúdo específico até que a pessoa comece a se acalmar. Por exemplo, poderíamos dizer: "Vejo que você está aborrecido(a) e gostaria de falar sobre isso. Vamos nos sentar, tomar um café e conversaremos" (Booraem e Flowers, 1978). Basicamente, essa técnica implica uma espécie de negociação de um período de esfriamento, de tal maneira que ambas as partes possam pensar mais claramente e resolver adequadamente o tema em questão. Esse contrato é oferecido sendo as acusações verdadeiras ou falsas, já que, mesmo que as acusações sejam verdade e, no final, peçamos desculpas, não há nenhuma razão para que tenhamos de nos sentir como seres inúteis. Como parte da técnica, não temos de responder aos insultos nem a outros temas colaterais, uma vez que a interação poderia subir progressivamente de tom. Empregamos uma espécie de disco rachado ao oferecer o contrato, "Falaremos disso quando quiser, mas antes acalme-se". Nesse caso, devemos agüentar pacientemente as primeiras explosões de ira de nosso interlocutor. Não obstante, no caso extremo de que nossa integridade física estiver em jogo, sair da situação poderia resultar uma decisão mais sábia.

Oferecer desculpas. Às vezes, podemos nos sentir mal por termos tido pouco respeito ou por termos abusado de outro indivíduo. Nesse caso, oferecer desculpas é uma ação legítima. Por meio desse procedimento, desculpamos o comportamento que foi injusto ou incômodo para a outra pessoa, sem comunicar que normalmente fazemos dano aos demais ou que não temos valor como pessoas. A desculpa, além disso, faz com que reconheçamos os sentimentos da outra pessoa e permite que ela saiba que nos demos conta do que aconteceu. Um indivíduo que nunca se desculpa ou não admite ter tratado mal a outra pessoa provavelmente experimentará problemas para manter relações interpessoais. Do mesmo modo, as pessoas que são constantemente feridas por outro indivíduo tenderão a evitar as interações com esse indivíduo no futuro. Às vezes, será útil acompanhar esse procedimento dos de "separar os temas" ou "desarmar a ira", se o indivíduo a quem se pede desculpas sente-se ferido ou está aborrecido.

Perguntas. As perguntas podem ser, às vezes, um meio efetivo para ajudar a outra pessoa a dar-se conta de uma reação impulsiva, não-pensada, especialmente quando a outra pessoa foi agressiva de forma não-verbal. Por exemplo, pede-se a um vendedor que embrulhe um pacote. Ele não diz nada, mas parece muito irritado e murmura em voz baixa ao embrulhar a mercadoria. O cliente responde, com um tom de voz perplexo, sem sarcasmos: "Está incomodado porque lhe pedi que embrulhasse o pacote?".

O banco de névoa. Essa técnica é muito controvertida, devido ao fato de ser uma técnica passivo-agressiva, na qual o indivíduo assume um papel excessivamente passivo na interação. Nesse procedimento, o indivíduo reflete ou parafraseia o que a outra pessoa acaba de dizer, acrescentando em seguida: "[...] mas sinto muito, não posso fazer isso". O indivíduo que utiliza o "banco de névoa" parece estar de acordo com o outro indivíduo, que "*pode* ter razão" ou que "provavelmente está certo", mas não diz que tenha razão. Além disso, o indivíduo permanece imóvel em sua posição. Essa técnica pode ser útil para interromper reprimendas crônicas. Segundo Smith (1977), essa técnica "ensina-nos a aceitar as críticas manipuladoras reconhecendo serenamente diante de nossos críticos a possibilidade de que haja uma parte de verdade no que dizem, sem que, por isso, abdiquemos de nosso direito de sermos nossos únicos juízes" (p. 437). O emprego dessa técnica justifica-se pela explicação de que se tentamos resistir e/ou lutar contra uma pessoa que está nos recriminando, estamos prestando atenção e, por conseguinte, reforçando esse comportamento. Se não oferecemos resistência e permanecemos imóveis, estamos tentando retirar o reforço da interação e fazer com que o comportamento seja extinto.

A interrogação negativa. Esse procedimento defensivo pode ser eficaz quando somos criticados injustamente, sabemos que a crítica é injusta e temos uma imagem de nós mesmos bastante positiva, de forma que não cheguemos a sentir que estão abusando de nós nem cheguemos a nos aborrecer. Uma vez que o essencial dessa técnica é solicitar mais críticas, devemos ser capazes de escutar críticas sem adquirir temores ou internalizar os comentários. "Essa técnica nos ensina a suscitar as críticas sinceras por parte dos demais, com a finalidade de tirar proveito da informação (se forem úteis) ou de esgotá-las (se forem manipuladoras), inclinando, ao mesmo tempo, nossos críticos a mostrarem-se mais assertivos e a não fazerem um uso tão intensivo dos truques manipuladores" (Smith, 1977, p. 438). Uma resposta típica é: "Há algo mais que não lhe agrada?". Por meio dessa técnica, pedimos que se digam mais coisas acerca de nós mesmos, ou de nosso comportamento, que podem ser negativas. A explicação para esse procedimento parece ser a saciação.

Diversos autores (p. ex., Booraem e Flowers, 1978) advertem contra o uso dos dois últimos procedimentos, o "banco de névoa" e a "interrogação negativa", e da "mudança do conteúdo ao processo", já que tais técnicas (especialmente as duas primeiras) são perigosas e é muito difícil usá-las bem.

6.5.8. *Procedimentos de "ataque"*

A inversão. A inversão é empregada quando o indivíduo pede algo e parece óbvio que o pedido será recusado, porém a outra pessoa não disse ainda "não", mas está dando toda uma série de razões pelas quais o pedido será provavelmente recusado. O indivíduo pede simplesmente que lhe digam "sim" ou "não". Dessa forma, é mais provável que da próxima vez obtenha um "sim", já que as pessoas parecem recordar melhor suas respostas negativas diretas que as indiretas, e, em suas tentativas de serem justas com os demais, equilibrarão as respostas "sim" e "não" (Booraem e Flowers, 1978).

A repetição. Esse procedimento é empregado quando o indivíduo pensa que a outra pessoa não está escutando ou entendendo o que ele está dizendo. A utilização desse procedimento implica pedir à outra pessoa que repita o que ele estava dizendo. Isso requer tato, por isso empregam-se frases como "O que você acha do que estou dizendo?", "Você entende minha posição?" etc. (Booraem e Flowers, 1978).

Asserção negativa de ataque. Se tememos que um pedido ou uma recusa possa incomodar o outro, podemos empregar a asserção negativa de ataque para minimizar o mal-estar potencial. Assim, revelamos nosso temor sobre a reação da outra pessoa antes do pedido ou da recusa. Por exemplo, em uma situação de recusa, na qual não queremos emprestar o carro a um amigo(a), podemos dizer: "Não quero que pense que não gosto de você e que não sou seu amigo; porém, não empresto o carro a ninguém, e espero que você compreenda" (Booraem e Flowers, 1978).

O reforço em forma de sanduíche. Esse procedimento implica apresentar uma expressão positiva antes e/ou depois de uma expressão negativa. Faz-se isso para suavizar a expressão negativa e para aumentar a probabilidade de que o receptor escute claramente a mensagem negativa com um incômodo mínimo. Essa técnica é muito útil e costuma ser ensinada com certa freqüência.

6.5.9. *Defesa de direitos*

Expressar os direitos legítimos é importante quando nossos direitos pessoais são ignorados ou violados. Alguns exemplos dessas situações incluem:

1. *Situações de consumidor,* como receber troco a menos, comprar uma mercadoria defeituosa, em um restaurante nos servirem comida que não é de nosso gosto, receber um serviço descortês.
2. *Situações de família,* como que não nos permitam ter nossa própria vida e tomar nossas próprias decisões, não nos deixem educar os filhos como queremos.
3. *Situações de autoridade,* em que são tomadas decisões injustas sobre nosso destino.
4. *Situações de amizade,* em que não é respeitado nosso direito a tomar decisões.

A questão de quais são os direitos pessoais legítimos em uma situação nem sempre se resolve facilmente. Porém, a lista que se inclui na tabela 6.1. sobre os "direitos humanos básicos" pode constituir uma boa base na qual nos apoiarmos para defender nossos direitos legítimos. Alguns dos direitos mais freqüentemente implicados nos tipos de situações assinalados no parágrafo anterior são (Galassi e Galassi, 1977):

1. Temos o direito de ser tratados corretamente e como pessoas, com os mesmos direitos, privilégios e responsabilidades que qualquer outra pessoa, sem importar o sexo, a raça, a religião, a educação, a profissão, o *status* socioeconômico, a nacionalidade etc. Todos os homens/mulheres foram criados iguais no sentido de que têm direito a serem tratados igual, a direitos e privilégios similares, e que têm responsabilidades semelhantes. O emprego do *status* ou a militância em um grupo especial (definido pela raça, língua, nacionalidade, idéias etc.) para aumentar os direitos e privilégios de uma pessoa e diminuir os direitos dos outros é totalmente inapropriado e digno de repulsa.

2. Temos o direito de tomar nossas próprias decisões e viver nossa própria vida como queiramos (enquanto não causemos dano aos demais ou violemos seus direitos). Um indivíduo na idade adulta tem o direito de tomar suas próprias decisões, mesmo sendo errôneas. É freqüente o caso em que nossos direitos são violados por pessoas que assumem o poder de tomar decisões "para nosso próprio bem". Quando crianças, essa decisão seria apropriada em muitos casos, mas não parece adequada para a maioria dos adultos.

3. Temos direito a obter em bom estado aquilo por que pagamos, sem importar o preço. Quando compramos um produto, este deve ser aceitável e satisfatório em todos os sentidos, sem importar o valor que pagamos por ele. Devemos obter o produto tal como é anunciado e ser capazes de devolvê-lo se for defeituoso. Se isso é um inconveniente para o vendedor, não é e não deve ser problema nosso. Pagamos por esse serviço.

4. Temos o direito a um serviço rápido e cortês. Estamos pagando pelo serviço e temos direito a recebê-lo (não a exigi-lo). Não temos de nos sentir culpados porque a outra pessoa nos dedica uma quantidade razoável de tempo e de atenção.

Conhecer os direitos que temos em virtude de termos nascido seres humanos permite-nos saber se nossos direitos não são respeitados em uma situação e ter respaldo moral para defendê-los. Porém, temos de assinalar que há pessoas que podem ser muito sensíveis com relação à mínima transgressão por parte dos demais de qualquer de seus direitos. É importante defender nossos direitos nas situações em que claramente tenha havido uma violação destes, mas a defesa resoluta da menor transgressão pode tornar nosso comportamento corretivo em agressivo, incômodo e totalmente desproporcional à situação. Temos de pesar as vantagens e os riscos ao defender nossos direitos. Galassi e Galassi (1977) assinalam que o risco mais freqüente está na possibilidade de que os demais, especialmente aqueles que se aproveitaram de nós no passado, não gostem de nosso novo comportamento. Nesse caso, a posição mais desejável seria defender os direitos de maneira socialmente adequada, sentirmo-nos satisfeitos conosco e expormo-nos ao possível risco; melhor que reprimir os sentimentos e a auto-estima para evitar pôr em risco a boa vontade dos outros. É muito provável que muita gente respeite nossa posição.

Também há situações nas quais não é aconselhável defender os direitos legítimos, embora tenham sido claramente violados. Essas situações não são freqüentes, mas aqui incluem-se os casos nos quais possa acontecer um ataque físico ou quando possamos ser punidos com penas legais. Por exemplo, se somos deliberadamente empurrados na rua por um grupo de indivíduos "mal-encarados", ou se, no serviço militar, um superior nos impõe uma detenção, é preferível não defender nossos direitos nessa situação.

Algumas das crenças pouco racionais que podemos encontrar em pessoas com problemas nesse tipo de comportamento são: "Bom, sei que não estão respeitando meus direitos, mas também não é tão importante. Posso suportar isso" ou "Se defendo meus direitos, pode ser que não agrade à outra pessoa; assim, não farei nada".

Às vezes, será muito útil empregar algumas das técnicas que aparecem no item 6.5.7, como o "disco rachado", para defender nossos direitos legítimos.

Tarefas para casa que podem ser praticadas dentro desse tipo de comportamento são: 1. Entrar em uma loja e pedir que nos mostrem várias coisas, agradecer e ir embora sem comprar nada; 2. Comprar algo em uma loja com a intenção de devolver e sem dar excessivas explicações.

6.5.10. *Expressão de opiniões pessoais*

Temos o direito de expressar nossas opiniões pessoais de forma adequada, sem forçar os demais a aceitar nossas opiniões ou, inclusive, a escutá-las. O tipo de comportamento de expressão de opiniões pessoais é bastante amplo e, de uma forma ou de outra, encontra-se presente em muitas das outras dimensões vistas até agora. A expressão de opiniões pessoais refere-se à expressão voluntária das preferências pessoais, ao tomar uma posição perante um tema ou ao ser capaz de expressar uma opinião que está em desacordo, ou em potencial desacordo, com a de outra pessoa (Galassi e Galassi, 1977). Mas, devemos ter claro que somos livres para expressar ou não nossas opiniões em uma situação determinada, e que o importante é que sejamos *capazes* de fazê-lo quando assim desejarmos.

Quando expressamos nossas opiniões, é conveniente fazê-lo de forma clara e firme, sabendo que temos o direito de fazê-lo, sem pressionar o outro a estar de acordo com nossa opinião. Às vezes, pode ser que os outros se aborreçam, ou nos castiguem de algum modo quando expressamos nossa opinião. Isso é algo que devemos levar em conta na hora de decidir se a expressamos ou não. Porém, embora isso possa acontecer em alguma ocasião, em geral é pouco freqüente, e a expressão de opiniões de forma adequada constitui uma importante habilidade social.

Algumas possíveis crenças negativas sobre esse tipo de comportamento poderiam ser: "Se expresso minha opinião e estiver enganado, como vou ficar?" ou "Não sou suficientemente inteligente, atraente, jovem, velho, experiente etc., para ter direito a expressar uma opinião sobre esse tema" (Galassi e Galassi, 1977).

6.5.11. *Expressão de amor, agrado e afeto*

As relações íntimas com outras pessoas são, talvez, as experiências mais profundas de nossas vidas. Apaixonar-se, ter bons amigos, dar-se bem com os pais, com os filhos e com os irmãos é extremamente importante para todos nós. O amor pode aparecer em duas formas muito diferentes: amor apaixonado e amor fraternal. O amor apaixonado é um estado emocional selvagem, uma confusão de sentimentos: ternura e sexualidade, júbilo e dor, ansiedade e alívio, altruísmo e ciúme. O amor fraternal, por outro lado, é uma emoção mais suave. É afeto amistoso e união profunda com alguém. O agrado e o amor fraternal têm muito em comum. O agrado refere-se ao afeto que sentimos por conhecidos casuais. O amor fraternal é o afeto que sentimos por aqueles com quem nossas vidas estão profundamente entrelaçadas. A única diferença real entre o agrado e o amor é a profundidade de nossos sentimentos e o grau de nossa implicação com a outra pessoa.

Os casais estão interessados, em geral, em conhecer exatamente o que sentem com relação ao outro: "Quero realmente o meu parceiro... ou chegamos a ser apenas velhos amigos?". Dadas as definições de agrado e amor fraternal, é fácil ver por que as pessoas têm tanta dificuldade para decidir se "sentem amor" ou "sentem agrado". Não há um ponto de separação real entre os dois. O agrado projeta sua sombra imperceptivelmente sobre o amor fraternal. Provavelmente, em qualquer relação movemo-nos entre os dois.

Para explicar por que nos sentimos profundamente atraídos por algumas pessoas e por que não podemos aturar outras, poderíamos citar o princípio do reforço: agradam-nos aqueles que nos recompensam e desagradam-nos aqueles que nos punem. Em outras palavras, é provável que nos apaixonemos por alguém que faça com que nos sintamos de maneira maravilhosa com relação a nós mesmos e ao mundo que nos rodeia (a pessoa que nos diz que somos muito agradáveis quando conversamos com ela, que insiste em que somos mais preparados que os demais, que nos empresta seu casaco novo). E chegaremos a sentir uma clara aversão por alguém que faça com que nos sintamos mal (alguém que nos diga que somos tontos, que faça com que nos sintamos culpados por não telefonar, que deixa os pratos sujos três dias na pia da cozinha). Mas isso não acaba aqui. Chegamos a gostar de pessoas que simplesmente estão associadas com os bons momentos e chegam a nos desagradar aqueles que se encontram associados com os maus. Provavelmente tenhamos experimentado isso muitas vezes. Se estamos aproveitando uma tarde relaxada diante do fogo, bebendo um bom vinho e escutando uma música suave, podemos sentir uma pouco de afeto por alguém que casualmente se encontre pelos arredores nesse momento. Ao contrário, quando não tivemos uma oportunidade de nos sentar o dia inteiro, estamos com uma forte dor de cabeça e a cozinha está cheia de louça suja, não podemos evitar sentirmo-nos um pouco aborrecidos com a desafortunada pessoa que inesperadamente apareça por ali.

Hatfield e Walster (1978) aconselham que se um casal quiser estabelecer uma nova relação ou manter forte a relação que vive, deve ter o cuidado de fazer duas coisas: 1. tentar ser companheiros recompensadores e 2. tentar garantir que os momentos que passem juntos sejam bons momentos. E assinalam que, salvo se compartilharem alguns bons momentos agora, poderiam não ter um futuro juntos.

Temos o direito de expressar, de maneira apropriada, sentimentos de amor, agrado e afeto àquelas pessoas para com as quais temos esses sentimentos. Para muitas pessoas, ouvir ou receber essas expressões sinceras constitui uma interação muito agradável e significativa e, ao mesmo tempo, fortalece e aprofunda a relação entre as partes (Galassi e Galassi, 1977). Com certa freqüência, em uma relação íntima algum membro do casal supõe que o outro "já sabe que o ama" e não manifesta esse carinho de forma verbal. Pressupõe no outro uma qualidade de "leitor de mentes", pela qual conhece o que a outra pessoa pensa sem que seja dito. Também costuma-se apresentar a objeção de que não deve ser necessário expressar com palavras o que as próprias ações transmitem. Como assinala Lazarus

(1971), as ações e as palavras (quando vão na mesma direção) transmitem muito mais. A falta de expressão de sentimentos de amor, de carinho, pode fazer com que a outra pessoa se sinta esquecida ou não apreciada, e isso pode debilitar a relação. O amor por um companheiro do sexo oposto é expresso geralmente das seguintes formas:

1. Expressão verbal de afeto.
2. Auto-revelação: expressam-se fatos íntimos.
3. Evidência não-material do amor: dar apoio emocional e moral, mostrar interesse pelas atividades do outro e respeitar suas opiniões.
4. Sentimentos não expressos verbalmente: sentir-se mais feliz, mais seguro, mais relaxado quando o outro está ao lado.
5. Evidência material do amor: dar presentes, realizar tarefas físicas.
6. Expressão física do amor: abraçar e beijar.
7. Propensão a tolerar aspectos menos agradáveis do outro: tolerar exigências para manter a relação.

É importante, igualmente, respeitar as reações da outra pessoa para com nossos sentimentos. Ele ou ela pode não sentir o mesmo que nós e/ou pode não experimentá-lo no mesmo grau que nós. Temos de ter claro que somente podemos controlar o que sentimos e dizemos, mas não o que a outra pessoa sente ou diz.

Algumas crenças negativas sobre esse tipo de comportamento podem ser do tipo: "Expressar amor, agrado e afeto é arriscado, já que a outra pessoa pode não sentir o mesmo. Se ele(ela) não sente o mesmo, de que adianta?" ou "Ele(ela) deveria saber como me sinto nesses momentos. Por que tenho de dizê-lo?" (Galassi e Galassi, 1977).

Para ajudar a resolver problemas de casais podem ser usados procedimentos como o *contrato comportamental.* Em Caballo e Buela (1991), podemos encontrar algumas diretrizes para a criação de um compromisso, em geral, que pode servir para guiar o estabelecimento de um contrato para o casal.

Entre as tarefas para casa que podem ser planificadas, encontra-se a insistência para que os participantes usem, sistematicamente, cada dia, a expressão de sentimentos.

6.6. HABILIDADES HETEROSSOCIAIS

O tema das habilidades heterossociais, embora englobado na área mais ampla das habilidades sociais, merece um item especial. Cremos que, para a maioria dos indivíduos, as relações com o outro sexo têm uma importância básica e vital. Popularmente, há uma grande proliferação de informação (ou desinformação, muitas vezes) sobre as relações homem–mulher. Esse tema foi considerado, algumas vezes, algo misterioso, enigmático e, ao mesmo tempo, atraente. Foram escritos inúmeros livros sobre as relações homem–mulher a partir da subjetividade de cada autor. Mas a pesquisa e os estudos experimentais a esse respeito foram relativamente escassos até agora, levando em conta a importância do tema. Embora muitas das questões apresentadas neste item sejam conhecidas, tenham sido ouvidas freqüentemente no senso comum ou mesmo nos soem estranhas, a maioria dos trabalhos revisados neste item são estudos experimentais, com o conseguinte incremento da validade dos dados.

Podemos começar perguntando-nos o que são habilidades heterossociais. Consideramos *habilidades heterossociais* "aquelas habilidades necessárias para o intercâmbio social entre membros do sexo oposto... As habilidades heterossociais incluem as habilidades sociais gerais e aquelas habilidades específicas das interações com o sexo oposto... As habilidades heterossociais *per se* podem ser definidas como as habilidades relevantes para iniciar, manter e terminar uma relação social e/ou sexual com um membro do sexo oposto" (Galassi e Galassi, 1979*a*, p. 131). Por sua vez, Conger e Conger (1982) definem a competência social como "o grau em que uma pessoa tem sucesso nas interações heterossexuais que possuem, como objetivo imediato, a continuação das interações" (p. 41). Relações heterossociais com sucesso parecem ser um pré-requisito crítico para o ajuste social satisfatório (Heimberg e cols., 1980*b*). Phillips e Zigler (1964) assinalam, além disso, que o fracasso em estabelecer relações heterossociais satisfatórias na adolescência é um precursor importante de perturbações psicológicas sérias na idade adulta. Martinson e Zerface (1970) concluíram, também, que os estudantes estavam mais interessados em aprender a se dar melhor com o sexo oposto que em conseguir ajuda para escolher uma carreira ou aprender sobre sua capacidade, interesses, inteligência e/ou personalidade.

Os encontros com o sexo oposto são um meio importante para desenvolver as relações heterossociais. Mas, o que é um encontro? Curran e Gilbert (1975) definem um encontro como "uma interação arranjada que pode conduzir a uma implicação romântica" (p. 519). A maioria dos orientadores universitários dá-se conta da seriedade e profundidade dos problemas relacionados à ansiedade diante dos encontros e o isolamento social que acompanha, em geral, essa ansiedade (Arkowitz e cols., 1978). Esses autores informam que problemas relacionados com os encontros, como o isolamento social, a depressão e o fracasso acadêmico, conduzem muitos estudantes a buscar ajuda nos centros de orientação psicológica. Em muitos casos, a ansiedade nos encontros vem acompanhada pela evitação de membros do sexo oposto. Se essa evitação continuar através dos anos universitários e além, poderá ter sérias implicações para a vida do indivíduo. Além de fornecer gratificações em si mesmo, o encontro serve também à importante função de ajudar as pessoas a encontrar um companheiro com quem poderiam compartilhar uma relação íntima a longo prazo. Conforme um casal avança de encontros ocasionais até encontros fixos, há várias mudanças na natureza da relação. Isso inclui:

1. Passar mais tempo em companhia do outro e estarem juntos em uma ampla variedade de situações e lugares.
2. Um incremento nos sentimentos positivos para com o outro; há mais amor, agrado e confiança.
3. Um aumento na expressão dos sentimentos, tanto positivos quanto negativos; com um aumento do compromisso, há um maior potencial para o crescimento da intimidade e do conflito.
4. Revelação mútua de aspectos mais íntimos, incluindo atitudes e valores sobre o casal e o compromisso da relação.
5. Um elevado interesse pela saúde do outro; a alegria é causada por sua alegria, a dor por sua dor.
6. Um senso compartilhado de unidade e compromisso; ambos os companheiros vêem-se a si mesmos cada vez mais como uma unidade e são tratados por outros como um casal. Associado a esse elevado senso de identidade compartilhada, há uma redução concomitante na incerteza sobre o futuro da relação.

As regras são importantes para governar as relações. Algumas regras são mais críticas nas primeiras etapas da formação de uma relação, enquanto outras chegam a ser mais importantes conforme a relação progride e aumenta a intimidade.

Argyle e Henderson (1984) concluíram que havia uma série de regras consideradas as mais importantes para ser aplicadas ao companheiro do sexo oposto na relação de "sair com essa pessoa". Tais regras são as seguintes:

1. Dirija-se ao outro por seu nome.
2. Respeite a intimidade da outra pessoa.
3. Mostre uma confiança mútua.
4. Seja pontual.
5. Olhe a outra pessoa nos olhos durante a conversação.
6. Não critique o outro em público.

7. Defenda o outro em sua ausência.
8. Guarde as confidências.
9. Mostre interesse nas atividades diárias da outra pessoa.
10. Tenha fé na outra pessoa.
11. Compartilhe as notícias de sucessos.
12. Mande cartões e dê presentes de aniversário.
13. Seja tolerante com os(as) amigos(as) do outro.
14. Devolva as dívidas, os favores e os elogios.
15. Toque intencionalmente a outra pessoa.
16. Surpreenda o outro com presentes.

Quando vemos as regras para mulheres e homens jovens (menos de 25 anos), encontramos algumas diferenças sexuais interessantes. Embora ambos os sexos acreditem que a confiança mútua, o uso do nome e o respeito à intimidade são importantes, as mulheres acreditam que é importante discutir sobre temas íntimos, olhar o outro nos olhos e tocar-se mutuamente, enquanto os homens acreditam que é importante defender o outro e não criticá-lo em público, e discutir assuntos mais práticos, como as notícias de sucessos e as atividades diárias.

Porém, as habilidades em cortejar não são completamente cobertas pelas regras. Para atrair os membros do sexo oposto podem ser empregadas várias estratégias – sugerindo que pensa muito neles, fazendo coisas por eles, estando de acordo com eles, e outorgando-se características atraentes a si mesmo (direta ou indiretamente), tudo o que possa ser descrito como "insinuações". Um estudo comparou homens que tinham e que não tinham sucesso para ficar com garotas. Os que tinham sucesso possuíam mais fluência em expressar-se corretamente e de forma rápida, e estavam mais de acordo. Seu comportamento não-verbal também era diferente – sorriam e assentiam mais com a cabeça. A comunicação não-verbal é uma das principais maneiras de assinalar interesse sexual. Outros sinais não-verbais incluem o olhar, a dilatação pupilar (embora não se encontre sob controle voluntário), a proximidade e o tato, e um estado de alerta e postura corporal que indica um alto nível de ativação.

O indivíduo que tem dificuldades nas primeiras etapas das relações heterossexuais pode não progredir nunca para relações mais íntimas e para a união estável com um parceiro. Assim, os problemas com os encontros podem ter efeitos persistentes e profundos na vida do indivíduo.

Embora os problemas dos encontros sejam freqüentes para ambos os sexos, o problema é, de certa forma, mais prevalecente nos homens. As diferenças de sexo encontradas na ansiedade dos encontros podem se relacionar com os estereótipos e as expectativas do papel sexual. A expectativa tradicional é que o homem tome a iniciativa das interações heterossexuais. Depende dele "dar o primeiro passo".

Arkowitz e cols. (1978) concluíram que, em seus estudos sobre a "prática de manter encontros", os homens *iniciavam* o contato em mais de 90% dos casos. Desse ponto de vista tradicional, a mulher é mais passiva e somente indiretamente incita os homens. Cary (1978), por exemplo, concluiu que o "comportamento de olhar" da mulher dirigido aos homens era o melhor determinante com relação a se ocorreriam conversações entre estranhos do sexo oposto em um bar. Galassi e Galassi (1979*a*) escrevem, conseqüentemente, que "apesar da liberação da mulher, habilidades sociais específicas continuam sendo determinadas pelo sexo, com os homens funcionando como iniciadores e as mulheres facilitando a interação por meio da emissão de sinais de aproximação" (p. 136).

É provável que a maior ansiedade com relação à atuação social e o maior temor de recusa estejam associados com o papel "iniciador" dos homens. Não obstante, o papel passivo tradicional da mulher cria, também, problemas para ela (Arkowitz e cols., 1978; Pendleton, 1982). Houve alguns estudos, p. ex., Lipton e Nelson (1980), Muehlenhard e McFall (1981), Pendlenton (1982), que concluíram que um comportamento de iniciativa nas relações heterossociais por parte da mulher seria bem visto pelos homens e, inclusive, pelas próprias mulheres. No trabalho de Pendlenton (1982) concluiu-se que as mulheres com pouca probabilidade de iniciar elas mesmas um encontro e os homens com tendência a tomar sempre a iniciativa em suas próprias interações podem responder de forma tão favorável como seus colegas menos tradicionais (pontos de vista opostos) às mulheres que tomam a iniciativa nas interações sociais com os homens.

Vários estudos apóiam a importância dos comportamentos de iniciação no desenvolvimento das relações heterossexuais (Glasgow e Arkowitz, 1975; Lipton e Nelson, 1980; McGovern, Arkowitz e Gilmore, 1975; Twentyman, Boland e McFall, 1981). Concluiu-se que a diferença principal na atuação entre indivíduos masculinos de alta freqüência e indivíduos masculinos de baixa freqüência de encontros é o grau em que iniciam e se aproximam das situações sociais heterossexuais, mais que diferenças na habilidade social, uma vez que se tenham implicado realmente na interação heterossexual (Glasgow e Arkowitz, 1975; Lipton e Nelson, 1980; Twentyman, Boland e McFall, 1981). Assim, a iniciação das interações é um problema fundamental para os indivíduos que não têm encontros com o sexo oposto. Além disso, "uma análise do comportamento de manter encontros sugere que o comportamento de iniciação competente é crucial para a efetividade heterossocial dos homens; é um pré-requisito das interações, já que sem uma iniciação não é provável que ocorra nenhuma interação" (Twentyman e cols., 1981, p. 536).

O comportamento verbal é um componente muito importante na iniciação. Normalmente, não são necessárias frases complicadas nem especialmente sagazes. Uma simples frase de iniciação neutra ou ligeiramente positiva será suficiente para muitas situações. Porém, é preciso ter cuidado para não verbalizar frases negativas, em especial as dirigidas para a outra pessoa. Quando uma pessoa quer iniciar uma interação com outra do sexo oposto, é relativamente freqüente escutar a seguinte frase: "E o que vou dizer?". Às vezes, é muito conveniente ter no repertório uma série de frases de iniciação para começar interações. Kleinke (1986) compilou um estudo realizado por ele e colaboradores, no qual pesquisou sobre as frases de iniciação utilizadas por homens e mulheres para começar uma interação com o sexo oposto. Algumas das frases preferidas por uma amostra de mil homens e mulheres para o comportamento de iniciação dos homens foram as seguintes:

Situações gerais
Olá!
Sinto-me um pouco nervoso de tomar essa iniciativa, mas gostaria de conhecê-la.
Seu (vestido, casaco, relógio etc.) é muito bonito. Suas unhas (olhos, cabelo etc.) são muito bonitas.

Em restaurantes
Já que estamos comendo sozinhos, você se importaria se eu a acompanhasse?
Gostaria de tomar uma taça depois do jantar?
Não conheço este restaurante. O que você me aconselha? Posso convidá-la?

Para o comportamento de iniciação das mulheres, as frases preferidas foram as seguintes:

Situações gerais
Já que estamos sentados sozinhos, o que acha de conversarmos?
Olá!
Tenho problemas para dar partida no carro, você pode me ajudar?
Não fomos apresentados, mas gostaria de conhecê-lo.

Porém, deve-se levar em conta que a amostra de pessoas utilizada no estudo que acabamos de citar pertence a uma cultura determinada e que algumas das frases preferidas podem não ser generalizáveis a outras culturas. Kleinke (1986), a partir dos dados de seu estudo, aconselha os homens a se aproximarem das mulheres de maneira discreta, evitarem ser muito bruscos e a não utilizar frases de iniciação irônicas ou sarcásticas. Com relação às mulheres que queiram iniciar uma interação, Kleinke aconselha que não utilizem frases de iniciação sarcásticas e que sejam claras em sua mensagem. Isso parece importante no caso das mulheres, e a provável razão é que os homens não estão acostumados a que as mulheres iniciem a interação, e podem não entender que determinadas mensagens impliquem uma intenção de iniciar uma interação.

Lipton e Nelson (1980) encontraram três fatores que pareciam constituir aspectos bem-definidos dos comportamentos de iniciação com o sexo oposto. Esses fatores eram:

1. Facilidade para "aproximar-se de" e capacidade para iniciar conversações com membros do sexo oposto.
2. Comportamentos orientados ao aumento de exposição às situações sociais.
3. Aparência física do sujeito.

Os sujeitos de alta freqüência de encontros pontuavam mais (de forma significativa) que os indivíduos de baixa freqüência de encontros nos dois primeiros fatores, mas não no terceiro.

No obstante, embora os comportamentos de iniciação sejam fundamentais e as conversações casuais e pessoais sejam reconhecidas como precursores importantes dos encontros, supõe-se que são insuficientes em si mesmas para a conquista do comportamento heterossocial competente (Heimberg e cols., 1980*b*). Pensa-se, então, que o elemento da conversação é primordial nos primeiros encontros, mas poderia não ser esse o caso em posteriores (oposto a primeiro) encontros. Barlow e cols. (1977) informam três importantes facetas das habilidades heterossociais. Primeiro, precisa-se de uma série de comportamentos sociais para iniciar relações com o sexo oposto; segundo, uma cadeia de comportamentos sociais e interpessoais precede o comportamento sexual; terceiro, a manutenção das relações heterossociais pode requerer comportamentos diferentes àqueles necessários nas situações precedentes.

Foram postulados quatro tipos principais de variáveis controladoras das dificuldades heterossociais (Arkowitz e cols., 1978; Galassi e Galassi, 1979*a*; Twentyman, Boland e McFall, 1981):

1. *Ansiedade condicionada*

Nesse modelo, a ansiedade e a evitação de encontros são vistas como um resultado de experiências de condicionamento clássico direto ou vicário. Sinais que se relacionam com a interação heterossexual tornam-se provocadores de ansiedade devido a sua associação passada com experiências aversivas, como a recusa e o fracasso. A habilidade social do indivíduo é vista como adequada, mas, por meio da experiência passada, os comportamentos de aproximação adquiriram propriedades de ansiedade condicionada de maneira muito semelhante ao estabelecimento de uma fobia por meio do condicionamento clássico. A ansiedade conduz à evitação e a evitação é reforçada por meio da redução da ansiedade, mantendo, assim, o padrão de encontros mínimos e a evitação heterossexual.

2. *Déficit em habilidade social*
Nesse modelo, supõe-se que as pessoas evitam as interações sociais porque lhes faltam as habilidades sociais necessárias para atuar mais efetivamente. A ansiedade e a evitação são consideradas resultado direto da falta de habilidade. As tentativas para iniciar contatos com membros do sexo oposto encontram-se, normalmente, com a recusa e o fracasso devido à falta de habilidade social. A recusa e o fracasso geram ansiedade social, que conduz, por sua vez, à evitação das interações heterossexuais. Esse modelo considera a ansiedade do indivíduo como uma reação apropriada a sua falta de habilidade social e aos resultados negativos associados. McDonald e cols. (1975) afirmaram, além disso, que as auto-avaliações negativas do indivíduo constituem avaliações apropriadas de sua inadequada atuação social.

3. *Distorções cognitivas*
Os modelos cognitivos enfatizam diferentes aspectos das cognições e do processamento da informação para explicar a ansiedade e a evitação das interações heterossociais. Considera-se que as habilidades sociais do indivíduo são adequadas. A ansiedade e a evitação são vistas como o resultado de avaliações cognitivas e de um processamento da informação errôneos com relação à interação social heterossexual. Diferentes pesquisadores indicaram diferentes processos cognitivos que podem estar implicados. Incluíram: autoverbalizações negativas manifestas da atuação social, autoverbalizações negativas encobertas, modelos excessivamente elevados de atuação, atenção e memória seletivas para a informação negativa sobre si mesmo e sobre o próprio comportamento social *versus* a informação positiva, e padrões de atribuição patológicos para o sucesso e o fracasso sociais. O processamento da informação errônea conduz a uma avaliação negativa da própria atuação ou dos resultados da interação, que, por sua vez, age como mediadora da ansiedade e da evitação dos encontros. Se o indivíduo crê que atuou inadequadamente e que fracassou em uma interação, reagirá com ansiedade tanto se "realmente" fracassou quanto se não o fez de fato. Uma vez que a ansiedade também conduz à evitação, há poucas oportunidades de corrigir sua impressão, perpetuando-se, assim, os problemas.

4. *Atrativo físico*
O atrativo físico é um determinante muito poderoso do atrativo interpessoal. Parece que o atrativo físico exerce uma grande influência no grau em que os demais perceberão um indivíduo como um companheiro de encontros desejável, particularmente nas primeiras impressões. Atribuem-se mais características positivas a indivíduos mais atraentes fisicamente e isso, por sua vez, influi na maneira como os outros respondem ao indivíduo. Nesse modelo, a dificuldade principal dos indivíduos está baseada em seu relativamente baixo atrativo físico. Por isso, é provável que seus avanços heterossexuais não obtenham sucesso, e é menos provável que os outros o procurem para ter encontros.

Como vimos no item 2.1.10.1. ao falar do atrativo físico, Walster, Aronson, Abrahams e Rottman (1966) arranjaram um baile pelo computador, depois de medir o atrativo, a inteligência e a personalidade das pessoas, e o único fator que se correlacionava com a vontade de se encontrar outra vez era o atrativo. Utilizaram os fatores situacionais para explicar que não encontraram nenhum efeito do agrado e da personalidade: a duração e o contexto da situação de baile podem ter aumentado a importância do atrativo físico e diminuído a importância de outros fatores.

Acabamos de expor os principais modelos que tentam explicar as dificuldades heterossexuais dos indivíduos. Porém, as situações da vida real raramente são tão simples ou unidirecionais como esses modelos. É provável que haja consideráveis diferenças individuais entre aqueles que manifestam problemas heterossociais. Os quatro modelos apresentados anteriormente apontam para possíveis determinantes relevantes dos problemas heterossociais em qualquer indivíduo.

Os determinantes principais desses problemas podem ser diferentes para os homens e para as mulheres. O atrativo físico, por exemplo, pode ser um determinante mais importante para as mulheres que para os homens. Assim, o atrativo físico e o número de encontros correlacionavam-se 0,61 para as mulheres e somente 0,25 para os homens (Galassi e Galassi, 1979*a*). O atrativo físico parece particularmente influente nos estágios iniciais do intercâmbio social, já que é, em geral, a única informação realmente disponível. No experimento de Muehlenhard e McFall (1981), no qual pesquisou-se a iniciação nos encontros de uma perspectiva de mulher, concluiu-se que o modo mais efetivo para uma mulher iniciar um encontro com um homem é que ela agrade ao homem. O experimento não apoiou o ponto de vista amplamente aceito de que os homens preferem que as mulheres esperem passivamente ou que sejam "difíceis de ganhar" (Muehlenhard e McFall, 1981). Os homens desse experimento preferiam as mulheres que eram amigáveis com eles mais que aquelas que eram "difíceis de ganhar". Os autores desse estudo pensam, então, que "em geral, se uma mulher toma a iniciativa, o homem a aceitará se ela o agrada, e não a aceitará se a mulher não lhe agrada, independentemente de preferir que as mulheres iniciem o encontro ou somente o insinuem. Assim, se ela quer ficar com ele e está disposta a lidar com a recusa, não tem virtualmente nada a perder tomando a iniciativa" (Muehlenhard e McFall, 1981, p. 691).

Os efeitos do atrativo físico podem diminuir quando as atitudes do outro se destacam mais e há mais informação disponível na relação. Stroebe e cols. (1971) informaram que o atrativo físico tem maior efeito nos encontros que no fato de agradar-se ou casar-se, enquanto a similaridade das atitudes tem um efeito maior no agradar-se que no se encontrar. Galassi e Galassi (1979*a*) pensam que, dado que o estudo da iniciação dos encontros é crucial e o atrativo físico é especialmente influente nesse momento, deve-se dar maior ênfase a essa variável no projeto dos programas de treinamento. Essa recomendação parece ser particularmente importante para mulheres com baixa freqüência de encontros. Nos estágios posteriores de uma interação social há uma série de habilidades necessárias para o progresso da relação, como expressar sentimentos positivos, fazer auto-revelações e proporcionar comentários de apoio, que já não levam em conta o atrativo físico.

No tratamento de sujeitos com problemas heterossociais foram empregados diferentes procedimentos. Assim, por exemplo, Curran (1975) usou como elementos do programa de tratamento as seguintes habilidades: fazer e receber elogios, habilidades de escuta, conversação emocional, defesa dos próprios direitos, métodos não-verbais de comunicação, treinamento na planificação dos encontros e métodos para melhorar o atrativo físico. Heimberg e cols. (1980*b*) traçaram o seguinte plano de tratamento:

Na primeira sessão, expunham os indivíduos a procedimentos de representação de papéis, observavam ensaios de comportamento realizados pelo terapeuta e aprendiam a dar retroalimentação específica. As sessões posteriores compunham-se de ensaios de comportamento e discussões sobre temas sociais importantes. O esquema das sessões posteriores foi o seguinte:

Sessão II. Uma mulher se aproximava.

Sessão III. Iniciava conversações com mulheres.

Sessão IV. Iniciava segundas conversações e as mantinha.

Sessão V. Travava conhecimentos casuais, aproximava-se de mulheres nas festas e encontrava-se com mulheres que não conhecia.

Sessões VI e VII. Auto-revelação e conversações pessoais íntimas.

Sessão VIII. Ensaio de situações de interesse com indivíduos membros do grupo.

Não obstante, a seleção do tratamento idôneo para os problemas heterossociais dependerá do modelo ao qual se atribua a causa de sua existência. Algumas técnicas empregadas no tratamento desses problemas foram: a dessensibilização sistemática, a "prática de manter encontros", o THS e a informação sobre o comportamento heterossexual.

A "prática de manter encontros", empregada com sujeitos cuja causa principal de seus problemas heterossexuais eram a ansiedade e a evitação condicionadas, é um método muito simples e que teve um notável sucesso (Arkowitz e cols., 1978; Christensen e cols., 1975; Grandvold e Ollerenshaw, 1977). Em sua forma básica, o procedimento consiste em uma série de encontros de "prática" semanais, cada um com um companheiro diferente do sexo oposto. Os sujeitos costumam ser voluntários de ambos os sexos e, salvo o encontro inicial de orientação e avaliação, não há normalmente outro contato entre os sujeitos e os conselheiros ou o pessoal do experimento. Somente se lhes fornece a cada semana o nome e o número de telefone do indivíduo com quem devem se encontrar, tanto os homens quanto as mulheres, mas os detalhes do encontro (aonde ir, sobre o que falar etc.), quem liga primeiro e tudo o mais relacionado com ele fica inteiramente à vontade dos sujeitos.

Outro procedimento disponível, quando o problema principal das dificuldades heterossexuais é a ansiedade condicionada, pode ser a dessensibilização sistemática. Se a causa principal do problema heterossocial baseia-se nos fatores cognitivos, podem ser empregados procedimentos como a terapia racional emotiva ou a reestruturação cognitiva para modificar as cognições inadequadas. Se o problema principal se deve a um déficit nas habilidades necessárias para uma interação efetiva, empregar-se-á o THS, que compreenderia duas etapas: primeiro, a identificação dos déficits específicos em habilidades, associados com a atuação inadequada da pessoa; segundo, o treinamento comportamental dessas habilidades de atuação. Não obstante, o THS pode ser também efetivo na redução da ansiedade por meio da exposição repetida a situações que provocam ansiedade.

O método empregado mais freqüentemente para o estudo dos déficits do "comportamento de manter encontros" consistiu em avaliar as diferenças entre sujeitos de alta freqüência de encontros e sujeitos de baixa freqüência de encontros. Enquanto alguns pesquisadores encontraram diferenças em medidas de auto-informe entre "encontradores" de alta e baixa freqüência, nem todos encontraram diferenças comportamentais. Parece, então, que há características que distinguem os sujeitos de alta freqüência de encontros dos de baixa freqüência (sujeitos universitários). Em geral, esses últimos:

1. Não pensam muito favoravelmente a respeito de sua própria capacidade para lidar com as situações heterossociais (Glasgow e Arkowitz, 1975; Jaremko e cols., 1982; Twentyman, Boland e McFall, 1981).
2. É menos provável que iniciem voluntariamente interações com as mulheres (Lipton e Nelson, 1980; Twentyman, Boland e McFall, 1981; Twentyman e McFall, 1975).
3. Apresentam importantes dificuldades para o contato físico e para manter a conversação (Kulich e Conger, 1978).

Uma vez que os "não-encontradores" ultrapassam o estágio da iniciação, costuma haver poucas diferenças na atuação entre esses indivíduos e os que se encontram com mais freqüência (Arkowitz e cols., 1975; Glasgow e Arkowitz, 1975; Twentyman, Boland e McFall, 1981). Esse padrão sugere ao menos duas possibilidades: talvez os "não-encontradores" sejam dissuadidos das interações heterossociais porque sofrem níveis de ansiedade heterossexual debilitantes ou porque as percepções de suas interações sociais estão distorcidas e atuam como inibidoras. Uma terceira possibilidade é que, devido a sua baixa taxa de iniciação de interações heterossociais, falta-lhes experiência heterossexual, com o que é provável que estejam mais ansiosos e inseguros sobre sua competência social que as pessoas com mais experiência (Twentyman, Boland e McFall, 1981). Por outro lado, Jaremko e cols. (1982) concluíram que os "encontradores" de alta freqüência sofriam menos ansiedade nas interações sociais que suas contrapartidas de baixa freqüência, enquanto Himadi e cols. (1980) encontraram essa pauta somente nos sujeitos masculinos. Nesse último estudo, as únicas medidas que diferenciavam os sujeitos femininos de alta freqüência de encontros dos de baixa freqüência eram seu atrativo físico e a quantidade de atividade social.

De todo modo, devemos ter cuidado ao considerar os dados anteriores, já que existem problemas na hora da avaliação das habilidades heterossociais. Em sua pesquisa foram empregados, normalmente, instrumentos de auto-informe para a seleção dos sujeitos: freqüência dos encontros ou questionários de ansiedade social. Devemos lembrar, porém, que essas medidas cobrem aspectos não-intercambiáveis e completamente diferentes (Wallander e cols., 1980). Os estudantes que se encontram pouco o fazem por uma variedade de razões, uma das quais pode ser a ansiedade heterossocial. Em segundo lugar, é preciso distinguir os sujeitos que têm "encontro fixo" de outros sujeitos com alta freqüência de encontros, já que os primeiros são um grupo mais heterogêneo que consiste tanto de sujeitos altamente hábeis como de outros menos hábeis e mais inibidos que encontraram também companheiro/a de encontros (Glasgow e Arkowitz, 1975). Em terceiro lugar, "encontradores" e "não-encontradores" não são muito diferentes entre si uma vez que tenham ultrapassado o limiar inicial das interações. "Alguns 'encontradores' de baixa freqüência podem interagir de maneira muito efetiva com as mulheres, enquanto outros 'encontradores' de alta freqüência são socialmente incompetentes. A relação aparente entre a freqüência dos encontros e a evitação heterossocial é surpreendentemente simples e clara. Os homens que evitam iniciar interações com mulheres encontram-se com menos freqüência. Mas há pouca correlação entre a vontade de um homem de iniciar interações com mulheres e sua habilidade em levar a cabo tais interações. Embora esses resultados possam ser interpretados como uma evidência para recusar o modelo que sugere que os homens tímidos caracterizam-se por uma falta de habilidades sociais, a iniciação de conversações pode ser considerada, também, como uma habilidade importante" (Twentyman, Boland e McFall, 1981, p. 543).

Parece ficar claro que o *comportamento de iniciação* é básico para as habilidades heterossociais dos homens (não parece ser esse o caso para as mulheres, cujo papel tradicional foi mais dependente e passivo). De qualquer modo, já que as pesquisas sobre as habilidades heterossociais foram realizadas principalmente com sujeitos masculinos, teríamos de pesquisar mais o papel que têm os comportamentos de iniciação nos sujeitos femininos.

Finalmente, alguns dos estágios dos encontros mais difíceis observados para ambos os sexos foram (Galassi e Galassi, 1979*a*; Klaus, Hersen e Bellack, 1977): ter a oportunidade de possíveis encontros, iniciar o contato com encontros em perspectiva, iniciar a atividade sexual, evitar ou separar o sexo e terminar com um encontro.

6.7. ENFOQUE INTERACIONISTA DA HABILIDADE SOCIAL

Para que um comportamento possa ser considerado socialmente competente deve levar-se em conta o contexto no qual se insere. O comportamento vai variar dependendo de fatores situacionais, como a relação com as pessoas envolvidas, se são estranhos, conhecidos ou íntimos (Gambrill e Richey, 1975; Kirschner e Galassi, 1983; Warren e Gilner, 1978); o sexo da(s) outra(s) pessoa(s) (Eisler, Hersen, Miller e Blanchard, 1975; McFall e cols., 1982; Warren e Gilner, 1978); sua idade, isto é, se são mais jovens, de idade similar ou mais velhos (Warren e Gilner, 1978);

a masculinidade ou feminilidade percebida da pessoa-objetivo (Galassi, Galassi e Vedder, 1981); o papel ou *status* dessa pessoa (Galassi, Galassi e Vedder, 1981; Warren e Gilner, 1978); o tipo de situação, p. ex., se é negativa ou positiva (Eisler, Hersen, Miller e Blanchard, 1975; Hersen, Bellack e Turner, 1978; Kirschner e Galassi, 1983; Pitcher e Meikle, 1980; Warren e Gilner, 1978); o número de pessoas presentes (Gambrill, 1977) etc. Tudo isso implica uma especificidade situacional do comportamento socialmente hábil, amplamente aceito e demonstrado na pesquisa das HS (Arkowitz, 1981; Bellack e cols., 1979*b*, Cummins e cols., 1977; Eisler e cols., 1975; Holmes, 1976; Kelly, 1982; Kirschner e Galassi, 1983; McFall e cols., 1982; McFall e Lillesand, 1971; McFall e Twentyman, 1973; Pente, 1980; Rich, 1976; Rimm, 1974; Schroeder e Rakos, 1983), ainda quando, ao menos inicialmente, essa pesquisa tenha sido influenciada por uma concepção de traços da personalidade, que atribui a consistência do comportamento a disposições da personalidade relativamente duradouras (p ex., Salter, 1949; Wolpe, 1958).

A especificidade situacional do comportamento socialmente hábil vem apoiada por diversos achados: 1) O treinamento de um tipo de resposta não melhora outros tipos de resposta não-tratados (falta de generalização); 2) os estudos analítico-fatoriais das respostas das medidas de auto-informe revelam uma série de fatores discretos, em vez de um único fator geral; 3) o comportamento manifestado nas representações de papéis é específico a cada situação apresentada; 4) a percepção e a avaliação diferem com os tipos de resposta.

> O comportamento hábil é situacionalmente específico. Poucos aspectos, se é que há algum, do comportamento interpessoal são universal ou invariavelmente apropriados (ou inapropriados). Fatores culturais e situacionais determinam as normas sociais [...]. O indivíduo socialmente hábil tem de saber quando, onde e de que forma estão justificados os diferentes comportamentos [...]. Assim, a habilidade social implica a capacidade de perceber e analisar sinais sutis que definem a situação, assim como a presença de um repertório de respostas adequadas (Bellack e Morrison, 1982, p. 720).

Não obstante, os indivíduos diferenciam-se em sua capacidade de perceber e analisar os sinais situacionais, em seu repertório de comportamentos e em outra série de características pessoais que muito bem podem ver-se resumidas no item 2.3 referente aos "componentes fisiológicos", principalmente no item 2.2, que estuda os "componentes cognitivos. As pessoas diferem em uma série de variáveis cognitivas que levam consigo à situação na qual se envolvem e que intervêm na expressão do comportamento competente. "Amiúde, não é tanto o nível global de competência que uma pessoa possui o que determina o grau de habilidade com que responderá, mas os tipos de situações sociais que escolheu e a maneira com que levam a cabo os comportamentos adequados a essa situação (Furnham, 1983*a*, p. 106). Em outras palavras, para uma correta conceitualização das HS temos de examinar as variáveis da pessoa, as da situação via interação entre ambas. Essa posição interacionista das HS foi amplamente defendida nos últimos anos (Curran, Farrell e Grunberger, 1984; Furnham, 1983*a*; Galassi, Galassi e Fulkerson, 1984; Heimberg e cols., 1980; Kirschner e Galassi, 1983; McFall, 1982; Safran e Greenberg, 1985; Trower, 1982; 1986; Wessler, 1984), embora tenham sido feitos poucos experimentos apropriadamente traçados para verificar essa posição. Alguns deles, inclusive, não encontraram um claro apoio ao enfoque interacionista. "A especificidade situacional do comportamento é evidente no estudo presente. Por outro lado, dá-se algum grau de consistência pessoal por meio de situações, como revelam as diferenças significativas entre sujeitos de alta e baixa assertividade na tarefa de representação de papéis [...] Embora tenham sido demonstrados os efeitos das variáveis situacionais e pessoais nesse estudo, não encontramos nenhuma evidência de seus efeitos combinados. Não havia uma interação Pessoa x Situação, que seria o esperado, a partir de um modelo interativo da asserção" (Kirschner e Galassi, 1983, p. 359).

O presente item será dedicado a estudar principalmente os fatores situacionais e apenas ligeiramente falaremos das variáveis da pessoa e da interação PxS.

O poder das situações

Snyder e Ickes (1985) consideram que as situações podem ser conceitualizadas como "fortes" e "fracas" enquanto são experimentadas pelo indivíduo. Em geral, as situações psicologicamente "fortes" tendem a ser aquelas que proporcionam sinais claros que guiam o comportamento e possuem um alto grau de estrutura e definição, isto é, situações altamente estruturadas, com regras e roteiros amplos, obrigatórios e explícitos que limitam a maior parte do comportamento que se desenvolve nelas (Trower, 1986). Pelo contrário, as situações psicologicamente "fracas" tendem a ser aquelas que não oferecem sinais claros para guiar o comportamento, estão relativamente pouco estruturadas e são ambíguas, isto é, situações com pouca estrutura, poucas regras e poucas limitações. Exemplos de ambos os tipos de situações são "um casamento" *versus* o "comportamento no terreno privado próprio". O nível de estrutura pode ser benéfico ou problemático, dependendo dos componentes dimensionais que serão descritos mais adiante. As situações altamente estruturadas serão benéficas se ajudarem os indivíduos a saber mais claramente o que fazer e se limitarem o comportamento anti-social, mas serão problemáticas se forem difíceis de aprender, ensinarem regras anti-sociais, limitarem a aprendizagem de habilidades informais ou obrigarem as pessoas a apresentar um comportamento de aparência ou submisso. As situações com pouca estrutura têm vantagens e desvantagens pelas razões opostas. Mischel (1977) propõe, por sua vez, uma distinção entre situações fortes e fracas:

> As "situações" (estímulos, tratamento) psicológicas são poderosas até o grau em que conduzam todos a construir os acontecimentos particulares da mesma maneira, induzindo expectativas uniformes com relação ao padrão de respostas mais apropriado, proporcionando incentivos adequados para a realização desse padrão de respostas e requeiram habilidades que todos têm no mesmo grau [...] Pelo contrário, as situações são fracas na medida em que não são codificadas de maneira uniforme, não geram expectativas uniformes com relação ao comportamento desejado, não oferecem incentivos suficientes para sua realização, ou não proporcionam as condições de aprendizagem requeridas para o início com sucesso do comportamento (p. 347).

Como indicaram Mischel (1977) e Monson e Snyder (1977), procura-se fazer com que a maioria dos tratamentos clínicos e experimentais ocorra em situações fortes, nas quais a influência das variáveis da personalidade sobre o comportamento serão minimizadas, se não eliminadas completamente. A lógica dessa tentativa seria bastante óbvia, pelo menos no caso dos tratamentos experimentais. Já que o experimento evoluiu, historicamente, como um procedimento para "isolar e medir os efeitos" das variáveis situacionais, sua aplicação em Psicologia foi, normalmente, aquela na qual "se esboça e programa a variável independente (uma manipulação situacional) para que ocorra de maneira fixa e constante, independentemente do comportamento do indivíduo".

Uma perspectiva ligeiramente diferente sobre o experimento como uma situação forte é proporcionada por escritores que analisaram experimentos de Psicologia social a partir da perspectiva da teoria proporcionada pela Sociologia. Alguns autores propuseram que muitos, se não a maioria, dos experimentos de Psicologia social apresentam ao sujeito uma situação bem-definida, altamente estruturada, que contém sinais claros que indicam o modo de resposta mais desejável no âmbito social e mais apropriado situacionalmente. O experimento é visto, em grande medida, como uma produção teatral que tem seu próprio cenário, sua trama, seus ajudantes de cena e seus atores. Desses atores (cujos números em cada sessão ou "atuação" podem incluir um ou mais experimentadores, colaboradores e sujeitos), somente as ações e o texto dos sujeitos não se encontram postos, de antemão, em um roteiro; todas as outras partes têm um roteiro e são relativamente inflexíveis.

Segundo esse ponto de vista, a tarefa do sujeito no experimento consiste em inferir que papel se espera que represente e que o represente da maneira mais apropriada e socialmente desejável. Essa tarefa pode ser bem considerada como aquela na qual se seleciona a identidade ou a imagem de si mesmo mais apropriada à situação ou como aquela na qual se decide qual dos muitos possíveis roteiros deveria ser levado a cabo. Em qualquer caso, o experimento não é contemplado mais como um contexto científico, no qual são manipuladas as variáveis independentes e medidas as variáveis dependentes. Pelo contrário, é visto como um contexto quase teatral, no qual um dos atores (o sujeito) é obrigado a improvisar seu texto e suas ações em resposta ao texto e às ações – colocadas previamente em um roteiro – dos demais atores e dos lugares nos quais se dão essas ações. Claramente, até o ponto em que esses contextos quase teatrais constituam o que denominamos situações fortes (isto é, altamente estruturadas e colocadas sobre um roteiro sem ambigüidade), todos os sujeitos tenderão a responder nelas de maneira bastante uniforme. A influência dos fatores disposicionais sobre o comportamento deveria, assim, ser muito atenuada, se não eliminada completamente, uma vez que o comportamento está determinado pela situação e não pelas próprias disposições dos sujeitos.

Assim, por exemplo, pensa-se que o comportamento em um restaurante encontra-se altamente determinado. Não somente estão bem-definidos os comportamentos específicos, mas a ordem ou a seqüência dos comportamentos está claramente prevista. Normalmente representamos papéis nessas situações e nosso comportamento encontra-se regulada por normas ou sanções aplicáveis no caso de nos comportarmos de maneira inapropriada. Funcionar efetivamente nesses casos requer reconhecer que estamos em uma situação estruturada e evocar imagens dos roteiros necessários. Um transtorno das habilidades cognitivas ou das habilidades necessárias à execução dos comportamentos requeridos provocará problemas.

O emprego do tipo de procedimento da situação forte tem sentido quando o pesquisador procura estudar o impacto dos fatores situacionais sobre o comportamento, já que maximiza, de forma ideal, a variação do comportamento, devido aos fatores situacionais particulares sob investigação, enquanto minimiza a variação "erro" decorrente das diferenças individuais em personalidade. Por outro lado, quando o pesquisador está tentando estudar as influências sobre o comportamento decorrentes das diferenças individuais em personalidade, o procedimento da situação forte do experimento pode ser muito inapropriado. Ao contrário, as situações fracas permitiriam a expressão das diferenças individuais (Hettema e cols., 1986).

Na avaliação das HS, empregam-se com certa freqüência situações de interação ambígua e relativamente pouco estruturada (ver item correspondente no capítulo sobre a avaliação das HS). Nessas situações, deixam-se a sós dois sujeitos, sem nenhuma história passada de interação, em uma sala de espera, onde têm liberdade de interagir ou não, conforme queiram. Já que os sujeitos não foram instruídos a interagir e que não existem outros sinais externos que guiem seu comportamento, são forçados a depender das habilidades sociais que possuem para guiar seu comportamento de interação espontânea. Portanto, alguns pesquisadores assinalam que aqueles interessados no comportamento social deveriam efetuar seus estudos no contexto de situações psicologicamente fracas.

Dimensões da situação

Trower (1986) assinala que a inadequação social é uma função de pessoas-problema, situações-problema e sua interação. Que dimensões das situações que as tornam problemáticas podemos identificar? Fazendo uma comparação com os jogos, Avedon (1971) apresentou dez elementos para esses últimos:

1. *Propósito do jogo.* Objetivo ou razão de ser do jogo.
2. *Procedimento para a ação.* Operações específicas, cursos de ação necessários, métodos de jogo.
3. *Regras que governam a ação.* Princípios fixos que determinam o comportamento e os padrões de comportamento.
4. *Número necessário de participantes.* Mínimo ou máximo número de pessoas necessário para que se dê a ação.
5. *Papéis dos participantes.* Indicam funções e *status.*
6. *Resultados ou recompensas.* Valores vinculados ao resultado da ação.
7. *Capacidades e habilidades necessárias para a ação.* Aspectos das três áreas comportamentais empregados em uma atividade determinada: *a.* Cognitivo; *b.* Sensoriomotor; *c.* Emocional.
8. *Padrões de interação.* Intraindividual, extra-individual, interindividual, multilateral, intergrupo etc.
9. *Necessidades contextuais ou ambientais.* Circunstâncias naturais ou artificiais necessárias para a ação.
10. *Equipamento necessário.* Instrumentos naturais ou feitos pelo homem empregados no curso da ação.

Bennet e Bennet (1980) assinalam seis elementos do ambiente que podem afetar o comportamento humano. Esses elementos ou componentes das situações são os seguintes:

a. O continente. O recinto externo fixo da interação humana.
b. Os apoios. Objetos físicos que se aderem às pessoas que se encontram no recinto ou que se aderem ao próprio recinto, incluindo-se as roupas e os móveis.

c. Os atores. As pessoas implicadas, as adjacentes ou os espectadores das transações que acontecem no recinto.

d. Os modificadores. Os elementos como a luz, o som, a cor, a textura, o cheiro, a temperatura e a umidade, que servem para afetar o tom emocional ou o estado de humor da interação.

e. A duração. O tempo objetivo em unidades mensuráveis (minutos, horas etc.) durante o qual ocorre a interação, assim como o tempo antecipado que a interação vai requerer.

f. A progressão. A ordem dos acontecimentos que precedem e seguem, ou se espera que sigam, a interação e que se apóiam nela.

Van Heck (1984) fez a seguinte classificação das situações com base em seu trabalho empírico:

1. Luta e conflito interpessoal.
2. Trabalho conjunto, docência e intercâmbio de pensamentos, idéias e conhecimento.
3. Relações interpessoais, intimidade e atividade sexual homem/mulher.
4. Atividades recreativas.
5. Atividades relacionadas com viagens.
6. Rituais religiosos e similares.
7. Atividades desportivas.
8. Excessos.
9. Atividades de serviço.
10. Atividades comerciais.

Argyle, Furnham e Graham (1981), analisando as situações sociais, encontraram um número limitado de tipos básicos. Alguns dos principais foram:

1. Acontecimentos sociais formais.
2. Encontros com amigos ou relações íntimas.
3. Encontros casuais com conhecidos.
4. Encontros formais em lojas e escritórios.
5. Ocasiões de habilidades sociais assimétricas (p. ex., dividir docência, entrevista, supervisão).
6. Negociação e conflito.
7. Discussão de grupo.

Os autores anteriores assinalam que uma dimensão a mais que se poderia acrescentar a esse grupo seria a *atmosfera emocional* (já que a expressão emocional é parte das regras em situações como as bodas e as festas).

Argyle e cols. (Argyle, 1981; Argyle, Furnham e Graham, 1981) descreveram diferentes traços das situações, traços que podem ser úteis para uma consideração interacionista das HS. A seguir, deter-nos-emos nesses traços:

1. Objetivos e propósitos

A maior parte do comportamento social é dirigida para um objetivo e não pode ser en-tendida até que se conheça o objetivo ou os objetivos. Estes podem ser estruturados em uma série de subobjetivos, bem como em um objetivo principal. As situações proporcionam ocasiões para alcançar objetivos e, provavelmente, existem para esse propósito. Supõe-se que as pessoas entram nas situações porque estão motivadas a fazê-lo, isto é, esperam atingir determinados objetivos, que, por sua vez, conduzem à satisfação de necessidades ou outros impulsos. Certas situações sociais oferecem a oportunidade de atingir vários objetivos, como fazer amigos, obter informação etc. Embora, em geral, os objetivos das situações sejam bastante óbvios, as pessoas socialmente inadequadas podem simplesmente não se dar conta deles. Podem não saber para que são as danceterias, por exemplo, ou podem pensar que o propósito de uma entrevista de seleção é a orientação vocacional.

Para Graham, Argyle e Furnham (1980), o traço mais básico das situações é a estrutura do objetivo, e aos outros traços pode-se dar uma explicação funcional em termos de como ajudam na realização desses objetivos. Portanto, as situações podem ser analisadas em termos das relações entre dois ou mais objetivos. Alguns dos objetivos propostos por Argyle, Furnham e Graham (1981) para diferentes situações são os seguintes: 1. Ser aceito pelos demais; 2. Transmitir informação aos demais; 3. Dominar os demais, ter o controle da situação; 4. Divertir-se; 5. Reduzir a própria ansiedade; 6. Manter um nível satisfatório de auto-estima; 7. Bem-estar físico; 8. Comer, beber; 9. Atividade sexual; 10. Fazê-lo bem, responder às perguntas corretamente; 11. Causar uma impressão favorável, parecer atraente, interessado(a); 12. Buscar ajuda, conselho, apoio; 13. Persuadir a outra pessoa a fazer algo, influenciar seu comportamento; 14. Obter informação, aprender algo novo, solucionar problemas; 15. Atividade social agradável; e 16. Fazer novos amigos, tentar conhecer melhor as pessoas.

No THS, os pacientes precisam compreender a natureza implícita e explícita da estrutura do objetivo das situações, e escolher ou evitar as situações que ajudam ou impedem o desenvolvimento de determinada habilidade.

2. Regras sociais

Todas as situações têm regras a respeito do que pode ou não pode ser feito nelas. Uma regra refere-se à "comportamento que os membros de um grupo acreditam que deveriam, ou não deveriam, ou poderiam realizar em uma situação ou variedade de situações" (Argyle, Furnham e Graham, 1981, p. 126). Isso é baseado no conceito de "adequação". Quando uma pessoa quebra uma regra, comete um erro. As pessoas socialmente inábeis freqüentemente ignoram ou interpretam mal essas regras. Obviamente, seria impossível participar de um jogo sem conhecer as regras, e o mesmo se aplica às situações sociais.

As regras devem ser aprendidas – pelas crianças como parte de sua socialização, por novos membros das organizações e por pessoas de culturas diferentes. Há regras que são universais para quase todas as situações: "seja cortês", "seja amável", "não incomode as pessoas", enquanto outras relacionam-se com os objetivos de situações particulares (p. ex., quando se vai ao médico deve-se ir limpo e contar a verdade; quando se vai a uma festa, devemos nos vestir com elegância e manter temas animados de conversação). Algumas regras presentes em inúmeras situações são as seguintes (Argyle e cols., 1981): 1) Você deve ser amável; 2) Não deve fazer com que os demais se sintam inferiores; 3) Deve ser cortês; 4) Deve fazer com que seja um encontro agradável; 5) Não deve confundir os outros. Outras regras menos gerais encontradas pelos autores anteriores foram: 6) Se a outra pessoa faz uma pergunta, você deve responder; 7) Não deve monopolizar a conversação; 8) Deve vestir-se elegantemente; 9) Somente deve falar uma pessoa de cada vez.

Aos pacientes do THS deveriam ser familiares a etiqueta e as convenções das situações específicas em uma subcultura, assim como a função dessas regras e quando se aplicam.

3. Papéis sociais

Um *papel* refere-se ao padrão de comportamento associado com, ou esperado dos ocupantes de uma posição. Se definirmos os papéis em termos de expectativas, um papel é definido pelas regras que se aplicam a quem ocupa uma posição. As posições incluem idade, sexo, classe e trabalho (p. ex., médico, enfermeira, paciente). A maioria das situações contém uma série de papéis diferentes, isto é, há posições para as quais há diferentes padrões de comportamento e diferentes regras. Os papéis são discutidos, normalmente, em relação com organizações sociais, que têm papéis como o médico, a enfermeira, o paciente etc. Aqui podemos considerar os papéis nas situações sociais, papéis que proporcionam ao indivíduo um modelo bastante claro de interação, p. ex., entrevistador, anfitrião etc. Argyle quer, também, estender a idéia de papel para incluir papéis informais (isto é, padrões distintivos de comportamento que ocorrem em ausência de posições sociais definidas independentemente). Os papéis podem mudar dentro de uma situação, enquanto algumas pessoas podem manter muitos papéis ao mesmo tempo (pai, médico, anfitrião etc.). Pode-se considerar que os papéis abrangem deveres e obrigações ou direitos da posição social. Os papéis são interdependentes e implicam um grande número de expectativas sobre ações, crenças, sentimentos, atitudes e valores da pessoa que possui esse papel.

Os indivíduos que recebem THS deveriam dar-se conta dos diferentes papéis mantidos por quem interage nas situações sociais e as diferentes responsabilidades de cada papel.

4. Repertório de elementos

Cada tipo básico de situação social tem um repertório de elementos característico. Até certo ponto, esses elementos provêm de, e poderiam ser deduzidos dos objetivos da situação; os elementos são os movimentos necessários para alcançar os objetivos. Assim, a solução de problemas requer movimentos como "faça sugestões", "faça perguntas", "não esteja de acordo" etc. Até certo ponto, o repertório é produto do desenvolvimento cultural, no curso do qual são elaboradas formas diferentes de atingir os objetivos. Isso é refletido também na emergência de diferentes sistemas de regras. Argyle, Furnham e Graham (1981) dividem os repertórios de elementos em quatro categorias: *categorias verbais* (p. ex., "aceitar", "acusar", "aconselhar", "responder", "estar de acordo", "negar", "zombar", "agradar", "recusar", "pedir", "oferecer" etc.), *conteúdos verbais* (diferentes para cada tipo de situação, como, p. ex., os conteúdos de uma entrevista de psicoterapia referem-se aos sintomas e preocupações dos pacientes e as razões deles), *comunicação não-verbal* (as mesmas categorias em todas as situações, como, p. ex., "o olhar", "contato corporal", "franzir as sobrancelhas", "rir" etc.) e *ações corporais* (como, p. ex., na situação de docência, "escrever na lousa", "mostrar *slides*" etc.). Os autores anteriores examinaram a presença de uma série de elementos em dois tipos de situações (um encontro e um encontro chefe–secretária no escritório): Alguns desses elementos eram os seguintes: 1) Sorrir, 2)

Perguntar sobre a vida privada, 3) Olhar nos olhos da outra pessoa, 4) Estar de acordo, 5) Convidar para uma bebida em um bar, 6) Mostrar desaprovação, 7) Dar informação sobre o trabalho, 8) Animar, 9) Fazer comentários favoráveis sobre a aparência, 10) Prometer futuros benefícios, 11) Recusar ajuda, e 12) Fazer sugestões para um próximo encontro.

De novo, é importante que os indivíduos que recebem THS se dêem conta da categoria de comportamentos legítimos que constituem o repertório de atos em situações sociais determinadas.

5. Seqüências de comportamento

Do mesmo modo que as situações têm repertórios característicos de elementos, também têm seqüências características desses elementos. A seqüência de atos forma o caminho para os objetivos dos que interagem.

Podemos analisar parcialmente o comportamento social em seqüências de dois passos. Alguns desses são universais a todas as situações: as perguntas conduzem a respostas, e as instruções ou pedidos conduzem a uma ação positiva ou à recusa.

As seqüências de interação podem ser divididas em episódios ou fases. Pode haver mudanças de tema ou de outros aspectos da interação. As reuniões e jantares de negócios e as ocasiões formais têm episódios mais claros que outras menos formais. Episódios de diferentes extensões podem ser localizados pedindo aos observadores que indiquem pontos de ruptura enquanto observam fitas de vídeo.

Em uma situação de compra e venda há uma série de seqüências de cooperação entre comprador (C) e vendedor (V), como:

1. C: Pede para ver o produto
   V: Mostra o produto

2. C: Pergunta o preço ou outra informação
   V: Dá a informação

3. C: Diz que o compra, paga
   V: Embrulha e entrega o produto

Um *episódio* pode ser definido como o segmento de um encontro social que se caracteriza por certa homogeneidade interna, como a persecução de um objetivo particular, uma atividade particular, um tema de conversação ou estado de humor, uma localização espacial determinada, ou indivíduos adotando determinados papéis. Os episódios podem ser identificados por um pesquisador ou por uma amostra de juízes. Os episódios são como situações em miniatura.

Kendon e Ferber (1973) descreveram os "cumprimentos" como uma seqüência de quatro movimentos principais: olhar mútuo–gesto com a mão–sorriso–vocalização/aproximação física–afastar o rosto/olhar mútuo–contato corporal–sorriso–vocalização/mudança de orientação–conversação. Argyle, Furnham e Graham (1981) sugerem que os encontros sociais têm, normalmente, uma estrutura de cinco episódios:

1. Cumprimento.
2. Estabelecimento da relação, esclarecimento de papéis.
3. Apresentação da tarefa central.
4. Restabelecimento da relação.
5. Despedida.

O "roteiro do restaurante" descreve a seqüência de acontecimentos de um restaurante em quatro episódios principais: entrar, pedir, comer e ir embora. Os roteiros incorporam todo um tipo de traços: *objetivos,* e a relação entre eles; *planos,* conhecimento da seqüência de elementos que conseguirão os objetivos; *elementos* de comportamento, p. ex., pedir, comer, pagar, levantar-se, dar gorjeta etc.; *papéis,* p. ex., o garçom e os comensais; e o *equipamento físico,* como o menu, a comida etc. As *regras* encontram-se implícitas nos roteiros.

Com relação às interações sociais, algumas pessoas não-hábeis são incapazes de levar a cabo uma conversação; provavelmente não dominaram as regras da seqüência. Diferentes maneiras pelas quais uma pessoa pode ser incapaz de manter uma conversação são (Argyle, 1981*b*):

1. Não inicia, somente responde ao outro.
2. Responde de maneira pobre na esfera não-verbal.
3. Fracasso da reciprocidade.
4. Produz informação pouco interessante sobre si mesmo.
5. Não sabe começar ou terminar os encontros adequadamente.
6. Omite a fase de estabelecimento da relação.

6. Conceitos situacionais

Com a finalidade de se comportar de forma eficaz em qualquer situação, é preciso possuir conceitos apropriados. Para isso, as pessoas empregam conceitos.

Os indivíduos variam na complexidade de seus conceitos, usando um maior ou menor número de dimensões independentes. Empregam dimensões proeminentes que refletem sua preocupação principal – a raça, a classe, a inteligência, o atrativo sexual etc. Deveríamos esperar que as pessoas fossem mais competentes socialmente nas situações: 1) se são cognitivamente complexos (isto é, se empregam uma série de dimensões de conceitos independentes), e 2) se seus conceitos são relevantes para as situações em questão.

Em uma situação social, uma pessoa que interage precisa de categorias para classificar: 1) pessoas, 2) a estrutura social, 3) os elementos de interação, e 4) os objetos relevantes. Além disso, as pessoas precisam de um equipamento cognitivo suficiente para entender o que está acontecendo e decidir como lidar com a situação. Em uma situação social, quem interage precisa *interpretar o comportamento da outra pessoa e planificar seu próprio comportamento.*

Desenvolvem-se outros conceitos para manipular aspectos da própria situação. Schank e Abelson (1977) tentaram formalizar o equipamento conceitual que as pessoas precisam, por exemplo, para comer em um restaurante. Precisam saber sobre menus, gorjetas, a ordem dos pedidos, os papéis do garçom e muito mais, para poder comer em um restaurante e entender frases como: "João foi a um restaurante. Pediu um prato combinado. Estava frio quando o garçom o levou. Deixou uma gorjeta muito pequena" (p. 45).

Para lidar com estímulos ou problemas complexos ou executar habilidades é necessário possuir os conceitos relevantes. Além disso, os níveis maiores de habilidade podem depender da aquisição de conceitos adicionais.

Por outro lado, a percepção das pessoas é específica à situação e seus juízos dependem não só das características relativamente invariáveis das pessoas que serão julgadas, mas também dos atributos mais passageiros do contexto do episódio. Forgas, Argyle e Ginsburg (1979) encontraram uma série de dimensões diferentes para representar um grupo de pessoas em quatro situações: *Bar* ("avaliação" e "extroversão"), *Tomando o café da manhã (*"avaliação" e "confiança em si mesmo"), *Festa* ("confiança em si mesmo", "quente", "conquistar o favor da outra pessoa") e *Seminário (*"dominância", "criatividade", "apoio"). Em resumo, os resultados indicavam que: *a.* os traços empregados eram diferentes nos quatro episódios, *b.* o número de dimensões empregadas variava com o episódio, *c.* o *status* dos membros do grupo (que avaliava as situações) era relevante de forma diferente nos diferentes episódios, e *d.* os grupos (avaliadores) de diferente *status* diferiam em suas percepções da estrutura do grupo (avaliado) em cada um dos quatro episódios. Isso mostra que a percepção interpessoal é influenciada em grande medida pelo contexto do episódio.

7. Ambiente físico

O ambiente físico é um traço importante das situações e o mais estudado. Os psicólogos ambientais geralmente consideram o ambiente físico como a variável *independente* e o comportamento relacionado como a variável *dependente,* mas parece igualmente útil empregar as variáveis do modo oposto: isto é, ver como utilizamos ou modelamos nossos ambientes físicos e lhes atribuímos certos significados com a finalidade de facilitar ou inibir determinados tipos de comportamento social. Dentro do ambiente físico, as pessoas são capazes de selecionar, arranjar e manipular diferentes aspectos – mesas, cadeiras, livros, luzes, espaços etc. Argyle, Furnham e Graham (1981) assinalam que há uma série de variáveis dentro do ambiente que são importantes:

a. Os *limites* referem-se ao recinto dentro do qual se dá a interação social.

b. Todos os recintos contêm *apoios,* que são necessários dentro desse recinto – um bar contém um balcão, cadeiras, mesas etc. Cada apoio tem uma função social particular e, em geral, tem um significado social especial e um significado simbólico.

c. Os *modificadores* são aspectos físicos do ambiente – p. ex., calor, ruído, luz, cor, cheiro e umidade – que afetam o tom emocional do comportamento. Parecem elementos especialmente importantes da situação quando se encontram em formas extremas, embora esses extremos estejam muitas vezes determinados pela mesma situação (o calor excessivo na rua não é o mesmo que em uma sauna). Alguns dos achados com relação a esses aspectos físicos foram os seguintes:

- Foi encontrada uma certa relação entre o calor e a agressão, embora pareça que acima de certa temperatura há diminuição das respostas agressivas manifestas.
- O ruído incontrolado parece produzir maior agressão, menos comportamento altruísta e menor tolerância à frustração.

d. Espaços, que se referem ao uso e significado atribuído aos espaços entre as pessoas e os objetos, dentro dos limites. Por exemplo, as salas de aula em geral são planejadas para evitar a comunicação entre os alunos e o professor.

Argyle, Furnham e Graham (1981) assinalam que, dada a importante influência do contexto físico sobre as pessoas inseridas nele e a lentidão e dificuldade em mudar as atitudes e as cognições sociais, e portanto o comportamento social, seria mais conveniente produzir mudanças no ambiente físico.

8. Linguagem e fala

(Esse traço das situações nem sempre é expresso de forma explícita por Argyle e cols.; assim, p. ex., considera-se, sim, um traço básico em Argyle, Furnham e Graham [1981], enquanto somente se considera um item do "repertório de elementos" em Argyle [1981].) *Linguagem* é o sistema subjacente de gramática e outras regras compartilhadas, enquanto a *fala* é a maneira como as pessoas falam realmente. Em outras palavras, o termo "fala" aplica-se para indicar a atuação de mecanismos motores adquiridos para a pronunciação das palavras, dando ênfase adequada sobre certas sílabas etc. A utilização adequada da fala geralmente é essencial para a comunicação, mas, embora necessária para a comunicação da linguagem, não é suficiente para produzir comunicação. A "linguagem" tem uma conotação mais ampla e refere-se à seleção e à ordenação seriada das palavras, de acordo com uma série de normas que permite à pessoa empregar uma ou mais das modalidades de fala.

Como cada disciplina científica, cada esporte tem sua própria linguagem e gíria, e cada área geográfica um sotaque e um padrão de fala, assim cada situação apresenta traços lingüísticos associados a ela. Os diferentes aspectos da linguagem e da comunicação, como o vocabulário, a gramática, os códigos e o tom de voz, são, em parte, específicos à situação. Os mesmos indivíduos falarão de forma diferente quando discutirem um problema técnico, quando estiverem bebendo cerveja ou quando estiverem participando de algum jogo. A forma de linguagem também varia com os papéis das pessoas envolvidas na conversação (p. ex., pais/filhos, marido/mulher). A fala é afetada por muitos aspectos das situações como: 1) o lugar e a cena (p. ex., a igreja, um bar); 2) os participantes e sua relação de papel; 3) os objetivos; 4) o tom da conversação (p. ex., sério, leve); 5) o canal de comunicação (p. ex., por telefone, por TV); e 6) as regras (p. ex., as que governam a comportamento nas juntas diretivas).

Por outro lado, o tipo principal de variações na gramática parece estar entre as formas simplificadas de gramática encontradas em situações informais e a gramática mais complexa empregada em situações formais e na linguagem escrita. A razão é, supostamente, que as expressões informais estão destinadas, em grande parte, a ter conseqüências sociais e dependem em grande medida dos acompanhamentos não-verbais. As expressões formais têm por objeto a transmissão de idéias mais complexas, com precisão.

Os que falam não expressam o que é óbvio; há um princípio do mínimo esforço pelo qual tendem a omitir uma grande quantidade de informação. A situação proporciona grande parte do campo de atenção comum que as expressões passam por alto e sobre o qual acrescentam algo novo.

Por outro lado, os sinais paralingüísticos (volume, entonação, velocidade etc.) servem para trasmitir, entre outras coisas, o estado emocional de quem fala.

9. Habilidades e técnicas

Cada situação social apresenta certas dificuldades e precisa de certas habilidades sociais com a finalidade de lidar com ela. O mesmo é certo nos jogos. Jogar tênis, futebol etc. apresenta dificuldades e requer certas habilidades. Também cria certo grau de ansiedade que precisa ser controlada. Há uma série de habilidades gerais que se empregam em várias atividades, como nadar, montar a cavalo etc. Provavelmente seja também verdade para as habilidades sociais. Algumas situações, como uma entrevista ou uma sessão clínica requer habilidades específicas. O grau de dificuldade experimentado pelas pessoas nas situações sociais pode ser visto como uma função de suas habilidades (as quais podem ser aprendidas). Dessa maneira, se uma pessoa tem de funcionar em determinadas situações, deve dominar as habilidades específicas apropriadas a essa situação, como, por exemplo, falar em público, realizar uma entrevista e, inclusive, situações diárias, como ficar com uma pessoa do sexo oposto.

Argyle (1981*c*) indica que um número considerável de pacientes neuróticos, a quem ele e seus colaboradores treinaram em HS, informou dificuldades com situações muito específicas. "Em alguns desses casos descobrimos que o paciente não havia aprendido corretamente determinados traços da situação em questão. As pessoas que tinham medo de ir a festas não sabiam para que serviam as festas (estrutura do objetivo) ou o que se supunha que teriam de fazer nelas (repertório e regras)" (p. 81).

Há também uma série de estudos das situações que às pessoas parecem difíceis ou incômodas. Os fatores obtidos variam com a categoria das situações estudadas e os procedimentos estatísticos empregados. Furnham e Argyle assinalam que algumas áreas de dificuldade comuns são as seguintes:

1. Situações de defesa dos direitos.
2. Atuar em público.
3. Ter conflitos, lidar com pessoas hostis.
4. Situações íntimas, especialmente com o sexo oposto.

5. Conhecer estranhos.
6. Lidar com pessoas que têm autoridade.
7. Medo da desaprovação, da crítica, de cometer erros, de parecer bobo.

Bryant e Trower (1974) encontraram dois fatores principais em uma amostra de trinta situações sociais. O primeiro referia-se ao contato inicial com estranhos, especialmente do sexo oposto, enquanto o segundo era composto de situações que implicavam um contato social íntimo. Richardson e Tasto (1976) desenvolveram um inventário de ansiedade social e a análise fatorial deste apresenta os seguintes fatores:

1. Medo da desaprovação ou da crítica por parte dos demais.
2. Medo da visibilidade e assertividade sociais.
3. Medo da confrontação e da expressão de ira.
4. Medo do contato heterossexual.
5. Medo da intimidade e do calor interpessoal.
6. Medo do conflito com, ou da recusa dos pais.
7. Medo da perda interpessoal.

Furnham e Argyle (1981) concluíram que as situações sociais difíceis podem ser classificadas em termos das habilidades sociais necessárias. Nós, na análise de um inventário sobre habilidade social, encontramos as seguintes dimensões ou fatores (ver item 5.3.1):

1. Iniciação de interações.
2. Falar em público/enfrentar superiores.
3. Defesa dos direitos do consumidor.
4. Expressão de incômodo, desagrado, aborrecimento.
5. Expressão de sentimentos positivos para com o sexo oposto.
6. Expressão de incômodo e aborrecimento para com familiares.
7. Recusa de pedidos provenientes do sexo oposto.
8. Aceitação de elogios.
9. Tomar a iniciativa nas relações com o sexo oposto.
10. Fazer elogios.
11. Preocupação com os sentimentos dos demais.
12. Expressão de carinho para com os pais.

Finalmente, Argyle, Furnham e Graham (1981) assinalam que as situações caracterizadas pelos seguintes processos psicológicos são, geralmente, rotuladas como ameaçadoras, estressantes ou desagradáveis:

1. *Intimidade* (especialmente relações com o sexo oposto).

2. *Assertividade* (restringindo esse termo à expressão de direitos, à expressão de desacordo, a ser persistente e firme e a pedir esclarecimentos).

3. *Ser o centro da atenção* (dar uma palestra, ser gravado ou fotografado, atuar em público etc.).

4. *Costumes e etiquetas sociais complexas* (casamentos, funerais, jantares de negócios etc.).

5. *Fracasso e recusa* (qualquer situação na qual há uma elevada probabilidade de fracasso ou é, potencialmente, muito estressante, uma vez que afeta a auto-estima, a confiança e a própria imagem diante dos demais [fazer exames, aprender a realizar certas tarefas de habilidade, convidar pessoas para dançar etc.]).

6. *Dor* (qualquer situação que implique um dano físico potencial, como as visitas aos médicos e dentistas, doar sangue etc.).

7. *Perda e pesar* (qualquer situação que implique a perda de um amigo íntimo, um membro da família ou o cônjuge, mesmo se for de curta duração, pode ser muito estressante).

Trower (1986) concluiu que sujeitos classificados como *socialmente fóbicos* e indivíduos *não-hábeis socialmente* diferiam na dificuldade experimentada diante de uma série de situações sociais (oito em trinta, como, p. ex., procurar conhecer profundamente alguém, abordar os demais, tomar decisões, ir a um restaurante, sair com pessoa do sexo oposto, fazer amigos), enquanto em outro conjunto de situações sociais suas respostas eram similares.

Parece claro, então, que as variáveis situacionais têm um papel fundamental no comportamento dos indivíduos. Mas, como assinalamos anteriormente, também exercem sua influência sobre a atuação do indivíduo uma série de variáveis internas, indicadas como variáveis pessoais. Essas *dimensões da pessoa* encontram-se especificadas no item 2.2 ao falar dos "componentes cognitivos" e a ele nos remetemos para seu estudo. Porém, comentaremos brevemente alguns aspectos do fator "pessoa".

Do mesmo modo que uma parte da variação total no comportamento pode ser atribuída à situação e suas regras, também pode ser atribuída às pessoas ou personalidades que se encontram dentro da situação uma parte similar. Em um extremo, as pessoas podem ser altamente consistentes em seu comportamento ao longo do tempo e das situações, produzindo, quase sempre o mesmo perfil comportamental; ou podem ser consistentes por meio das situações, mas não do tempo, dependendo de suas atitudes, propósitos e habilidades mutáveis. No outro extremo, as pessoas podem ser inconsistentes na medida em que mudam seu comportamento radicalmente de acordo com a situação em que se encontrem.

Existem problemas em ambos os extremos. A pessoa altamente consistente pode ser incapaz de adaptar-se aos requerimentos importantes da situação, ignorando as regras e sendo punido ou rejeitado. Não obstante, embora seja adaptativo variar de acordo com a situação, esse processo pode ser levado, também, longe demais; assim, no outro extremo encontramo-nos com indivíduos altamente inconsistentes que podem se acomodar excessivamente, ser incapazes de defender seus direitos, ceder fácil demais e, por conseguinte, não atingir os objetivos pessoais e a satisfação dos desejos (Trower, 1986).

Para Trower (1980*b*), as pessoas não-hábeis são mais consistentes entre situações do que as pessoas hábeis, devido a seu pobre processamento dos sinais situacionais variáveis e ao déficit resultante para selecionar respostas que variam. Nesse estudo, Trower comparou dois grupos, um de sujeitos hábeis e outro de sujeitos não-hábeis, concluindo que no grupo socialmente hábil os elementos mais óbvios dependentes da situação eram a conversação e o olhar. Os gestos eram atribuídos à situação e à pessoa. O sorriso era dividido em um elemento da situação para a freqüência e um elemento da pessoa para a duração. No grupo não-hábil, a conversação dependia principalmente da situação. O olhar dependia da situação na duração e da pessoa na freqüência. Os sorrisos dependiam somente das pessoas e os gestos principalmente das pessoas.

> Há evidência – escrevem Galassi, Galassi e Vedder (1981) – que indica que algumas reações ou componentes de resposta (verbal, não-verbal e fisiológico) podem ser consistentes ao longo de tipos de resposta e situações, enquanto outros podem não o ser. Não obstante, o mais importante é a influência das pessoas, situações, tipos de resposta, componentes de resposta e suas interações sobre o comportamento interpessoal, tudo o que necessita ser claramente reconhecido (p. 296).

Trower (1982) criticou os programas de THS que mostram somente uma lista de comportamentos componentes. Supõe que esses programas estão fadados ao fracasso porque houve pouca generalização a partir dessas tentativas. Esse autor pensa que o terapeuta deveria ensinar um modelo gerador de HS. A geração de comportamento hábil requer que um indivíduo se aproxime de seu repertório de comportamentos componentes e as organize em seqüências novas segundo as regras situacionais e seus próprios objetivos e subobjetivos ou roteiros. Trower pensa que o treinador precisa avaliar e ensinar aos indivíduos habilidades de observação de acontecimentos tanto internos como externos, habilidades de atuação, objetivos e representações cognitivas de funções lógicas. Ao tratar um indivíduo, deve conhecer seus propósitos, percepções, inferências e processos de avaliação. Precisa conhecer as normas e regras do comportamento social e compreender a estrutura e a função do discurso social e das situações sociais. Segundo Trower, o terapeuta precisa vigiar e desafiar de maneira lógica as inferências não-válidas e as avaliações negativas dos indivíduos.

Por outro lado, o comportamento implica uma indispensável interação contínua entre os indivíduos e as situações em que se encontram. O comportamento do indivíduo não é influenciado somente por traços significativos das situações que enfrenta, mas a pessoa seleciona também as situações nas quais atua e, por conseguinte, afeta o caráter dessas situações. Essa ação recíproca das pessoas e das situações para determinar o comportamento é a essência do modelo "interacionista", recente marco teórico na investigação das HS.

Os quatro traços essenciais do interacionismo moderno podem ser resumidos como segue:

1. O comportamento real é função de um processo contínuo ou uma interação multidirecional (retroalimentação) entre o indivíduo e a situação em que se encontra.
2. O indivíduo é um agente ativo, intencional, nesse processo de interação.
3. Do lado da pessoa dentro da interação, os fatores cognitivos são os determinantes essenciais do comportamento, embora os fatores emocionais representem também um papel.
4. No lado da situação, o significado psicológico desta para o indivíduo é o fator determinante básico.

Em sua aplicação à investigação em HS, Trower (1986) indica que a avaliação deveria se concentrar, então, tanto em situações-problema como em pessoas-problema. A previsão seria que as situações problema teriam a maior probabilidade de fracasso social, enquanto as pessoas-problema teriam a maior tendência a fracassar. Colocar juntas as duas levaria a um resultado quase inevitável. Algumas pessoas carecem de habilidades sociais; do mesmo modo, algumas situações requerem habilidades muito complexas e são difíceis para a maioria das pessoas. Essa combinação possui uma probabilidade muito maior de fracasso que a combinação oposta, isto é, indivíduos muito hábeis em situações simples. Os efeitos de interação podem ser claramente distribuídos entre esses extremos. Trower (1986) assinala que uma forma de conceitualizar essas interações é em termos de "ajuste". Uma interação Pessoa × Situação efetiva ocorre quando há um ajuste positivo entre Pessoa e Situação, de tal maneira que há congruência entre as duas em termos de habilidades exigidas, regras a seguir etc. "A capacidade da pessoa para conseguir um ajuste positivo – adaptando sua comportamento ou modificando a situação – é a medida da competência social" (Trower, 1986, p.

170). Uma interação P × S não efetiva ocorre quando se fracassa no ajuste entre P e S, de modo que falta a congruência entre habilidades, regras, objetivos etc.

É interessante, por outro lado, a tentativa de Endler e Magnusson (1976) de encontrar as porcentagens de variação devida às pessoas (P), situações (S) e interações (P × S). Os resultados encontrados foram:

	%
Pessoas	15-30
Situações	20-45
P × S	30-50

Na pesquisa das HS poderíamos acrescentar à equação P × S um terceiro fator constituído pelas "dimensões" ou tipos de comportamento da habilidade social (descritas no item 1.3), de modo que o comportamento resultante seria função da interação de três tipos de variáveis. P × S × C, representando P as variáveis da pessoa, S as da situação e C o tipo de comportamento. Embora o enfoque interacionista pareça uma tendência recente e, por sua vez, potente no campo das HS, existe uma clara necessidade de maior investigação nessa área.

6.8. COMPARAÇÃO DO TREINAMENTO EM HABILIDADES SOCIAIS COM OUTRAS TÉCNICAS

Nas linhas que seguem expomos uma série de trabalhos que compararam os efeitos do THS com outros tratamentos. A lista de estudos que escolhemos pretende ser uma amostra válida dos experimentos sobre esse aspecto realizados no campo das HS, já que sua seleção deve-se exclusivamente à disponibilidade das fontes de informação. A descrição dos trabalhos estará apresentada, em geral, em ordem cronológica.

No estudo de Argyle, Bryant e Trower (1974) comparou-se o THS com um tratamento à base de psicoterapia. Não foram encontradas diferenças significativas na melhora produzida pelos tratamentos no comportamento social dos pacientes. Porém, concluiu-se que os efeitos do THS eram mais persistentes que os da psicoterapia, uma vez terminado o tratamento.

Goldsmith e McFall (1975) proporcionaram a pacientes internos três horas de THS, mostrando uma melhora em sua capacidade de lidar com situações interpessoais difíceis superior à dos pacientes que receberam horas de psicoterapia ou somente os procedimentos de avaliação.

Marshall e cols. (1976), ao tratar da ansiedade de falar em público, concluíram que a combinação do THS e a dessensibilização sistemática (DS) era mais efetiva que a DS sozinha, mas não mais efetiva que o THS sozinho, com relação à redução das manifestações comportamentais da ansiedade. A combinação era mais efetiva que o THS sozinho, mas não mais efetiva que a DS sozinha para reduzir a angústia subjetiva.

Dos tratamentos empregados por Marzillier (1976) com pessoas socialmente inadequadas – DS e THS – este último demonstrou ser mais efetivo na melhora da vida social dos pacientes.

Glass e cols. (1976) concluíram que, na modificação das autoverbalizações, o THS e um tratamento combinado aumentavam as HS em situações de representação de papéis, mas os homens universitários heterossocialmente ansiosos que haviam recebido o componente cognitivo mostraram uma atuação significativamente melhor em situações sem treinamento. Como o grupo de modificação cognitiva das autoverbalizações fez também, de forma significativa, mais ligações telefônicas durante a avaliação e causaram melhores impressões nas mulheres para as quais ligaram, a terapia cognitiva foi mais útil para conseguir a generalização a novas situações.

Tiegerman e Kassinove (1977) compararam o treinamento assertivo (TA) mais terapia racional emotiva (TRE), o TA comportamental, um grupo combinado e um grupo de discussão, e não encontraram diferenças significativas entre os grupos em medidas de ansiedade social e asserção.

Wolfe e Fodor (1977) compararam a modelação mais o ensaio de comportamento (EC), a combinação anterior mais a terapia racional (REC) e o "despertar a consciência", com uma lista de espera que servia de controle. Os três tratamentos informaram mudança similar em métodos de auto-informe de asserção e ansiedade social. O EC e o REC mostraram melhoras significativas em um teste comportamental, mas somente o grupo REC mostrou redução na ansiedade situacional.

Carmody (1978) comparou três grupos de tratamento com sujeitos não-assertivos: grupo de terapia racional emotiva (TRE) mais ensaio de comportamento, grupo auto-instrucional mais ensaio de comportamento e treinamento assertivo (TA) comportamental. Nenhum grupo foi superior aos demais, embora os três tenham mostrado melhora significativamente superior que um grupo-controle. Aos três meses de acompanhamento, os grupos de treinamento não eram significativamente diferentes em termos da manutenção dos ganhos do tratamento.

Alden, Safran e Weideman (1978) compararam os procedimentos de modificação de comportamento cognitivo e o THS tradicional com sujeitos não-assertivos, concluindo que eram equivalentes com relação à eficácia terapêutica, embora os sujeitos no THS apresentassem atuação superior em quatro das seis medidas dependentes tomadas.

Rehm e cols. (1979) trataram dois grupos de indivíduos ligeiramente depressivos. Aplicaram um programa de autocontrole a um e um programa de THS ao outro. Os resultados mostraram maior efetividade do primeiro com relação ao segundo.

Linehan, Goldfried e Goldfried (1979) avaliaram a efetividade do ensaio de comportamento (EC), a TRE sistemática, um enfoque combinado e a terapia de relaxamento. Enquanto no pós-tratamento o grupo combinado mostrou ser superior, no acompanhamento não foram encontradas diferenças significativas entre os grupos.

No estudo de Safran, Alden e Davidson (1980) foram empregados dois tratamentos com estudantes universitários não-assertivos, o THS e a reestruturação cognitiva. Nas medidas comportamentais empregadas, os sujeitos com alta ansiedade beneficiaram-se mais com o procedimento de THS que com o procedimento cognitivo, em aspectos como ansiedade global, expressão corporal e contato visual. Nas medidas de auto-informe, não houve diferenças significativas. Os sujeitos de baixa ansiedade não se diferenciavam entre si ao comparar os dois tratamentos.

Heimberg e cols. (1980*b*) avaliaram o THS, a DS e tarefas para casa sistematizadas mais reestruturação cognitiva como métodos de tratamento para déficits heterossociais. Não foram encontradas diferenças entre tratamentos, ou entre estes e a condição de avaliação-controle.

Twentyman, Pharr e Connor (1980) compararam os efeitos da solução de problemas, a modificação das autoverbalizações e o THS baseado na asserção encoberta. Os três tratamentos produziram mudanças similares na avaliação comportamental da comportamento de recusa.

No estudo de Hammen e cols. (1980) concluiu-se que, enquanto o TA e o treinamento cognitivo-comportamental eram efetivos para remediar os problemas de asserção, nenhum dos tratamentos era superior ao outro. Em hipótese, o nível de atitudes disfuncionais interagiria com o tipo de tratamento de tal modo que o enfoque cognitivo poderia ser mais efetivo com indivíduos que possuam altos níveis de cognições disfuncionais. Não foi encontrada essa interação. Porém, as atitudes disfuncionais demonstraram ser uma variável crítica para predizer o resultado da terapia: indivíduos com níveis baixos de atitudes disfuncionais mostraram, de forma consistente, melhora maior que aquelas pessoas que chegaram ao tratamento com níveis altos de cognições disfuncionais.

Gormally e cols. (1981) concluíram que o conselho cognitivo, o THS e uma combinação cognitivo-comportamental eram igualmente efetivos com homens universitários que tinham muito poucos encontros com relação à produção de mudanças em medidas do comportamento social, nos encontros, na confiança em si mesmo, em pensamentos não-adaptativos e em crenças irracionais. O conselho cognitivo produziu as maiores mudanças em uma medida de expectativas negativas.

No estudo de Hatzenbuehler e Schroeder (1982) concluiu-se que três métodos de treinamento (treinamento em habilidades, treinamento cognitivo e treinamento cognitivo-comportamental) melhoravam a qualidade do conteúdo assertivo para respostas de recusa e de mudança de comportamento, embora o grupo de treinamento em habilidades produzisse a melhora comportamental mais ampla. O fracasso do grupo cognitivo-comportamental para mudar as dimensões paralingüísticas, apesar da inclusão do treinamento em habilidades, é paradoxal. A explicação dada é que possivelmente este último grupo sentiu-se confuso pela quantidade de informação recebida.

Jacobs e Cochran (1982) compararam dois tratamentos com sujeitos não--assertivos: ensaio de comportamento *versus* ensaio de comportamento mais reestruturação cognitiva. Os autores assinalam que depois do tratamento, os indivíduos da segunda condição viam a si mesmos como mais assertivos verbal e não-verbalmente, experimentavam menos ansiedade antes e durante a atuação assertiva e indicavam mais satisfação geral com seu comportamento. Os autores defendem uma superioridade do tratamento combinado *versus* o ensaio de comportamento sozinho. Não obstante, em uma avaliação dos sujeitos realizada seis semanas depois não foram encontradas diferenças significativas entre os sujeitos dos dois grupos, salvo em uma medida: a ansiedade antes da atuação assertiva.

Os resultados do estudo de Kaplan (1982) indicam que os enfoques cognitivo, comportamental e cognitivo-comportamental para o treinamento assertivo em grupo são, todos, mais efetivos em aumentar o comportamento assertivo que a terapia de grupo, na qual não se ensinam diretamente as competências de asserção cognitivas ou comportamentais. O TA, porém, não afeta a mudança na ansiedade social ou no autoconceito em maior medida que a participação em um grupo de treinamento em "dar-se conta de si mesmo". O número de diferenças significativas entre os grupos de treinamento e este último diminuiu com o passar do tempo depois do tratamento. Também concluiu-se que a intervenção cognitiva facilitava, de forma significativa, a mudança do comportamento assertivo; porém, o treinamento comportamental das habilidades não realizava a mudança cognitiva no mesmo grau.

Pipes (1982) concluiu que estudantes tímidos do sexo masculino conseguiam maiores reduções (de forma significativa) na ansiedade social e maiores incrementos (de forma significativa) na auto-estima com um tratamento combinado (treinamento no controle da ansiedade e prática da resposta) que com a condição de prática da resposta somente ou com o não-tratamento. As mulheres tímidas do estudo pareciam beneficiar-se menos da estratégia combinada que os homens.

Stravynski, Marks e Jule (1982) examinaram a contribuição do componente cognitivo com uma amostra de pacientes externos socialmente ansiosos. Concluíram que o THS e uma combinação do THS mais modificação cognitiva eram igualmente efetivos para reduzir a ansiedade social e aumentar a habilidade social, sugerindo que a adição do procedimento não melhorou os resultados.

No estudo de Valerio e Stone (1982) foram empregados dois tratamentos, o ensaio de comportamento e a auto-afirmação cognitiva. Embora tenha havido poucas diferenças significativas entre os dois grupos, as diferenças encontradas pareciam refletir a ênfase de cada tratamento: o grupo de ensaio de comportamento pontuava mais nas medidas de execução, enquanto o grupo cognitivo pontuava mais em um maior número de medidas cognitivas, embora essas diferenças fossem significativas em algumas delas, e não em todas. Porém, ambos os tratamentos tinham, também, efeitos em medidas que não estavam relacionadas especificamente com o tratamento, isto é, o tratamento comportamental afetava as cognições e o tratamento cognitivo afetava os comportamentos.

Schlever e Grutsch (1983) pesquisaram os efeitos da terapia cognitiva auto-administrada (biblioterapia) com estudantes universitários socialmente ansiosos. Os grupos cognitivo e de atenção-placebo mostraram reduções equivalentes em timidez, ansiedade de característica e estado, e em pensamentos não-adaptativos, comparados com os controles de não-contato.

Glass e Furlong (1984) não encontraram diferenças entre grupos de THS, reestruturação cognitiva, solução de problemas, terapia de grupo tradicional e um grupo de controle de lista de espera em medidas de auto-informe, cognitivas e comportamentais. Os cinco grupos mostraram mudança significativa, sugerindo que a extensa avaliação anterior à terapia poderia ter tido um efeito sensibilizador sobre os indivíduos-controle altamente motivados, fazendo com que mudassem por si mesmos.

Kolotkin e cols. (1984) compararam o "treinamento assertivo com prática direta" (PD), o "treinamento assertivo com prática livre" (PL) e um grupo de controle "atenção-placebo", orientado introspectivamente. Os grupos de tratamento mudaram de forma significativa com relação ao grupo-controle nos seguintes comportamentos: expressões em primeira pessoa, expressões em segunda pessoa, pedidos de mudança de comportamento, freqüência da falta de resposta, duração do contato visual e asserção geral. Os grupos de tratamento não diferiam entre si, exceto na freqüência da falta de resposta. As mudanças comportamentais tendiam a ser mantidas no acompanhamento. Embora no pós-tratamento os indivíduos experimentais fossem avaliados como equivalentes, no acompanhamento os indivíduos da condição PL eram avaliados como mais assertivos que os da condição PD ou os do grupo-controle.

Piccinin, McCarrey e Chislett (1985) empregaram dois tipos de programas de THS. Os dois incluíam os procedimentos clássicos do THS e se diferenciavam no seguinte: o programa *didático* estava centrado no líder, era impessoal e orientava-se para o grupo com situações assertivas padrão. O programa facilitador estava centrado no paciente, com um enfoque personalizado e individualizado, e situações assertivas identificadas para cada pessoa. Os resultados obtidos não refletem nenhuma diferença devida às duas condições de tratamento em nenhuma das medidas dependentes. Os achados sugerem – segundo os autores – que os elementos comuns do programa e o conteúdo das duas condições de tratamento (ensaio de comportamento e reestruturação cognitiva) são suficientemente potentes para operar, independentemente das diferenças na dimensão de relação.

No estudo de Bramston e Spence (1985) com sujeitos mentalmente atrasados, o THS comportamental produziu melhoras notáveis, a curto prazo, na expressão de HS básicas. Essas mudanças eram significativamente maiores que as mudanças dos outros grupos (solução de problemas, grupo-placebo e grupo de não-tratamento), do pré ao pós-tratamento. A melhora na habilidade social durava pouco e havia desaparecido em um acompanhamento de três meses.

O programa de THS com pacientes psiquiátricos empregado por Van Dam-Baggen e Kraaimaat (1986) demonstrou ser relativamente eficaz. Em comparação com um grupo de controle, o tratamento apresentou como resultado maior diminuição da ansiedade social e maior aumento das HS. Além disso, os efeitos do tratamento ainda se mantinham três meses depois do tratamento. Não obstante, tanto o grupo experimental quanto o grupo-controle mostravam diminuição na ansiedade geral e social e incremento nas HS e no controle interno, pelo que as mudanças produzidas não podem ser atribuídas exclusivamente ao THS.

7. Aplicações do Treinamento em Habilidades Sociais

Phillips (1978) considera o THS não somente outro enfoque de tratamento, mas um modelo alternativo ao modelo médico tradicional da psicopatologia. Para Phillips, a psicopatologia provém da incapacidade de um organismo para resolver problemas ou conflitos e atingir objetivos. A carência no organismo das habilidades sociais necessárias tem como resultado estratégias pouco adaptativas, como estados emocionais negativos (p. ex., ansiedade) e cognições desadaptativas no lugar de soluções sociais aos problemas. "Sugeriu-se que os transtornos mentais são, principalmente, transtornos da comunicação e das relações interpessoais" (Argyle, Trower e Bryant, 1974, p. 63). A opinião de Phillips é que o modelo de HS obvia a necessidade de diagnóstico, classificação e agrupamentos nosológicos tradicionais e requer, pelo contrário, uma análise completa das situações sociais. Phillips (1978) afirma que "o ponto de vista mantido aqui apresenta a falta de habilidades sociais como o déficit comportamental essencial, devido às condições conflitivas indivíduo–ambiente e trata de promover a mudança por meio de uma melhor compreensão das contingências (e das alterações) ambientais que regulam o comportamento" (p. xvii).

Diversos pesquisadores assinalaram os déficits na habilidade social como uma base para as principais formas de psicopatologia. "Indivíduos que apresentaram déficits extremos no funcionamento social foram encontrados, em geral, em instituições mentais ou reformatórios, dependendo de quão aceitáveis, desadaptativas ou anti-sociais tenham sido identificados seus comportamentos" (Eisler e Frederiksen, 1980, p. 4).

Uma série de trabalhos feitos por Zigler e Phillips (Phillips e Zigler, 1961; Zigler e Levine, 1973; Zigler e Phillips, 1960, 1962, 1972) demonstraram que o nível de competência social anterior ao ingresso de um paciente psiquiátrico hospitalizado era o melhor determinante do ajuste posterior à saída do hospital. Essa relação não era afetada nem pelo rótulo diagnóstico do paciente nem pelo tratamento recebido durante o curso da hospitalização. Esses trabalhos sugeriram que o funcionamento social pobre poderia conduzir à psicopatologia, em vez de vir dela. Lentz, Paul e Calhoun (1971) e Paul e Lentz (1977) concluíram que o nível de funcionamento social estava relacionado com a alta do hospital e a taxa de recaída. Argyle, Bryant e Trower (1974) concluíram que um terço dos pacientes entre 17 e 50 anos com neurose e transtornos da personalidade que recorriam a uma clínica psiquiátrica como pacientes externos, durante um período de seis meses, eram considerados socialmente inadequados. Bryant e cols. (1976), estudando uma amostra de pacientes com características similares, concluíram que 17% eram julgados por *experts* como socialmente inadequados. Curran e cols. (1980) estudaram 779 admissões selecionadas ao acaso das unidades diárias e de pacientes internos em um hospital psiquiátrico, concluindo que aproximadamente 7% dessa amostra eram socialmente inadequados.

Curran (1985) aponta que a evidência apresentada por estudos como os anteriores é fundamentalmente associacionista e não implica uma relação direta causa-efeito. São possíveis várias interpretações diferentes sobre as associações estabelecidas (Curran, 1985). A inadequação social pode ser considerada um fator que predispõe os indivíduos a desenvolver uma categoria de transtornos psicológicos; ou, alternativamente, a inadequação social pode ser considerada uma conseqüência ou sintoma de psicopatologia. Outra interpretação seria que tanto a psicopatologia quanto a incompetência social poderiam ser consideradas *handicaps,* que poderiam ter etiologias distintas. A psicopatologia e a incompetência social poderiam ter, também, uma relação cíclica mútua. Existe outra possibilidade: é a de nenhuma ter efeito causal sobre a outra, mas de ambas estarem relacionadas com um terceiro fator não-determinado. A inter-relação exata entre a inadequação social e a psicopatologia tem um interesse mais que estritamente acadêmico. "Se a incompetência social predispõe, mantém ou aumenta o transtorno psicológico de um indivíduo, é bastante óbvio, então, que se torna um objetivo básico de tratamento. Se a incompetência social não está relacionada com a psicopatologia (coisa que parece bastante improvável), ainda pode continuar sendo um comportamento objetivo que mereça tratamento porque é incômoda para o indivíduo" (Curran, 1985, p. 127). Além disso, pode-se alegar que "é altamente irresponsável soltar os pacientes dentro da comunidade quando é evidente que ainda carecem das habilidades sociais necessárias para se comportar de maneira apropriada com os demais" (Christoff e Kelly, 1985, p. 365).

Parece, também, que os déficits em habilidade social estão não somente associados às formas principais de psicopatologia, mas também com outros comportamentos disfuncionais (Gil e cols., 1992), como problemas sexuais, abuso de álcool, consumo de drogas e mau funcionamento do casal.

A aplicação do THS foi muito ampla e abrangeu inúmeros transtornos comportamentais. A seguir, descreveremos alguns dos mais comumente tratados por meio do THS.

7.1. ANSIEDADE/FOBIA SOCIAL

Leary (1983*b*) define a ansiedade *social* como "um estado de ansiedade que provém da expectativa ou presença da avaliação interpessoal em lugares sociais imaginados ou reais" (p. 67). Esse autor assinala que todos os casos de ansiedade social são caracterizados por uma preocupação sobre como é percebido e avaliado pelos demais o indivíduo que a sofre. A última frase da definição reconhece que a ansiedade social pode ocorrer em resposta a encontros "reais" dos quais o indivíduo participa ou a encontros "imaginários", nos quais o indivíduo considera uma interação que se aproxima ou pensa simplesmente em sua participação em determinada interação.

O DSM-IV (APA, 1994) recolhe, em boa medida, essas características ao definir a fobia social como "um temor acusado e persistente a uma ou mais situações sociais ou de atuação em público nas quais a pessoa se vê exposta a pessoas desconhecidas ou ao possível escrutínio dos demais. O indivíduo teme agir de alguma maneira (ou mostrar sintomas de ansiedade) que possa ser humilhante ou embaraçosa" (APA, 1994, p. 416). O indivíduo tem de *fazer* algo enquanto *sabe* que os demais o estarão observando e, em certa medida, *avaliando* seu comportamento. A característica distintiva dos indivíduos com fobia social é o temor ao escrutínio por parte dos demais (Heimberg e cols., 1987; Taylor e Arnow, 1988). Por sua vez, Amies, Gelder e Shaw (1983) definiram fobia social como uma ansiedade pouco razoável experimentada por uma pessoa quando está em companhia de outras, que aumenta normalmente com o nível de formalidade da situação e com o grau em que tal pessoa se sente sob escrutínio, seguida de um desejo de evitar ou fugir da situação (Caballo, 1995). Uma fobia social é considerada *generalizada* quando os temores incluem a maioria das situações sociais (p.ex., iniciar e manter conversações, encontrar-se com alguém, falar com pessoas que têm autoridade, ir a festas etc.) (APA; 1994).

Foram assinalados alguns possíveis modelos para explicar a etiologia e a manutenção da ansiedade/fobia social (Curran, 1977): 1) o modelo da ansiedade condicionada, no qual a ansiedade foi adquirida por meio do condicionamento clássico, pela exposição repetida a experiências aversivas em situações sociais; 2) o modelo cognitivo-valorativo, que considera que a origem da ansiedade é a errônea avaliação cognitivo-valorativa de sua atuação e as expectativas de conseqüências aversivas. A avaliação errônea pode ser um resultado de critérios não-realistas, percepções falsas com relação à atuação, auto-avaliação negativa e auto-reforço insuficiente; 3) o modelo do déficit em habilidades, que afirma que a origem da ansiedade experimentada na interação social é particularmente reativa e devida a um repertório comportamental inadequado ou inapropriado. O indivíduo não controla as exigências do contexto apropriadamente e experimenta uma situação aversiva, que lhe provoca ansiedade.

O THS em suas origens como "treinamento assertivo" foi concebido principalmente para ser aplicado ao descondicionamento de hábitos não-adaptativos de respostas de ansiedade que se apresentam como resposta diante das pessoas com quem o paciente interage (Wolpe, 1958), refletido no primeiro modelo sobre a gênese da ansiedade/fobia social descrito anteriormente. Pensa-se, freqüentemente, a partir da teoria de Wolpe sobre o contracondicionamento, que quando uma pessoa se comporta de maneira assertiva, é para ela muito difícil experimentar ansiedade. Embora falte evidência direta de que a habilidade social (ou "assertividade") iniba fisiologicamente a ansiedade (Rimm e Masters, 1974), as pessoas informam, com freqüência, que se encontram menos nervosas quando se comportam assertivamente, um achado sobre o qual também informam as pesquisas de laboratório. O estudo de Orenstein, Orenstein e Carr (1975) apóia a afirmação de que a assertividade está inversamente relacionada com a ansiedade tanto em homens como em mulheres. Chambless, Hunter e Jackson (1982), Hollandsworth (1976), Lefevre e West (1981) e Pachman e Foy (1978) concluíram que a ansiedade e a fobia sociais estão relacionadas com a falta de habilidade social. Os primeiros autores sugerem o THS como um tratamento perfeitamente válido para o problema da ansiedade/fobia social.

Se apresentarmos o terceiro modelo, já indicado, sobre a etiologia da ansiedade/fobia social, podemos considerar que os pacientes com esse problema têm déficit nas habilidades sociais e, portanto, tirarão proveito de aprender e praticar tais habilidades. Por conseguinte, o THS implica a exposição a situações temidas e, provavelmente, também envolva reavaliação cognitiva (segundo modelo sobre a aquisição da ansiedade/fobia social), conforme a ansiedade diminua e a atuação social melhore (Butler e Wells, 1995). Dada a dificuldade de conseguir sujeitos cuja etiologia do transtorno de ansiedade/fobia social se limite a um só dos modelos propostos anteriormente, o THS implicará freqüentemente elementos de redução da ansiedade, reestruturação cognitiva e ensaio do comportamento (Caballo, Andrés e Bas, 1997).

Hoje em dia existem diversos programas estruturados para o tratamento da ansiedade/fobia social (ver Caballo e cols., 1997 para mais informação). Um exemplo de um desses programas nos quais o THS ocupa o lugar central é o proposto por Turner, Beidel e Cooley (1994). Esses autores apresentam um programa para o tratamento da ansiedade/fobia social baseado em quatro componentes: 1) Educativo, 2) THS, 3) Exposição, e 4) Prática programada. O componente *educativo* trata de informar os participantes sobre a natureza da ansiedade e dos temores sociais. O componente de *exposição* pode consistir em inundação, ao vivo ou na imaginação, ou em um enfoque graduado ao vivo. A *prática programada* refere-se a atividades de exposição dirigidas pelo terapeuta que o sujeito termina (por si só) no ambiente natural. Finalmente, o componente do THS é traçado para ensinar e/ou refinar as HS do indivíduo e proporcionar prática nas interações sociais. Esse componente consta de três partes:

1. *Dar-se conta do ambiente social.* Aqui, ensina-se ao indivíduo quando, como e onde iniciar e terminar as interações interpessoais.
2. *Melhora das habilidades interpessoais.* O indivíduo aprende os aspectos verbais e não-verbais das relações sociais adequadas, centrando-se em áreas problemáticas que são idiossincrásicas dos indivíduos com fobia social.
3. *Melhora das habilidades para falar em público.* Ensina-se aos participantes os elementos essenciais do falar em público, incluindo a construção do que há de dizer e sua apresentação.

Essas três partes abordam um conjunto específico de problemas comuns à maioria dos sujeitos com fobia social (Turner e cols., 1994). Os temas incluídos no THS com esses sujeitos são os seguintes:

- Iniciar conversações.
- Temas apropriados e manter conversações.
- Prestar atenção e lembrar. Mudança de temas.
- Estabelecer e manter amizades. Habilidades para telefonar.
- Interações heterossociais.
- Habilidades assertivas.
- Escolher um tema e desenvolvê-lo.
- Estratégias para evitar que o público se distraia e como começar uma palestra de forma eficaz.
- Terminar uma palestra; forma e linguagem.
- Elementos não-verbais; discussões e conversas informais; participação em congressos, jornadas etc.

Como é tradicional, o componente do THS emprega as estratégias habituais desse tipo de programas, como as instruções, o modelo, o ensaio de comportamento, a retroalimentação corretiva e o reforço positivo.

Porém, uma certa ansiedade que não impeça o funcionamento das pessoas na área interpessoal é, provavelmente, algo comum à maioria delas. Como assinalam Marzillier e Winter (1983), a ansiedade social "é um acompanhamento normal de muitos de nossos encontros sociais. Pode ser um traço útil da vida social, proporcionando a força dinâmica que dá energia a nossas interações e nos impulsiona a buscar estimulação social. Porém, em suas manifestações clínicas, a ansiedade social é desagradável e destrutiva; pode ser uma fonte de transtornos contínuos e incessantes para algumas pessoas, com o resultado da evitação do contato social e da consecução de uma fria e solitária existência" (p. 105)

7.2. A SOLIDÃO

Ter amigos é considerado um aspecto normal e desejável da vida social atual. Os meios de comunicação de massas enchem-se de imagens de todo tipo de gente que trabalha e relaxa com um ou mais amigos. As pesquisas empíricas apóiam essa imagem dos amigos como uma parte importante da vida social normal. Em um desses trabalhos, Lowenthal e cols. (1975) fizeram um extenso estudo dos padrões de amizade dos adultos nos EUA. Concluíram que, em média, as pessoas informam ter aproximadamente seis relações que podem ser chamadas de amizade. Porém, esse número varia de modo previsível com as etapas da vida. Por exemplo, os recém-casados têm o maior número de amigos (oito). Isso é superior à média de cinco que informam os estudantes do ensino médio, à média de cinco que informam as pessoas casadas de meia-idade ou à média de seis informada por pessoas que estão para se aposentar. Inclusive, com essas flutuações, fica claro que as pessoas têm um número substancial de amigos ao longo do ciclo da vida.

Porém, centrar a atenção no número médio de amigos obscurece o fato de que há uma variabilidade considerável. Lowenthal e cols. (1975) encontraram uma média de seis amigos, mas também encontraram uma categoria de 0 a 24. O fato de que algumas pessoas informavam não ter amigos em absoluto é particularmente intrigante, dada a suposição cultural de que ter amigos é normal. Os dados de Lowenthal são apoiados por vários estudos recentes, nos quais os pesquisadores mostraram que a condição de estar completamente sem amigos não é realmente pouco comum. Em 1981, Bell fez uma pesquisa sobre a amizade em adultos e verificou que 10% dos homens informavam não ter amigos íntimos. Em uma revisão de estudos sobre a amizade entre crianças, Asher (1978) fez notar que, em qualquer estudo sociométrico, 10% das crianças não eram selecionados como amigos por nenhuma outra criança. Em uma pesquisa com adolescentes (citado por Bell, 1981), 20% informavam não ter amigos. Em 1979, Lopata informou que 16% das viúvas mais velhas indicavam não ter amigos nem antes nem depois de sua perda. Uma conclusão razoável desses dados é que muitas pessoas vivem suas vidas sem amigos.

Pessoas sem amigos são sozinhas? Há várias razões para supor que assim é. Primeiro, parece plausível que uma pessoa que carece de amigos em uma cultura que valoriza a amizade sofrerá problemas tanto sociais como psicológicos. Há uma ampla evidência que sugere que a solidão, assim como a amizade, é um fenômeno comum. Porém, somente uns poucos estudos tentaram fazer uma conexão direta entre a falta de amigos e a solidão. Com base neles, não se pode supor que a falta de amigos é diretamente equivalente a sentir-se só. Há pessoas que carecem de amizades adequadas e que se sentem sozinhas. Mas também há aqueles que não têm amigos e que não se sentem sós.

O que é a solidão?

Quando se pergunta a membros do público em geral sobre a solidão, estes não têm dificuldades em responder. A maioria das pessoas pode informar sem vacilar se atualmente está ou não só. As pessoas podem não compartilhar todas o mesmo conceito de solidão, mas intuitivamente sabem o que é a solidão.

Podemos ver, a seguir, algumas definições dadas sobre solidão:

> A solidão é causada não por estar só, mas por estar sem alguma determinada relação ou conjunto de relações... A solidão parece ser sempre uma resposta à ausência de algum determinado tipo de relação, ou mais precisamente, uma resposta à ausência de algum abastecimento determinado de relações (Weiss, 1973, p. 17).

> A solidão é uma discrepância experimentada entre os tipos de relações interpessoais que o indivíduo percebe que tem nesse momento e os tipos de relações que gostaria de ter, em termos de sua experiência passada ou por algum estado ideal que realmente nunca experimentou (Sermat, 1978, p. 274).

> A solidão é a experiência de um atraso desagradável ou inaceitável entre as relações interpessoais reais e as desejadas, especialmente quando a pessoa percebe uma incapacidade pessoal para manter as relações interpessoais desejadas dentro de um razoável período de tempo (De Jong-Gierveld, 1978, p. 221).

> A solidão é uma resposta a uma discrepância entre os níveis de contato social desejados e os conseguidos. Além disso, os processos cognitivos, especialmente as atribuições, têm uma influência moderadora sobre as experiências da solidão (Peplau e Perlman, 1982, p. 8).

Parece haver pontos comuns muito importantes na maneira como os pesquisadores vêem a solidão. Primeiro, a solidão provém das deficiências nas relações sociais de uma pessoa. Segundo, a solidão é uma experiência subjetiva; não é sinônimo do isolamento social objetivo. As pessoas podem estar sozinhas sem se sentirem sós. Terceiro, a experiência da solidão é desagradável e penosa. Weiss (1987) descreve uma forma de induzir uma sensação de solidão por meio das seguintes instruções:

> Feche os olhos, por favor. Imagine que você mora em um apartamento. Você está só. Seus sentimentos são de absoluta solidão. Não tem ninguém a quem ligar, nem ninguém com quem falar. Você não compartilha sua vida com nenhuma outra pessoa, com ninguém em absoluto. Essa é sua situação atual e assim são também suas perspectivas futuras. Se saísse à rua, você continuaria sozinho.
>
> Por favor, anote em sua cabeça como se sente. Agora abra os olhos e escreva quais são seus sentimentos, suas sensações (p. 7).

Fatores comportamentais, cognitivos e emocionais da solidão

Ao pensar nas manifestações comportamentais da solidão, é difícil, às vezes, distinguir entre o comportamento que acompanha a solidão, o comportamento que conduz à solidão em um primeiro momento e as estratégias comportamentais para enfrentá-la.

Merecem atenção várias possíveis manifestações da solidão. Segundo Gambrill (1988), as pessoas que estão sós:

a. Implicam-se em menos auto-revelações, o que, por sua vez, tem como resultado que os outros compartilhem menos com elas.
b. Fazem menos perguntas pessoais, referem-se menos a outros e seguem menos os temas de conversação dos demais ("estilo de interação centrado em si mesmo e pouco respondente").
c. São mais passivas.
d. São menos assertivas.
e. São menos reforçadoras, agradam menos e confiam menos nos demais.
f. Apresentam menos sinais sociais que indiquem agrado.
g. Respondem mais lentamente.
h. Falam em excesso ou muito pouco.
i. Sorriem menos.
j. Iniciam menos conversações.
k. Apresentam muitos comportamentos não-afiliativos (mantêm distância dos demais, evitam o contato visual).

Sobre os aspectos cognitivos, temos de dizer que as pessoas que informam que são tímidas, socialmente ansiosas ou que estão sozinhas (Gambrill, 1988):

1. Põem a culpa pelo fracasso em características pessoais estáveis em vez de na falta de esforço ou do uso de estratégias incorretas e, por conseguinte, desanimam facilmente.
2. Têm uma informação incorreta ou inadequada sobre as relações.
3. São menos empáticas com as necessidades, os interesses e os sentimentos dos demais.
4. Têm suposições irracionais.
5. Repetem seus fracassos.
6. Têm menor auto-estima.
7. Preocupam-se mais com a avaliação negativa.
8. São menos capazes de pensar em maneiras de resolver problemas interpessoais.
9. Estão menos dispostos a compartilhar suas opiniões.

Sobre os aspectos emocionais da solidão, podemos dizer que a solidão é uma experiência desagradável. As pessoas solitárias freqüentemente sentem-se ansiosas e descrevem a si mesmas como tensas, inquietas e enfadonhas. Também, podem sentir-se hostis para com os demais.

As razões dadas pelos sujeitos para a falta de estabelecimento de relações estão atreladas a scis fatores (Gambrill, 1988):

1. Falta de informação sobre as relações sociais.
2. Falta de habilidade para se relacionar.
3. Falta de habilidade para mudar.
4. Temor pela avaliação negativa.
5. Crenças negativas ou incorretas.
6. Obstáculos ambientais.

Antecedentes da solidão

Segundo Peplau e Perlman (1982), os possíveis antecedentes da solidão são diversos e é útil distinguir entre acontecimentos que *aceleram* o começo da solidão e fatores que *predispõem* os indivíduos a se tornarem pessoas solitárias ou a continuar sozinhos ao longo do tempo. Os acontecimentos precipitantes podem ser categorizados amplamente em mudanças nas relações sociais obtidas por uma pessoa e em mudanças nas relações sociais desejadas ou esperadas de uma pessoa. Assim, o término de uma relação emocional íntima é uma causa comum da solidão, de modo que, por exemplo, a viuvez foi associada com a solidão em diversas pesquisas. O divórcio é um fenômeno cada vez mais difundido que está associado também com a solidão; e alguns estudos concluíram que a ruptura das relações com quem se sai é acompanhada também por sentimentos de solidão e depressão. Os fatores que predispõem à solidão incluem quantidade e qualidade usuais das próprias relações sociais, as características do indivíduo (p. ex., personalidade, atributos físicos) e características mais gerais de determinada situação ou cultura. As variáveis que predispõem são normalmente aspectos duradouros da situação da pessoa. Esses fatores fazem com que as pessoas corram o risco de estar sós, mas não são, necessariamente, a causa imediata da solidão.

Em uma sociedade móvel, a separação da família e dos amigos é um fato corrente. A separação reduz a freqüência da interação, faz menos disponíveis as satisfações proporcionadas por uma relação e pode levantar temores de que a relação se debilite pela ausência. Acontecimentos como mudar-se para um novo lugar, sair de casa para cursar a universidade ou passar longos períodos em instituições como hospitais ou prisões afetam as relações sociais, além dos requerimentos que o trabalho impõe, em geral, nas relações sociais fora do trabalho, em forma de viagens de negócios, horas extras e a necessidade de se mudar como parte do progresso na carreira.

A posição de um indivíduo dentro de um grupo ou organização tem um impacto considerável nas interações com os demais, tanto fora como dentro do grupo. Como resultado, as mudanças no *status* podem levar à solidão. Por exemplo, a ascensão no trabalho pode debilitar os laços com os companheiros anteriores e provocar solidão até que se estabeleçam novas relações com outros colegas. Do mesmo modo, a perda do papel com a aposentadoria ou o desemprego desfaz os laços sociais com os antigos colegas de trabalho e, assim, pode precipitar a solidão. A aquisição de novos papéis pode, também, desorganizar as redes sociais estabelecidas.

Talvez o determinante mais óbvio da solidão seja o nível de relações sociais de uma pessoa. Pode ser que as pessoas solitárias tenham menos contatos sociais que as outras pessoas, ou que, embora tendo um razoável número de amigos, não estejam realmente muito próximas desses "amigos", ou que tenham mais interações com desconhecidos e conhecidos superficiais e menos interações com a família e os amigos. O padrão geral dos dados sugere que os contatos sociais das pessoas solitárias são deficientes, como se poderia suspeitar.

A solidão é afetada não somente pela existência de relações sociais e pela freqüência da interação social, mas também pela qualidade das relações e as necessidades que satisfazem. Vale a pena reiterar que não são os níveis de contato obtidos, em si mesmos, que são cruciais: melhor seria levar em consideração a relação dos níveis de contato conseguidos com os desejados (ou necessitados).

Habilidades sociais e solidão

Weiss (1973) e outros sugeriram que a falta de habilidades sociais, talvez proveniente da infância, pode estar associada à solidão. Em alguns casos, as pessoas com habilidades sociais adequadas podem estar inibidas a agir de forma efetiva pela ansiedade. Em outros casos, os indivíduos podem não ter aprendido habilidades sociais essenciais. Qualquer que seja a causa, os estudantes solitários informam uma "sociabilidade inibida", isto é, informam problemas para fazer amigos, apresentar-se, participar de grupos, desfrutar das festas, fazer ligações telefônicas para iniciar atividades sociais etc.

O argumento aqui é que as pessoas com poucas habilidades sociais têm menos relações sociais satisfatórias e, assim, experimentam ansiedade. Uma dificuldade potencial, nesse raciocínio, é a evidência de que a solidão não se encontra invariavelmente correlacionada a características objetivas da vida social de uma pessoa. Por exemplo, os jovens parecem ter mais contatos com amigos que os adultos, embora a solidão seja mais prevalecente entre os jovens que na idade adulta. Vários fatores podem funcionar para produzir esses resultados. Primeiro, as medidas de relações sociais "objetivas", que correspondem ao nível obtido de relações sociais, não consideram os desejos do indivíduo de ter uma quantidade e um tipo de relações. Talvez os adultos tenham menos necessidades que os jovens. Sugere-se que os índices objetivos da freqüência da interação sejam determinantes menos apropriados da solidão que as indicações da discrepância entre níveis desejados e conseguidos da interação social. Além disso, parece provável que, com o tempo, as pessoas com níveis muito baixos de contato social possam se adaptar e baixar seu nível desejado de relações sociais.

O enfrentamento da solidão

Podemos classificar as estratégias de enfrentamento em três amplos grupos. As estratégias de enfrentamento podem alterar 1) o nível desejado de contato social,

2) o nível obtido de contato social, e 3) a importância e/ou a magnitude percebida da discrepância entre os níveis de contato desejados e obtidos.

A mudança do nível desejado de contato social

Um enfoque geral para o enfrentamento da solidão consiste em reduzir o próprio nível de contato desejado, o que pode ser feito, pelo menos, de três maneiras diferentes.

Adaptação. Com o tempo, os níveis esperados e desejados das pessoas de relações sociais tendem a convergir no nível obtido. Weiss (1973) comentou a possibilidade de que, com o tempo, os indivíduos solitários possam "mudar seus padrões de avaliação das situações e dos sentimentos e, em particular, esses padrões poderiam ser reduzidos para se adaptar mais à forma da fria realidade". Porém, Weiss não considera essa uma solução adequada para a solidão.

Escolha da tarefa. Uma segunda maneira de alterar seu nível desejado de contato social consiste em selecionar tarefas e situações com as quais disfrutem estando sozinhos. Considera-se uma pessoa que goste de ler sozinha, mas que goste de ir ao cinema somente acompanhada: essa pessoa poderia evitar a ativação de sentimentos de solidão se passasse a tarde lendo em vez de ir ao cinema sozinha. Alguns clínicos sugeriram maior implicação em atividades solitárias como uma maneira útil de aliviar a solidão.

Mudança de padrões. Uma terceira técnica que as pessoas empregam para reduzir seus níveis desejados de contato social consiste em mudar seus padrões de quem é aceitável como amigo. Um conjunto mais amplo de amizades (p. ex., de diferentes *status* sociais) pode ajudar a aliviar a solidão.

A conquista de maiores níveis de contato social

Talvez a maneira mais óbvia de vencer a solidão consista em estabelecer ou melhorar as relações sociais e "encontrar um namorado/a" pode ser o melhor modo de fazê-lo. Pode-se pensar em muitas maneiras de conseguir maior contato social: tornar-se mais atraente fisicamente, tornar-se membro de clubes, iniciar conversações com outras pessoas, aprofundar-se nas relações existentes etc. Também, a solidão é menos freqüente e mais passageira para pessoas que reagem a ela visitando ou ligando para um amigo.

Minimizando a solidão

Um terceiro modo de enfrentar a solidão consiste em alterar a importância e/ou a magnitude percebida da discrepância entre os níveis desejados e os níveis obtidos de interação social. É possível identificar pelo menos quatro variações desse tema: primeiro, as pessoas solitárias podem simplesmente negar que há uma discrepância entre seus níveis desejados e obtidos de relações sociais; segundo, as pessoas solitárias podem desvalorizar o contato social e racionalizar sua situação, dizendo que outros objetivos são mais importantes ou afirmando que a solidão é uma "experiência positiva de desenvolvimento"; terceiro, as pessoas podem tentar reduzir os déficits induzidos pela solidão satisfazendo suas necessidades de modos alternativos; finalmente, as pessoas podem realizar comportamentos designados para aliviar o impacto negativo da solidão. Um exemplo disso seria beber para "afogar as mágoas".

Intervenções terapêuticas

Dada a diversidade de fatores que podem precipitar e perpetuar a solidão, não é provável que se encontre um único remédio, mas podem ser úteis muitas estratégias se usadas adequadamente.

Primeiro, para ser efetivas, as intervenções deveriam moldar-se aos problemas específicos do indivíduo solitário: uma viúva recente pode precisar de amparo social temporário, enquanto um estudante universitário que nunca tenha saído com um membro do sexo oposto pode precisar de ajuda com suas habilidades sociais.

Segundo, é possível que, para ajudar a pessoa solitária, as intervenções devam considerar as explicações próprias do indivíduo solitário sobre as causas de sua angústia. Peplau e cols. (1979) sugerem que as pessoas podem, com freqüência, *subestimar a importância das causas situacionais* da solidão e superestimar o papel dos fatores pessoais. Sobre uma base teórica, poder-se-á esperar que essa tendência fosse especialmente clara em casos nos quais a solidão fosse grave e duradoura. De fato, a solidão provém, normalmente, de um equilíbrio deficiente entre os interesses, as habilidades sociais ou as características pessoais do indivíduo e seu ambiente social. Deve-se dar cuidadosa consideração à interação das causas pessoais e situacionais da solidão. As pessoas solitárias podem, também, tender a *subestimar a modificação potencial* das causas da solidão. Por exemplo, pode concentrar-se em acontecimentos precipitantes irremediáveis (p. ex., a morte do cônjuge), em vez de concentrar-se em fatores que impeçam o desenvolvimento de uma nova e mais satisfatória vida social. Essas últimas causas que mantêm a solidão, como a timidez ou as oportunidades limitadas para conhecer as pessoas, podem ser mais fáceis de mudar.

Terceiro, deve-se animar os indivíduos a contemplar seu mundo de forma mais positiva. Certo grau de negativismo pode refletir a realidade de suas situações, mas parte dele deve-se, indubitavelmente, ao desvio negativo de suas avaliações.

Gambrill (1988) propõe uma série de intervenções específicas dirigidas a problemas concretos que podem causar, manter ou favorecer a solidão. Esses problemas e intervenções são os seguintes:

Problema	*Intervenção*
Déficits comportamentais	Desenvolver as habilidades necessárias por meio da apresentação de modelos, da prática e da retroalimentação.
Discriminações errôneas	Proporcionar informação sobre a expressão das habilidades; proporcionar sinais e incentivos para incentivar o uso das habilidades em contextos nos quais serão reforçadas.
Crenças inadequadas sobre a natureza das relações.	Proporcionar informação adequada.
Temor excessivo à avaliação negativa (elevada ansiedade social).	Diminuir a preocupação com a avaliação negativa por meio de experiências de sucesso em contextos da vida real, e pela reestruturação cognitiva, modelar a natureza dos pensamentos disfuncionais.
Não empregar as habilidades disponíveis.	Incentivar o uso das habilidades dando tarefas a realizar; arrumar os incentivos e os sinais.
Poucas oportunidades para empregar as habilidades sociais.	Reforçar a identificação das oportunidades disponíveis; criar novos contextos para conhecer as pessoas.
Padrões de atuação excessivamente elevados.	Incentivar o emprego de padrões de atuação realistas; isso pode requerer identificar e desafiar as suposições pouco realistas.

Finalmente, os esforços para reduzir a solidão têm de ir além do indivíduo, para considerar fatores culturais e sociais que fomentam a solidão. Como assinala Gordon (1976): “A solidão das massas não é somente um problema que possa ser enfrentado pelos indivíduos particulares envolvidos; é uma indicação de que as coisas funcionam muito mal no âmbito social”. As instituições sociais poderiam considerar maneiras de ajudar grupos de risco, como os novos estudantes ou os executivos que se mudam com suas famílias. Além disso, seriam úteis programas sociais para outros grupos, como os recém-viúvos ou divorciados. Realmente, parece provável que as intervenções dirigidas a problemas específicos – como a aposentadoria ou a mudança para um novo lugar – possam ser mais efetivas que as intervenções dirigidas de maneira mais global à “solidão”.

7.3. DEPRESSÃO

A depressão é caracterizada por persistente estado de ânimo baixo ou perda generalizada de interesse ou prazer, acompanhados por uma série de sintomas, como perturbações do sono, do apetite, do peso ou da atividade psicomotora. Foram desenvolvidos programas de THS baseando-se na premissa de que o comportamento depressivo está relacionado com o funcionamento interpessoal inadequado. Algumas das suposições intrínsecas a essa premissa são as seguintes (Becker, Heimberg e Bellack, 1987):

1. A depressão é o resultado de um programa inadequado de reforço positivo contingente ao comportamento não-deprimido do indivíduo.
2. Grande parte dos reforços positivos mais importantes para os adultos é de natureza interpessoal.
3. Uma grande quantidade de reforços não-sociais depende do comportamento interpessoal do indivíduo.
4. Qualquer conjunto de técnicas que ajude o paciente deprimido a aumentar a qualidade de seu comportamento interpessoal deveria incrementar o reforço positivo contingente à resposta, diminuir o afeto depressivo e aumentar os comportamentos não-depressivos.

Becker e Heimberg (1985) sugerem que o comportamento interpessoal inadequado pode ser decorrente de uma série de fatores, como a exposição insuficiente a modelos interpessoalmente hábeis, a aprendizagem de comportamentos interpessoais desadaptativos, oportunidades insuficientes para praticar hábitos interpessoais importantes, a diminuição progressiva das habilidades comportamentais específicas devido à falta de utilização e o fracasso em reconhecer os sinais ambientais para comportamentos interpessoais concretos.

O programa de treinamento centra-se, principalmente, em três repertórios comportamentais específicos que parecem ser especialmente relevantes para os indivíduos deprimidos: a *asserção negativa,* a *asserção positiva* e as *habilidades de conversação.* A asserção negativa implica comportamentos que permitem que as pessoas defendam seus direitos e ajam com base em seus interesses. A asserção positiva refere-se à expressão de sentimentos positivos acerca de outras pessoas, como o afeto, a aprovação, o elogio e o apreço, bem como apresentar as desculpas apropriadas. O treinamento em habilidades de conversação inclui iniciar conversações, fazer perguntas, realizar auto-revelações apropriadas e terminar as conversações adequadamente. Em todas essas áreas, treina-se diretamente o comportamento dos pacientes deprimidos e proporciona-se a eles, também, treinamento em *percepção social.* Becker e cols. (1987) incluem no componente do treinamento em percepção social temas como os seguintes:

1. Mudanças do turno de palavra.
2. Mudanças de temas de conversação.
3. Esclarecimento das comunicações dos outros.
4. Persistência, referindo-se a sinais que indicam ambivalência na outra pessoa.
5. Dar-se conta da emoção do outro.
6. Manifestações de futuros reforços ou castigos por parte do outro.
7. Lembrar se determinados comportamentos foram bem recebidos no passado.
8. Estar preparado para possíveis respostas imprevisíveis nos demais.

Os pacientes são incentivados a praticar as habilidades e os comportamentos ao longo de diferentes situações. O tratamento acontece ao longo de doze sessões de uma hora semanal, em que os pacientes recebem treinamento nas quatro áreas-problema descritas anteriormente. Essas sessões de tratamento são seguidas de seis a oito sessões de manutenção ao longo de um período de seis meses, nas quais a ênfase é posta na revisão e na solução de problemas. Concluiu-se que o treinamento em habilidades sociais é mais eficaz que a medicação psicotrópica e que a psicoterapia de orientação introspectiva para aumentar o nível de habilidade social. Além disso, os benefícios obtidos pelos pacientes nos grupos de treinamento em habilidades sociais eram mantidos em um acompanhamento de seis meses (Becker e cols., 1987).

McLean (1981) descreveu um enfoque similar para o tratamento da depressão, que se centra também no treinamento das habilidades sociais. Devido ao fato de McLean considerar que a depressão é o resultado da perda de controle percebida por parte dos indivíduos sobre seu ambiente interpessoal, o tratamento que propõe para a depressão tem como objetivo o treinamento em habilidades sociais e de enfrentamento. McLean apresenta um programa de tratamento estruturado, de tempo limitado, dirigido à melhora dos comportamentos sociais que são incompatíveis com a depressão. Emprega-se a prática graduada e a modelação para obter melhoras nas seguintes seis áreas de habilidades: comunicação, produtividade comportamental, interação social, assertividade, tomada de decisões e autocontrole cognitivo. É necessário que os pacientes realizem atividades diárias para o desenvolvimento das habilidades e que empreguem folhas com um formato estruturado para registrar suas conquistas. Os pacientes são preparados, também, para a experiência de futuros episódios depressivos e estabelecem-se e ensaiam-se com o paciente planos de contingência para o enfrentamento.

Os resultados de diferentes estudos sugerem a eficácia do THS para remediar os sintomas depressivos (Bellack, Hersen e Himmelhoch, 1983; Heiby, 1986; Hersen, Bellack, Himmelhoch e Thase, 1984; Teri e Lewinsohn, 1986; Thase e cols. 1984; Williams, 1986). Bellack e Morrison (1982) informam sobre um trabalho no qual contrastaram quatro tratamentos para a depressão unipolar (não-psicótica): amitritilina, THS mais amitritilina, THS mais placebo e psicoterapia mais placebo. Os sujeitos eram 72 pacientes externos femininos. Concluiu-se que os quatro tratamentos, feitos por clínicos experientes, eram efetivos: todos produziam mudanças estatística e clinicamente significativas na sintomatologia e no funcionamento social. Porém, não eram totalmente equivalentes. Havia diferença significativa nos abandonos prematuros dos grupos, desde elevados 55,6% para a amitritilina até baixos 15% para o THS mais placebo. Havia, também, diferença substancial das condições na proporção de pacientes que melhoraram de maneira significativa. O THS mais placebo era também o tratamento mais efetivo nessa dimensão. Esses dados sugerem que o THS é uma estratégia eficaz para o tratamento da depressão.

7.4. ESQUIZOFRENIA

A esquizofrenia é o transtorno psicótico por excelência e entre alguns de seus sintomas característicos encontram-se as idéias delirantes, as alucinações, a fala desorganizada, o comportamento catatônico, a pobreza do pensamento, o embotamento afetivo etc. Os pacientes com esquizofrenia requerem um tratamento farmacológico com medicação antipsicótica. Porém, essa medicação não melhora as HS necessárias para a vida em comunidade. A falta de habilidades sociais reflete influências de sintomas que impedem a expressão das habilidades, uma história inadequada de aprendizagem antes da aparição do transtorno, a carência de estímulo ambiental e a perda de habilidades devido a sua falta de utilização. Tem-se concluído constantemente que os pacientes com esquizofrenia têm escassa competência interpessoal. Mueser (1997) diz que o THS é uma estratégia eficaz para retificar esse tipo de problemas.

O autor anterior considera uma série de áreas como objetivo do THS para os pacientes com esquizofrenia, como: a) Assertividade, b) Habilidades de conversação, c) Controle da medicação, d) Procura de trabalho, e) Habilidades recreativas e de lazer, f) Habilidades para fazer amigos/as e relacionar-se com alguém, g) Comunicação com a família, e h) Solução de conflitos. Embora a principal estratégia para ensinar as habilidades sociais inclua os elementos típicos de modelação, ensaio de comportamento, retroalimentação e representação de papéis adicional, podem ser utilizados também outros procedimentos. Por exemplo, a *instrução (coaching)* (proporcionar ajudas verbais) e o *indicar (prompting)* (proporcionar sinais com a mão) durante a representação de papéis podem ajudar os pacientes a melhorar sua atuação. O treinamento em *percepção social* incluído especialmente no THS para indivíduos com esquizofrenia não segue uma seqüência diferente de atividades, mas integra-se normalmente no treinamento das respostas. O objetivo é treinar o indivíduo a atender e interpretar os sinais interpessoais que revelam os sentimentos e os motivos das outras pessoas e as variáveis ambientais que determinam a adequação de diferentes respostas. Esse treinamento pode ser feito durante as representações de papéis, introduzindo variações sutis no comportamento do terapeuta e examinando os possíveis significados de tais variações. Por exemplo, durante a representação de papéis de uma conversação, o terapeuta pode manifestar sinais não-verbais que indicam uma falta de interesse e vontade de ir embora. Depois de cada representação de papéis, pode-se perguntar sobre as possíveis interpretações desse comportamento e as respostas apropriadas a este. Com relação aos sinais do ambiente, o treinamento realiza-se por meios didáticos. Pode-se dedicar uma parte de cada sessão à discussão das regras sociais que dirigem o emprego adequado das habilidades em consideração.

Devido ao fato de que a maior parte dos sujeitos com transtornos psicóticos sofre de estados que reaparecem de forma crônica, o THS deveria estar disponível de forma contínua, já que os objetivos e as competências de um indivíduo desenvolvem-se e mudam com o passar do tempo. Do mesmo modo que é necessária a terapia farmacológica de manutenção para o controle a longo prazo dos sintomas, assim também o THS deveria estar disponível sob a forma de sessões de apoio *(booster sesions)* ou de manutenção.

O THS com pacientes esquizofrênicos é um campo que está recebendo cada dia mais atenção por parte dos profissionais da saúde. Seu desenvolvimento tem início após a chegada da medicação antipsicótica (Liberman, 1993) e apresentou sucesso notável para ensinar aos pacientes comportamentos sociais específicos. Não obstante, embora existam programas bastante completos de THS para sujeitos com esquizofrenia (p.ex., Bellack, 1984; 1989; Liberman, DeRisi e Mueser, 1989; Mueser, 1997; Penn e Mueser, 1995; Roder, Brenner, Hodel e Kienzle, 1996), é necessária uma maior pesquisa para melhor aplicação de tal procedimento para esse tipo de transtorno.

7.5. PROBLEMAS CONJUGAIS

Em qualquer relação que envolva duas pessoas, ambos os indivíduos esforçam-se em maximizar as conseqüências "recompensadoras", como prazeres e satisfações, enquanto, ao mesmo tempo, tentam minimizar os "custos", isto é, as conseqüências negativas ou desagradáveis. A relação é mantida, conseqüentemente, baseada na percepção, por parte de cada indivíduo, de recompensas elevadas comparadas com os custos.

Outro importante conceito psicossocial está baseado na teoria da reciprocidade que governa a relação. A *reciprocidade* desenvolve-se com um membro do casal agradando ou recompensando o outro, confiando que, em sua vez, será reforçado ou recompensado pelo companheiro. Ao contrário, quando um membro desgosta ou pune o outro, é provável que este devolva interações negativas.

A partir de estudos de casais bem-sucedidos e malsucedidos, parece que a harmonia conjugal está baseada em uma série de fatores que agradam um membro e são, depois, devolvidas pelo companheiro. Por que, então, tantos casais adotam estratégias interpessoais baseadas na força coercitiva, na retirada do afeto e na punição do comportamento do outro? Uma resposta é que as estratégias de punição, embora mutuamente destrutivas a longo prazo, produzem, com freqüência, os efeitos imediatos que um membro do casal deseja. Outra é que esses membros não são hábeis no emprego de métodos positivos de comunicação e solução de problemas.

Eisler e Frederiksen (1980) empregam o treinamento em habilidades conjugais dividido em quatro seções principais:

1. *Estabelecimento da relação*

O treinamento bem-sucedido depende de estabelecer uma relação de colaboração com o casal, na qual os objetivos do treinamento sejam acordados por parte de cada membro e o treinador.

2. *Avaliação*

São realizados três tipos de avaliações:

a. Avaliação do grau de satisfação de cada membro do casal com a união, antes e depois do THS.

b. Avaliação das observações de cada membro do casal sobre o comportamento do companheiro, de modo que se esteja em posição de conhecer com precisão o que cada cônjuge deseja do outro.

c. O terapeuta forma seu próprio ponto de vista sobre as habilidades de seleção do casal a partir das observações diretas de sua interação.

3. *Treinamento em habilidades de comunicação*

Ensinar ao casal novos modos de interação pode ser apoiado pela demonstração, por parte do terapeuta ou de um membro de outro casal (em um grupo de casais), de um comportamento mais efetivo.

4. *Manutenção das habilidades de comunicação*
Para manter os efeitos da melhora nas interações verbais, o terapeuta deve ajudar o casal a ver como os acordos negociados são feitos com certa consistência. Para atingir esses objetivos, devem-se ensinar os membros do casal a observar sistematicamente o comportamento do outro e a dar-lhe retroalimentação apropriada. Além disso, deve-se ensinar a ambos os membros a reforçar positivamente o outro quando manifesta o comportamento desejado, com o conseqüente fortalecimento deste.

Mais especificamente, Alberti e Emmons (1977) concluíram que a atenção sistemática aos seguintes componentes é particularmente útil: 1) contato visual, 2) postura corporal, 3) gestos, 4) expressão facial, 5) saber escolher a ocasião *(timing),* 6) fluência e 7) conteúdo.

Epstein, DeGiovanni e Jayne-Lazarus (1978), com base nos resultados de seu estudo, indicam que o THS para casais pode ser um meio efetivo para melhorar a comunicação adequada entre companheiros íntimos. Flowers e Goldman (1976) empregaram o THS como estratégia principal de prevenção para desenvolver o comportamento de comunicação afetiva em recém-casados.

Em geral, podemos dizer que o treinamento em habilidades interpessoais foi parte integrante e básica da maioria dos programas de terapia de casal (p. ex., Epstein, 1985; Fensterheim, 1972; Gordon e Waldo, 1984; Jacobson, 1982; L'Abate e McHenry, 1983; Wackman e Wampler, 1985).

7.6. TRANSTORNOS POR CONSUMO DE SUBSTÂNCIAS PSICOATIVAS

O consumo habitual de drogas ou de substâncias químicas pode produzir problemas que interferem no funcionamento social e de trabalho de uma pessoa. Os transtornos por consumo de substâncias psicoativas constituem um dos maiores problemas de nossa sociedade atualmente. O DSM-IV (APA, 1994) identifica onze tipos de drogas associados com abuso e/ou dependência: álcool, anfetaminas, cafeína, maconha/haxixe, cocaína, alucinógenos, inalantes, nicotina, opiáceos, fenciclidina e sedativos, hipnóticos e ansiolíticos. O THS foi especialmente útil para indivíduos que tinham problemas com o álcool e, algumas vezes, também pa-ra indivíduos com dependência/abuso de alguns outros tipos de drogas.

Alguns dos primeiros estudos que utilizavam o treinamento em habilidades sociais (THS) para o tratamento de diferentes dimensões dos problemas com o álcool baseiam-se na seguinte premissa teórica: se a ingestão de álcool tem certas funções para uma pessoa, para que ela reduza ou evite sua ingestão é necessário que tais funções sejam supridas por comportamentos alternativos menos problemáticos. Supunha-se que esses comportamentos não ocorriam de forma natural seja porque o indivíduo não tinha habilidades para alternativas aceitáveis ou porque sua expressão era suprimida (p. ex., devido ao medo). Infelizmente, não apenas houve pouca pesquisa que tentasse comprovar essa suposição, mas também alguns estudos não puderam encontrar evidências de que os alcoólatras fossem deficientes em habilidades sociais (HS), Porém, Bellack e Morrison (1982) assinalam que se concluiu que falta aos alcoólatras particularmente as habilidades necessárias para lidar com situações de conflito.

No tema do alcoolismo, assinala-se que é provável que as situações familiares, em que o álcool é consumido em diferentes circunstâncias e é, freqüentemente, utilizado como um modo de enfrentamento, transmitam um padrão similar de ingestão de álcool. Pode ocorrer que alguns filhos de consumidores de álcool aprendam que o excesso de bebida é um requisito para um enfrentamento adequado das situações sociais. Pode ser que nunca tenham aprendido HS que poderiam ser utilizadas com ausência de álcool.

Em uma série de estudos, concluiu-se que os consumidores de álcool encontram cada vez mais dificuldade em estabelecer e manter as relações sociais que se esperam deles, e que suas respostas sociais são aprendidas de forma parcial ou inadequada, em vez de aprendidas e logo esquecidas. Assim, assinala-se que nos sujeitos pré-alcoólatras há um duplo processo envolvido que evita a aquisição de respostas sociais mais apropriadas e que serve para manter um repertório de respostas inadequado e pouco adaptativo. Concluiu-se, por exemplo, que adolescentes que bebem selecionam amigos entre as pessoas que bebem muito, fazendo com que, assim, seja menos provável que aprendam um comportamento social mais apropriado dos colegas. A segunda etapa do processo sugere deficiências na aprendizagem, que são criadas e mantidas pela influência farmacológica do álcool.

Essas descobertas, que sugerem a probabilidade de déficit em HS em adolescentes pré-alcoólatras, podem ser, também, pertinentes para considerar a relação entre as HS e o abuso de outras drogas. Foi encontrada uma seqüência bastante uniforme para determinado conjunto da população, desde o não utilizar drogas, passando pela ingestão de álcool e consumo de tabaco, consumo de maconha e, finalmente, drogas pesadas.

Também é possível que, para alguns indivíduos, a ansiedade social seja a principal responsável da hipotética relação entre o déficit em habilidades e o abuso de substâncias psicoativas. Nesse caso, o déficit em HS poderia ser considerado secundário.

Independentemente da causa do déficit em habilidades, o abuso de substâncias psicoativas pode servir como um meio para enfrentar a vida diária e/ou as fortes pressões externas. No caso do álcool, o começo do comportamento de beber é reforçado pelas expectativas do indivíduo de que o álcool melhorará as interações sociais e reduzirá a tensão.

Vários pesquisadores enfatizaram que o treinamento em habilidades sociais (THS) constitui uma parte importante dos tratamentos comportamentais para os sujeitos com problemas de bebida. A razão para fazer o THS com problemas de abuso de substâncias segue normalmente um dos dois argumentos seguintes. O primeiro é consistente com a proposição de Wolpe de que a asserção é incompatível com a ansiedade e, por conseguinte, inibe essa reação e aumenta o comportamento social apropriado. O segundo argumento contempla o abuso de drogas relacionado com as HS ou com as emoções negativas associadas a tais situações. Alega-se que os usuários de substâncias psicoativas com freqüência enfrentam as situações interpessoais com o consumo de drogas, em vez de manifestar um comportamento assertivo.

Também foram encontrados dados que apóiam duas hipóteses com relação à causa de essas pessoas beberem em excesso e que indicam que as pessoas com diferentes estilos interpessoais bebem por razões diferentes. Assim, indivíduos passivos bebem para facilitar as interações sociais e, dessa maneira, beber torna-se um agente social reforçador. Por outro lado, indivíduos altamente assertivos podem beber para mudar suas sensações e diminuir o tédio. Isso é consistente com as especulações de que o álcool facilita correr riscos, a busca de sensações e comportamentos associados, o que é incompatível com a depressão ou a hipoatividade (Monti e cols., 1986).

Vários estudos mostraram que os déficits em HS podem ser situacionalmente específicos. Os indivíduos com pequenos ou moderados problemas de abuso de drogas podem ser muito hábeis em outras situações. Simplesmente pode ser que não sejam capazes de resistir à pressão dos colegas para a ingestão de drogas e, assim, seu déficit de habilidades pode limitar-se a uma falta de assertividade frente a essa coerção. Indivíduos com problemas de vícios mais graves poderiam ter problemas de habilidades básicas ao longo de uma série de situações. Esses déficits poderiam conduzir, em caso extremo, ao isolamento social ou à máxima dependência da subcultura da ingestão de álcool ou outras drogas. Para esses indivíduos, não seria um tratamento adequado o THS dirigido a recusar a pressão dos colegas para consumir droga. Seria preciso um programa de THS mais amplo que ajudasse o indivíduo a estabelecer contatos sociais novos e saudáveis.

Para que um programa de THS seja generalizado à vida diária não somente deve incluir recusar drogas, estabelecer novas redes sociais, lidar com as pressões do trabalho e melhorar a comunicação familiar/de casal, mas também deve considerar fatores como o emprego de "sessões de apoio", um contato telefônico para o apoio social de emergência e participação ativa da família, dos amigos e dos superiores no processo de acompanhamento. A manutenção do THS pode requerer diferentes conjuntos de habilidades, além dos comportamentos para evitar o uso de drogas. O THS poderia centrar-se na modificação do comportamento de outras pessoas significativas da rede social (p. ex., em vez de treinar a recusa à bebida, a questão de interesse pode ser como ensinar o cônjuge a ser um apoio quando o ex-viciado estiver se sentindo muito ansioso para enfrentá-la).

Desde muito tempo, sabe-se que as redes sociais e o apoio social medeiam a saúde e a enfermidade. É provável que os indivíduos que têm uma rica rede social, que podem se dirigir a outras pessoas para conseguir apoio quando se encontram sob estresse e aqueles que são membros de ambientes de trabalho, grupos religiosos e organizações sociais que os apóiam, tenham um prognóstico melhor. Porém, não parece haver muitos programas de tratamento que tentem empregar o THS para maximizar o apoio social e, por conseguinte, facilitar "intervenções sobre o sistema", para assegurar que os toxicômanos sejam introduzidos na corrente principal da sociedade.

Também é importante a prevenção das toxicomanias. A partir de uma posição evolutiva, é provável que crianças e adolescentes com risco de chegar a ser dependentes de algum tipo de droga tenham déficit em HS. Poderiam ter dificuldades em ser assertivos dentro de seu grupo e, assim, quando se lhes pede que experimentem álcool ou uma nova droga, poderiam ter sido incapazes de resistir por medo da expulsão de seu sistema de apoio social. A experimentação conduziria a uma ingestão regular e, finalmente, ao vício.

Por último, vamos descrever os elementos componentes de um programa de prevenção da toxicomania para adolescentes (Holden e cols., 1990). Esse programa, denominado *enfoque das habilidades para a vida,* centra-se em seis áreas gerais: informação, solução de problemas, auto-instruções, enfrentamento, comunicação e sistemas de apoio. A seguir, veremos resumidamente cada uma dessas áreas.

Informação. A informação que considera as adversas conseqüências sociais, legais e de saúde do uso de drogas complementa-se com a informação relativa à prevalência real de tal uso em adolescentes e adultos. Também são discutidas as pressões dos meios de comunicação de massas para a utilização de substâncias lícitas.

Solução de problemas. Ensina-se solução de problemas por meio de um processo passo a passo. Os adolescentes repassam as situações problemáticas crônicas de suas vidas e realizam um torvelinho de idéias sobre possíveis soluções. Essas soluções são ordenadas segundo seu atrativo e viabilidade. Por meio dessa revisão dos custos e prováveis conseqüências de determinadas soluções, chega-se a um ótimo curso de ação.

Auto-instruções. As auto-instruções são ensinadas por meio da modelação e do ensaio dos acontecimentos, baseando-se nos pensamentos que acompanham as atuações diárias dos adolescentes. Estes escolhem e praticam diálogos internos que são apropriados para as decisões que poderiam tomar. O acrônimo PODAR (Parar, Opções, Decidir, Agir e Recompensar a si mesmo) é um exemplo de uma forma de ajuda que também é introduzida em outros componentes do programa.

Enfrentamento. Como foi assinalado anteriormente, o consumo de drogas é utilizado como um meio para enfrentar o estresse. O treinamento em habilidades de enfrentamento requer que se ensine ao adolescente a antecipar e preparar-se para situações estressantes e desagradáveis, para obstáculos difíceis e para enfrentar desafios.

Independentemente de seu comportamento-objetivo, devem ser ensinados mecanismos de enfrentamento manifestos e encobertos. O enfrentamento encoberto consiste no desenvolvimento de processos cognitivos que ajudarão os adolescentes a enfrentar com sucesso as situações de alto risco, enquanto o enfrentamento manifesto implica a aprendizagem de mecanismos para dar-se auto-recompensas tangíveis se passarem com sucesso pela situação.

Comunicação. Se quiserem avançar acadêmica, social e profissionalmente, os adolescentes têm de aprender comportamentos verbais e não-verbais associados tradicionalmente com o THS. Por isso, as habilidades de comunicação constituem uma parte integral do treinamento nas habilidades para a vida. Empregam-se tanto o modelo ao vivo como o simbólico, e os jovens praticam o que aprendem por meio da representação de papéis. Utiliza-se o reforço do terapeuta e dos colegas para propósitos de retroalimentação e a gravação em vídeo é usada com freqüência como um mecanismo adicional de retroalimentação.

Sistemas de apoio. É bem conhecido que um sistema social de apoio é importante para a transição com sucesso para a vida adulta. Dado o importante papel do grupo de pares na iniciação e na manutenção do uso de drogas, enfatiza-se a relevância dos sistemas de apoio no desenvolvimento do adolescente. A utilização dos componentes anteriores servirá para melhorar e aumentar a competência dos adolescentes no desenvolvimento, na negociação e na manutenção de redes sociais positivas, com os familiares, os colegas e a comunidade.

Alguns autores, como Jakubowski (1977), pensam que o THS pode ser empregado com pacientes dependentes das drogas ou do álcool quando usados principalmente para:

a. Fugir das situações de conflito com outras pessoas que os dominam.

b. Expressar a ira e mostrar suas queixas para com outras pessoas significativas de forma indireta.

c. Desinibir-se, de modo que possam ser capazes de dizer coisas que normalmente temeriam expressar.

Oei e Jackson (1980) compararam os efeitos a curto e a longo prazo do THS individual e em grupo com relação à terapia de apoio tradicional em 32 usuários de álcool durante quinze dias. Concluíram que o THS em grupo produzia melhora mais rápida nas HS necessárias e redução equivalente no consumo de álcool que no caso dos sujeitos treinados individualmente, e que o THS produzia maior diminuição no consumo de álcool que a terapia tradicional, tanto se os indivíduos eram tratados em grupo quanto individualmente.

Ferrell e Galassi (1981), Foy e cols. (1979), Hirsch (1977), Horan e Williams (1982), Jones e cols. (1984) e Miller, Hersen, Eisler e Hilsman (1974) e Monti e cols. (1986) informam sobre o emprego com sucesso do THS com indivíduos usuários de álcool.

7.7. DELINQÜENTES/PSICOPATAS

"Com freqüência, vemo-nos impactados por notícias de crimes perpetrados por pessoas que, aparentemente, pareciam adequadas, até que entramos em detalhes de sua vida social e pessoal [...] A maioria dos delinqüentes sociais importantes e dos que cometem graves crimes carece de habilidades sociais: 'Nunca consegui sair com uma garota', um criminoso contou à imprensa, e outro afirmou: 'Odeio as pessoas porque nunca me dão atenção'" (Phillips, 1978, p. 16).

Ao enfatizar a aquisição de habilidades, o enfoque do THS alega que o comportamento anti-social ou criminoso deve-se, principalmente, a uma aprendizagem social ausente ou inadequada.

Burgess e cols. (1980) concluíram que os delinqüentes sexuais tinham tanto deficiências em habilidades interpessoais como altos níveis de ansiedade nas interações sociais diárias. O THS produziu um aumento dos comportamentos socialmente adequados nesse tipo de indivíduos.

Diversos estudos informaram sobre o emprego do THS com jovens delinqüentes (p. ex., Delange e cols., 1981; Dishion e cols. 1984; Freedman e cols., 1978; Hazel e cols., 1981; Henderson e Hollin, 1983, 1986; Rice, 1983; Spence e Marzillier, 1979; Spence e Spence, 1980; Whitman e Quinsey, 1981).

7.8. OUTROS PROBLEMAS

A falta de HS foi implicada em uma ampla gama de problemas. O THS foi empregado e/ou recomendado para problemas como:

a. Falta de habilidades na busca por trabalho (p. ex., Cianni-Surridge e Horan, 1983; Gillen e Heimberg, 1980; Heimberg e cols., 1982; Hollandsworth, Glazeski e Dressel, 1978; Wheeler, 1977).

b. Melhora de habilidades de comunicação em pessoas incapacitadas (p. ex., Joiner, Lovett e Hagne, 1980).

c. Aquisição de habilidades básicas em adultos e crianças portadoras de deficiência mental (p. ex., Bradlyn e cols., 1983; Bramston e Spence, 1985; Bornstein e cols., 1980; Dorsett e Kelly, 1984; Foxx e cols., 1983, 1985; Kleitsch e cols., 1983; Matson e Andrasik, 1982; Matson e DiLorenzo, 1986; Matson e cols., 1980; Robertson e cols., 1984).

d. Obsessões e compulsões (p. ex., Emmelkamp, 1981; Emmelkamp e Van der Heyden, 1980).

e. Agorafobia (p. ex., Emmelkamp, 1980; Emmelkamp, Van der Hont e Vries, 1983).

j. Desvios sexuais (p. ex., Edwards, 1972; Hayes e cols., 1983; Stevenson e Wolpe, 1960).

g. Crianças socialmente isoladas (p. ex., Conger e Keane, 1981; Ladd e Keeney, 1983; Van Hasselt e cols., 1979; Whitehill e cols., 1980).

h. Agressividade (p. ex., Fehrenbach e Thelen, 1981; Rahaim e cols., 1980; Wallace e cols., 1973).

i. Transtorno da personalidade por evitação (Alden, 1989).

Como vimos ao longo deste último capítulo, o THS pode ser a estratégia de escolha ou ainda um procedimento importante de ajuda para a intervenção em numerosos problemas ou transtornos psicológicos. Novas áreas como os transtornos de personalidade ou a psicologia da saúde parecem especialmente propícios para a utilização satisfatória dos procedimentos do THS. No fim das contas, a espécie humana é fundamentalmente uma espécie social e as relações interpessoais constituem uma parte básica da vida de todo indivíduo. Muitos dos problemas psicológicos de que padecem as pessoas são acompanhados por uma deterioração mais ou menos importante de suas relações sociais, dando base para o freqüente emprego do THS no momento da intervenção (ver Caballo, 1997, 1998). Creio que depois da leitura do presente livro, o leitor deverá possuir conhecimentos suficientes para fazer as modificações que julgar oportunas, seja em sua vida ou na vida dos demais (no caso dos profissionais da saúde). O THS é uma técnica comprovada, flexível, que se adapta a inúmeras necessidades interpessoais e que, utilizada com prudência e destreza, pode melhorar a competência social de muitas pessoas.

APÊNDICES

Apêndice A Escala Multidimensional de Expressão Social Parte Motora (EMES-M)

A seguir, descreve-se a Escala Multidimensional de Expressão Social – Parte Motora (EMES--M), que consta de 64 itens e abrange várias dimensões das habilidades sociais. No item 5.3.1, ao falar das medidas de auto-informe da habilidade social, descreve-se com mais detalhe esse instrumento, incluindo toda uma série de parâmetros estatísticos, bem como os fatores obtidos mediante análise fatorial para a presente escala.

Também estão incluídos neste Apêndice A a Folha de respostas para responder à escala. Nos itens dessa folha de respostas assinalados com um asterisco (*) a pontuação é invertida, isto é, se o sujeito assinalou "4", muda-se para a pontuação "0"; se assinalou "3", muda-se para "1"; se assinalou "1", muda-se para "3"; e se assinalou "0", muda-se para "4". O "2" permanece inalterado. A pontuação dos itens sem asterisco não é modificada. Finalmente, soma-se a pontuação de todos os itens e obtém-se uma pontuação global do questionário, que nos dá uma idéia da habilidade social do sujeito em geral, ao longo de diferentes situações.

Em Caballo (1993*b*) aparecem as médias e desvios-padrão de uma amostra de estudantes universitários espanhóis em cada um dos fatores obtidos na escala, bem como o percentual de cada pontuação. Dessa forma, podemos conhecer não somente a habilidade social global do sujeito, mas também a habilidade social específica às diferentes dimensões obtidas.

EMES-M
ESCALA MULTIDIMENSIONAL DE EXPRESSÃO SOCIAL – PARTE MOTORA
(Caballo, 1987)

O inventário a seguir foi construído para proporcionar informações sobre a forma como você age normalmente. Por favor, responda às perguntas colocando um **X** no espaço correspondente, de 0 a 4, segundo sua própria escolha. Responda à parte, na folha de respostas. Sua resposta deve refletir a freqüência com que você realiza o tipo de comportamento descrito em cada pergunta.

4: Sempre ou muito freqüentemente (91 a 100% das vezes)
3: Habitualmente ou com freqüência (66 a 90% das vezes)
2: De vez em quando (35 a 65% das vezes)
1: Raramente (10 a 34% das vezes)
0: Nunca ou muito raramente (0 a 9% das vezes)

---

1. Quando pessoas que mal conheço me elogiam, tento minimizar a situação, não dando importância ao fato pelo qual fui elogiado.

2. Quando um vendedor se desdobra para me mostrar um produto que, ao final, não me satisfaz completamente, sou incapaz de dizer-lhe "não".
3. Quando as pessoas me pressionam para que eu faça coisas por elas, para mim é difícil dizer "não".
4. Evito fazer perguntas a pessoas que não conheço.
5. Sou incapaz de dizer "não" quando meu/minha namorado/a me pede algo.
6. Se um/a amigo/a me interrompe em meio a uma importante conversa, peço-lhe que espere até que eu termine.
7. Quando meu superior ou chefe me irrita, sou capaz de dizer isso a ele.
8. Se um/a amigo/a a quem emprestei 100 reais parece ter se esquecido, eu recordo isto a ele/a.
9. Para mim, é fácil fazer com que meu(minha) namorado(a) sinta-se bem, elogiando-o(a).
10. Mudo meus planos para evitar problemas com as pessoas.
11. Para mim é difícil mostrar às pessoas que eu gosto delas.
12. Se duas pessoas em um cinema ou em uma palestra estão falando alto, peço-lhes que façam silêncio.
13. Quando alguém atraente do sexo oposto me pede algo, sou incapaz de lhe dizer "não".
14. Quando me sinto irritado com alguém, tento disfarçar.
15. Não expresso minhas opiniões.
16. Sou extremamente cuidadoso/a para evitar ferir os sentimentos dos outros.
17. Quando alguém a quem não fui apresentado me atrai, procuro uma maneira de conhecê-lo(a).
18. Para mim é difícil falar um público.
19. Sou incapaz de expressar desacordo a meu/minha namorado/a.
20. Evito fazer perguntas na classe ou no trabalho por medo ou por timidez.
21. Para mim, é fácil elogiar pessoas que mal conheço.
22. Quando algum de meus superiores me pede para que eu faça coisas que não tenho obrigação de fazer, sou incapaz de dizer "não".
23. Para mim é difícil fazer novos/as amigos/as.
24. Se um/a amigo/a trai minha confiança, expresso claramente para ele/a a minha decepção.
25. Expresso sentimentos de carinho a meus pais.
26. Para mim, é difícil fazer um elogio a um superior.
27. Se eu estivesse em um curso ou reunião com poucas pessoas e o professor ou a pessoa que coordena fizesse uma afirmação que eu considerasse incorreta, eu apresentaria meu próprio ponto de vista.
28. Se já não quero continuar saindo com alguém do sexo oposto, digo-lhe claramente.
29. Sou capaz de expressar sentimentos negativos a estranhos se me sinto ofendido/a.
30. Se, em um restaurante, servem-me comida que não está do meu gosto, queixo-me ao garçom.
31. Custa-me falar com uma pessoa atraente do sexo oposto a quem conheço vagamente.
32. Quando conheço uma pessoa que me agrada, peço-lhe o número do seu telefone para um possível encontro posterior.

33. Se estou aborrecido com meus pais, faço com que percebam isto claramente.
34. Expresso meu ponto de vista, mesmo que seja impopular.
35. Se alguém falou mal de mim ou disse que fiz algo que não fiz, eu o/a procuro para esclarecer os fatos.
36. Para mim, é difícil começar uma conversa com estranhos.
37. Sou incapaz de defender meus direitos perante meus superiores.
38. Se uma figura com autoridade me critica injustamente, para mim é difícil discutir sua crítica abertamente.
39. Se um membro do sexo oposto me critica injustamente, peço-lhe claramente que me dê explicações.
40. Hesito em marcar encontros por timidez.
41. Para mim é fácil dirigir-me a um superior e iniciar uma conversa com ele/a.
42. Quando as pessoas me pedem com jeito, faço o que elas querem e não o que eu realmente gostaria de fazer.
43. Quando conheço pessoas novas, falo pouco.
44. Faço vista grossa quando alguém fura a fila na minha frente.
45. Sou incapaz de dizer a alguém do sexo oposto que ele/a me agrada.
46. Para mim é difícil criticar os demais mesmo quando tenho razão.
47. Não sei o que dizer a pessoas atraentes do sexo oposto.
48. Se percebo que estou me apaixonando por alguém com quem saio, expresso esses sentimentos a essa pessoa.
49. Se um membro da minha família me critica injustamente, expresso minha irritação facilmente.
50. Para mim é fácil aceitar elogios vindos de outras pessoas.
51. Dou risada das brincadeiras que me ofendem ao invés de protestar ou falar claramente.
52. Quando me elogiam, não sei o que responder.
53. Sou incapaz de falar em público.
54. Sou incapaz de mostrar afeto a um membro do sexo oposto.
55. No relacionamento com meu/minha parceiro/a, é ele/ela quem conduz nossas conversas.
56. Evito pedir algo a uma pessoa quando se trata de um superior.
57. Se um parente próximo e respeitado me importunasse, eu expressaria claramente meu mal-estar.
58. Quando um vendedor atende alguém que chegou depois de mim, chamo sua atenção a respeito.
59. Para mim é difícil elogiar um membro do sexo oposto.
60. Quando estou em um grupo, tenho problemas para encontrar assunto sobre o que falar.
61. Para mim é difícil mostrar afeto à outra pessoa em público.
62. Se um vizinho do sexo oposto a quem eu gostaria de conhecer me parasse ao sair de casa e me perguntasse as horas, eu tomaria a iniciativa em começar uma conversa com essa pessoa.
63. Sou uma pessoa tímida.
64. Para mim é fácil mostrar meu aborrecimento quando alguém faz algo que me incomoda.

EMES-M
(Folha de respostas)

NOME: ______________________ IDADE: __________ SEXO: ______ DATA: ____________

Por favor, leia atentamente cada pergunta da "*Escala Multidimensional de Expressão Social – Parte Motora*" (EMES-M) e assinale (com um "**X**"), no espaço correspondente, a resposta que mais adequadamente descreve sua maneira de agir.

Sempre ou muito freqüentemente (91 a 100% das vezes) (4)	Habitualmente ou freqüentemente (66 a 90% das vezes) (3)	De vez em quando 35 a 65% das vezes (2)	Raramente (10 a 34% das vezes) (1)	Nunca ou muito raramente (0 a 9% das vezes) (0)

*1.	0	1	2	3	4	17.	0	1	2	3	4	33.	0	1	2	3	4	49.	0	1	2	3	4
*2.	0	1	2	3	4	*18.	0	1	2	3	4	34.	0	1	2	3	4	50.	0	1	2	3	4
*3.	0	1	2	3	4	*19.	0	1	2	3	4	35.	0	1	2	3	4	*51.	0	1	2	3	4
*4.	0	1	2	3	4	*20.	0	1	2	3	4	*36.	0	1	2	3	4	*52.	0	1	2	3	4
*5.	0	1	2	3	4	21.	0	1	2	3	4	*37.	0	1	2	3	4	*53.	0	1	2	3	4
6.	0	1	2	3	4	*22.	0	1	2	3	4	*38.	0	1	2	3	4	*54.	0	1	2	3	4
7.	0	1	2	3	4	*23.	0	1	2	3	4	39.	0	1	2	3	4	*55.	0	1	2	3	4
8.	0	1	2	3	4	24.	0	1	2	3	4	*40.	0	1	2	3	4	*56.	0	1	2	3	4
9.	0	1	2	3	4	25.	0	1	2	3	4	41.	0	1	2	3	4	57.	0	1	2	3	4
*10.	0	1	2	3	4	*26.	0	1	2	3	4	*42.	0	1	2	3	4	58.	0	1	2	3	4
*11.	0	1	2	3	4	27.	0	1	2	3	4	*43.	0	1	2	3	4	*59.	0	1	2	3	4
12.	0	1	2	3	4	28.	0	1	2	3	4	*44.	0	1	2	3	4	*60.	0	1	2	3	4
*13.	0	1	2	3	4	29.	0	1	2	3	4	*45.	0	1	2	3	4	*61.	0	1	2	3	4
*14.	0	1	2	3	4	30.	0	1	2	3	4	*46.	0	1	2	3	4	62.	0	1	2	3	4
*15.	0	1	2	3	4	*31.	0	1	2	3	4	*47.	0	1	2	3	4	*63.	0	1	2	3	4
*16.	0	1	2	3	4	32.	0	1	2	3	4	48.	0	1	2	3	4	64.	0	1	2	3	4

ITENS COMPREENDIDOS EM CADA FATOR DA EMES-M
(Caballo, 1993*b*)

1. *Iniciação de interações*
(Itens nºs: 4, 23, 31, 36, 40, 43, 47, 54, 60, 63)

2. *Falar em público/enfrentar superiores*
(Itens nºs: 7, 18, 20, 27, 37, 38, 41, 53, 56, 63)

3. *Defesa dos direitos do consumidor*
(Itens nºs: 12, 30, 44, 58)

4. *Expressão de incômodo, desagrado, aborrecimento*
(Itens nºs: 14, 15, 24, 34, 64)

5. *Expressão de sentimentos positivos para com o sexo oposto*
(Itens nºs: 45, 48, 54, 59, 61)

6. *Expressão de incômodo e aborrecimento para com familiares*
(Itens nºs: 33, 39, 49, 57)

7. *Recusa de pedidos provenientes do sexo oposto*
(Itens nºs: 5, 13, 19)

8. *Aceitação de elogios*
(Itens nºs: 1, 3, 50, 52)

9. *Tomar a iniciativa nas relações com o sexo oposto*
(Itens nºs: 17, 32, 62)

10. *Fazer elogios*
(Itens nºs: 9, 21, 26)

11. *Preocupação com os sentimentos dos demais*
(Itens nºs: 26, 46)

12. *Expressão de carinho para com os pais*
(Item nº: 25)

Apêndice B Escala Multidimensional de Expressão Social Parte Cognitiva (EMES-C)

A seguir descreve-se a Escala Multidimensional de Expressão Social – Parte Cognitiva (EMES--C), que consta de 44 itens e avalia toda uma série de pensamentos negativos relacionados com diferentes dimensões das habilidades sociais. No item 5.3.3, ao falar das medidas de auto-informe cognitivas, descreve-se mais detalhadamente esse instrumento, incluindo toda uma série de parâmetros estatísticos, bem como os fatores obtidos por meio da análise fatorial para a presente escala.

Também foi incluída neste Apêndice B a Folha de Respostas para responder à escala. Somam-se as pontuações de todos os itens e obtém-se uma pontuação global sobre a freqüência de pensamentos negativos, relacionados com diferentes situações sociais, que o indivíduo apresente. Em Caballo e Ortega (1989) podem ser encontrados os diversos itens que cada fator da escala compreende e, conhecendo-a, pode-se encontrar a média da pontuação de determinado indivíduo no fator que nos interesse.

EMES-C
ESCALA MULTIDIMENSIONAL DE EXPRESSÃO SOCIAL – PARTE COGNITIVA
(Caballo, 1987)

O inventário a seguir foi elaborado para proporcionar informações sobre alguns pensamentos que você pode ter de vez em quando. Por favor, responda às perguntas colocando um X no espaço correspondente na folha de respostas, de 0 a 4, segundo sua própria escolha. Sua resposta deve refletir a freqüência com que você apresenta o tipo de pensamento descrito em cada pergunta.

4: Sempre ou muito freqüentemente
3: Habitualmente ou freqüentemente
2: De vez em quando
1: Raramente
0: Nunca ou muito raramente

1. Tenho medo de "ser do contra" em uma reunião, ainda que com isto expresse minhas opiniões pessoais.
2. Se um superior me incomoda, fico preocupado/a em ter que lhe dizer isto direta e claramente.
3. Tenho medo de expressar opiniões pessoais em um grupo de amigos(as), por medo de parecer incompetente.
4. Penso que se não estou seguro/a do que vou dizer, é melhor que não inicie uma conversa porque poderia "me dar mal".

5. Preocupa-me que, ao expressar meus sentimentos negativos justificados em relação aos demais, possa com isso causar-lhes uma má impressão.
6. Tenho medo da desaprovação de meus amigos(as) se os enfrento quando estão se aproveitando de mim.
7. Preocupa-me iniciar uma conversa com meus amigos/as quando sei que não estão de bom humor.
8. Penso que é preferível ser humilde e minimizar os elogios que meus(minhas) amigos(as) me fazem, do que aceitá-los e poder causar uma impressão negativa.
9. Fazer elogios a outras pessoas não combina com minha maneira de ser.
10. Quando cometo um erro na companhia de meu/minha parceiro(a), tenho medo que ele(a) me critique.
11. Temo falar em público por medo de fazer ridículo.
12. Importa-me bastante a impressão que cause aos membros do sexo oposto quando estou defendendo meus direitos.
13. Preocupa-me "fazer uma cena" quando defendo meus direitos pessoais perante meus pais.
14. Penso que os outros poderiam ter uma opinião desfavorável a meu respeito quando expresso opiniões contrárias às deles(as).
15. Quando um superior me critica injustamente, temo enfrentá-lo(a) porque posso falhar na argumentação.
16. Penso que é responsabilidade minha ajudar pessoas que mal conheço, simplesmente por terem pedido.
17. Temo expressar carinho a meus pais.
18. Preocupa-me falar em público por medo do que os demais pessoas possam pensar de mim.
19. Se faço um elogio a uma pessoa do sexo oposto, preocupa-me muito fazer ridículo.
20. Estive preocupado/a com o que as outras pessoas pensariam de mim caso eu defendesse meus direitos frente a elas.
21. Quando expresso meu aborrecimento por um comportamento de meu(minha) parceiro(a), receio sua desaprovação.
22. Penso que não é agradável receber elogios e que as pessoas não deveriam fazê-los com tanta freqüência.
23. Penso que, se uma pessoa do sexo oposto recusa um convite para sair comigo, estará rejeitando a mim como pessoa.
24. Preocupa-me muito iniciar conversas com desconhecidos quando não fomos apresentados.
25. Acho que se me fazem um elogio, o mais conveniente é ignorar e fazer de conta que não percebi.
26. Preocupa-me o fato de que manter uma conversa com uma pessoa do sexo oposto tenha de depender de mim.
27. Incomoda-me bastante falar em público por medo de parecer incompetente.
28. Temo desobedecer as ordens dadas por meus pais.
29. Incomoda-me bastante ter que expressar desacordo diante de pessoas com autoridade quando isso poderia gerar uma opinião desfavorável a meu respeito.

30. Preocupa-me o que meus(minhas) amigos(as) possam pensar quando expresso meu afeto para com eles(as).
31. Preocupa-me o que as pessoas poderiam pensar de mim se aceitasse abertamente um elogio que me fizessem.
32. Penso que uma pessoa que mal conheço não tenha o direito de me pedir algo que me custe fazer.
33. Se faço pedidos a pessoas com autoridade, receio sua desaprovação.
34. Penso que alguém que faz pedidos pouco razoáveis somente pode esperar respostas inconvenientes.
35. Acho que elogiar um estranho não pode ser nunca uma maneira de começar a conhecer essa pessoa.
36. Preocupa-me muito que meu(minha) parceiro(a) não corresponda sempre que lhe expresso meu carinho.
37. Penso que, se enfrentar as críticas de meus(minhas) amigos(as), provavelmente provocarei situações tensas.
38. Incomoda-me muito que, ao elogiar os demais, alguém pense que sou um(a) bajulador(a).
39. Recusar fazer o que meu(minha) parceiro(a) me pede é uma forma de, sem dúvida, sentir-me culpado(a) depois.
40. Preocupa-me falar em público por medo de fazê-lo mal.
41. Tenho medo que as pessoas me critiquem.
42. Preocupo-me muito que, ao expressar sentimentos negativos para com o sexo oposto, possa causar uma má impressão.
43. Se peço favores a pessoas que não conheço ou conheço muito pouco, receio causar-lhes uma impressão negativa.
44. Preocupa-me bastante expressar sentimentos de afeto a pessoas do sexo oposto.

EMES-C
(Folha de respostas)

NOME: ______________________ IDADE: ________ SEXO: ______ DATA: __________

Por favor, leia atentamente cada pergunta da "*Escala Multidimensional de Expressão Social – Parte Cognitiva*" (EMES-C) e assinale (com um "**X**"), no espaço correspondente, a resposta que mais adequadamente descreve sua maneira de pensar.

Sempre ou muito freqüentemente (4) Habitualmente ou freqüentemente (3) De vez em quando (2) Raramente (1) Nunca ou muito raramente (0)

1.	0	1	2	3	4	12.	0	1	2	3	4	23.	0	1	2	3	4	34.	0	1	2	3	4
2.	0	1	2	3	4	13.	0	1	2	3	4	24.	0	1	2	3	4	35.	0	1	2	3	4
3.	0	1	2	3	4	14.	0	1	2	3	4	25.	0	1	2	3	4	36.	0	1	2	3	4
4.	0	1	2	3	4	15.	0	1	2	3	4	26.	0	1	2	3	4	37.	0	1	2	3	4
5.	0	1	2	3	4	16.	0	1	2	3	4	27.	0	1	2	3	4	38.	0	1	2	3	4
6.	0	1	2	3	4	17.	0	1	2	3	4	28.	0	1	2	3	4	39.	0	1	2	3	4
7.	0	1	2	3	4	18.	0	1	2	3	4	29.	0	1	2	3	4	40.	0	1	2	3	4
8.	0	1	2	3	4	19.	0	1	2	3	4	30.	0	1	2	3	4	41.	0	1	2	3	4
9.	0	1	2	3	4	20.	0	1	2	3	4	31.	0	1	2	3	4	42.	0	1	2	3	4
10.	0	1	2	3	4	21.	0	1	2	3	4	32.	0	1	2	3	4	43.	0	1	2	3	4
11.	0	1	2	3	4	22.	0	1	2	3	4	33.	0	1	2	3	4	44.	0	1	2	3	4

ITENS COMPREENDIDOS EM CADA FATOR DA EMES-C

1. *Medo da expressão em público e de enfrentar superiores*
   (Itens nºs: 1, 2, 3, 11, 15, 18, 20, 27, 29, 33, 40)

2. *Medo da desaprovação dos demais ao expressar sentimentos negativos e ao recusar pedidos*
   (Itens nºs: 5, 6, 13, 28, 39)

3. *Medo de fazer e receber pedidos*
   (Itens nºs: 32, 33, 34, 43)

4. *Medo de fazer e receber elogios*
   (Itens nºs: 8, 22, 25, 35)

5. *Preocupação pela expressão de sentimentos positivos e a iniciação de interações com o sexo oposto*
   (Itens nºs: 19, 24, 26, 44)

6. *Medo da avaliação negativa por parte dos demais ao manifestar comportamentos negativos*
   (Itens nºs: 6, 14, 20, 37)

7. *Medo de um comportamento negativo por parte dos demais na expressão de comportamentos positivos*
   (Itens nºs: 7, 26, 38, 41)

8. *Preocupação pela expressão dos demais na expressão de sentimentos*
   (Itens nºs: 10, 21, 30, 36)

9. *Preocupação pela impressão causada nos demais*
   (Itens nºs: 31, 38, 41, 42)

10. *Medo de expressar sentimentos positivos*
    (Itens nºs: 3, 17, 23, 44)

11. *Medo da defesa dos direitos*
    (Itens nºs: 12, 16)

12. *Assumir possíveis carências próprias*
    (Itens nºs: 4, 9)

Apêndice C Testes de Autoverbalizações na Interação Social ("Social Interation Self-statement Test, SISST")

Este instrumento é um questionário cognitivo muito útil quando formos trabalhar com interações sociais simuladas ou reais e quisermos avaliar os pensamentos do sujeito antes, durante e depois da interação. No item 5.3.3, ao falar das medidas de auto-informe cognitivas, este instrumento é descrito mais detalhadamente, incluindo alguns parâmetros estatísticos.

O questionário é respondido diretamente no espaço reservado para isso na parte esquerda. Os itens seguidos por um sinal de mais (+) são itens incluídos na Parte positiva do questionário (SISST+), e os itens seguidos por um sinal de menos (–) constituem itens incluídos na Parte negativa do questionário (SISST–). São somados separadamente os itens positivos e os itens negativos e as pontuações obtidas refletem a freqüência de toda uma série de autoverbalizações positivas e negativas, respectivamente, que o indivíduo tenha tido antes, durante ou depois da interação social que acaba de ocorrer.

Além da informação recolhida no item 5.3.3, podem ser conhecidos mais alguns dados sobre esse questionário, com amostras espanholas, em Caballo (1993*a*) e Caballo e Buela (1989).

TESTE DE AUTOVERBALIZAÇÕES NA INTERAÇÃO SOCIAL (SISST)[a]
(Glass, Merluzzi, Biever e Larsen, 1982)

Instruções:

É óbvio que as pessoas pensam em coisas diferentes quando estão em diferentes situações sociais.

Abaixo há uma lista de coisas que você pode ter pensado de si mesmo antes, durante ou depois da interação na qual você está inserido/a. Leia cada item e assinale a freqüência com que você pode ter tido um pensamento similar antes, durante e depois da interação.

Utilize a escala seguinte para indicar a freqüência de seus pensamentos:

1 – Praticamente nunca tive esse pensamento
2 – Raramente tive esse pensamento
3 – Tive esse pensamento algumas vezes
4 – Tive esse pensamento com freqüência
5 – Tive esse pensamento muito freqüentemente

Por favor, responda tão honestamente quanto possível.

—— 1. Quando sou incapaz de pensar em algo a dizer, posso sentir como vou ficando nervoso/a (–).
—— 2. De modo geral, sou capaz de falar com pessoas do sexo oposto razoavelmente bem (+).
—— 3. Espero não fazer ridículo (–).
—— 4. Estou começando a me sentir mais satisfeito (+).
—— 5. Tenho medo do que ele/ela possa pensar de mim (–).
—— 6. Fora preocupações, fora medos, fora tensões (+).
—— 7. Estou morrendo de medo (–).
—— 8. Provavelmente ele/ela não estará interessado/a em mim (–).
—— 9. Talvez possa fazer com que ele/ela fique satisfeito/a fazendo com que as coisas andem (+).
—— 10. Em vez de me preocupar, posso encontrar a melhor maneira de conhecê-la(o) (+).
—— 11. Não me encontro muito confortável ao conhecer pessoas do sexo oposto, por isso as coisas têm de andar mal (–).
—— 12. Maldita seja! O pior que pode acontecer é que não a(o) agrade (+).
—— 13. Pode querer falar comigo tanto quanto eu quero falar com ele/ela (+).
—— 14. Esta será uma boa oportunidade (+).
—— 15. Se interromper esta conversação, perderei realmente minha confiança (–).
—— 16. O que eu disser provavelmente parecerá estúpido (–).
—— 17. O que tenho a perder? Vale a pena tentar (+).
—— 18. É uma situação difícil, mas posso controlá-la (+).
—— 19. Caramba! Não quero fazer isso! (–).
—— 20. Vai acabar comigo se não me responder (–).
—— 21. Tenho de causar uma boa impressão ou vou me sentir sinceramente mal (–).
—— 22. Você é um/a idiota inibido/a (–).
—— 23. De qualquer maneira, falharei (–).
—— 24. Posso enfrentar qualquer coisa (+).
—— 25. Mesmo se as coisas não forem bem, não é uma catástrofe (+).
—— 26. Sinto-me torpe e insosso(a); claro que ele(a) vai notar (–).
—— 27. Provavelmente temos muito em comum (+).
—— 28. Talvez vamos nos dar realmente bem (+).
—— 29. Gostaria de ir embora e evitar toda a situação (–).
—— 30. Ora! Não há por que ter medo (+).

[a] C. R. Glass, T. V. Merluzzi, J. L. Biever e K H. Larsen, "Cognitive assessment of social anxiety: development and validation of a self-statement questionnaire", *Cognitive Therapy and Research,* n. 6, 1982, pp. 37-55. Reproduzido com autorização de C. R. Glass e de Plenum Press. Traduzido e adaptado por V. E. Caballo.

Apêndice D Sistema de Avaliação Comportamental da Habilidade Social (SECHS)

A seguir, descrevemos um formato de avaliação comportamental de comportamentos moleculares manifestados por um sujeito durante uma interação social simulada ou real. Normalmente, essa interação é gravada em vídeo e, posteriormente, avaliada por uma série de "juízes". Esses "juízes", que podem ser especialistas em habilidades sociais, colaboradores treinados pelo experimentador principal, pessoas sem nenhum tipo de treinamento, mas representativas de seu ambiente social etc., avaliam o comportamento do sujeito, pontuando (de 1 a 5) a *adequação* de cada um dos elementos moleculares incluídos no SACHS. Uma pontuação de 3 ou superior em um comportamento indica que tal comportamento é adequada (em maior ou menor grau) e não seria necessária uma modificação de tal componente. Uma pontuação inferior a 3 requereria uma intervenção para tornar mais adequado o elemento molecular de que se trate.

Mais informações sobre o SACHS podem ser encontradas em Caballo (1987), Caballo (1993*a*) e Caballo e Buela (1988*a*).

SACHS
SISTEMA DE AVALIAÇÃO COMPORTAMENTAL DA HABILIDADE SOCIAL
(Caballo, 1987)

COMPONENTES NÃO-VERBAIS

1. EXPRESSÃO FACIAL
   1 – Ar muito desagradável. Expressões negativas muito freqüentes.
   2 – Ar desagradável. Algumas expressões negativas.
   3 – Ar normal. Observam-se apenas levemente expressões negativas.
   4 – Ar agradável. Algumas expressões positivas.
   5 – Ar muito agradável. Freqüentes expressões positivas.

2. OLHAR
   1 – Olha muito pouco. Impressão negativa.
   Olha continuamente. Muito desagradável.
   2 – Olha pouco. Impressão um pouco negativa.
   Olha em excesso. Desagradável.
   3 – Freqüência e padrão de olhar normais.
   4 – Freqüência e padrão de olhar bons. Agradável.
   5 – Freqüência e padrão de olhar muito bons. Muito agradável.

3. SORRISOS
   1 – Sorrisos totalmente ausentes. Impressão muito negativa.
   Sorrisos contínuos. Muito desagradável.
   2 – Sorrisos pouco freqüentes. Impressão um pouco desagradável.
   Sorrisos excessivamente freqüentes. Desagradável.
   3 – Padrão e freqüência de sorrisos normais.
   4 – Padrão e freqüência de sorrisos bons. Agradável.
   5 – Padrão e freqüência de sorrisos muito bons. Muito agradável.

4. POSTURA
   1 – Postura muito fechada. Dá a impressão de uma recusa total.
   2 – Postura um pouco fechada. Dá a impressão de uma recusa parcial.
   3 – Postura normal. Não causa impressão de recusa.
   4 – Postura aberta. Dá a impressão de aceitação.
   5 – Postura bastante aberta. Dá a impressão de uma grande aceitação.

5. ORIENTAÇÃO
   1 – Orientado completamente para outro lado. Impressão muito negativa.
   2 – Orientado parcialmente para outro lado. Impressão algo negativa.
   3 – Orientação normal. Não causa impressão desagradável.
   4 – Boa orientação. Impressão agradável.
   5 – Muito boa orientação. Impressão muito agradável.

6. DISTÂNCIA/CONTATO FÍSICO
   1 – Distância excessiva. Impressão de distanciamento total.
   Distância extremamente próxima e íntima. Muito desagradável.
   2 – Distância um pouco exagerada. Impressão de certo distanciamento.
   Distância muito pequena para uma interação casual. Desagradável.
   3 – Distância normal. Nem agradável nem desagradável.
   4 – Distância oportuna. Impressão de aproximação. Agradável.
   5 – Distância excelente. Boa impressão de aproximação. Muito agradável.

7. GESTOS
   1 – Não faz nenhum gesto, mãos imóveis. Impressão muito negativa.
   2 – Alguns gestos, mas escassos. Impressão negativa.
   3 – Freqüência e padrão de gestos normais.
   4 – Boa freqüência e distribuição dos gestos. Impressão positiva.
   5 – Muito boa freqüência e distribuição dos gestos. Impressão muito positiva.

8. APARÊNCIA PESSOAL
   1 – Muito desalinhado. Aparência muito desagradável e sem nenhum atrativo.
   2 – Um pouco desalinhado. Aparência um pouco desagradável e pouco atraente.
   3 – Aparência normal.

4 – Boa aparência. Agradável e atraente.
5 – Muito boa aparência. Muito agradável e atraente.

9. OPORTUNIDADE DOS REFORÇOS
1 – Não reforça nunca, ou então seus reforços são sempre inoportunos.
2 – Reforça pouco, ou então seus reforços são freqüentemente inoportunos.
3 – Reforço normal.
4 – Reforço bom, ou então seus reforços encontram freqüentemente o momento oportuno.
5 – Reforço muito bom, ou então seus reforços encontram sempre o momento oportuno.

COMPONENTES PARALINGÜÍSTICOS

10. VOLUME DA VOZ
1 – Não se ouve. Volume excessivamente baixo. Impressão muito negativa. Volume extremamente alto (chega quase ao grito). Muito desagradável.
2 – Ouve-se apenas ligeiramente. Voz baixa. Impressão um pouco negativa. Volume muito alto. Desagradável.
3 – Voz normal, aceitável.
4 – Volume de voz bastante adequado. Impressão positiva.
5 – Volume de voz muito adequado. Impressão muito positiva.

11. ENTONAÇÃO
1 – Nada expressiva, monótona, aborrecida. Muito desagradável.
2 – Pouco expressiva, ligeiramente monótona. Desagradável.
3 – Entonação normal, aceitável.
4 – Boa entonação, voz interessante, viva. Agradável.
5 – Muito boa entonação, muito animada e expressiva. Muito agradável.

12. TIMBRE
1 – Muito desagradável, muito agudo ou muito grave. Impressão muito negativa.
2 – Um pouco desagradável, agudo ou grave de forma negativa.
3 – Timbre normal, nem agradável nem desagradável.
4 – Timbre agradável. Impressão positiva.
5 – Timbre muito agradável. Impressão muito positiva.

13. FLUÊNCIA
1 – Muitas perturbações ou muitas pausas embaraçosas. Muito desagradável.
2 – Freqüentes perturbações ou pausas embaraçosas. Desagradável.
3 – Pausas e perturbações normais. Não causa impressão negativa.
4 – Quase sem perturbações e pausas embaraçosas. Agradável.
5 – Sem perturbações nem pausas embaraçosas. Muito agradável.

14. VELOCIDADE
1 – Fala extremamente rápido. Não se entende nada.
Fala extremamente devagar. Muito desagradável.
2 – Fala muito depressa. Às vezes não se entende.
Fala muito devagar. Desagradável.
3 – Velocidade normal. Normalmente se entende.
4 – Velocidade de fala bastante apropriada. Agradável.
5 – Velocidade de fala muito apropriada. Muito agradável.

15. CLAREZA
1 – Não pronuncia nenhuma palavra ou frase com clareza. Muito negativo.
Articulação excessiva das palavras. Muito desagradável.
2 – Pronuncia com clareza somente algumas palavras ou frases. Negativo.
Muita articulação das palavras. Desagradável.
3 – Clareza de pronúncia normal.
4 – Pronuncia as palavras claramente. Agradável.
5 – Pronuncia as palavras muito claramente. Muito agradável.

16. TEMPO DE FALA
1 – Mal fala. Grandes períodos de silêncio. Impressão muito negativa.
Fala constantemente, sem dar nenhuma oportunidade à outra pessoa. Muito desagradável.
2 – Fala pouco freqüentemente. Impressão negativa.
Fala excessivamente. Desagradável.
3 – Tempo de fala normal. Nem agradável nem desagradável.
4 – Boa duração da fala. Agradável.
5 – Muito boa duração da fala. Muito agradável.

COMPONENTES VERBAIS

17. CONTEÚDO
1 – Muito pouco interessante, enfadonho, muito pouco variado. Impressão muito negativa.
2 – Pouco interessante, levemente enfadonho, pouco variado. Impressão algo negativa.
3 – Conteúdo normal, certa variação.
4 – Conteúdo interessante, animado, variado. Agradável.
5 – Conteúdo muito interessante, muito animado, variado. Muito agradável.

18. HUMOR
1 – Conteúdo muito sério e sem humor. Impressão muito negativa.
2 – Conteúdo sério e com muito pouco humor. Impressão negativa.
3 – Conteúdo de humor normal.
4 – Conteúdo de humor bom. Agradável.
5 – Conteúdo de humor muito bom. Muito agradável.

19. ATENÇÃO PESSOAL
    1 – Nunca se interessa pela outra pessoa, nem lhe faz perguntas sobre ela. Impressão muito negativa.
    2 – Quase não se interessa pela outra pessoa, com poucas perguntas. Impressão negativa.
    3 – Interesse normal pela outra pessoa.
    4 – Bom interesse pela outra pessoa, com um número adequado de perguntas sobre ela. Impressão positiva.
    5 – Muito bom interesse pela outra pessoa, com um número muito adequado de perguntas. Impressão muito positiva.

20. PERGUNTAS
    1 – Nunca faz perguntas. Impressão muito negativa.
    Faz perguntas constantemente. Muito desagradável.
    2 – Faz poucas perguntas. Impressão negativa.
    Faz perguntas em excesso. Desagradável.
    3 – Padrão de perguntas normal. Nem agradável nem desagradável.
    4 – Perguntas variadas e adequadas. Agradável.
    5 – Perguntas variadas e muito adequadas. Impressão muito agradável.

21. RESPOSTAS A PERGUNTAS
    1 – Respostas monossilábicas ou muito pouco adequadas. Impressão muito desagradável.
    2 – Respostas breves ou pouco adequadas. Impressão negativa.
    3 – Respostas normais. Impressão nem positiva nem negativa.
    4 – Respostas adequadas e de duração correta. Impressão positiva.
    5 – Respostas muito adequadas e de duração correta. Impressão muito positiva.

Apêndice E — Diferenciando os Comportamentos Assertivo, Não-Assertivo e Agressivo

Nos programas de treinamento em habilidades sociais, um exercício feito durante as primeiras sessões consiste em ensinar aos participantes as diferenças entre assertividade, não-assertividade e agressividade. No item 6.5.1.6 são explicados alguns exercícios para a distinção entre esses tipos de resposta. A seguir, expomos uma série de características correspondentes a cada estilo de comportamento e que pode constituir uma ajuda suplementar para tal distinção.

DIFERENÇAS ENTRE COMPORTAMENTO ASSERTIVO, NÃO-ASSERTIVO E AGRESSIVO

Os participantes em um programa de THS devem ter claro que o comportamento assertivo é, geralmente, mais adequado e reforçador que os outros estilos de comportamento, ajudando o indivíduo a se expressar livremente e a atingir, com freqüência, os objetivos propostos. Há pessoas que fizeram do comportamento assertivo uma filosofia de vida. Não obstante, existem outros indivíduos que, não estando satisfeitos com seus padrões de atuação, dizem: "Eu sou assim, o que posso fazer?", ou "Muitas vezes não ajo como gostaria, mas não posso (quero) mudar", ou "Não quero chegar a ser assertivo". As pessoas, em geral, não conhecem as vantagens (e os inconvenientes, que também existem) de ser assertivo, não-assertivo ou agressivo.

Diz-se que ser assertivo faz com que a pessoa controle melhor seu ambiente ("Quando as pessoas não acham que seu comportamento pode produzir um impacto nos demais – em outras palavras, quando não se sentem efetivos interpessoalmente –, seus sentimentos resultantes de ira, inutilidade e sofrimento podem evoluir até alcançar uma ampla variedade de problemas psicológicos", Jakubowski, 1977, p. 163), que controle melhor a si mesmo, que se expresse franca e honestamente, sem sentimentos de ansiedade e culpa. Definitivamente, comportar-se assertivamente supõe que a pessoa esteja mais satisfeita consigo e com os demais. Fazendo uma revisão dos acompanhamentos realizados com casos clínicos nos quais o treinamento assertivo teve sucesso, vemos que os pacientes contam que depois do treinamento melhoraram suas relações sociais, passaram a se sentir mais satisfeitos consigo e com o mundo, desapareceram sintomas psicossomáticos (p. ex., dores de cabeça, transtornos gástricos, fadiga geral) que tinham antes do treinamento e, em geral, identificam-se mais com a vida que vivem.

Alberti e Emmons (1978) dão linhas gerais do que poderia ser a base do comportamento assertivo. Quando sugerem a asserção aos indivíduos, ressaltam o fato de que ninguém tem direito a se aproveitar do outro. Do mesmo modo, cada pessoa tem o direito de expressar opiniões, tenha o grau de cultura que tiver ou ocupe o posto que ocupar. Todas as pessoas foram criadas iguais em um plano humano e têm o privilégio de expressar seus direitos inatos.

Há pessoas que aprenderam a ser assertivas por meio de experiências de vida. Também há pessoas que aprenderam a ser não-assertivas com a experiência, e têm de realizar uma reaprendizagem para chegar a ser assertivas. O comportamento assertivo é suscetível de aprendizagem. Chegar a ser mais assertivo é um processo de aprendizagem. Um dos primeiros e mais importantes passos para que as pessoas procurem aprender a se comportar de forma assertiva consiste em motivá-las. Uma maneira de conseguir isso é mostrar às pessoas as vantagens de agir assertivamente e as desvantagens que acompanham fazê-lo de maneira não-assertiva ou agressiva. Isso é o que constitui o conteúdo do presente apêndice, isto é, das descrições de uma série de características dos comportamentos assertivo, não-assertivo e agressivo.

1. *O comportamento assertivo*

O comportamento assertivo implica a expressão direta dos próprios sentimentos, necessidades, direitos legítimos ou opiniões sem ameaçar ou castigar os demais e sem violar os direitos dessas pessoas. A mensagem básica da asserção é: isso é o que eu acho. Isso é o que eu sinto. É assim que vejo a situação. A mensagem expressa "quem é a pessoa" e é dita sem dominar, humilhar ou degradar o outro indivíduo.

O comportamento não-verbal, como o olhar, a expressão facial, a postura corporal, a entonação e o volume de voz é também muito importante e pode acrescentar ou tirar valor do comportamento verbal. Esses comportamentos precisam, portanto, estar em harmonia com o conteúdo verbal da mensagem assertiva.

A asserção implica respeito – não servilismo. O servilismo consiste em atuar de maneira servil, como se a outra pessoa estivesse certa, ou melhor, simplesmente porque a outra pessoa é mais velha, mais poderosa, com mais experiência ou com mais conhecimentos ou é de cor ou sexo diferentes. Há dois tipos de respeito implicados na asserção: o respeito por si mesmo, isto é, expressar as necessidades próprias e defender os próprios direitos, e o respeito aos direitos e às necessidades da outra pessoa.

O objetivo da asserção é a comunicação e ter e conseguir respeito, pedir jogo limpo e deixar aberto o caminho para o compromisso quando se enfrentem as necessidades e direitos de duas pessoas. Nesses compromissos, nenhuma pessoa sacrifica sua integridade básica e os dois conseguem fazer com que sejam satisfeitas algumas de suas necessidades. Quando a integridade pessoal está em jogo, um compromisso é inapropriado e não-assertivo. Se não chegam a um compromisso, podem respeitar simplesmente o direito que o outro tem de não estar de acordo, e não tentar impor suas exigências sobre a outra pessoa. Em último termo, cada um pode sentir-se satisfeito de ter se expressado, ao mesmo tempo em que reconhece e aceita que seu objetivo pode não ter sido atingido.

O comportamento assertivo não é planificado principalmente para permitir que um indivíduo obtenha o que quer. Como acabamos de assinalar, seu propósito é a comunicação clara, direta e não-ofensiva das próprias necessidades, opiniões etc. Até o grau em que isso seja cumprido, a probabilidade de conseguir os próprios objetivos sem negar os direitos dos demais é maior.

O comportamento assertivo é expresso com consideração dos direitos, responsabilidades e conseqüências. A pessoa que expressa a si mesma em uma situação tem de considerar quais são seus direitos nessa situação e quais são os direitos das demais pessoas envolvidas. O indivíduo também tem de estar consciente de suas responsabilidades nessa situação e das conseqüências que resultam da expressão de seus sentimentos. Por exemplo, se um/a amigo/a não apareceu a uma encontro previamente combinado e também não ligou para desmarcar, você tem o direito de expressar seus sentimentos, mas também tem de saber se havia circunstâncias atenuantes.

O comportamento assertivo em uma situação não tem sempre como resultado a ausência de conflito entre as duas partes. A ausência total de conflito é, com freqüência, impossível. Há certas situações nas quais o comportamento assertivo é apropriado e desejável, mas pode causar algum incômodo à outra pessoa. Por exemplo, devolver uma mercadoria ou produto defeituoso ao vendedor de uma loja de maneira assertiva – ou, talvez, de qualquer outra – pode não ser recebido de forma amigável. Do mesmo modo, expressar incômodo legítimo ou crítica justificada de maneira apropriada pode provocar uma reação inicial desfavorável. Ponderar as conseqüências a curto e a longo prazo para as duas partes é o importante. Parece-nos que o comportamento assertivo tem como resultado a maximização das conseqüências favoráveis e a minimização das conseqüências desfavoráveis para os indivíduos a longo prazo.

O comportamento assertivo em uma situação normalmente tem como resultado conseqüências favoráveis para as partes envolvidas. A pessoa que agiu assertivamente pode ou não atingir seus objetivos, mas geralmente sente-se melhor por ter sido capaz de expressar suas opiniões. A manifestação clara da posição própria é provável que melhore a probabilidade de que essa pessoa respeite tal posição e aja, então, em conseqüência.

É provável, também, que aconteçam conseqüências favoráveis para a pessoa que é objeto do comportamento assertivo em uma situação. Essa pessoa recebe uma comunicação clara e não-manipuladora, em contraste com a comunicação implícita ou não-expressa transmitida no comportamento não-assertivo. Além disso, ele/ela recebe um pedido de novo comportamento ou uma manifestação da posição da outra pessoa, em vez da exigência de um novo comportamento, o que é característico da agressão. Como resultado, há poucas possibilidades de uma má interpretação. Embora a outra pessoa possa não estar de acordo, não aceitar ou não gostar do que expressa o comportamento assertivo ("Amo você", "Gosto da sua roupa", "Estou incomodado porque você esqueceu de me ligar, como disse que faria", "Prefiro não emprestar meu carro"), a maneira como se expressa não nega seus direitos, não o rebaixa e não o força a tomar a decisão por outro ou a tomar a responsabilidade pelo comportamento de outra pessoa.

O indivíduo que se comporta de forma assertiva, em geral, se defende bem em suas relações interpessoais, está satisfeito com sua vida social e tem confiança em si mesmo para mudar quando for necessário. Fundamental para se comportar assertivamente é dar-se conta tanto de si mesmo como do contexto que o rodeia. Dar-se conta de si mesmo consiste em "olhar para dentro" para saber o que quer antes de olhar ao redor para ver o que os demais querem e esperam em dada situação. Porém, como assinalamos anteriormente, uma vez que o indivíduo sabe o que quer, tem de considerar as conseqüências de seu comportamento a curto e longo prazos e respeitar os direitos dos demais.

Em geral, o resultado do comportamento assertivo é uma diminuição da ansiedade, relações mais íntimas e significativas, maior respeito a si mesmo e melhor adaptação social.

Porém, sob certas circunstâncias, a utilidade pessoal de uma asserção será menos importante que a utilidade de evitar a resposta provável a essa asserção. Como assinalam Alberti e Emmons (1978): "É convicção nossa que cada pessoa deveria poder escolher como agir. Se alguém pode agir assertivamente sob determinadas circunstâncias, mas escolhe não fazê-lo, atingimos nosso objetivo (o de "ensinar as pessoas a se comportar de forma assertiva")... Se, ao contrário, você for incapaz de agir assertivamente (p. ex., não pode escolher como se comportar, mas se acovarda com a não-assertividade ou explode na agressão), será governado pelos demais e sua saúde mental se ressentirá. Nosso critério mais importante para seu bem-estar é que você faz a escolha" (p. 100).

2. *O comportamento não-assertivo*

O comportamento não-assertivo implica a violação dos próprios direitos ao não ser capaz de expressar honestamente sentimentos, pensamentos e opiniões, permitindo aos demais que violem nossos sentimentos, ou expressando os pensamentos e sentimentos próprios de maneira autoderrotista, com desculpas, com falta de confiança, de tal modo que os demais possam facilmente não dar atenção. Nesse estilo de comportamento, a mensagem total que se comunica é: Eu não conto – pode se aproveitar de mim. Meus sentimentos não importam – somente os seus. Meus pensamentos não são importantes – os seus são os únicos que valem a pena ser ouvidos. Eu não sou ninguém – você é superior.

Acompanhando a negação verbal, em geral, ocorrem comportamentos não-verbais não-assertivos, como evitar o olhar, um padrão de fala vacilante, um baixo volume de voz, postura corporal tensa e movimentos corporais nervosos ou inapropriados.

A não-asserção mostra uma falta de respeito às próprias necessidades. Também mostra, às vezes, uma sutil falta de respeito à capacidade da outra pessoa para lidar com as frustrações, assumir alguma responsabilidade, lidar com os próprios problemas etc. O objetivo da não-asserção é apaziguar os demais e evitar conflitos a todo custo. Inclusive, quando a não-asserção custa às pessoas sua própria integridade, a conseqüência imediata de permitir que os indivíduos evitem ou escapem dos conflitos causadores de ansiedade é muito reforçador.

Comportar-se de forma não-assertiva em uma situação pode ter como resultado uma série de conseqüências não-desejáveis tanto para a pessoa que está se comportando de maneira não-assertiva como para a pessoa com quem interage. A probabilidade de que a pessoa que se comporta de forma não-assertiva satisfaça suas necessidades ou de que sejam entendidas suas opiniões encontra-se substancialmente reduzida devido à falta de comunicação ou à comunicação indireta ou incompleta. A pessoa que se comporta de forma não-assertiva sentir-se-á, com freqüência, incompreendida, não levada em conta e manipulada. Além disso, pode sentir-se incomodada com o resultado da situação ou tornar-se hostil ou irritada com a outra pessoa. Pode sentir-se mal consigo como resultado de ser incapaz de expressar adequadamente suas opiniões ou sentimentos. Isso pode conduzir a sentimentos de culpa, ansiedade, depressão e baixa auto-estima. As pessoas que normalmente se comportam de maneira não-assertiva em uma série de situações pode desenvolver queixas psicossomáticas, como dores de cabeça e úlceras de diversos tipos, devido à supressão de sentimentos reprimidos. Além disso, depois de diversas situações nas quais um indivíduo foi não-assertivo, é provável que acabe explodindo. Há um limite para a quantidade de frustração que um indivíduo pode armazenar dentro de si. Infelizmente, nesse ponto, a quantidade de incômodo ou ira expressa não mantém, com freqüência, proporção com a situação real que detona a explosão.

Quem recebe o comportamento não-assertivo pode experimentar, também, uma variedade de conseqüências desfavoráveis. Ter de inferir constantemente o que está "realmente dizendo" a outra pessoa ou o ter de "ler os pensamentos da outra pessoa" é uma tarefa difícil e confusa, que pode gerar sentimentos de frustração ou de incômodo ou ira com relação à pessoa que se comporta de forma não-assertiva. Preocupar-se ou sentir-se culpado por estar se aproveitando da pessoa que não diz realmente o que quer dizer é desagradável e pode ter como resultado um debilitamento de possíveis sentimentos positivos que se possam ter para com essa pessoa. Finalmente, é uma carga pesada ter a responsabilidade de tomar decisões pela pessoa e logo ver que ele/ela pode não estar satisfeito(a) com as escolhas que o outro fez.

O indivíduo que se comporta de maneira não-assertiva costuma ter uma avaliação de si mesmo inadequada e negativa, sentimentos de inferioridade, tendência a manter papéis subordinados em suas relações com os outros, tendência a ser excessivamente carente do apoio emocional dos demais e ansiedade interpessoal excessiva. Esse indivíduo sentir-se-á insatisfeito, achando as relações com outros seres humanos entediantes ou não muito confortáveis. Essa pessoa estará freqüentemente fazendo coisas que não deseja fazer. Está tensa e não sabe como relaxar. Queixa-se quando é criticada na presença de outros, mas também não quer ser criticado quando está só. A pessoa que teme as multidões também teme os indivíduos. Tem constantemente medo de estar incomodando as pessoas e chamando a atenção. Teme estar ocupando muito espaço e respirando muito ar.

Como diz Salter (1949), as pessoas que se comportam de forma não-assertiva tratam de ser tudo para todo o mundo e acabam não sendo nada para si mesmos. São camaleões, tratando de agradar todos com quem estão. Expressam tudo, menos o que sentem. Acham difícil dizer "não". São agradáveis. Tratam de ser amigáveis para todos e, quando são recusados, sabem que por sua própria culpa. Consideram a si mesmos de mente aberta, tolerantes e democráticos. São honestos intelectualmente, mas emocionalmente são uns mentirosos. Sua cortesia é uma fraude. Nunca se sabe o que passa em sua cabeça e isso não conduz a relações sociais calorosas. Estão sempre analisando e planejando. Interagem com seu ambiente depois de deliberá-lo, porque não podem agir espontaneamente. Não estão certos dos sentimentos que têm sobre nada. São pessoas passivas.

3. *O comportamento agressivo*

O comportamento agressivo implica a defesa dos direitos pessoais e a expressão dos pensamentos, sentimentos e opiniões de tal maneira que, com freqüência, é desonesta, normalmente inapropriada e sempre viola os direitos da outra pessoa.

O comportamento agressivo em uma situação pode ser expresso de maneira direta ou indireta. A agressão verbal direta inclui ofensas verbais, insultos, ameaças e comentários hostis ou humilhantes. O componente não-verbal pode incluir gestos hostis ou ameaçadores, como cerrar os punhos, ou olhares intensos e ataques físicos. A agressão verbal indireta inclui comentários sarcásticos, rancorosos e murmúrios maliciosos. Os comportamentos não-verbais agressivos incluem gestos físicos realizados enquanto a atenção da outra pessoa dirige-se a outro lugar ou atos físicos dirigidos a outras pessoas ou objetos. A vítima do indivíduo que apresenta regularmente agressão passiva começará, mais cedo ou mais tarde, a sentir ressentimento e o evitará. Indivíduos que manifestam padrões consistentes de comportamento passivo-agressivo não prometem ter muitas relações duradouras e satisfatórias (Rimm e Masters, 1974).

O objetivo usual da agressão é a dominação e vencer, forçando a outra pessoa a perder. A vitória é assegurada por meio da humilhação, da degradação, de minimizar ou dominar as demais pessoas de modo que cheguem a se tornar mais fracas e menos capazes de expressar e defender seus direitos e necessidades. A mensagem básica é: isso é o que eu penso – você é estúpido por pensar de forma diferente. Isso é o que eu quero – o que você quer não é importante. Isso é o que eu sinto – seus sentimentos não contam.

O comportamento agressivo é considerado, com freqüência, como comportamento ambicioso, já que se tenta conseguir os objetivos a qualquer preço, afastando as pessoas e outros obstáculos no processo.

O comportamento agressivo tem como resultado a curto prazo, às vezes, conseqüências favoráveis e, às vezes, desfavoráveis. Resultados positivos imediatos incluem a expressão emocional, um sentimento de poder e conquistar objetivos e necessidades sem experimentar reações negativas diretas dos demais. Já que o comportamento é influenciado mais facilmente pelas conseqüências imediatas, atingir os objetivos desejados por meio do comportamento agressivo provavelmente reforçará esse estilo de resposta, com o que o indivíduo continuará se comportando de forma agressiva no futuro, a não ser que os sentimentos de culpa que possam aparecer sejam excessivamente fortes. Resultados negativos imediatos podem ser sentimentos de culpa, enérgica contra-agressão direta na forma de um ataque verbal ou físico ou contra-agressão indireta sob a forma de réplica sarcástica ou olhar desafiante. Porém, os efeitos desfavoráveis do comportamento agressivo sobre o receptor são óbvios. Foram negados seus direitos. Pode sentir-se humilhado, irritado ou manipulado. Além disso, o receptor pode sentir ressentimento ou ira e buscar vingança por meios diretos ou indiretos, como os assinalados anteriormente.

Por outro lado, as conseqüências a longo prazo, em geral são sempre negativas, incluindo tensão na relação interpessoal com o outro ou a evitação de futuros contatos com ele.

Já que a expressão de necessidades, direitos e opiniões próprios e a consecução dos objetivos propostos podem ser atingidos a curto prazo por meio de outro estilo de comportamento mais adequado, que além disso minimiza os problemas a longo prazo, é preferível que as pessoas se comportem de forma assertiva e abandonem os padrões de comportamento agressivos, passivo-agressivos ou não-assertivos.

REFERÊNCIAS

Addington, D. W., «The relationship of selected vocal characteristics to personality perception», *Speech Monographs*, 35, 1968, pp. 492-503.

Ahern, D. K., Wallander, J. L., Abrams, D. B. y Monti, P. M., «Bimodal assessment in a stressful social encounter: Individual differences, lead-lag relationships, and response styles», *Journal of Behavioral Assessment*, 5, 1983, pp. 317-326.

Alberti, R. E., «Assertive behavior training: definitions, overview contributions», en R. E. Alberti (comp.), *Assertiveness: Innovations, applications, issues,* San Luis Obispo, California, Impact, 1977*a*.

Alberti, R. E., «Issues in assertive behavior training», en R. E. Alberti (comp.), *Assertiveness: Innovations, applications, issues,* San Luis Obispo, California, Impact, 1977*b*.

Alberti, R. E. y Emmons, M. L., *Your perfect right,* San Luis Obispo, California, Impact, 1970.

Alberti, R. E. y Emmons, M. L., «Assertion training in marital counseling», en R. E. Alberti (comp.), *Assertiveness: Innovations, applications, issues,* San Luis Obispo, California, Impact, 1977.

Alberti, R. E. y Emmons, M. L., *Your perfect right* (3ª edición), San Luis Obispo, California, Impact, 1978.

Alberti, R. E. y Emmons, M. L., *Your perfect right* (4ª edición), San Luis Obispo, California, Impact, 1982.

Alden, L., «Short-term structured treatment for avoidant personality dirsorder», *Journal of Consulting and Clinical Psychology*, 57, 1989, pp. 756-764.

Alden, L. y Cappe, R., «Nonassertiveness: skill deficit or selective self-evaluation?», *Behavior Therapy*, 12, 1981, pp. 107-114.

Alden, L. y Cappe, R., «Interpersonal process training for shy clients», en W. H. Jones, J. M. Cheek y S. R. Briggs (comps.), *Shyness: perspectives on research and treatment,* Nueva York, Plenum Press, 1986.

Alden, L. y Safran, J., «Irrational beliefs and nonassertive behavior», *Cognitive Therapy and Research*, 2, 1978, pp. 357-364.

Alden, L., Safran, J. y Weideman, R., «A comparison of cognitive and skills training strategies in the treatment of unassertive clients», *Behavior Therapy*, 9, 1980, pp. 843-846.

American Psychiatric Association, *Diagnostic and statistical manual of mental disorders (DSM-IV),* (4.ª edición), Nueva York, APA, 1994.

Amerman, R. T. y Hersen, M., «Effects of scene manipulation on roleplay test behavior», *Journal of Psychopathology and Behavioral Assessment*, 8, 1986, pp. 55-67.

Amies, P. L., Gelder, M. G. y Shaw, P. M., «Social phobia: a comparative clinical study», *British Journal of Psychiatry*, 142, 1983, pp. 174-179.

Andrasik, F., Heimberg, R. G., Edlund, S. R. y Blakenberg, R., «Assessing the readability levels of self-report assertion inventories», *Journal of Consulting and Clinical Psychology*, 49, 1981, pp. 142-144.

Ardila, R., *Terapia del comportamiento,* Bilbao, Desclée de Brouwer, 1980.

Argyle, M., *The psychology of interpersonal behavior,* Londres, Penguin, 1967.

Argyle, M., *Social interaction*, Londres, Methuen, 1969.

Argyle, M., *Bodily communication*, Londres, Methuen, 1975.

Argyle, M., *Psicología del comportamiento interpersonal*, Madrid, Alianza, 1978 (or. 1972).

Argyle, M., «New developments in the analysis of social skills», en A. Wolfgang (comps.), *Nonverbal behavior: applications and cultural implications*, Nueva York, Academic Press, 1979.

Argyle, M., «The nature of social skill», en M. Argyle (comp.), *Social skills and health*, Londres, Methuen, 1981*a*.

Argyle, M., «The contribution of social interaction research to social skills training», en J. D. Wine y M. D. Smye (comp.), *Social competence*, Nueva York, Guilford Press, 1981*b*.

Argyle, M., «The experimental study of the basic features of situations», en D. Magnusson (comp.), *Toward a psychology of situations: An interactional perspective*, Hillsdale, New Jersey, Lawrence Erlbaum, 1981*c*.

Argyle, M., «Some new developments in social skills training», *Bulletin of the British Psychological Society*, 37, 1984, pp. 405-410.

Argyle, M., Bryant, B. y Trower, P., «Social skills training and psychotherapy: A comparative study», *Psychological Medicine*, 4, 1974*a*, pp. 435-443.

Argyle, M. y Cook, M., *Gaze and mutual gaze*, Nueva York, Cambridge University Press, 1976.

Argyle, M. y Dean, J., «Eye contact, distance and affiliation», *Sociometry*, 28, 1965, pp. 289-304.

Argyle, M., Furnham, A. y Graham, J. A., *Social situations*, Nueva York, Cambridge University Press, 1981.

Argyle, M. y Henderson, M., *The anatomy of relationships*, Londres, Heinemann, 1985.

Argyle, M. y Kendon, A., «The experimental analysis of social performance», *Advances in Experimental Social Psychology*, 3, 1967, pp. 55-98.

Argyle, M., Trower, P. y Bryant, B., «Explorations in the treatment of personality disorders and neuroses by social skills training», *British Journal of Social Psychology*, 47, 1974*b*, pp. 63-72.

Argyle, M. y Williams, M., «Observer or observed? A reversible perspective in person perception», *Sociometry*, 32, 1969, pp. 396-492.

Arkowitz, H., «Measurement and modification of minimal dating behavior», en M. Hersen, R. M. Eisler y P. M. Miller (comps.), *Progress in behavior modification*, vol. 5, Nueva York, Academic Press, 1977.

Arkowitz, H., «Assessment of social skills», en M. Hersen y A. S. Bellack (comps.), *Behavioral assessment: A practical handbook* (2.ª edición), Nueva York, Pergamon Press, 1981.

Arkowitz, H., Hinton, R., Perl, J. y Himadi, W., «Treatment strategies for dating anxiety in college men based on real-life practice», *The Counseling Psychologist*, 7, 1978, pp. 41-46.

Arkowitz, H., Lichstenstein, E., McGovern, K. y Hines, P., «The behavioral assessment of social competence in males», *Behavior Therapy*, 6, 1975, pp. 3-13.

Aronov, N. E., «Judgements of assertiveness: Specific component variables», *Journal of Behavioral Assessment*, 3, 1981, pp. 179-192.

Arrindell, W. A., Sanderman, R., Hageman, W. J. J. M., Pickersgill, M. J., Kwee, M. G. T., Van der Molen, H. T. y Lingsma, M. M., «Correlates of assertiveness in normal and clinical samples: A multidimensional approach», *Advances in Behaviour Research and Therapy*, 12, 1990, pp. 153-182.

Avedon, E. M., «The structural elements of games», en E. M. Avedon y B. Sutton-Smith (comps.), *The study of games,* Nueva York, Wiley, 1971.
Bakker, C. B., Bakker-Rabdau, M. K. y Breit, S., «The measurement of assertiveness and aggressiveness», *Journal of Personality Assessment,* 42, 1978, pp. 277-284.
Bandura, A., «On paradigms and recycle ideologies», *Cognitive Therapy and Research,* 1, 1978, pp. 79-103.
Barlow, D. H., Abel, G. G., Blanchard, E. B., Bristow, A. R. y Young, L. D., «A heterosocial skills behavior checklist for males», *Behavior Therapy,* 8, 1977, pp. 229-239.
Baron, R. A. y Ransberger, V. M., «Ambient temperature and the occurrence of collective violence: the "long hor summer" revisited», *Journal of Personality and Social Psychology,* 36, 1978, pp. 351-360.
Beck, A.T., Rusch, A.J., Shaw, B.R. y Emery, G., *Cognitive therapy of depression,* Nueva York, Guilford, 1979.
Beck, J. G. y Heimberg, R. G., «Self-report assessment of assertive behavior: A critical analysis», *Behavior Modification,* 7, 1983, pp. 451-487.
Becker, H. A., «The assertive job-hunting survey», *Measurement and Evaluation in Guidance,* 13, 1980, pp. 43-48.
Becker, R. E. y Heimberg, R. G., «Depression: Social skills training approaches», en M. Hersen y A. S. Bellack (comps.), *Handbook of clinical behavior therapy with adults,* Nueva York, Plenum Press, 1985.
Becker, R. E. y Heimberg, R. G., «Assessment of social skills», en A. S. Bellack y M. Hersen (comps.), *Behavioral assessment: A practical handbook* (3.ª edición), Nueva York, Pergamon Press, 1988.
Becker, R. E., Heimberg, R. G. y Bellack, A. S., *Social skills training treatment for depression,* Nueva York, Plenum, 1987.
Beidel, D. C., Turner, S. M. y Dancu, C. V., «Physiological, cognitive and behavioral aspects of social anxiety», *Behaviour Research and Therapy,* 23, 1985, pp. 109-117.
Bellack, A. S., «Behavioral assessment of social skills», en A. S. Bellack y M. Hersen (comps.), *Research and practice in social skills training,* Nueva York, Plenum Press, 1979*a.*
Bellack, A. S., «A critical appraisal of strategies for assessing social skill», *Behavioral Assessment,* 1, 1979*b,* pp. 157-176.
Bellack, A. S., «Recurrent problems in the behavioral assessment of social skill», *Behaviour Research and Therapy,* 21, 1983, pp. 29-41.
Bellack, A. S., *Schizophrenia: Treatment, management, and rehabilitation,* Orlando, Florida, Grune and Stratton, 1984.
Bellack, A. S. (dir.), *A clinical guide for the treatment of schizophrenia,* Nueva York, Plenum, 1989.
Bellack, A. S., Hersen, M. y Himmelhoch, J. M., «A comparison of social skills training, pharmacotherapy and psychotherapy», *Behaviour Research and Therapy,* 21, 1983, pp. 101-107.
Bellack, A. S., Hersen, M. y Lamparski, D., «Role-play tests for assessing social skills: Are they valid? Are they useful?», *Journal of Consulting and Clinical Psychology,* 47, 1979*a,* pp. 335-342.
Bellack, A. S., Hersen, M. y Turner, S. M., «Generalization effects of social skills training in chronic schizophrenics: An experimental analysis», *Behaviour Research and Therapy,* 14, 1976, pp. 391-398.

Bellack, A. S., Hersen, M. y Turner, S. M., «Role-play test for assessing social skills: Are they valid?», *Behavior Therapy*, 9, 1978, pp. 448-461.

Bellack, A. S., Hersen, M. y Turner, S. M., «Relationship of role playing and knowledge of appropriate behavior to assertion in the natural environment», *Journal of Consulting and Clinical Psychology*, 47, 1979*b*, pp. 670-678.

Bellack, A. S. y Morrison, R. L., «Interpersonal dysfunction», en A. S. Bellack, M. Hersen y A. E. Kazdin (comps.), *International handbook of behavior modification and therapy*, Nueva York, Plenum Press, 1982.

Bennet, D. J. y Bennet, J. B., «Making the scene», en A. Furnham y M. Argyle (comps.), *The psychology of social situations*, Oxford, Pergamon Press, 1981.

Bernardin, H. J. y Pence, E. C., «Effects of rater training: Creating new response sets and decreasing accuracy», *Journal of Applied Psychology*, 65, 1980, pp. 60-66.

Berscheid, E. y Walster, E., «Beauty and the best», *Psychology Today*, 5, 1972, pp. 42-46.

Biever, J. L. y Merluzzi, T. V., «Exploring the external validity of role playing in the behavioral assessment of social skill», comunicación presentada en el congreso de la Association for Advancement of Behavior Therapy, Toronto, 1981.

Blumer, C. H. y McNamara, J. R., «Preparatory procedures for videotaped feedback to improve social skills», *Psychological Reports*, 57, 1985, pp. 549-550.

Boice, R., «An ethological perspective on social skills research», en J. P. Curran y P. M. Monti (comps.), *Social skills training: A practical handbook for assessment and treatment*, Nueva York, Guilford Press, 1982.

Bordewick, M. C. y Bornstein, P. H., «Examination of multiple cognitive response dimensions among differentially assertive individuals», *Behavior Therapy*, 11, 1980, pp. 440-448.

Borkovec, T. D., Stone, N. M., O'Brien, G. T. y Kaloupek, D. G., «Evaluation of a clinically relevant target behavior for analog outcome research», *Behavior Therapy*, 5, 1974, pp. 503-513.

Bornstein, M. R., Bellack, A. S. y Hersen, M., «Social skills training for unassertive children: A multiple baseline analysis», *Journal of Applied Behavior Analysis*, 10, 1977, pp. 183-195.

Bornstein, P. H., Bach, P. J., McFall, M. E., Friman, P. C. y Lyons, P. D., «Application of a social skills training program in the modification of interpersonal deficits among retarded adults: A clinical replication», *Journal of Applied Behavior Analysis*, 13, 1980, pp. 171-176.

Bower, S. A. y Bower, G. H., *Asserting yourself: A practical guide for positive change*, Reading, Massachusetts, Addison-Wesley, 1976.

Bowers, K. S., «Knowing more than we can say leads to saying more than we can know: On being implicitly informed», en D. Magnusson (comp.), *Toward a psychology of situations: An interactional Perspective*, Hillsdale, New Jersey, Lawrence Erlbaum, 1981.

Bradlyn, A. S., Himadi, W. G., Crimmins, D. B., Christoff, K. A., Graves, K. G. y Kelly, J. A., «Conversational skills training for retarded adolescents», *Behavior Therapy*, 14, 1983, pp. 314-325.

Bramston, P. y Spence, S. H., «Behavioural versus cognitive social skills training with intellectually-handicapped adults», *Behaviour Research and Therapy*, 23, 1985, pp. 239-246.

Broverman, I. H., Broverman, D. M., Clarkson, F. E., Rosenkrantz, P. S. y Vogel, S.R., «Sex role stereotypes and clinical judgements of mental health», *Journal of Counseling and Clinical Psychology*, 34, 1970, pp. 1-7.

Brown, S. D. y Brown, L. W., «Trends in assertion training research and practice: A content analysis of the published literature», *Journal of Clinical Psychology*, 36, 1980, pp. 265-269.

Bruch, M. A., «A task analysis of assertive behavior revisited: Replication and extension», *Behavior Therapy*, 12, 1981, pp. 217-230.

Bruyer, R., «L'asymétrie du visage humanine: Etat de la question», *Psychologica Belgica*, 21, 1981, pp. 7-15.

Bryant, B. y Trower, P., «Social difficulty in a student sample», *British Journal of Educational Psychology*, 44, 1974, pp. 13-21.

Bryant, B., Trower, P., Yardley, K., Urbieta, H., y Letemendia, F. J. J., «A survey of social inadequacy among psychiatric outpatients», *Psychological Medicine*, 6, 1976, pp. 101-112.

Bucell, M., «An empirically derived self-report inventory for the assessment of assertive behavior», tesis doctoral sin publicar, Kent State University, 1979.

Buck, R., «Temperament, social skills, and the communication of emotion: A developmental-interactionist view», en D.G. Gilbert y J. J. Connolly (comps.), *Personality, social skills, and psychopathology*, Nueva York, Plenum Press, 1991.

Burgess, R., Jewitt, R., Sandham, J. y Hudson, B., «Working with sex offenders: A social skills training group», *British Journal of Social Work*, 10, 1980, pp. 133-142.

Burkhart, B. R., Green, S. B. y Harrison, W. H., «Measurement of assertive behavior: Construct and predictive validity of self-report, role-playing and in-vivo measures», *Journal of Clinical Psychology*, 35, 1979, pp. 376-383.

Butler, G. y Wells, A., «Cognitive-behavioral treatments: clinical applications», en R. G. Heimberg, M. R. Liebowitz, D. A. Hope y F. R. Schneier (dirs.), *Social phobia: diagnosis, assessment and treatment*, Nueva York, Guilford, 1995.

Caballo, V. E., «Los componentes conductuales de la conducta asertiva», *Revista de Psicología General y Aplicada*, 37, 1982, pp. 473-486.

Caballo, V. E., «Asertividad: definiciones y dimensiones», *Estudios de Psicología*, 13, 1983*a*, pp. 52-62.

Caballo, V. E., «Factores conductuales y cognitivos implicados en la expresión de la conducta socialmente habilidosa», memoria de licenciatura, Universidad Autónoma de Madrid, 1983*b*.

Caballo, V. E., Datos sin publicar, 1985.

Caballo, V. E., «Evaluación de las habilidades sociales», en R. Fernández Ballesteros y J. A. Carrobles (comps.), *Evaluación conductual: metodología y aplicaciones* (3.ª edición), Madrid, Pirámide, 1986.

Caballo, V. E., «Evaluación y entrenamiento de las habilidades sociales: una estrategia multimodal», tesis doctoral, Universidad Autónoma de Madrid, 1987.

Caballo, V. E., *Teoría, evaluación y entrenamiento de las habilidades sociales*, Valencia, Promolibro, 1988.

Caballo, V. E., «El entrenamiento en habilidades sociales», en V. E. Caballo (comp.), *Manual de técnicas de terapia y modificación de conducta*, Madrid, Siglo XXI, 1991*a*.

Caballo, V. E., «Técnicas diversas de terapia de conducta: la importancia de la imaginación», en J. C. Freire (comp.), *Perspectivas actuales en psicología conductual,* Jaén, AEPC, 1991*b*.

Caballo, V. E., «Relaciones entre diversas medidas conductuales y de autoinforme de las habilidades sociales», *Psicología Conductual, 1,* 1993*a*, pp. 73-99.

Caballo, V. E., «La multidimensionalidad conductual de las habilidades sociales: propiedades psicométricas de una medida de autoinforme, la EMES-M», *Psicología Conductual,* 1, 1993*b*, pp. 221-231.

Caballo, V. E., «Fobia social», en V. E. Caballo, G. Buela-Casal y J. A. Carrobles (dirs.), *Manual de psicopatología y trastornos psiquiátricos, vol. 1,* Madrid, Siglo XXI, 1995.

Caballo, V. E. (dir.), *Manual para el tratamiento cognitivo-conductual de los trastornos psicológicos, vol. 1: Trastornos por ansiedad, sexuales, afectivos y psicóticos,* Madrid, Siglo XXI, 1997.

Caballo, V. E. (dir.), *Manual para el tratamiento cognitivo-conductual de los trastornos psicológicos, vol. 2: Formulación clínica, medicina conductual y trastornos de relación,* Madrid, Siglo XXI, 1998.

Caballo, V. E., Andrés, V. y Bas, F., «Fobia social», en V. E. Caballo (dir.), *Manual para el tratamiento cognitivo-conductual de los trastornos psicológicos, vol. 1,* Madrid, Siglo XXI, 1997.

Caballo, V. E. y Buela, G., «Molar/molecular assessment in an analogue situation: relationships among several measures and validation of a behavioral assessment instrument», *Perceptual and Motor Skills,* 67, 1988*a*, pp. 591-602.

Caballo, V. E. y Buela, G., «Factor analyzing the College Self-Expression Scale with a Spanish population», *Psychological Reports,* 63, 1988*b*, pp. 503-507.

Caballo, V. E. y Buela, G., «Diferencias conductuales, cognoscitivas y emocionales entre sujetos de alta y baja habilidad social», *Revista de Análisis del Comportamiento,* 4, 1989, pp. 1-19.

Caballo, V. E. y Buela, G., «Técnicas diversas en terapia de conducta», en V. E. Caballo (comp.), *Manual de técnicas de terapia y modificación de conducta,* Madrid, Siglo XXI, 1991.

Caballo, V. E. y Carrobles, J. A., «Comparación de la efectividad de diferentes programas de entrenamiento en habilidades sociales», *Revista Española de Terapia del Comportamiento,* 6, 1988, pp. 93-114.

Caballo, V. E., Godoy, J. F. y Carrobles, J. A., «Evaluación de las habilidades sociales por medio de una estrategia multimodal: primeros datos», comunicación presentada en el «I Congreso de Evaluación Psicológica», Madrid, 1984.

Caballo, V. E. y Ortega, A. R., «La Escala Multidimensional de Expresión Social: algunas propiedades psicométricas», *Revista de Psicología General y Aplicada,* 42, 1989, pp. 215-221.

Cacioppo, J. T. y Petty, R. E., «Social psychological procedures for cognitive response assessment: The thought-listing technique», en T. V. Merluzzi, C. R. Glass y M. Genest (comps.), *Cognitive assessment,* Nueva York, Guilford Press, 1981.

Callner, D. A. y Ross, S. M., «The reliability and validity of three measures of assertion in a drug addict population», *Behavior Therapy,* 7, 1976, pp. 659-667.

Calvert, J. D., «Physical attractiveness: A review and reevaluation of its role in social skill research», *Behavioral Assessment,* 10, 1988, pp. 29-42.

Carmody, T. P., «Rational-emotive, self-instructional, and behavioral assertion training: Facilitating maintenance», *Cognitive Therapy and Research*, 2, 1976, pp. 241-253.

Carrobles, J. A., «Registros psicofisiológicos», en R. Fernández Ballesteros y J. A. Carrobles (comps.), *Evaluación conductual: metodología y aplicaciones* (3.ª edición), Madrid, Pirámide, 1986.

Carrobles, J. A., Costa, M., Del Ser, T. y Bartolome, P., *La práctica de la terapia de conducta*, Valencia, Promolibro, 1986.

Cary, M. S., «The role of gaze in the iniciation of conversations», *Social Psychology*, 41, 1978, pp. 269-271.

Cautela, J. R. y Upper, D., «The Behavioral Inventory Battery: The use of self-report measures in behavioral analysis therapy», en M. Hersen y A. S. Bellack (comps.), *Behavioral assessment: A practical handbook*, Oxford, Pergamon Press, 1976.

Chambless, D. L., Hunter, K. y Jackson, A., «Social anxiety and assertiveness: A comparison of the correlations in phobic and college student samples», *Behaviour Research and Therapy*, 20, 1982, pp. 403-404.

Chandler, T., Cook, B. y Dugovic, D., «Sex differences in self reported assertiveness», *Psychological Reports*, 43, 1978, pp. 395-402.

Cherulnik, P. D., Neely, W. T., Flanagan, M. y Zachau, M., «Social skill and visual interaction», *The Journal of Social Psychology*, 104, 1978, pp. 263-270.

Chiauzzi, E. J., Heimberg, R. G., Becker, R. E. y Gansler, D., «Personalized versus standar role plays in the assessment of depressed patients' social skill», *Journal of Psychopathology and Behavioral Assessment*, 7, 1985, pp. 121-133.

Christensen, A., Arkowitz, H. y Anderson, J., «Practice dating as treatment for college dating inhibitions», *Behaviour Research and Therapy*, 13, 1975, pp. 321-331.

Christoff, K. A. y Kelly, J. A., «Behavioral approach to social skills training with psychiatric patients», en L. L'Abate y M. A. Milan (comps.), *Handbook of social skills training and research*, Nueva York, Wiley, 1985*a*.

Christoff, K. A., Scott, W. O. N., Kelley, M. L., Schlundt, D., Baer, G. y Kelly, J. A., «Social skills and social problem-solving training for shy young adolescents», *Behavior Therapy*, 16, 1985*b*, pp. 468-477.

Cianni-Surridge, M. y Horan, J. J., «On the wisdom of assertive job-seeking behavior», *Journal of Counseling Psychology*, 30, 1983, pp. 209-214.

Collins, J. y Collins, M., *Social skills training and the professional helper*, Chichester, Wiley, 1992.

Cone, J. D., «The Behavioral Assessment Grid (BAG): A conceptual framework and a taxonomy», *Behavior Therapy*, 9, 1978, pp. 882-888.

Conger, A. J., Wallander, J. L., Mariotto, M. J. y Ward, D., «Peer judgements of heterosexual-social anxiety and skill: What do they pay attention to anyhow?», *Behavioral Assessment*, 2, 1980, pp. 243-259.

Conger, J. C. y Conger, A. J., «Components of heterosocial competence», en J. P. Curran y P. M. Monti (comps.), *Social skills training: A practical handbook for assessment and treatment*, Nueva York, Guilford Press, 1982.

Conger, J. C. y Conger, A. J., «Assessment of social skills», en A. R. Ciminero, K. S. Cal houn y H. E. Adams (comps.), *Handbook of behavioral assessment* (2.ª edición), Nue va York, Wiley, 1986.

Conger, J. C. y Farrell, A. D., «Behavioral components of heterosocial skills», *Behavior Therapy*, 12, 1981, pp. 41-55.
Conger, J. C. y Keane, S. P., «Social skills intervention in the treatment of isolated or withdrawn children», *Psychological Bulletin*, 90, 1981, pp. 478-495.
Connor, J. M., Dann, L. N. y Twentyman, C. T., «A self-report measure of assertiveness in young adolescents», *Journal of Clinical Psychology*, 38, 1983, pp. 101-106.
Connor, J. M., Serbin, L. A. y Ender, R. A., «Responses of boys and girls to aggressive, assertive and non assertive behaviors of male and female characters», *The Journal of Genetic Psychology*, 133, 1978, pp. 59-69.
Cook, M., «Anxiety, speech disturbances and speech rate», *British Journal of Social and Clinical Psychology*, 8, 1969, pp. 13-21.
Cook, M., «Gaze and mutual gaze in social encounters», en S. Weitz (comp.), *Nonverbal communication: Readings with commentary* (2.ª edición), Nueva York, Oxford University Press, 1979.
Corriveau, D. P., Vespucci, R., Curran, J. P., Monti, P. M., Wessberg, H. W. y Coyne, N. A., «The effects of various rater training procedures on the perception of social skills and social anxiety», *Journal of Behavioral Assessment*, 3, 1981, pp. 93-97.
Cotler, S. B. y Guerra, J. J., *Assertion training: A humanistic-behavioral guide to self-dignity*, Champaign, Illinois, Research Press, 1976.
Covey, M. K. y Dengerink, H. A., «Development and validation of a measure of heterosocial conflict resolution ability (Relational Behaviors Survey)», *Behavioral Assessment*, 6, 1984, pp. 323-332.
Cummins, D. E., Holombo, L. K. y Holte, C. S., «Target specificity in a self-report measure of assertion», *The Journal of Psychology*, 97, 1977, pp. 183-186.
Curran, J. P., «Social skills training and systematic desensitization in reducing dating anxiety», *Behaviour Research and Therapy*, 13, 1975, pp. 65-68.
Curran, J. P., «Skills training as an approach to the treatment of heterosexual-social anxiety: A review», *Psychological Bulletin*, 84, 1977, pp. 140-157.
Curran, J. P., «Social skills: Methodological issues and future directions», en A. S. Bellack y M. Hersen (comps.), *Research and practice in social skills training*, Nueva York, Plenum Press, 1979*a*.
Curran, J. P., «Pandora's Box reopened? The assessment of social skills», *Journal of Behavioral Assessment*, 1, 1979*b*, pp. 55-71.
Curran, J. P., «A procedure for the assessment of social skills: The Simulated Social Interaction Test», en J. P. Curran y P. M. Monti (comps.), *Social skills trainign: A practical handbook for assessment and treatment*, Nueva York, Guilford Press, 1982.
Curran, J. P., «Social skills therapy: A model and a treatment», en R. M. Turner y L. M. Ascher (comps.), *Evaluating behavior therapy outcome*, Nueva York, Springer, 1985.
Curran, J. P., Corriveau, D. P., Monti, P. M. y Hagerman, S. B., «Social skill and social anxiety: Self-report measurement in a psychiatric population», *Behavior Modification*, 4, 1980, pp. 493-512.
Curran, J. P., Farrell, A. D. y Grunberger, A. J., «Social skills training: A critique and a rapprochement», en P. Trower (comp.), *Radical approaches to social skills training*, Londres, Croom Helm, 1984.
Curran, J. P. y Gilbert, F. S., «A test of the relative effectiveness of a systematic

desensitization program and an interpersonal skills training program with date anxious subjects», *Behavior Therapy*, 6, 1975, pp. 510-521.

Curran, J. P., Monti, P. M. y Corriveau, D. P., «Treatment of schizophrenia», en A. S. Bellack, M. Hersen y A. E. Kazdin (comps.), *International handbook of behavior modification and therapy*, Nueva York, Plenum Press, 1982*a*.

Curran, J. P., Sutton, R. G., Faraone, S. V. y Guenette, S., «Schizophrenia: Inpatient approaches», en M. Hersen y A. S. Bellack (comps.), *Handbook of clinical behavior therapy with adults*, Nueva York, Plenum Press, 1985*a*.

Curran, J. P., Wallander, J. L. y Farrell, A. D., «Heterosocial skills training», en L. L'Abate y M. A. Milan (comps.), *Handbook of social skills training and research*, Nueva York, Wiley, 1985*b*.

Curran, J. P. y Wessberg, H. W., «Assessment of social inadequacy», en D. H. Barlow (comp.), *Behavioral assessment of adult disorders*, Nueva York, Guilford Press, 1981.

Curran, J. P., Wessberg, H. W., Farrell, A. D., Monti, P. M., Corriveau, D. P. y Coyne, N. A., «Social skills and social anxiety: Are different laboratories measuring the same constructs?», *Journal of Consulting and Clinical Psychology*, 50, 1982*b*, pp. 396-406.

D'Amico, W., «Case studies in assertive training with adolescents», en R. E. Alberti (comp.), *Assertiveness: Innovations, applications, issues*, San Luis Obispo, California, Impact, 1977.

Davis, F., *La comunicación no verbal*, Madrid, Alianza Editorial, 1976 (orig., 1971).

Dayton, M. P. y Mikulas, W. L., «Assertion and non-assertion supported by arousal reduction», *Journal of Behavior Therapy and Experimental Psychiatry*, 12, 1981, pp. 307-309.

Deffenbacher, J. L., «La inoculación de estrés», en V. E. Caballo (comp.), *Manual de técnicas de terapia y modificación de conducta*, Madrid, Siglo XXI, 1991.

DeJong-Gierveld, J., «The construct of loneliness: Components and measurement», *Essence*, *2*, 1978, pp. 221-237.

Delamater, R. J. y McNamara, J. R., «The social impact of assertiveness: Research findings and clinical implications», *Behavior Modification*, 10, 1986, pp. 139-158.

Delange, J. M., Lanham, S. L. y Barton, J. A., «Social skills training for juvenile delinquents: Behavioral skill training and cognitive techniques», en D. Upper y S. M. Ross (comps.), *Behavioral Group Therapy, 1981: An Annual Review*, Champaign, Illinois, Research Press, 1981.

Del Greco, L., «The Del Greco Assertive Behavior Inventory», *Journal of Behavioral Assessment*, 5, 1983, pp. 49-63.

Del Greco, L., Breitbach, L. y McCarthy, R. H., «The Rathus Assertiveness Schedule Modified for early adolescents», *Journal of Behavioral Assessment*, 3, 1981, pp. 321-328.

Dickson, A. L., Hester, R. F., Alexander, D. H., Anderson, H. N. y Ritter, D. A., «Role-play validation of the Assertion Inventory», *Journal of Clinical Psychology*, 40, 1984, pp. 1219-1226.

Dishion, T. J., Loeber, R., Stouthamer-Loeber, M. y Patterson, G. R., «Skill deficits and male adolescent delinquency», *Journal of Abnormal Psychology*, 12, 1984, pp. 37-54.

Donelson, E., «Becoming a single woman», en E. Donelson y J. E. Gullahorn (comps.), *Women: A psychological perspective*, Nueva York, Wiley, 1977.

Dorsett, P. G. y Kelly, J. A., «Social skills training with the mentally retarded», *Advances in Mental Retardation and Development Disabilities*, 2, 1984, pp. 1-40.

Dow, M. G., «Peer validation and idiographic analysis of social skill deficits», *Behavior Therapy*, 16, 1985, pp. 76-86.

Dow, M. G., Biglan, A. y Glaser, S. R., «Multimethod assessment of socially anxious and socially nonanxious women», *Behavioral Assessment*, 7, 1985, pp. 273-282.

Dow, M. G. y Craighead, E. C., «Cognition and social inadequacy: Relevance in clinical populations», en P. Trower (comp.), *Radical approaches to social skills training*, Londres, Croom Helm, 1984.

Dryden, W., «Social skills assessment from a rational-emotive perspective», en P. Trower (comp.), *Radical approaches to social skills training*, Londres, Croom Helm, 1984*a*.

Dryden, W., «Social skills training from a rational-emotive perspective», en P. Trower (comp.), *Radical approaches to social skills training*, Londres, Croom Helm, 1984*b*.

Edwards, N. B., «Case conference: Assertive training in a case of homosexual pedophilia», *Journal of Behavior Therapy and Experimental Psychiatry*, 3, 1972, pp. 55-63.

Eisler, R. M., «Behavioral assessment of social skills», en M. Hersen, y A. S. Bellack (comps.), *Behavioral assessment: A practical handbook*, Oxford, Pergamon Press, 1976.

Eisler, R. M. y Frederiksen, L. W., *Perfecting social skills: A guide to interpersonal behavior development*, Nueva York, Plenum Press, 1980.

Eisler, R. M., Frederiksen, L. W. y Peterson, G. L., «The relationship of cognitive variables to the expression of assertiveness», *Behavior Therapy*, 9, 1978, pp. 419-427.

Eisler, R. M., Hersen, M. y Miller, P. M., «Effects of modeling on components of assertive behavior», *Journal of Behavior Therapy and Experimental Psychiatry*, 4, 1973*a*, pp. 1-6.

Eisler, R. M., Hersen, M., Miller, P. M. y Blanchard, E. B., «Situational determinants of assertive behavior», *Journal of Consulting and Clinical Psychology*, 29, 1975, pp. 295-299.

Eisler, R. M., Miller, P. M. y Hersen, M., «Components of assertive behavior», *Journal of Clinical Psychology*, 29, 1973*b*, pp. 295-299.

Ekman, P., *Cómo detectar mentiras*, Barcelona, Paidós, 1991 (or. 1985).

Ekman, P. y Friesen, W. W., «Non-verbal leakage and clues to deception», *Psychiatry*, 32, 1969, pp. 88-105.

Ekman, P. y Friesen, W. W., «Nonverbal behavior and psychopathology», en R. J. Friedman y M. M. Katz (comps.), *The psychology of depression: Contemporary theory and research*, Nueva York, Wiley, 1974.

Ekman, P. y Friesen, W. W., *Unmasking the face*, Englewood Cliffs, New Jersey, Prentice-Hall, 1975.

Ellgring, H., «The study of nonverbal behavior and its applications: State of the art in Europe»,en A. Wolfgang (comp.), *Nonverbal behavior: Perspectives, applications, intercultural insights*, Lewinston, Nueva York, Hogrefe, 1984.

Ellis, A., *Razón y emoción en psicoterapia*, Bilbao, Desclée de Brouwer, 1980.

Ellis, A. y Harper, R. A., *A new guide to rational living*, North Holliwood, California, 1975.

Ellis, A. y Lega, L., «Cómo aplicar algunas reglas básicas del método científico para cambiar las ideas irracionales sobre uno mismo, otras personas y la vida en general», *Psicología Conductual*, *1*, 1993, pp. 101-110.

Ellsworth, P. C., Carlsmith, J. M. y Henson, A., «Staring as a stimulus to flight in ani-

mals: a series of field studies», *Journal of Personality and Social Psychology,* 21, 1972, pp. 302-311.
Emmelkamp, P. M. G., «The effectiveness of exposure in vivo, cognitive restructuring, and assertive training in the treatment of agoraphobia», comunicación presentada en el congreso anual de la Association for Advancement of Behavior Therapy, Nueva York, 1980.
Emmelkamp, P. M. G., «Recent developments in the behavioral treatment of obsessive-compulsive disorders», en J. C. Boulougouris (comp.), *Learning theory approaches to psychiatry,* Nueva York, Wiley, 1981.
Emmelkamp, P. M. G., Mersch, P., Vissia, E. y Van der Helm, M., «Social phobia: A comparative evaluation of cognitive and behavioral interventions», *Behaviour Research and Therapy,* 23, 1985, pp. 365-369.
Emmelkamp, P. M. G. y Van der Heyden, H., «Treatment of harming obsessions», *Behavioural Analysis and Modification,* 4, 1980, pp. 28-35.
Emmelkamp, P. M. G., Van der Hout, A. y De Vries, K., «Assertive training for agoraphobics», *Behaviour Research and Therapy,* 21, 1983, pp. 63-68.
Emmons, M. L. y Alberti, R. E., «Failure: Winning at the losing game in assertiveness training», en E. B. Foa y P. M. G. Emmelkamp (comps.), *Failures in behavior therapy,* Nueva York, Wiley, 1983.
Endler, N. S. y Magnusson, D., *Interactional psychology and personality,* Washington, Hemisphere, 1976.
Epstein, N., «Social consequences of assertion, aggression, passive aggression and submission: Situational and dispositional determinants», *Behavior Therapy,* 11, 1980, pp. 662-669.
Epstein, N., «Structures approaches to couples' adjustment», en L. L'Abate y M. A. Milan (comps.), *Handbook of social skills training and research,* Nueva York, Wiley, 1985.
Epstein, N., DeGiovanni, I. S. y Jayne-Lazarus, C., «Assertion training for couples», *Journal of Behavior Therapy and Experimental Psychiatry,* 9, 1978, pp. 149-155.
Epstein, Y. M., Woolfolk, R. L. y Lehrer, P. M., «Physiological, cognitive and nonverbal responses to repeated exposure to crowding», *Journal of Applied Social Psychology,* 11, 1981, pp. 1-13.
Ericsson, K. A. y Simon, H. A., «Verbal reports as data», *Psychological Review,* 82, 1980, pp. 215-251.
Evans, G. W., «Behavioral and physiological consequences of crowding in humans», *Journal of Applied Social Psychology,* 9, 1979, pp. 27-46.
Exline, R. V. y Fehr, B. J., «Applications of semiosis to the study of visual interaction», en A. W. Siegman y S. Feldstein (comps.), *Nonverbal behavior and communication,* Hillsdale, New Jersey, 1978.
Farrell, A. D., Curran, J. P., Zwick, W. R. y Monti, P. M., «Generalizability and discriminant validity of anxiety and social skills ratings in two populations», *Behavioral Assessment,* 6, 1984, pp. 1-14.
Farrell, A. D., Rabinowitz, J. A., Wallander, J. L. y Curran, J. P., «An evaluation of two formats for the intermediate-level assessment of social skills», *Behavioral Assessment,* 7, 1985, pp. 155-171.
Fast, J., *El lenguaje del cuerpo,* Barcelona, Kairós, 1971.
Faulstich, M. E., Jensen, B. J., Jones, G. N., Calvert, J. D. y Van Buren, D. J., «Self-

report inventories as predictors of men's heterosocial skill: A multiple regression analysis», *Psychological Reports*, 56, 1985, pp. 977-978.

Fehrenbach, P. A. y Thelen, M. H., «Assertive-skills training for inappropriately aggressive college males: Effects on assertive and aggressive behaviors», *Journal of Behavior Therapy and Experimental Psychiatry*, 12, 1981, pp. 213-217.

Fensterheim, H., «Assertive methods and marital problems», en R. Rubin, H. Fensterheim, J. Henderson y L. Ullman (comps.), *Advances in behavior therapy*, Nueva York, Academic Press, 1972.

Fensterheim, H. y Baer, J., *No diga Sí cuando quiera decir No*, Barcelona, Grijalbo, 1976.

Fernandez-Ballesteros, R., «Evaluación del caso ambiental», *Estudios Territoriales*, 11-12, 1984, pp. 145-167.

Fernández-Ballesteros, R., «Tecnología en psicología ambiental», en R. Fernández-Ballesteros (comp.), *El ambiente: análisis psicológico*, Madrid, Pirámide, 1986*a*.

Fernández-Ballesteros, R., «Evaluación de ambientes: una aplicación de la psicología ambiental», en F. Jiménez Burillo y J. I. Aragonés (comps.), *Introducción a la psicología ambiental*, Madrid, Alianza, 1986*b*.

Ferrell, W. L. y Galassi, J. P., «Assertion training and human relations training in the treatment of chronic alcoholics», *The International Journal of the Addictions*, 16, 1981, pp. 957-966.

Fiedler, D. y Beach, L. R., «On the decision to be assertive», *Journal of Consulting and Clinical Psychology*, 46, 1978, pp. 537-546.

Field, G. D. y Test, M. A., «Group assertive training for severely disturbed patients», *Journal of Behavior Therapy and Experimental Psychiatry*, 6, 1975, pp. 129-134.

Fingeret, A. L., Monti, P. M. y Paxson, M., «Relationships among social perception, social skill and social anxiety of psychiatric patients», *Psychological Reports*, 53, 1983, pp. 1175-1178.

Fingeret, A. L., Monti, P. M. y Paxson, M. A., «Social perception, social performance, and self-perception: A study with psychiatric and nonpsychiatric groups», *Behavior Modification*, 9, 1985, pp. 345-356.

Firth, E. A., Conger, J. C., Kuhlenschmidt, S. y Dorcey, T., «Social competence and social perceptivity», *Journal of Social and Clinical Psychology*, 4, 1986, pp. 85-100.

Fischetti, M., Curran, J. P. y Wessberg, H. W., «Sense of timing: A skill deficit in heterosexual-socially anxious males», *Behavior Modification*, 1, 1977, pp. 179-194.

Flowers, J. V. y Goldman, R. D., «Assertion training for mental health paraprofessionals», *Journal of Counseling Psychology*, 1, 1977, pp. 179-194.

Fodor, I. G., «The treatment of communication problems with assertiveness training», en A. Goldstein y E. Foa (comps.), *Handbook of behavioral interventions*, Nueva York, Wiley, 1980.

Fordyce, M. W., «The Self Description Inventory: A multi-scale test to measure happiness and its concomitants», manuscrito sin publicar, Edison Community College, Fort Myers, Florida, 1980.

Fordyce, M. W., *A brief summary of The psychology of happiness: Fourteen fundamentals*, Fort Myers, Cypress Lake Media, 1981.

Fordyce, M. W., «The Happiness Measures: A sixty second index of emotional well-being and mental health», manuscrito sin publicar, Edison Community College, Fort Myers, Florida, 1984.

Forgas, J. P., *Interpersonal behaviour. The psychology of social interaction,* Sydney, Pergamon Press, 1985.

Forgas, J. P., Argyle, M. y Ginsburg, G. P., «Person perception as a function of the interaction episode: The fluctuating structure of an academic group», *Journal of Social Psychology,* 109, 1979, 207-222.

Foxx, R. M., McMorrow, M. J., Bittle, R. G. y Fenlon, S. J., «Teaching social skills to psychiatric inpatients», *Behaviour Research and Therapy,* 23, 1985, pp. 531-537.

Foxx, R. M., McMorrow, M. J. y Schloss, C. N., «Stacking the deck: Teaching social skills to retarded adults with a modified table game», *Journal of Applied Behavior Analysis,* 16, 1983, pp. 157-170.

Foy, D. W., Eisler, R. M. y Pinkston, S., «Modeled assertion in a case of explosive rages», *Journal of Behavior Therapy and Experimental Psychiatry,* 6, 1975, pp. 135-137.

Franco, D. P., Christoff, K. A., Crimmins, D. B. y Kelly, J. A., «Social skills training for an extremely shy young adolescent: An empirical case study», *Behavior Therapy,* 14, 1983, pp. 561-575.

Franks, C. M., «Foreword», en J. A. Kelly, *Social skills training: A practical guide for interventions,* Nueva York, Springer, 1982.

Freedman, B. J., Rosenthal, L., Donahoe, C. P. jr., Schlundt, D. y McFall, R. M., «A social-behavioral analysis of skills deficits in delinquent and nondelinquent adolescents boys», *Journal of Consulting and Clinical Psychology,* 46, 1978, pp. 1448-1462.

Friedman, P. H., «The effects of modeling and role-playing on assertive behavior», en R. D. Rubin, H. Fensterheim, A. A. Lazarus y C. M. Franks (comps.), *Advances in behavior therapy,* Nueva York, Academic Press.

Frisch, M. B. y Higgins, R. L., «Instructional demand effects and the correspondence among role-play, self-report, and naturalistic measures of social skill», *Behavioral Assessment,* 8, 1986, pp. 221-236.

Furnham, A., «Situational determinants of social skill», en R. Ellis y D. Whittington (comps.), *New directions in social skills training,* Londres, Croom Helm, 1983*a.*

Furnham, A., «Research in social skills training: A critique», en R. Ellis y D. Whittington (comps.), *New directions in social skills training,* Londres, Croom Helm, 1983*b.*

Furnham, A., «Social skills training: An european perspective», en L. L'Abate y M. A. Milan (comps.), *Handbook of social skills training and research,* Nueva York, Wiley, 1985.

Furnham, A., *Social behavior in context,* Londres, Lawrence Erlbaum, 1986.

Furnham, A. y Argyle, M. (comps.), *The psychology of social situations,* Oxford, Pergamon Press, 1981.

Furnham, A. y Henderson, M., «Sex differences in self-reported assertiveness in Britain», *British Journal of Clinical Psychology,* 20, 1981, pp. 227-238.

Furnham, A. y Henderson, M., «Assessing assertiveness: A content and correlational analysis of five assertiveness inventories», *Behavioral Assessment,* 6, 1984, pp. 79-88.

Futch, E. J. y Lisman, S. A., «Behavioral validation of an assertiveness scale: The incongruence of self-report and behavior», comunicación presentada en el congreso anual de la Association for the Advancement of Behavior Therapy, Atlanta, 1977.

Galassi, J. P., DeLo, J. S., Galassi, M. D. y Bastien, S., «The College Self-Expression Scale: A measure of assertiveness», *Behavior Therapy,* 5, 1974, pp. 165-171.

Galassi, J. P. y Galassi, M. D., «Assessment procedures for assertive behavior», en R. E. Alberti (comp.), *Assertiveness: Innovations, applications, issues*, San Luis Obispo, California, Impact, 1977*a*.

Galassi, J. P. y Galassi, M. D., «Modification of heterosocial skills deficits», en A. S. Bellack y M. Hersen (comps.), *Research and practice in social skills training*, Nueva York, Plenum Press, 1979*a*.

Galassi, J. P. y Galassi, M. D., «A comparison of the factor structure of an assertion scale across sex and population», *Behavior Therapy*, 10, 1979*b*, pp. 117-129.

Galassi, J. P. y Galassi, M. D., «Similarities and differences between two assertion measures: Factor analysis of the College Self-Expression Scale and the Rathus Assertiveness Schedule», *Behavioral Assessment*, 5, 1980, pp. 165-171.

Galassi, J. P., Galassi, M. D. y Vedder, M. J., «Perspectives on assertion as a social skills model», en J. D. Wine y M. D. Smye (comps.), *Social competence*, Nueva York, Guilford Press, 1981.

Galassi, J. P., Galassi, M. D. y Fulkerson, K., «Assertion training in theory and practice: An update», en C. M. Franks (comp.), *New developments in behavior therapy: From research to clinical application*, Nueva York, Haworth Press, 1984.

Galassi, M. D. y Galassi, J. P., «The effects of role-playing variations on the assessment of assertive behavior», *Behavior Therapy*, 7, 1976, pp. 343-347.

Galassi, M. D. y Galassi, J. P., *Assert yourself! How to be your own person*, Nueva York, Human Science Press, 1977*b*.

Galassi, M. D. y Galassi, J. P., «Assertion: A critical review», *Psychotherapy: Theory, Research and Practice*, 15, 1978, pp. 16-29.

Gambrill, E. D., *Behavior modification: Handbook of assessment, intervention, and evaluation*, San Francisco, California, Jossey-Bass, 1977.

Gambrill, E. D., *Decreasing shyness and loneliness: Helping clients make and keep friends*, Workshop presentado en el 3rd. World Congress on Behavior Therapy, Edimburgo, 1988.

Gambrill, E. D. y Richey, C. A., «An assertion inventory for use in assessment and research», *Behavior Therapy*, 6, 1975, pp. 550-561.

Gambrill, E. D. y Richey, C. A., *Taking charge of your social life*, Belmont, California, Wadsworth, 1985.

Garner, A., *Conversationally speaking*, Nueva York, McGraw-Hill, 1981.

Gay, M. L., Hollandsworth, J. G. jr. y Galassi, J. P., «An assertive inventory for adults», *Journal of Counseling Psychology*, 22, 1975, pp. 340-344.

Gelso, C. J., «Effects of recording on counselors and clients», *Counselor Education and Supervision*, 14, 1974, pp. 5-12.

Genest, M. y Turk, D. C., «Think-aloud approaches to cognitive assessment», en T. V. Merluzzi, C. R. Glass y M. Genest (comps.), *Cognitive Assessment*, Nueva York, Guilford Press, 1981.

Gergen, K. J., Gergen, M. M. y Barton, W., «Deviance in the dark», *Psychology Today*, 7, 1973, pp. 129-130.

Gerson, A. C. y Perlman, D., «Loneliness and expressive communication», *Journal of Abnormal Psychology*, 88, 1979, pp. 258-261.

Getter, H. y Nowinski, J. K., «A free response test of interpersonal effectiveness», *Journal of Personality Assessment*, 45, 1981, pp. 301-308.

Gil, F., León Rubio, J. M. y Jarama Expósito, L. (comps.), *Habilidades sociales y salud*, Madrid, Eudema, 1992.

Gillen, R. W. y Heimberg, R. G., «Social skills training for the job interview: Review and prospectus», en M. Hersen, R. M. Eisler y P. M. Miller (comps.), *Progress in behavior modification*, vol. 10, Nueva York, Academic Press, 1980.

Girodo, M., *Cómo vencer la timidez*, Barcelona, Grijalbo, 1980 (or. 1978).

Glasgow, R. E. y Arkowitz, H., «The behavioral assessment of male and female social competence in dyadic heterosexual interactions», *Behavior Therapy*, 6, 1975, pp. 488-498.

Glasgow, R. E., Ely, R. O., Besyner, J. K., Gresen, R. C. y Rokke, P. D., «Behavioral measures of assertiveness: A comparison of audio-visual coding of structured interactions», *Journal of Behavioral Assessment*, 2, 1980, pp. 273-285.

Glass, C. R. y Furlong, M. R., «A comparison of behavioral, cognitive, and traditional group therapy approaches for shyness», comunicación presentada en el congreso de la American Psychological Association, Toronto, 1984.

Glass, C. R., Gottman, J. M., y Shmurak, S. H., «Response-adquisition and cognitive self-statement modification approaches to dating skills training», *Journal of Counseling Psychology*, 23, 1976, pp. 520-526.

Glass, C. R. y Merluzzi, T. V., «Cognitive assessment of social-evaluative anxiety», en T. V. Merluzzi, C. R. Glass y M. Genest (comps.), *Cognitive Assessment*, Nueva York, Guilford Press, 1981.

Glass, C. R., Merluzzi, T. V., Biever, J. L. y Larsen, K. H., «Cognitive assessment of social anxiety: Development and validation of a self-statement questionnaire», *Cognitive Therapy and Research*, 6, 1982, pp. 37-55.

Glass, C. R. y Shea, C. A., «Cognitive therapy for shyness and social anxiety», en W. H. Jones, J. M. Cheek y S. R. Briggs (comps.), *Shyness: Perspectives on research and treatment*, Nueva York, Plenum Press, 1986.

Golden, M., «A measure of cognition within the context of assertion», *Journal of Clinical Psychology*, 37, 1981, pp. 253-262.

Goldfried, M. R. y Davison, G. C., *Técnicas terapéuticas conductistas*, Buenos Aires, Paidós, 1981, (orig. 1976).

Goldfried, M. R. y D'Zurilla, T. J., «A behavioral-analytic model for assessing competence», en C. D. Spielberger (comp.), *Current topics in clinical and community psychology*, vol. 1, Nueva York, Academic Press, 1969.

Goldsmith, J. B. y McFall, R. M., «Development and evaluation of an interpersonal of an interpersonal skills-training program for psychiatric patients», *Journal of Abnormal Psychology*, 84, 1975, pp. 51-58.

Goldstein, A. P., *Structured learning therapy: Toward a psychotherapy for the poor*, Nueva York, Academic Press, 1973.

Goldstein, A. P., *Psychological skills training*, Nueva York, Pergamon Press, 1981.

Goldstein, A. P., Gershaw, N. J. y Sprafkin, R. P., «Structured learning: Research and practice in psychological skill training», en L. L'Abate y M. A. Milan (comps.), *Handbook of social skills training and research*, Nueva York, Wiley, 1985.

Goldstein, A. P., Martens, J., Hubben, J., Belle, H. A., Schaaf, W., Wiersma, H. y Goedhart, A., «The use of modeling to increase independent behavior», *Behaviour Research and Therapy*, 11, 1973, pp. 31-42.

Goldstein, A. P., Sprafkin, R. P. y Gershaw, N. J., *Skill training for community living*, Nueva York, Pergamon Press, 1976.
Goldstein, A. P., Sprafkin, R. P., Gershaw, N. J. y Klein, P., *Skill-streaming the adolescent*, Champaign, Illinois, Research Press, 1981.
Gordon, S. y Waldo, M., «The effects of assertiveness training on couples relationships», *American Journal of Family Therapy*, 12, 1984, pp. 73-78.
Gorecki, P. R., Dickson, A. L., Anderson, T. N. y Jones, G. E., «Relationship between contrived in vivo and role-play assertive behavior», *Journal of Clinical Psychology*, 37, 1981*a*, pp. 104-107.
Gorecki, P. R., Dickson, A. L. y Ritzler, B. A., «Convergent and concurrent validation of four measures of assertion», *Journal of Behavioral Assessment*, 3, 1981*b*, pp. 85-91.
Gormally, J., «Evaluation of assertiveness: Effects of gender, rater involvement, and level of assertiveness», *Behavior Therapy*, 13, 1982, pp. 219-225.
Gormally, J., Sipps, G., Raphael, R., Edwin, D. y Varvil-Weld, D., «The relationship between maladaptative cognitions and social anxiety», *Journal of Consulting and Clinical Psychology*, 49, 1981, pp. 300-301.
Graham, J. A., Argyle, M. y Furnham, A., «The goal structure of situations», *European Journal of Social Psychology*, 10, 1980, pp. 345-366.
Grandvold, D. K. y Ollerenshaw Cook, S. J., «Interpersonal skill training through a dating feedback group», *Group Psychotherapy, Psychodrama and Sociometry*, 30, 1977, pp. 49-59.
Green, S. B., Burkhart, B. R. y Harrison, W. H., «Personality correlates of self-report, role-playing, and in vivo measures of assertiveness», *Journal of Consulting and Clinical Psychology*, 47, 1979, pp. 16-24.
Greenwald, D. P., «The behavioral assessment of differences in social skill and social anxiety in female college students», *Behavior Therapy*, 8, 1977, pp. 925-937.
Griffiths, R. D. P., «Videotape feedback as a therapeutic technique: Retrospect and prospect», *Behaviour Research and Therapy*, 12, 1974, pp. 1-8.
Hackney, H., «Facial gestures and subject expression of feelings», *Journal of Counseling Psychology*, 21, 1974, pp. 173-178.
Halford, K. y Foddy, M., «Cognitive and social skills correlates of social anxiety», *British Journal of Clinical Psychology*, 21, 1982, pp. 17-28.
Hall, E. T., *La dimensión oculta*, Madrid, Siglo XXI, 1976.
Hall, J. A., «Gender effects in decoding nonverbal cues», *Psychological Bulletin*, 85, 1978, pp. 845-857.
Hall, J. A. y Rose, S. D., «Assertion training in a group», en S. D. Rose (comp.), *A casebook in group therapy: A behavioral-cognitive approach*, Englewood Cliffs, New Jersey, Prentice-Hall, 1980.
Hammen, C. L., Jacobs, M., Mayol, A. y Cochran, S. D., «Dysfunctional cognitions and the effectiveness of skills and cognitive-behavioral assertion training», *Journal of Consulting and Clinical Psychology*, 48, 1980, pp. 685-695.
Hargie, O., Saunders, C. y Dickson, D., *Social skills in interpersonal communication*, Londres, Croom Helm, 1981.
Hatfield, E. y Sprecher, S., *Mirror, mirror... The importance of looks in everyday life*, Nueva York, State University of Nueva York Press, 1986.
Hatzenbuehler, L. C. y Schroeder, H. E., «Assertiveness training with outpatients

—the effectiveness of skill and cognitive procedures», *Behavioural Psychotherapy*, 10, 1982, pp. 234-252.

Hayes, S. C., Brownell, K. D. y Barlow, D. H., «Heterosocial-skills training and covert sensitization effects on social skills and sexual arousal in sexual deviants», *Behaviour Research and Therapy*, 21, 1983, pp. 383-392.

Haynes-Clements, L. A. y Avery, A. W., «A cognitive-behavioral approach to social skills training with shy persons», *Journal of Clinical Psychology*, 40, 1984, pp. 710-713.

Hazel, J. S., Schumaker, J. B., Sherman, J. A. y Sheldon-Wildgen, J., «The development and evaluation of a group skills training program for court adjudicated youths», en D. Upper y S. M. Ross (comps.), *Behavioral Group Therapy, 1981: An Annual Review*, Champaign, Illinois, Research Press, 1981.

Hedlund, B. L. y Lindquist, C. U., «The development of an inventory for distinguishing among passive, aggressive, and assertive behavior», *Behavioral Assessment*, 6, 1984, pp. 379-390.

Heiby, E. M., «Social versus self-control skills deficits in four cases of depression», *Behavior Therapy*, 17, 1986, pp. 158-169.

Heimberg, R. G., Chiauzzi, E. J., Becker, R. E. y Madrazo-Peterson, R., «Cognitive mediation of assertive behavior: An analysis of the self-statement patterns of college students, psychiatric patients and normal adults», *Cognitive Therapy and Research*, 7, 1983, pp. 455-464.

Heimberg, R. G., Cunningham, J., Stanley, J. y Blankenberg, R., «Preparing unemployed youth for job interview: A controlled evaluation of social skills training», *Behavior Modification*, 6, 1982, pp. 299-322.

Heimberg, R. G., Dodge, C. S. y Becker, R. E., «Social phobia», en L. Michelson y L. M. Ascher (dirs.), *Anxiety and stress disorders*, Nueva York, Guilford, 1987.

Heimberg, R. G. y Harrison, D., «Use of the Rathus Assertiveness Schedule with offenders: A question of questions», *Behavior Therapy*, 11, 1980*a*, pp. 278-281.

Heimberg, R. G., Madsen, C. H. jr., Montgomery, D. y McNabb, C. E., «Behavioral treatments for heterosocial problems», *Behavior Modification*, 4, 1980*b*, pp. 147-172.

Heimberg, R. G., Montgomery, D., Madsen, C. H.jr. y Heimberg, J. S., «Assertion training: A review of the literature», *Behavior Therapy*, 8, 1977, pp. 953-971.

Henderson, M. y Furnham, A., «Dimensions of assertiveness: Factor analysis of five assertion inventories», *Journal of Behavior Therapy and Experimental Psychiatry*, 14, 1983, pp. 223-231.

Henderson, M. y Hollin, C., «A critical review of social skills training with young offenders», *Criminal Justice and Behavior*, 10, 1983, pp. 316-341.

Henderson, M. y Hollin, C. R., «Social skills training and delinquency», en C. R. Hollin y P. Trower (comps.), *Handbook of social skills training, vol. 1: Applications across the life span*, Oxford, Pergamon Press, 1986.

Henley, N., «Status and sex: Some touching observations», *Bulletin of the Psychonomic Society*, 2, 1973, pp. 91-93.

Henley, N., *Body politics: Power, sex and nonverbal communication*, Englewood Cliffs, New Jersey, Prentice-Hall, 1977.

Hersen, M. y Bellack, A. S., «Assessment of social skills», en A. R. Ciminero, A. S. Calhoun y H. E. Adams (comps.), *Handbook for behavioral assessment*, Nueva York, Wiley, 1977.

Hersen, M., Bellack, A. S., Himmelhoch, J. M. y Thase, M. E., «Effects of social skills training, amitriptiline, and psychotherapy in unipolar depressed women», *Behavior Therapy*, 15, 1984, pp. 21-40.

Hersen, M., Bellack, A. S. y Turner, S. M., «Assessment of assertiveness in female psychiatric patients: Motor and autonomic measures», *Journal of Behavior Therapy and Experimental Psychiatry*, 9, 1978, pp. 11-16.

Hersen, M., Bellack, A. S., Turner, S. M., Williams, M. T., Harper, K. y Watts, J. G., «Psychometric properties of the Wolpe-Lazarus assertiveness scale», *Behaviour Research and Therapy*, 17, 1979*a*, pp. 63-69.

Hersen, M., Eisler, R. M. y Miller, P. M., «Development of assertive responses: Clinical measurement and research considerations», *Behaviour Research and Therapy*, 11, 1973*a*, pp. 505-521.

Hersen, M., Eisler, R. M. y Miller, P. M., «An experimental analysis of generalization in assertive training», *Behaviour Research and Therapy*, 12, 1974, pp. 295-310.

Hersen, M., Eisler, R. M., Miller, P. M., Johnson, M. B. y Pinkston, S. G., «Effects of practice, instructions, and modeling on components of assertive behavior», *Behaviour Research and Therapy*, 11, 1973*b*, pp. 443-451.

Hersen, M., Kazdin, A. E., Bellack, A. S. y Turner, S. M., «Effects of live modeling, covert modeling and rehearsal on assertiveness in psychiatric patients», *Behaviour Research and Therapy*, 17, 1979*b*, pp. 369-378.

Herzberger, S. D., Chan, E. y Katz, J., «The development of an Assertiveness Self-Report Inventory», *Journal of Personality Assessment*, 48, 1984, pp. 317-323.

Heslin, R., «Steps toward a taxonomy of touching», comunicación presentada en el congreso de la Midwestern Psychological Association, Chicago, 1974.

Hess, E. H., «Attitude and pupil size», *Scientific American*, 212, 1965, pp. 46-54.

Hess, E. H., «The role of pupil size in communication», *Scientific American*, 233, 1975, pp. 110-119.

Hess, E. H. y Petrovich, S. B., «Pupillary behavior in communication», en A.W. Siegman y S. Feldstein (comps.), *Nonverbal behavior and communication*, Hillsdale, New Jersey, 1978.

Hess, E. H. y Polt, J. M., «Pupil size as related to interest value of visual stimuli», *Science*, 132, 1960, pp. 349-350.

Hettema, J., Van Heck, G., Appels, M. y Van Zon, I., «The assessment of situacional power», en A. Angleitner, A. Furnham y G. van Heck (comps.), *Personality psychology in Europe, vol. 2: Current trends and controversies*, Lisse, Swets and Zeitlinger, 1986.

Higgins, R. L., Alonso, R. R. y Pendleton, M. G., «The validity of role-play assessments of assertiveness», *Behavior Therapy*, 10, 1979, pp. 655-662.

Himadi, W. G., Arkowitz, H., Hinton, R. y Perl, J., «Minimal dating and its relationship to other social problems and general adjustment», *Behavior Therapy*, 11, 1980, pp. 345-352.

Hirsch, S. M., «Assertiveness training with alcoholics», en R. E. Alberti (comp.), *Assertiveness: Innovations, applications, issues*, San Luis Obispo, California, Impact, 1977.

Holden, G. W., Moncher, M. S. y Schinke, S. P., «Sustance abuse», en A. S. Bellack, M. Hersen y A. E. Kazdin (comps.), *International handbook of behavior modification and therapy* (2.ª edición), Nueva York, Plenum Press, 1990.

Hollandsworth, J. G. jr., «Further investigation of the relationship between expressed social fear and assertiveness», *Behaviour Research and Therapy*, 14, 1976, pp. 85-87.

Hollandsworth, J. G. jr., Glazeski, R. C. y Dressel, M. E., «Use of social skills training in the treatment of extreme anxiety and deficient verbal skills in the job-interview setting», *Journal of Applied Behavior Analysis*, 11, 1978, pp. 259-269.

Hollandsworth, J. G.jr. y Wall, K., «Sex differences in assertive behavior: An empirical investigation», *Journal of Counseling Psychology*, 24, 1977, pp. 217-222.

Holmes, D. P. y Horan, J. J., «Anger induction in assertion training», *Journal of Counseling Psychology*, 23, 1976, pp. 108-111.

Hops, H., «Children's social competence and skill: Current research practices and future directions», *Behavior Therapy*, 14, 1983, pp. 3-18.

Horan, J. J. y Williams, J. M., «Longitudinal study of assertion training as a drug abuse prevention strategies», *American Educational Research Journal*, 19, 1982, pp. 341-351.

Howard, G. S. y Bray, J. H., «Is a behavioral measure the best estimate of behavioral parameters? Maybe not», comunicación presentada en el congreso anual de la Association for Advancement of Behavior Therapy, San Francisco, 1979.

Hulburt, R. T., «Random sampling of cognitions and behavior», *Journal of Research in Personality*, 13, 1979, pp. 103-111.

Hull, D. R. y Schroeder, H. E., «Some interpersonal effects of assertion, nonassertion and aggression», *Behavior Therapy*, 10, 1979, pp. 20-28.

Jack, L. M., *An experimental study of ascendant behavior in preschool children*, Iowa City, University of Iowa Studies in Child Welfare, 1934.

Jacob, T., «Assessment of marital dysfunction», en M. Hersen y A. S. Bellack (comps.), *Behavioral Assessment: A practical handbook*, Nueva York, Pergamon Press, 1976.

Jacobs, M. K. y Cochran, S. D., «The effects of cognitive restructuring on assertive behavior», *Cognitive Therapy and Research*, 6, 1982, pp. 63-76.

Jacobson, N., «Communication skills training for married couples», en J. P. Curran y P. M. Monti (comps.), *Social skills training: A practical handbook for assessment and treatment*, Nueva York, Guilford Press, 1982.

Jakubowski, P. A., «Assertive behavior and clinical problems of women», en R. E. Alberti (comp.), *Assertiveness: Innovations, applications, issues*, San Luis Obispo, California, Impact, 1977.

Jakubowski, P. A. y Lacks, P. B., «Assessment procedures in assertion training», *The Counseling Psychologist*, 5, 1975, pp. 84-90.

Jaremko, M. E., Myers, E. J., Daner, S., Moore, S. y Allin, J., «Differences in daters: Effects of sex, dating frequency, and dating frequency of partner», *Behavioral Assessment*, 4, 1982, pp. 307-316.

Jerremalm, A., Jansson, L. y Öst, L., «Cognitive and physiological reactivity and the effects of different behavioral methods in the treatment of social phobia», *Behaviour Research and Therapy*, 24, 1986, pp. 171-180.

Jessor, R. y Jessor, S. L., «The perceived environment in behavioral science: Some conceptual issues and some illustrative data», *American Behavioral Scientist,* 16, 1973, pp. 801-828.

Joiner, J. G., Lovett, P. S. y Hague, L. K., «Evaluation of assertiveness of disabled persons in the rehabilitation process», *Rehabilitation Counseling Bulletin,* 26, 1982, pp. 55-58.

Jones, R., «A factored measure of Ellis' Irrational Belief System», tesis doctoral sin publicar, 1969.

Jones, S. L., Kanfer, R. y Lanyon, R. I., «Skill training with alcoholics: A clinical extension», *Addictive Behaviors,* 7, 1982, pp. 285-290.

Jones, W. H., «Loneliness and social behavior», en L. A. Peplau y D. Perlman (comps.), *Loneliness. A sourcebook of current theory, research and therapy,* Nueva York, Wiley, 1982.

Jones, W. H. y Russell, D., «The Social Reticence Scale: An objective instrument to measure shyness», *Journal of Personality Assessment,* 46, 1982, pp. 629-631.

Kagan, J. y Snidman, N., «Temperamental factors in human development», *American Psychologist,* 46, 1991, pp. 856-862.

Kanter, N. J. y Goldfried, M. R., «Relative effectiveness of rational restructuring and self-control desensitization for the reduction of interpersonal anxiety», *Behavior Therapy,* 10, 1979, pp. 472-490.

Kaplan, D. A., «Behavioral, cognitive and behavioral-cognitive approaches to group assertion training therapy», *Cognitive Therapy and Research,* 6, 1982, pp. 301-314.

Kazdin, A. E., «Effects of covert modeling and model reinforcement on assertive behavior», *Journal of Abnormal Psychology,* 83, 1974, pp. 240-252.

Kazdin, A. E., «Covert modeling, imagery assessment and assertive behavior», *Journal of Consulting and Clinical Psychology,* 43, 1975, pp. 716-724.

Kazdin, A. E., «Effects of covert modeling, multiple models, and model reinforcement on assertive behavior», *Behavior Therapy,* 7, 1976, pp. 211-222.

Kazdin, A. E., «Assessing the clinical or applied importance of behavior change through social validation», *Behavior Modification,* 1, 1977, pp. 427-452.

Kazdin, A. E., «Effects of covert modeling and coding of modeled stimuli on assertive behavior», *Behaviour Research and Therapy,* 17, 1979, pp. 53-61.

Kazdin, A. E., «Covert and overt rehearsal and elaboration during treatment in the development of assertive behavior», *Behaviour Research and Therapy,* 18, 1980, pp. 191-201.

Keane, T. M., Martin, J. E., Berler, E. S., Wooten, L. S., Fleece, E. L. y Williams, J. G., «Are hypertensives less assertive? A controlled evaluation», *Journal of Consulting and Clinical Psychology,* 50, 1982, pp. 499-508.

Keane, T. M., Wedding, D. y Kelly, J. A., «Assessing subjective responses to assertive behavior: Data from patient samples», *Behavior Modification,* 7, 1983, pp. 317-330.

Kelley, C., *Assertion training: A facilitator's guide,* San Diego, California, University Associates, 1979.

Kelly, J. A., *Social-skills training: A practical guide for interventions,* Nueva York, Springer, 1982.

Kelly, J. A. y Lamparski, D. M., «Outpatient treatment of schizophrenics: Social skills and problem-solving training», en M. Hersen y A. S. Bellack (comps.), *Handbook of clinical behavior therapy with adults,* Nueva York, Plenum Press, 1985.

Kelly, J. A., Urey, J. R. y Patterson, J. T., «Improving heterosocial conversational skills of males psychiatric patients through a small group training procedure», *Behavior Therapy*, 11, 1980, pp. 179-188.

Kendall, P. C., «Methodology and cognitive-behavioral assessment», *Behavioural Psychotherapy*, 11, 1983, pp. 285-301.

Kendall, P. C. y Hollon, S. D., *Assessment strategies for cognitive-behavioral interventions*, Nueva York, Academic Press, 1981.

Kendon, A., «Some functions of gaze-direction in social interaction», en M. Argyle (comp.), *Social encounters: Readings in social interaction*, Middlesex, Penguin, 1967.

Kerlinger, F. N., *Investigación del comportamiento: técnicas y métodos*, México, Interamericana, 1973.

Kern, J. M., «The external and concurrent validation of brief, extended and optimal roleplay test for assessing heterosocial performance: Specific, global, and physiological measures», comunicación presentada en el congreso de la Association for Advancement of Behavior Therapy, Toronto, 1981.

Kern, J. M., «The comparative external and concurrent validity of three role-play for assessing heterosocial performance», *Behavior Therapy*, 13, 1982, pp. 666-680.

Kern, J. M., Miller, C. y Eggers, J., «Enhancing the validity of role-play tests: A comparison of three role-play methodologies», *Behavior Therapy*, 14, 1983, pp. 482-492.

Kiecolt, J. y McGrath, E., «Social desirability responding in the measurement of assertive behavior», *Journal of Consulting and Clinical Psychology*, 47, 1979, pp. 640-642.

Kiecolt-Glaser, J. K. y Greenberg, B., «Qn the use of physiological measures in assertion research», *Journal of Behavioral Assessment*, 5, 1983, pp. 97-109.

Kirschner, S. M. y Galassi, J. P., «Person, situational, and interactional influences on assertive behavior», *Journal of Counseling Psychology*, 30, 1983, pp. 355-360.

Klaus, D., Hersen, M. y Bellack, A. S., «Survey of dating habits of male and female college students: A necesary precursor to measurement and modification», *Journal of Clinical Psychology*, 33, 1977, pp. 369-375.

Kleinke, C. L., *Meeting and understanding people*, Nueva York, Freeman, 1986.

Kleinke, C. L., Kahn, M. L. y Tully, T. B., «First impressions of talking rates in opposite-sex and same-sex interaction», *Social Behavior and Personality*, 7, 1979, pp. 81-91.

Kleitsch, E. C., Whitman, T. L. y Santos, J., «Increasing verbal interaction among elderly socially isolated mentally retarded adults: A group language training procedure», *Journal of Applied Behavior Analysis*, 16, 1983, pp. 217-233.

Knapp, M. L., *La comunicación no verbal: el cuerpo y el entorno*, Barcelona, Paidós, 1982.

Kolko, D. J. y Milan, M. A., «Conceptual and methodological issues in the behavioral assessment of heterosocial skills», en L. L'Abate y M. A. Milan (comps.), *Handbook of social skills training and research*, Nueva York, Wiley, 1985*a*.

Kolko, D. J. y Milan, M. A., «A women's heterosocial skill observational rating system: Behavior-analytic development and validation», *Behavior Modification*, 9, 1985*b*, pp. 165-192.

Kolotkin, R. A., «Situation specificity in the assessment of assertion: Considerations for the measurement of training and transfer», *Behavior Therapy*, 11, 1980, pp. 651-661.

Kolotkin, R. A. y Wielkiewicz, R. M., «The relationship of self-report and role-play measures of assertion under varying levels of situational difficulty and experimental demand», comunicación presentada en el congreso de la Association for Advancement of Behavior Therapy, Toronto, 1981.

Kolotkin, R. A., Wielkiewicz, R. M., Judd, B. y Weiser, S., «Behavioral components of assertion: Comparison of univariate and multivariate assessment strategies», *Behavioral Assessment*, 6, 1984, pp. 61-78.

Kulich, R. y Conger, J., «A step toward a behavior analytic assessment of heterosocial skills», comunicación presentada en el congreso de la Association for Advancement of Behavior Therapy, Chicago, 1978.

Kuperminc, M. y Heimberg, R. G., «Consequence probability and utility as factors in the decision to behave assertively», *Behavior Therapy*, 14, 1983, pp. 637-646.

Kupke, T. E., Calhoun, K. S. y Hobbs, S. A., «Selection of heterosocial skills. II. Experimental validity», *Behavior Therapy*, 10, 1979*a*, pp. 336-346.

Kupke, T. E., Hobbs, S. A. y Cheney, T. H., «Selection of heterosocial skills. I. Criterion-related validity», *Behavior Therapy*, 10, 1979*b*, pp. 327-335.

L'Abate, L. y McHenry, S., *Handbook of marital interventions*, Orlando, Florida, Grune and Stratton, 1983.

L'Abate, L. y Milan, M. A. (comps.), *Handbook of social skills training and research*, Nueva York, Wiley, 1985.

Labov, W. y Fanshel, D., *Therapeutic discourse*, Nueva York, Academic Press, 1977.

Ladavas, E., Umilta, C. y Ricci Bitti, P., «Evidence for sex differences in right-hemisphere dominance for emotions», *Neuropsychologia*, 18, 1980, pp. 361-366.

Ladd, G. W. y Keeney, B. P., «Intervention strategies and research with socially isolated children», *Small Group Behavior*, 14, 1983, pp. 175-185.

Landau, P. y Paulson, T., «Cope: A wilderness workshop in AT», en R. E. Alberti (comp.), *Assertiveness: Innovations, applications, issues*, San Luis Obispo, California, Impact, 1977.

Lang, P. J., «Fear reduction and fear behavior: Problems in treating a construct», en J. M. Schlien (comp.), *Research in psychotherapy*, vol. 3, Washington, D.C., American Psychological Association, 1968.

Lange, A. J. y Jakubowski, P., *Responsible assertive behavior*, Champaign, Illinois, Research Press, 1976.

Lao, R. C., Upchurch, W. H., Corwin, B. J. y Grossnuckle, W. F., «Biased attitudes toward females as indicated by ratings of intelligence and likeability», *Psychological Reports*, 37, 1975, pp. 1315-1320.

Last, C. G., Barlow, D. H. y O'Brien, G. T., «Assessing cognitive aspects of anxiety: Stability over time and agreement between several methods», *Behavior Modification*, 9, 1985, pp. 72-93.

Lazarus, A A., «Behavior rehearsal vs. non-directive therapy vs. advice in affecting behaviour change», *Behaviour Research and Therapy*, 4, 1966, pp. 209-212.

Lazarus, A. A., «Learning theory and the treatment of depression», *Behaviour Research and Therapy*, 6, 1968, pp. 83-89.

Lazarus, A. A., *Behavior therapy and beyond*, Nueva York, McGraw-Hill, 1971.

Lazarus, A. A., «On assertive behavior: A brief note», *Behavior Therapy*, 4, 1973, pp. 697-699.

Lazarus, A., *Multimodal therapy,* Nueva York, McGraw-Hill, 1981.

Leary, M. R., «A brief version of the Fear of Negative Evaluation Scale», *Personality and Social Psychology Bulletin,* 9, 1983*a*, pp. 371-375.

Leary, M. R., «Social anxiousness: The construct and its measurement», *Journal of Personality Assessment,* 47, 1983*b*, pp. 66-75.

Leary, M. R., *Understanding social anxiety: Social, personality and clinical perspectives,* Beverly Hills, California, Sage, 1983*c*.

Lee, D. Y., Hallberg, E. T., Slemon, A. G. y Haase, R. F., «An Assertiveness Scale for Adolescents», *Journal of Clinical Psychology,* 41, 1985, pp. 51-57.

Lefevre, E. R. y West, M. L., «Assertiveness: Correlations with self-esteem, locus of control, interpersonal anxiety, fear of disapproval, and depression», *The Psychiatric Journal of the University of Ottawa,* 6, 1981, pp. 247-251.

Lega, L. I., «La terapia racional-emotiva: Una conversación con Albert Ellis», en V. E. Caballo (comp.), *Manual de técnicas de terapia y modificación de conducta,* Madrid, Siglo XXI, 1991.

Lehrer, P. M. y Leiblum, S. R., «Physiological, behavioral, and cognitive measures of assertiveness and assertion anxiety», *Behavioral Counseling Quarterly,* 1, 1981, pp. 261-274.

Lehrer, P. M. y Woolfolk, R. L., «Self-report assessment of anxiety: Somatic, cognitive, and behavioral modalities», *Behavioral Assessment,* 4, 1982, pp. 167-177.

Lentz, R. J., Paul, G. L. y Calhoun, J. F., «Reliability and validity of three measures of functioning with "hard-core" chronic mental patients», *Journal of Abnormal Psychology,* 77, 1971, pp. 313-323.

Levenson, R. W. y Gottman, J. M., «Toward the assessment of social competence», *Journal of Consulting and Clinical Psychology,* 46, 1978, pp. 453-462.

Liberman, R. P., «Assessment of social skills», *Schizophrenia Bulletin,* 8, 1982, pp. 203-212.

Liberman, R. P., *Rehabilitación integral del enfermo mental crónico,* Barcelona, Martínez Roca, 1993 (Orig.: 1989).

Liberman, R. P., DeRisi, W. J. y Mueser, K. T., *Social skills training for psychiatric patients,* Nueva York, Pergamon, 1989.

Liberman, R. P., King, L. W., DeRisi, W. J. y McCann, M., *Personal effectiveness,* Champaign, Il: Research Press, 1975.

Liberman, R. P., Lillie, F., Falloon, I. R. H., Harpin, R. E., Hutchinson, W. y Stoute, B., «Social skills training with relapsing schizophrenics: An experimental analysis», *Behavior Modification,* 8, 1985, pp. 155-179.

Liberman, R. P., Vaughn, C., Aitchison, R. A. y Falloon, I., *Social skills training for relapsing schizophrenics,* Funded grant from the National Institute of Mental Health, 1977.

Libet, J. y Lewinsohn, P. M., «The concept of social skill with special reference to the behavior of depressed persons», *Journal of Consulting and Clinical Psychology,* 40, 1973, pp. 304-312.

Lin, T. T., Bon, S., Dickinson, J. y Blume, C., «Systematic development and evaluation of a social skills training program for chemical abusers», *The International Journal of the Addictions,* 17, 1982, pp. 585-596.

Linden, W. y Wright, J., «Programming generalization through social skills training in the natural environment», *Behavioural Analysis and Modification*, 4, 1980, pp. 239-251.

Linehan, M. M., «Interpersonal effectiveness in assertive situations», en E. A. Bleechman (comp.), *Behavior modification with women*, Nueva York, Guilford Press, 1984.

Linehan, M. M., Goldfried, M. R. y Goldfried, A. P., «Assertion therapy: skill training or cognitive restructuring?», *Behavior Therapy*, 10, 1979, pp. 372-388.

Lipinski, D. y Nelson, R., «La utilización de la observación naturalista», en R. Ardila (comp.), *Terapia del comportamiento*, Bilbao, Desclée de Brouwer, 1980 (or. 1974).

Lipton, D. M. y Nelson, R., «The contribution of iniciation behaviors to dating frequency», *Behavior Therapy*, 11, 1980, pp. 59-67.

Lohr, J. M. y Bonge, D., «Relationship between assertiveness and factorially validated measures of irrational beliefs», *Cognitive Therapy and Research*, 6, 1982, pp. 353-356.

Lopata, H. Z., «Loneliness: Forms and components», *Social Problems*, 17, 1969, pp. 248-261.

López Barrio, I., «Efectos sociológicos del ruido», en F. Jiménez Burillo y J. I. Aragonés (comps.), *Introducción a la psicología ambiental*, Madrid, Alianza, 1986.

Lorr, M. y More, W. W., «Four dimension of assertiveness», *Multivariate Behavioral Research*, 2, 1980, pp. 127-138.

Lorr, M., More, W. W. y Mansueto, C. S., «The structure of assertiveness: A confirmatory study», *Behaviour Research and Therapy*, 19, 1981, pp. 153-156.

Lorr, M. y Myhill, J., «The expression of feelings as assertive behavior: A factor analytic extension of PRI», *Behaviour Research and Therapy*, 20, 1982, pp. 275-278.

Lowe, M. R., «Psychometric evaluation of the Social Performance Survey Schedule: Reliability and validity of the positive behavior subscale», *Behaviour Modification*, 9, 1985, pp. 193-210.

Lowe, M. R. y Cautela, J. R., «A self-report measure of social skill», *Behavior Therapy*, 9, 1978, pp. 535-544.

Ludwig, L. D. y Lazarus, A. A., «A cognitive and behavioral approach to the treatment of social inhibition», *Psychotherapy: Theory, Research and Practice*, 9, 1972, pp. 204-206.

MacDonald, M. L., «Measuring assertion: A model and a method», *Behavior Therapy*, 9, 1978, pp. 889-899.

MacDonald, M. L. y Cohen, J., «Trees in the forest: Some components of social skills», *Journal of Clinical Psychology*, 37, 1981, pp. 342-347.

MacDonald, M. L., Lindquist, C. V., Kramer, J. A., McGrath, R. A. y Rhyne, L. L., «Social skills training: The effects of behavior rehearsal in groups on dating skills», *Journal of Counseling Psychology*, 22, 1975, pp. 224-230.

Magnusson, D., «Wanted: A psychology of situations», en D. Magnusson (comp.), *Toward a psychology of situations: an interactional perspective*, Hillsdale, New Jersey, Lawrence Erlbaum, 1981*a*.

Magnusson, D. (comp.), *Toward a psychology of situations: An interactional perspective*, Hillsdale, New Jersey, Lawrence Erlbaum, 1981*b*.

Mahaney, M. M. y Kern, J. M., «Variations in role-play test of heterosocial performance», *Journal of Consulting and Clinical Psychology*, 51, 1983, pp. 151-152.

Malkiewich, L. E. y Merluzzi, T. V., «Rational restructuring vs. desensitization with clients of diverse conceptual level: A test of a client treatment matching model», *Journal of Counseling Psychology*, 27, 1980, pp. 453-461.

Marshall, W. L. y Stoian, M., «Skills training and self-administered desensitization in the reduction of public speaking anxiety», *Behaviour Research and Therapy*, 15, 1977, pp. 115-117.

Martinson, W. D. y Zerface, J. P., «Comparison of individual counseling and a social program with non-daters», *Journal of Counseling Psychology*, 17, 1970, pp. 36-40.

Marzillier, J. S., «Outcome studies of skills training: A review», en P. Trower, B. Bryant y M. Argyle, *Social skills and mental health*, Londres, Methuen, 1978.

Marzillier, J. S., Lambert, C. y Kellett, J., «A controlled evaluation of systematic desensitization of social skills training for socially inadequate psychiatric patients», *Behaviour Research and Therapy*, 14, 1976, pp. 225-238.

Marzillier, J. S. y Winter, K., «Limitations of the treatment for social anxiety», en E. B. Foa y P. M. G. Emmelkamp (comps.), *Failures in behavior therapy*, Nueva York, Wiley, 1983.

Matson, J. L. y Andrasik, F., «Training leisure-time social-interaction skills to mentally retarded adults», *American Journal of Mental Deficiency*, 86, 1982, pp. 533-340.

Matson, J. L. y DiLorenzo, T. M., «Social skills training and mental handicap and organic impairment», en C. R. Hollin y P. Trower (comps.), *Handbook of social skills training, vol. 2: Clinical applications and new directions*, Oxford, Pergamon Press, 1986.

Matson, J. L., Kazdin, A. E. y Esveldt-Dawson, K., «Training interpersonal skills among mentally retarded and socially dysfunctional children», *Behaviour Research and Therapy*, 18, 1980, pp. 419-427.

Matson, J. L., Rotatori, A. F. y Helsel, W. J., «Development of a rating scale to measure social skills in children: The Matson Evaluation of Social Skills with Youngsters (MESSY)», *Behaviour Research and Therapy*, 21, 1983, pp. 335-340.

McCormick, I. A., «A simple version of the Rathus Assertiveness Schedule», *Behavioral Assessment*, 7, 1985, pp. 95-99.

McFall, M. E., Winnett, R. L., Bordewick, M. C. y Bornstein, P. H., «Nonverbal components in the communication of assertiveness», *Behavior Modification*, 6, 1982, pp. 121-140.

McFall, R. M., «Analogue methods in behavioral assessment: Issues and prospects», en J. D. Cone y R. P. Hawkings (comps.), *Behavioral assessment: New directions in clinical psychology*, Nueva York, Brunner and Mazel, 1977.

McFall, R. M., «A review and reformulation of the concept of social skills», *Behavioral Assessment*, 4, 1982, pp. 1-33.

McFall, R. M. y Lillesand, D. B., «Behavior rehearsal with modeling and coaching in assertion training», *Journal of Abnormal Psychology*, 77, 1971, pp. 313-323.

McFall, R. M. y Marston, A. R., «An experimental investigation of behavior rehearsal in assertive training», *Journal of Abnormal Psychology*, 76, 1970, pp. 295-303.

McFall, R. M. y Twentyman, C. T., «Four experiments on the relative contributions of rehearsal, modeling and coaching to assertion training», *Journal of Abnormal Psychology*, 81, 1973, pp. 199-218.

McGovern, K. B., Arkowitz, H. y Gilmore, S. K., «Evaluation of social skill training programs for college dating inhibition», *Journal of Counseling Psychology*, 22, 1975, pp. 505-512.

McGurk, B. J. y Newell, T. C., «Social skills training with a sex offender», *The Psychological Record*, 55, 1981, pp. 719-724.

McLean, P., «Remediation of skills and performance deficits in depression: Clinical steps and research findings», en J. Clarkin y H. Glazer (dirs.), *Behavioral and directive strategies*, Nueva York, Garland, 1981.

McNamara, J. R. y Delamater, R. J., «The Assertion Inventory: Its relationship to social desirability and sensitivity to rejection», *Psychological Reports*, 55, 1984, pp. 719-724.

Mehrabian, A., «Inference of attitudes from the posture, orientation and distance of a comunicator», *Journal of Consulting and Clinical Psychology*, 32, 1968, pp. 296-308.

Mehrabian, A., *Nonverbal communication*, Chicago, Aldine-Atherton, 1972.

Mehrabian, A. y Russell, J. A., *An approach to environmental psychology*, Cambridge, Massachusetts, MIT Press, 1974.

Meichenbaum, D., *Cognitive-behavior modification: An integrative approach*, Nueva York, Plenum Press, 1977.

Meichenbaum, D., Butler, L. y Gruson, L., «Toward a conceptual model of social competence», en J. Wine y M. Smye (comps.), *Social competence*, Nueva York, Guilford Press, 1981.

Merluzzi, T. V., Glass, C. R. y Genest, M., *Cognitive assessment*, Nueva York, Guilford Press, 1981.

Michelson, L., Molcan, K. y Poorman, S., «Development and psychometric properties of the Nurses' Assertiveness Inventory (NAI)», *Behaviour Research and Therapy*, 24, 1986, pp. 77-81.

Millbrook, J. M., Farrell, A. D. y Curran, J. P., «Behavioral components of social skills: A look at subject and confederate behaviors», *Behavioral Assessment*, 8, 1986, pp. 203-220.

Miller, L. S. y Funabiki, D., «Predictive validity of the Social Performance Survey Schedule for component interpersonal behaviors», *Behavioral Assessment*, 6, 1984, pp. 33-44.

Miller, W. L., Hersen, M., Eisler, R. M. y Hilsman, G., «Effects of social stress on operant drinking of alcoholics and social drinkers», *Behaviour Research and Therapy*, 1974, pp. 12, 67-72.

Minkin, N., Braukman, C. J., Minkin, B. L., Timbers, G. D., Timbers, B. J., Fixsen, D. L., Phillips, E. L. y Wolf, M. M., «The social validation and training of conversation skills», *Journal of Applied Behavior Analysis*, 9, 1976, pp. 127-139.

Mischel, W., «Toward a cognitive social learning reconceptualization of personality», *Psychological Review*, 80, 1973, pp. 252-283.

Mischel, W., «The interaction of person and situation», en D. Magnusson y N.S. Endler (comps.), *Personality at the crossroads: Current issues in interactional psychology*, Hillsdale, New Jersey, Lawrence Erlbaum, 1977.

Mischel, W., «A cognitive-social learning approach to assessment», en T. V. Merluzzi, C. R. Glass y M. Genest (comps.), *Cognitive assessment*, Nueva York, Guilford Press, 1981.

Moisan-Thomas, P. C., Conger, J. C., Zellinger, M. M. y Firth, E. A., «The impact of confederate responsivity on social skills assessment», *Journal of Psychopathology and Behavioral Assessment*, 7, 1985, pp. 23-35.

Monti, P. M., «The social skills intake interview: Reliability and convergent validity assessment», *Journal of Behavior Therapy and Experimental Psychiatry*, 14, 1983, pp. 305-310.

Monti, P. M., Abrams, D. B., Binkoff, J. A. y Zwick, W. R., «Social skills training and substance abuse», en C. R. Hollin y P. Trower (comps.), *Handbook of social skills training, vol. 2: Clinical applications and new directions*, Oxford, Pergamon Press, 1986.

Monti, P. M., Boice, R., Fingeret, A. L., Zwick, W. R., Kolko, D., Munroe, S. y Grunberger, A., «Midi-level measurement of social anxiety in psychiatric and nonpsychiatric samples», *Behaviour Research and Therapy*, 22, 1984*a*, pp. 651-660.

Monti, P. M., Curran, J. P., Corriveau, D. P., Delancey, A. L. y Hagerman, S., «The effects of social skills training groups and sensitivity training groups with psychiatric patients», *Journal of Consulting and Clinical Psychology*, 48, 1980, pp. 241-248.

Monti, P. M. y Kolko, D. J., «A review and programatic model of group social skills training for psychiatric patients», en D. Upper y S. M. Ross (comps.), *Handbook of behavioral group therapy*, Nueva York, Plenum Press, 1985.

Monti, P. M., Kolko, D. J., Fingeret, A. L. y Zwick, W. R., «Three levels of measurement of social skill and social anxiety», *Journal of Nonverbal Behavior*, 8, 1984*b*, pp. 187-194.

Morris, D., *Manwatching. A field guide to human behavior*, Londres, Cape, 1977.

Morris, D., Collett, P., Marsh, P. y O'Shaughnessy, M., *Gestures, their origins and distribution*, Londres, Cape, 1979.

Morrison, R. L., «Interpersonal dysfunction», en A. S. Bellack, M. Hersen y A. E. Kazdin (comps.), *International handbook of behavior modification and therapy* (2.ª edición), Nueva York, Plenum Press, 1990.

Morrison, R. L. y Bellack, A. S., «The role of social perception in social skill», *Behavior Therapy*, 12, 1981, pp. 69-79.

Muehlenhard, C. L. y McFall, R. M., «Dating iniciation from a woman's perspective», *Behavior Therapy*, 12, 1981, pp. 682-691.

Mueser, K. T., «Tratamiento cognitivo conductual de la esquizofrenia», en V. E. Caballo (dir.), *Manual para el tratamiento cognitivo/conductual de los trastornos psicológicos, vol. 1*, Madrid, Siglo XXI, 1997.

Mullinix, S. B. y Galassi, J. P., «Deriving the content of social skills training with a verbal response components approach», *Behavioral Assessment*, 3, 1981, pp. 55-66.

Murphy, G., Murphy, L. B. y Newcomb, T. M., *Experimental social psychology*, Nueva York, Harper and Row, 1937.

Nelson, R. O., Hayes, S. C., Felton, J. L. y Jarrett, R. B., «A comparison of data produced by different behavioral assessment techniques with implications for models of social-skills inadequacy», *Behaviour Research and Therapy*, 23, 1985, pp. 1-11.

Nelson-Jones, R., *Human relationship skills*, Londres, Holt, Rinehart and Winston, 1986.

Nevid, E. B. y Rathus, S. A., «Multivariate and normative data pertaining to the RAS with the college population», *Behavior Therapy*, 9, 1978, p. 675.

Newton, A., «Individual change in social skills group: A case study» *Behavioural Psychotherapy*, 14, 1986, pp. 137-144
Nierenberg, G.I. y Calero, H. H. *El lenguaje de los gestos*, Barcelona, Hispano Europea, 1976.
O'Connor, R. D., «Relative efficacy of modeling, shaping, and the combined procedures for modification of social withdrawal», *Journal of Abnormal Psychology*, 79, 1972, pp. 327-334.
Oei, T. P. S. y Jackson, P. R., «Social skills and cognitive behavioral approaches to the treatment of problem drinking», *Journal of Studies on Alcohol*, 43, 1982, pp. 532-547.
Ollendick, T. H. y Hersen, M., «Social skills training for juvenile delinquents», *Behaviour Research and Therapy*, 17, 1979, pp. 547-554.
Orenstein, H., Orenstein, E. y Carr, J. E., «Assertiveness and anxiety: A correlational study», *Journal of Behavior Therapy and Experimental Psychiatry*, 6, 1975, pp. 203-207.
Ostwald, P. F., *Soundmaking*, Springfield, Illinois, Charles C. Thomas, 1963.
Pachman, J. S. y Foy, D. W., «A correlational investigation of anxiety of anxiety, self-esteem and depression: New findings with behavioral measures of assertiveness», *Journal of Behavior Therapy and Experimental Psychiatry*, 9, 1978, pp. 97-101.
Page, L. M., *The modification of ascendant behavior in preschool children*, Iowa City, University of Iowa Studies in Child Welfare, 1936.
Panksepp, J. y Sahley, T.L., «Possible brain opioid involvement in disrupted social intent and language development of autism», en E. Schopler y G. B. Mesibov (comps.), *Neurobiological issues in autism*, Nueva York, Plenum Press, 1987.
Parks, C. W. y Hollon, S. D., «Cognitive assessment», en A.S. Bellack y M. Hersen (comps.), *Behavioral assessment: A practical handbook* (3.ª edición), Nueva York, Pergamon Press, 1988.
Patzer, G. L., *The physical attractiveness phenomena*, Nueva York, Plenum Press, 1985.
Paul, G. L. y Lentz, R. J., *Psychological treatment of chronic mental patients: Milieu vs. social learning program*, Cambridge, Harvard University Press, 1977.
Pendleton, L., «Attraction responses to females assertiveness in heterosexual social interactions», *The Journal of Psychology*, 111, 1982, pp. 57-65.
Penn, D. L. y Mueser, K. T., «Cognitive-behavioral treatment of schizophrenia», *Psicología Conductual*, 3, 1995, pp. 5-34.
Pentz, M. A. W., «Assertion training and trainer effects on unassertive and aggressive adolescents», *Journal of Counseling Psychology*, 27, 1980, pp. 76-83.
Peplau, L. A. y Perlman, D., «Perspectives on loneliness», en L. A. Peplau y D. Perlman (comps.), *Loneliness. A sourcebook of current theory, research and therapy*, Nueva York, Wiley, 1982.
Perry, M. G. y Richards, C. S., «Assessment of heterosocial skills in male college students: Empirical development of a behavioral roleplaying test», *Behavior Modification*, 3, 1979, pp. 337-354.
Peterson, J., Fischetti, M., Curran, J. P. y Arland, S., «Sense of timing: A skill deficit in heterosocially anxious women», *Behavior Therapy*, 12, 1981, pp. 195-201.
Phillips, E. L., *The social skills basis of psychopathology*, Nueva York, Grune and Stratton, 1978.
Phillips, E. L., «Social skills: history and prospect», en L. L'Abate y M. A. Milan

(comps.), *Handbook of social skills training and research*, Nueva York, Wiley, 1985.
Phillips, L. y Zigler, E., «Social competence: The action-thought parameter and vicariousness in normal and pathological behaviors», *Journal of Abnormal and Social Psychology*, 63, 1961, pp. 137-146.
Phillips, L. y Zigler, E., «Role orientation, the action-thought dimension and outcome in psychiatric disorders», *Journal of Abnormal and Social Psychology*, 68, 1964, pp. 381-389.
Piccinin, S., McCarrey, M. y Chislett, L., «Assertion training outcome and generalization effects under didactic vs. facilitative training conditions», *Journal of Clinical Psychology*, 41, 1985, pp. 753-762.
Pilkonis, P. A., «The behavioral consequences of shyness», *Journal of Personality*, 45, 1977, pp. 585-595.
Pipes, R. B., «Social anxiety and isolation in college students: A comparison of two treatments», *Journal of College Student Personnel*, 23, 1982, pp. 502-508.
Pitcher, S. y Meikle, S., «The topography of assertive behavior in positive and negative situations», *Behavior Therapy*, 11, 1980, pp. 532-547.
Pitt, A. y Roth, B., «A model for assertive training: Integration of feelings and behavior», *Clinical Social Work Journal*, 6, 1978, pp. 274-292.
Rahaim, S., Lefebvre, C. y Jenkins, J. O., «The effects of social skills training on behavioral and cognitive components of anger management», *Journal of Behavior Therapy and Experimental Psychiatry*, 11, 1980, pp. 3-8.
Rakos, R. F., Mayo, M. y Schroeder, H. E., «Validity of role-playing tests and self-predictions of assertive behavior», *Psychological Reports*, 50, 1982, pp. 435-444.
Rathus, S. A., «A 30-item schedule for assessing assertiveness», *Behavior Therapy*, 4, 1973, pp. 398-406.
Rathus, S. A., «Principles and practices of assertive training: An eclectic overview», *The Counseling Psychologist*, 5, 1975, pp. 9-20.
Rathus, S. A., Fox, J. A. y Cristofaro, J. D., «Perceived structure of aggressive and assertive behaviors», *Psychological Reports*, 44, 1979, pp. 695-698.
Rathjen, D. P., Rathjen, E. D. y Hiniker, A., «A cognitive analysis of social performance: Implications for assessment and treatment», en J. P. Foreyt y D. P. Rathjen (comps.), *Cognitive behavior therapy: Research and application*, Nueva York, Plenum Press, 1978.
Reardon, R. C., Hersen, M., Bellack, A. S. y Foley, J. M., «Measuring social skill in grade school boys», *Journal of Behavioral Assessment*, 1, 1979, pp. 87-105.
Rehm, L. P., Fuchs, C. Z., Roth, D. M., Kornblith, S. J. y Romano, J. M., «A comparison of self-control and assertion skills treatments of depression», *Behavior Therapy*, 10, 1979, pp. 429-442.
Rehm, L. P. y Marston, A. R., «Reduction of social anxiety through modification of self-reinforcement: An instigation therapy technique», *Journal of Consulting and Clinical Psychology*, 32, 1968, pp. 565-574.
Rhyne, L. D. y Hanson, T. R., «An analysis of the response deficit in nonassertive inpatients», manuscrito no publicado, 1979.
Rice, M. E., «Improving the social skills of males in a maximun security psychiatric setting», *Canadian Journal of Behavioural Science*, 15, 1983, pp. 1-13.
Rich, A. R. y Schroeder, H. E., «Research issues in assertiveness training», *Psychological Bulletin*, 83, 1976, pp. 1081-1096.

Richardson, F. C. y Tasto, D. L., «Development and factor analysis of a social anxiety inventory», *Behavior Therapy*, 7, 1976, pp. 453-462.

Rimm, D. C., «Assertive training and the expression of anger», en R. E. Alberti (comp.), *Assertiveness: Innovations, applications, issues*, San Luis Obispo, California, Impact, 1977.

Rimm, D. C., Hill, G. A., Brown, N. N. y Stuart, J. E., «Group assertive training in the treatment of inappropriate anger expression», *Psychological Reports*, 34, 1974, pp. 791-798.

Rimm, D. C. y Masters, J. C., *Behavior therapy: Techniques and empirical findings*, Nueva York, Academic, 1974.

Rimm, D. C., Snyder, J. J., Depue, R. A., Haanstad, M. J. y Armstrong, D. P., «Assertive training versus rehearsal and the importance of making an assertive response», *Behaviour Research and Therapy*, 14, 1976, pp. 315-321.

Rinn, R. C. y Markle, A., «Modification of social skills deficits in children», en A. S. Bellack y M. Hersen (comps.), *Research and practice in social skills training*, Nueva York, Plenum Press, 1979.

Robertson, I., Richardson, A. M. y Youngson, S. C., «Social skills training with mentally handicapped people: A review», *British Journal of Clinical Psychology*, 23, 1984, pp. 241-264.

Robinson, W. L. y Calhoun, K. S., «Assertiveness and cognitive processing in interpersonal situations», *Journal of Behavioral Assessment*, 6, 1984, pp. 81-96.

Rock, D., «Interscales variance analysis of three assertiveness measures», *Perceptual and Motor Skills*, 45, 1977, pp. 2-6.

Rock, D., «The confounding of two self-report assertion measures with the tendency to give socially desirable responses in self-description», *Journal of Consulting and Clinical Psychology*, 49, 1981, pp. 743-744.

Roder, V., Brenner, H. D., Hodel, B. y Kienzle, N., *Terapia integrada de la esquizofrenia*, Barcelona, Ariel, 1996. (Orig.: 1994.)

Rodríguez Sanabra, F., «La influencia de los factores físicos ambientales en el comportamiento», en F. Jiménez Burillo y J. I. Aragonés (comps.), *Introducción a la psicología ambiental*, Madrid, Alianza, 1986.

Romano, J. M. y Bellack, A. S., «Social validation of a component model of assertive behavior», *Journal of Consulting and Clinical Psychology*, 48, 1980, pp. 478-490.

Rose, Y. J. y Tryon, W. W., «Judgments of assertive behavior as a function of speech loudness, latency, content, gestures, inflection and sex», *Behavior Modification*, 3, 1979, pp. 112-123.

Rosenthal, R. (comp.), *Skill in nonverbal communication: Individual differences*, Cambridge, Massachusetts, Oelgeschlager, Gunn and Hain, 1979.

Ross, D. M., Ross, S. A. y Evans, T. A., «The modification of extreme social withdrawal bymodeling with guided participation», *Journal of Behavior Therapy and Experimental Psychiatry*, 2, 1971, pp. 273-279.

Royce, W. S., «Behavioral referents for molar ratings of heterosocial skill», *Psychological Reports*, 50, 1982, pp. 139-146.

Rubin, Z., *Liking and loving*, Nueva York, Holt, 1973.

Ruby, T. E. y Resick, P. A., «Assertiveness, personal space, and the perception of aggression», comunicación presentada en el congreso anual de la American Psychological Association, 1979.

Safran, J. D., Alden, L. E. y Davidson, P. O., «Client anxiety level as a moderator variable in assertion training», *Cognitive Research and Therapy*, 4, 1980, pp. 189-200.

Safran, J. D. y Greenberg, L. S., «Hot cognition and psychotherapy process: An information processing/ecological approach», en P. C. Kendall (comp.), *Advances in cognitive-behavioral research and therapy*, vol. 5., Nueva York, Academic Press, 1985.

Salter, A., *Conditioned reflex therapy*, Nueva York, Farrar, Strauss and Giroux, 1949.

Salzinger, K., «Remedying schizophrenic behavior», en S. M. Turner, K. S. Calhoun y H. E. Adams (comps.), *Handbook of clinical behavior therapy*, Nueva York, Wiley, 1981.

Schank, R. y Abelson, R., *Scripts, plans, goals and understanding*, Hillsdale, New Jersey, Lawrence Erlbaum, 1977.

Schinke, S. P., Gilchrist, L. D., Smith, T. y Wong, S. E., «Group interpersonal skills training in a natural setting: An experimental study», *Behaviour Research and Therapy*, 17, 1979, pp. 149-154.

Schlever, S. R. y Gutch, K. U., «The effects of self-administered cognitive therapy on social evaluative anxiety», *Journal of Clinical Psychology*, 39, 1983, pp. 658-666.

Schlundt, D. G. y McFall, R. M., «New directions in the assessment of social competence and social skills», en L. L'Abate y M. A. Milan (comps.), *Handbook of social skills training and research*, Nueva York, Wiley, 1985.

Schnidman, R. E. y Layne, C., «Comprehensive assessment of assertion training in controlled single case studies», *Psychological Reports*, 44, 1979, pp. 243-246.

Schrauger, J. S., «Self-esteem and reactions to being observed by others», *Journal of Personality and Social Psychology*, 23, 1972, pp. 192-200.

Schroeder, H. E. y Rakos, R. F., «The identification and assessment of social skills», en R. Ellis y D. Whittington (comps.), *New directions in social skill training*, Londres, Croom Helm, 1983.

Schwartz, R. M. y Gottman, J. M., «Toward a task analysis of assertive behavior», *Journal of Consulting and Clinical Psychology*, 44, 1976, pp. 910-920.

Scott, R. R., Himadi, W. y Keane, T. M., «A review of generalization in social skills training: Suggestions for future research», en M. Hersen, R. M. Eisler y P. M. Miller (comps.), *Progress in behavior modification*, vol. 15, Nueva York, Academic Press, 1983.

Sedlmayr, E., «The development of scales for measuring motor, cognitive and physiological reactions in phobic anxiety states», *Behavioural Analysis and Modification*, 4, 1980, pp. 141-151.

Serber, M., «Teaching the nonverbal components of assertive behavior», *Journal of Behavior Therapy and Experimental Psychiatry*, 3, 1972, pp. 179-183.

Sermat, V., «Sources of loneliness», *Essence, 2,* 1978, pp. 271-276.

Shahar, A. y Merbaum, M., «The interaction between subject characteristics and self-control procedures in the treatment of interpersonal anxiety», *Cognitive Therapy and Research*, 5, 1981, pp. 221-224.

Shelton, J. L. y Levy, R. L., *Behavioral assignments and treatment compliance*, Champaign, Illinois, Research Press, 1981.

Shepherd, G., «Social skills training: The generalization problem -some further data», *Behaviour Research and Therapy*, 16, 1978, pp. 287-288.

Shepherd, G., «Assessment of cognitions in social skills training», en P. Trower (comp.), *Radical approaches to social skills training*, Londres, Croom Helm, 1984.

Shepherd, G., «Social skills training and schizophrenia», en C. R. Hollin y P. Trower (comps.), *Handbook of social skills training, vol. 2: Clinical applications and new directions*, Oxford, Pergamon Press, 1986.

Sherer, M., Maddux, J. E., Mercadante, B., Prentice-Dunn, S., Jacobs, B. y Rogers, R. W., «The self-efficacy scale: Construction and validation», *Psychological Reports*, 51, 1982, pp. 663-671.

Silverthorne, C., Micklewright, J., O'Donnell, M. y Gibson, R., «Attribution of personal characteristics as a function of the degree of touch on initial contact and sex», *Sex Roles*, 2, 1976, pp. 185-193.

Skillings, R. E., Hersen, M., Bellack, A. S. y Becker, M. P., «Relationship of specific and global measures of assertion in college females», *Journal of Clinical Psychology*, 34, 1978, pp. 346-353.

Smith, M. J., *Cuando digo No me siento culpable*, Barcelona, Grijalbo, 1977.

Snyder, M. e Ickes, W., «Personality and social behavior», en G. Lindzey y E. Aronson (comps.), *The handbook of social psychology, vol. 2: Special fields and applications* (3.ª edición), Nueva York, Random House, 1985.

Solomon, L. y Rothblum, E. D., «Social skills problems experienced by women», en L. L'Abate y M. A. Milan (comps.), *Handbook of social skills training and research*, Nueva York, Wiley, 1985.

Spence, A. J. y Spence, S. H., «Cognitive changes associated with social skills training», *Behaviour Research and Therapy*, 18, 1980, pp. 265-272.

Spence, S. H. y Marzillier, J. S., «Social skills training with adolescent male offenders: I. Short-term effects», *Behaviour Research and Therapy*, 17, 1979, pp. 7-16.

Spencer, P. G., Gillespie, C. R. y Ekisa, E. G., «A controlled comparison of the effects of social skills training and remedial drama on the conversational skills of chronic schizophrenic inpatients», *British Journal of Psychiatry*, 143, 1983, pp. 165-172.

Spitzberg, B. H. y Cupach, W. R., «Conversational skill and locus of perception», *Journal of Psychopathology and Behavioral Assessment*, 7, 1985, pp. 207-220.

Stefanek, M. E. y Eisler, R. M., «The current status of cognitive variables in assertiveness training», en R. M. Eisler, M. Hersen y P. M. Miller (comps.), *Progress in behavior modification*, vol. 15, Nueva York, Academic Press, 1983.

Steinberg, S. L., Curran, J. P., Bell, S., Paxson, M. A. y Munroe, S. M., «The effects of confederate prompt delivery style in a standardized social simulation test», *Journal of Behavioral Assessment*, 4, 1982, pp. 263-272.

Stevenson, I. y Wolpe, J., «Recovery from sexual deviation through overcoming nonsexual responses», *American Journal of Psychology*, 116, 1960, p. 737.

StLawrence, J. S., «Validation of a component model of social skill with outpatients adults», *Journal of Behavioral Assessment*, 4, 1982, pp. 15-26.

StLawrence, J. S., Hansen, D. J., Cutts, T. F., Tisdelle, D. A. e Irish, J. D., «Situational context: Effects on perceptions of assertive and unassertive behavior», *Behavior Therapy*, 16, 1985*a*, pp. 63-75.

StLawrence, J. S., Hansen, D. J., Cutts, T. F., Tisdelle, D. A. e Irish, J. D., «Sex role orientation: A superordinate variable in social evaluations of assertive and unassertive behavior», *Behavior Modification*, 9, 1985*b*, pp. 387-396.

StLawrence, J. S., Kirksey, W. A. y Moore, T., «External validity of role play assessment of assertive behavior», *Journal of Behavioral Assessment*, 5, 1983, pp. 25-34.

Stravynski, A., «The use of broad conversational targets in social skills training to promote generalization of gains to real life: A case study», *Behavioural Psychotherapy*, 12, 1984, pp. 61-67.

Stravynski, A., Marks, I. y Yule, W., «Social skills problems in neurotic outpatients: Social skills training with and without cognitive modification», *Archives of General Psychiatry*, 39, 1982, pp. 1378-1385.

Stroebe, W., Insko, C. A., Thompson, V. D. y Layton, B. D., «Effects of physical attractiveness, attitude, similarity, and sex on various aspects of interpersonal attraction», *Journal of Personality and Social Psychology*, 18, 1971, pp. 79-91.

Sullivan, H. S., *The interpersonal theory of psychiatry*, Nueva York, Norton, 1953.

Swan, G. E. y MacDonald, M. L., «Behavior therapy in practice: A national survey of behavior therapists», *Behavior Therapy*, 9, 1978, pp. 799-807.

Taylor, C. B. y Arnow, B., *The nature and treatment of anxiety disorders*, Nueva York, Free Press, 1988.

Teri, L. y Lewinsohn, P. M., «Individual and group treatment of unipolar depression: Comparison of treatment outcome and identification of predictors of successful treatment outcome», *Behavior Therapy*, 17, 1986, pp. 215-228.

Thase, M. E., Hersen, M., Bellack, A. S., Himmelhoch, J. M., Kornblith, S. y Greenwald, D. P., «Social skills training and endogenous depression», *Journal of Behavior Therapy and Experimental Psychiatry*, 15, 1984, pp. 101-108

Thayer, S., «History and strategies of research on social touch», *Journal of Nonverbal Behavior*, 10, 1986, pp. 12-28.

Thompson, G. G., *Child Psychology*, Boston, Houghton-Mifflin, 1952.

Tiegerman, S. y Kassinove, J., «Effects of assertive training and cognitive components of rational therapy on assertive behaviors and interpersonal anxiety», *Psychological Reports*, 40, 1977, pp. 535-542.

Trower, P., «Situational analysis of the components and processes of behavior of socially skilled and unskilled patients», *Journal of Consulting and Clinical Psychology*, 48, 1980, pp. 327-329.

Trower, P., «Social skill disorder», en S. Duck y R. Gilmour (comps.), *Personal relationships 3: Personal relationships in disorder*, Londres, Academic Press, 1981.

Trower, P., «Towards a generative model of social skills: A critique and synthesis», en J. P. Curran y P. M. Monti (comps.), *Social skills training: A practical handbook for assessment and treatment*, Nueva York, Guilford Press, 1982.

Trower, P., «A radical critique and reformulation: From organism to agent», en P. Trower (comp.), *Radical approaches to social skills training*, Londres, Croom Helm, 1984.

Trower, P., «Social fit and misfit: An interactional account of social dificulty», en A. Furnham (comp.), *Social behavior in context*, Londres, Lawrence Erlbaum, 1986.

Trower, P., Bryant, B. y Argyle, M., *Social skills and mental health*, Londres, Methuen, 1978.

Trower, P. y O'Mahony, P., «Problems of social failure -can social psychology help?», comunicación presentada en la British Psychology Society, Loughborough, 1978.

Trower, P., O'Mahony, J. F. y Dryden, W., «Cognitive aspects of social failure: Some implications for social-skills training», *British Journal of Guidance and Counseling*, 10, 1982, pp. 176-184.

Turner, R. M., «La desensibilización sistemática», en V. E. Caballo (comp.), *Manual de técnicas de terapia y modificación de conducta*, Madrid, Siglo XXI, 1991.

Turner, S. M., Beidel, D. C. y Cooley, M. R., *Social Effectiveness Therapy*, Charleston, SC, Turndel, 1994.

Twentyman, C. T., Boland, T. y McFall, R. M., «Heterosocial avoidance in college males: Four studies», *Behavior Modification*, 5, 1981, pp. 523-552.

Twentyman, C. T., Gibralter, J. C. e Inz, J. M., «Multimodal assessment of rehearsal treatments in an assertion training program», *Journal of Counseling Psychology*, 26, 1979, pp. 384-389.

Twentyman, C. T. y McFall, R. M., «Behavioral training of social skills in shy males», *Journal of Consulting and Clinical Psychology*, 43, 1975, pp. 384-395.

Twentyman, C. T., Pharr, D. R. y Connor, J. M., «A comparison of three covert assertion training procedures», *Journal of Clinical Psychology*, 36, 1980, pp. 520-525.

Twentyman, C. T. y Zimering, R. T., «Behavioral training of social skills: A critical review», en M. Hersen, R. M. Eisler y P. M. Miller (comps.), *Progress in behavior modification*, vol. 7, Nueva York, Academic Press, 1979.

Tyler, P. y Tapsfield, P., «Review of self ratings devices in social skills assessment and the preliminary investigation of a new scale (S.O.C.S.I.T.)», *Behavioural Psychotherapy*, 12, 1984, pp. 223-236.

Urey, J. R., Laughlin, C. y Kelly, J. A., «Teaching heterosocial conversational skills to male psychiatric patients», *Journal of Behavior Therapy and Experimental Psychiatry*, 10, 1975, pp. 323-328.

Valerio, H. P. y Stone, G. L., «Effects of behavioral, cognitive, and combined treatments for assertion as a function of differential deficits», *Journal of Counseling Psychology*, 29, 1982, pp. 158-168.

Van Dam-Baggen, R. y Kraaimaat, F., «A group social skills training program with psychiatric patients: Outcome, drop-out rate and prediction», *Behaviour Research and Therapy*, 24, 1984, pp. 161-169.

Van Heck, G. L., «The construction of a general taxonomy of situations», en H. Bonarius, G. van Heck y N. Smid (comps.), *Personality psychology in Europe: theoretical and empirical developments*, Lisse, Swets and Zeitlinger, 1984.

Van Hasselt, V. B., Griest, D. L., Kazdin, A. E., Esveldt-Dawson, K. y Unis, A. S., «Poor peer interactions and social isolation: A case report of successful in vivo social skills training on a child psychiatric inpatient unit», *Journal of Behavior Therapy and Experimental Psychiatry*, 15, 1984, pp. 271-276.

Van Hasselt, V. B., Hersen, M., Whitehill, M. B. y Bellack, A. S., «Social skill assessment and training for children: An evaluative review», *Behaviour Research and Therapy*, 17, 1979, pp. 413-437.

Vincent, J. P., Friedman, L. C., Nugent, J. y Messerly, L., «Demand characteristics in observations of marital interactions», *Journal of Consulting and Clinical Psychology,* 47, 1979, pp. 557-566.

Wackman, D. B. y Wampler, K. S., «The Couple Communication Program», en M. Hersen y A. S. Bellack (comps.), *Handbook of clinical behavior therapy with adults,* Nueva York, Wiley, 1985.

Walen, S. R., «Social anxiety», en M. Hersen y A. S. Bellack (comps.), *Handbook of clinical behavior therapy with adults,* Nueva York, Plenum Press, 1985.

Wallace, C. J., «The social skills training project of the Mental Health Clinical Research Center for the Study of Schizophrenia», en J. P. Curran y P. M. Monti (comps.), *Social skills training: A practical handbook for assessment and treatment,* Nueva York, Guilford Press, 1982.

Wallace, C. J., Teigen, J. R., Liberman, R. P. y Baker, J., «Destructive behavior treated by contingency contracts and assertive training: A case study», *Journal of Behavior Therapy and Experimental Psychiatry,* 4, 1973, pp. 273-274.

Wallander, J. L., «Behaviorally Referenced Rating System of Intermediate Social Skills», en M. Hersen y A. S. Bellack (comps.), *Dictionary of behavioral assessment techniques,* Nueva York, Pergamon Press, 1988.

Wallander, J. L., Conger, A. J. y Conger, J. C., «Development and evaluation of a behaviorally referenced rating system for heterosocial skills», *Behavioral Assessment,* 7, 1985, pp. 137-153.

Wallander, J. L., Conger, A. J., Mariotto, M. J., Curran, J. P. y Farrell, A. D., «Comparability of selection instruments in studies of heterosexual-social problem behaviors», *Behavior Therapy,* 11, 1980, pp. 548-560.

Wallander, J. L., Conger, A. J. y Ward, D. G., «It may not be worth the effort! Trained judges' global ratings as a criterion measure of social skills and anxiety», *Behavior Modification,* 7, 1983, pp. 139-150.

Walster, E., Aronson, V., Abrahams, D. y Rottman, L., «Importance of physical attractiveness in dating behavior», *Journal of Personality and Social Psychology,* 4, 1966, pp. 508-516.

Warren, N. J. y Gilner, F. H., «Measurement of positive assertive behaviors: The Behavioral Test of Tenderness Expression», *Behavior Therapy,* 9, 1978, pp. 178-184.

Warren, N. J. y Gilner, F. H., «The Behavioral Test of Tenderness Expression», manuscrito sin publicar, 1979.

Watkins, J. T. y Rush, A. J., «Cognitive Response Test», *Cognitive Therapy and Research,* 7, 1983, pp. 425-436.

Watson, D. y Friend, R., «Measurement of social-evaluative anxiety», *Journal of Consulting and Clinical Psychology,* 33, 1969, pp. 448-457.

Waxer, P. H., «Nonverbal cues for anxiety: An examination of emotional leakage», *Journal of Abnormal Psychology,* 86, 1977, pp. 306-314.

Weeks, R. E. y Lefevre, R. C., «The Assertive Interaction Coding System», *Journal of Behavioral Assessment,* 4, 1982, pp. 71-85.

Weiss, R. L. y Margolin, G., «Marital conflict and accord», A. R. Ciminero, K. S. Calhoun y H. E. Adams, *Handbook for behavioral assessment,* Nueva York, Wiley, 1977.

Weiss, R. S., *Loneliness: The experience of emotional and social isolation,* Cambridge, Massachussets, MIT Press, 1973.

Weiss, R. S., «Reflections on the present state if loneliness research», en M. Hojat y

R. Crandall (comps.), *Loneliness: Theory, research, and applications* [número especial], *Journal of Social Behavior and Personality, 2,* 1987, pp. 1-16.
Welford, A. T., «The ergonomic approach to social behavior», *Ergonomics,* 9, 1966, pp. 357-369.
Wessberg, H. W., Curran, J. P., Monti, P. M., Corriveau, D. P., Coyne, N. A. y Dziadosz, T. H., «Evidence for the external validity of a social simulation measure of social skills», *Journal of Behavioral Assessment,* 3, 1981, pp. 209-220.
Wessberg, H. W., Mariotto, M. J., Conger, A. J., Farrell, A. D. y Conger, J. C., «Ecological validity of role plays for assessing heterosocial anxiety and skill of male college students», *Journal of Consulting and Clinical Psychology,* 47, 1979, pp. 525-535.
Wessler, R. L., «Rational-emotive therapy in groups», en A. Freeman (comp.), *Cognitive therapy with couples and groups,* Nueva York, Plenum Press, 1983.
Wessler, R. L., «Cognitive-social psychological theories and social skills: A review», en P. Trower (comp.), *Radical approaches to social skills training,* Londres, Croom Helm, 1984.
Westefeld, J. S., Galassi, J. P. y Galassi, M. D., «Effects of role-playing instructions on assertive behavior: A methodological study», *Behavior Therapy,* 11, 1980, pp. 271-277.
Wheeler, K., «Assertiveness and the job hunt», en R. E. Alberti (comp.), *Assertiveness: Innovations, applications, issues,* San Luis Obispo, California, Impact, 1977.
Wheldall, K. y Alexander, R., «The deception study: A potential paradigm for the evaluation of generalizability of social skills training», *Behavioural Psychotherapy,* 13, 1985, pp. 342-348.
White, R., «Competence and the psychosexual stages of development», en M. R. Jones (comp.), *Nebraska symposium on motivation,* Lincoln, Nebraska, University of Nebraska Press, 1960.
Whitehill, M. B., Hersen, M. y Bellack, A. S., «Conversation skills training for socially isolated children», *Behaviour Research and Therapy,* 18, 1980, pp. 217-225.
Whitman, W. P. y Quinsey, V. L., «Heterosocial skill training for institutionalized rapist and child molesters», *Canadian Journal of Behavioral Science,* 13, 1981, pp. 105-114.
Wilkinson, J. y Canter, S., *Social skills training manual: Assessment, programme design and management of training,* Chichester, Wiley, 1982.
Williams, H. M., «A factor analysis of Berne's social behavior in young children», *Journal of Experimental Education,* 4, 1935, pp. 142-146.
Williams, J. M. G., «Social skills training and depression», en C. R. Hollin y P. Trower (comps.), *Handbook of social skills training, vol. 2: Clinical applications and new directions,* Oxford, Pergamon Press, 1986.
Williams, J. G. y Solano, C. H., «The social reality of feeling lonely: Friendship and reciprocation», *Personality and Social Psychology Bulletin,* 9, 1983, pp. 237-242.
Wilson, G. T. y O'Leary, K. D., *Principles of behavior therapy,* Englewood Cliffs, New Jersey, Prentice-Hall, 1980.
Wolf, C., *Psicología del gesto,* Barcelona, Miracle, 1976.
Wolfe, J. L. y Fodor, I. G., «Modifying assertive behavior in women: A comparison of three approaches», *Behavior Therapy,* 8, 1977, pp. 567-574.
Wolpe, J., *Psychotherapy by reciprocal inhibition,* Palo Alto, California, Stanford University Press, 1958.

Wolpe, J., *The practice of behavior therapy*, Nueva York, Pergamon Press, 1969.
Wolpe, J., «The instigation of assertive behavior: Transcripts from two cases», *Journal of Behavior Therapy and Experimental Psychiatry*, 1, 1970, pp. 145-151.
Wolpe, J., *La práctica de la terapia de conducta*, México, Trillas, 1977.
Wolpe, J. y Lazarus, A. A., *Behavior therapy techniques: A guide to the treatment of neuroses*, Nueva York, Pergamon Press, 1966.
Youngren, M. A. y Lewinsohn, P. M., «The functional relation between depression and problematic interpersonal behavior», *Journal of Abnormal Psychology*, 89, 1980, pp. 333-341.
Zigler, E. y Levine, J., «Premorbid adjustment and paranoid-non-paranoid status in schizophrenia: A further investigation», *Journal of Abnormal Psychology*, 82, 1973, pp. 189-199.
Zigler, E. y Phillips, L., «Social effectiveness and symptomatic behaviors», *Journal of Abnormal and Social Psychology*, 61, 1960, pp. 231-238.
Zigler, E. y Phillips, L., «Social competence and outcome in psychiatric disorder», *Journal of Abnormal and Social Psychology*, 63, 1961, pp. 264-271.
Zigler, E. y Phillips, L., «Social competence and the process-reactive distinction in psychopathology», *Journal of Abnormal and Social Psychology*, 65, 1962, pp. 215-222.
Zweig, D. R. y Brown, S. D., «Psychometic evaluation of a written stimulus presentation format for the Social Interaction Self-Statement Test», *Cognitive Therapy and Research*, 9, 1985, pp. 285-295.

Índice

2023/11